王　景　许惠然　周　黎◎著

云南重点产业与生物质能产业专利战略研究

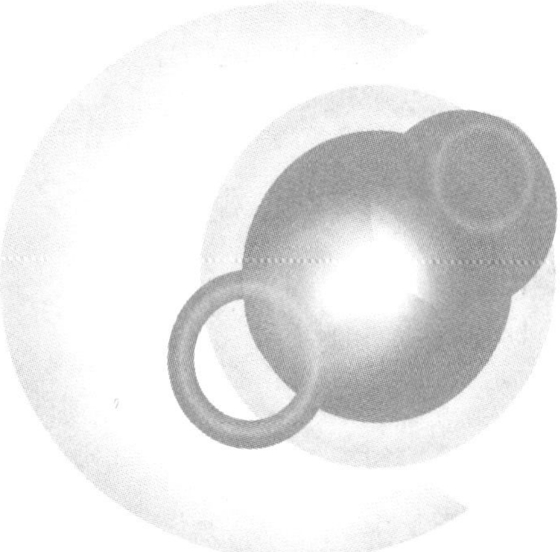

云南大学出版社
YUNNAN UNIVERSITY PRESS

图书在版编目（CIP）数据

云南重点产业与生物质能产业专利战略研究/王景，许惠然，周黎著．—昆明：云南大学出版社，2013

ISBN 978－7－5482－1391－8

Ⅰ．①云… Ⅱ．①王… ②许… ③周… Ⅲ．①支柱产业—产业经济—专利—研究—云南省②生物能源—产业经济—专利—研究—云南省 Ⅳ．①G306.72

中国版本图书馆 CIP 数据核字（2013）第 014361 号

云南重点产业与生物质能产业专利战略研究

王 景 许惠然 周 黎 著

责任编辑： 伍 奇
责任校对： 何传玉
封面设计： 周 旸
出版发行： 云南大学出版社
印　　装： 昆明研汇印刷有限责任公司
开　　本： 787mm×1092mm 1/16
印　　张： 19.25
字　　数： 480 千
版　　次： 2013 年 4 月第 1 版
印　　次： 2013 年 4 月第 1 次印刷
书　　号： ISBN 978－7－5482－1391－8
定　　价： 50.00 元

电　　话：（0871）65031071/65033244
社　　址： 昆明市翠湖北路 2 号云南大学英华园内
邮　　编： 650091
网　　址： http//：www.ynup.com
E－mail： market@ynup.com

前　　言

党的十七大报告明确了提高自主创新能力，建设创新型国家的宏伟目标，并把实施知识产权战略作为一项重大战略举措。《中共云南省委　云南省人民政府关于大力加强自主创新促进云南经济社会全面发展的决定》（云发〔2005〕16号）要求：在重点产业掌握一批核心技术，拥有一批自主知识产权，造就一批科技水平高、在国内外具有竞争力的企业和品牌，自主创新在全省经济社会发展中的支撑和引领作用明显增强。

烟草及其配套、能源、冶金、化工、机械、医药、信息、建材、农特产品加工、造纸等十个重点产业，是云南省"十一五"期间要求做大做强的产业。围绕重点产业的发展，提高以专利为主的知识产权创造和运用能力，是提升重点产业自主创新能力和竞争力的重要途径，是推动产业结构优化升级和发展方式转变的重要措施。

云南重点产业专利战略研究以贯彻落实国家知识产权战略为主线，在深入调查研究、收集大量数据和相关信息的基础上，研究和分析了国际知识产权的变革和发展形势、国内及国外专利在中国的发展情况、云南省专利的发展状况、云南知识产权与西部地区的比较；重点研究和分析了云南烟草及其配套、能源、冶金、化工、机械、信息、建材、医药、农特产品加工和造纸等十大重点产业涉及的技术领域专利申请公开情况、专利质量、在全国所处的地位及存在的问题；分析论证了实施云南重点产业专利战略的重要性和紧迫性。

云南重点产业专利战略研究注重与科技、经济及产业发展规划相结合，注重政策和产业层面的研究，较好地反映了云南的实际和特点；对云南十大重点产业专利情况的实证分析，摸清了"家底"，有利于指导重点产业合理布局科技资源，促进技术创新。研究提出的云南重点产业专利战略的基本思路、总体目标、重点技术领域、主要任务和保障措施，既体现了国家知识产权战略的总体要求，又结合了云南重点产业发展实际，对提高云南重点产业的知识产权创造、应用、保护和管理能力提供了具有可操作性的咨询建议。

20世纪末以来，世界经济快速增长，全球能源消耗大幅增加，石油、煤和天然气等传统石化能源不但面临枯竭的危险，而且其燃烧造成温室气体等有害物质的大量排放，导致人类生存环境严重恶化，世界性的环境问题与能源短缺问题日益突出，加速与扩大可再生、无污染的新型清洁能源开发与利用，是全球面临的迫切任务。

生物质能源具有可再生、清洁环保、经济的特点，是解决全球能源危机的最理想清洁新能源之一。作为一个经济高速发展的人口大国，能源与环境的双重压力一直困扰着中国，大力推进生物质能源的开发和利用，不仅是满足我国绿色环保的需要，更是缓解经济快速增长所带来的能源危机的需要。随着知识经济和经济全球化深入发展，知识产权日益成为国家发展的战略性资源和国际竞争力的核心要素，成为建设创新型国家的重要支撑和掌握发展主动权的关键。经过几年的努力，我国生物质能产业得到了很大的发展，《国民经济和社会发展第十二个五年规划》和《中长期科学和技术发展规划纲要（2006—2020年）》等都提出要发展包括生物质能源在内的可再生能源，未来20年我国生物质能产业的发展将会突飞猛进。

云南以植物王国著称，生物质能原料植物资源丰富，在生物质能源开发利用方面具有资源优势。运用专利制度推动生物质能产业技术创新，掌握自主知识产权核心技术，是云南应对国内外经济、技术和能源竞争压力的重要手段。目前，云南在生物质能领域的技术创新和专利制度运用能力以及关键技术专利拥有量等方面，都还与发达国家或地区有较大差距。对云南生物质能产业技术领域整体专利状况进行全方位分析研究，提出地方生物质能产业专利战略，对于落实国家知识产权战略、寻求替代能源、培育云南区域经济新增长点、增强可持续发展能力具有重要的现实意义。

云南生物质能产业专利战略研究运用多种手段，综合分析云南生物质能产业专利状况，首次全面、系统研究云南生物质能产业专利技术状况，以及实施云南生物质能产业专利战略的优势、劣势、机遇与挑战，并在其基础上针对性地提出云南生物质能产业专利战略指导思想、目标、重点与措施。研究将产业、技术与专利相结合，理论与实践相结合，在国内外和云南产业与技术现实状况的基础上开展专利战略研究，研究思路与方法科学、分析框架清晰合理、论证充分、说理透彻、观点鲜明、分析深刻，对于贯彻落实国家知识产权战略、增强云南生物质能产业创新能力、促进生物质能产业发展具有现实指导意义。

本书在云南省科技厅软科学计划——“云南省重点产业专利战略研究”项目以及国家知识产权局专利战略推进工程——“云南省生物质能产业专利战略研究”项目研究成果的基础上，经过整理和修改完善而成。在项目研究和本书的编写过程中，得到了云南省知识产权局、云南省知识产权研究会的大力支持，在此深表感谢！

作　者

2012 年 10 月

目　录

第一章　云南重点产业专利战略

《国家知识产权战略纲要》指出：当今世界，随着知识经济和经济全球化深入发展，知识产权日益成为国家发展的战略性资源和国际竞争力的核心要素，成为建设创新型国家的重要支撑和掌握发展主动权的关键。烟草及其配套、能源、冶金、化工、机械、医药、信息、建材、农特产品加工、造纸等是云南省重点发展的产业，实施重点产业专利战略是提高重点产业知识产权的创造、应用、保护和管理能力的重要途径，是提升重点产业自主创新能力和核心竞争力的重要举措。

一、国内外专利竞争日益激烈

（一）国际知识产权制度不断变革发展，竞争加剧

从国际来看，20 世纪中后期，以基因工程为代表的生物技术、以纳米技术为代表的新材料技术和以数字化、网络化、智能化为代表的信息技术突破性发展，推动了知识经济的兴起和发展。高新技术的出现及其应用领域的不断拓展，有力地推动了产权制度的变革，使知识产权内涵不断深化、外延继续扩大。随着经济全球化的深入发展，国际竞争日趋激烈，知识产权正在成为竞争的焦点。知识产权正由一般市场竞争工具变成重要的竞争工具，由国际贸易中的配角变成主角，由投资环境的一般条件变成必要条件，由产业国际竞争力的重要因素变成决定因素。以美国、日本为代表，知识产权战略日益成为许多国家的发展战略。

此外，知识产权已成为重要的国际规则。《与贸易有关的知识产权协议》（TRIPS）把知识产权与国际贸易问题联系在一起，与货物贸易和服务贸易一起，形成了 WTO 的三大支柱，也标志着知识产权保护的国际化向前迈进了一大步。

温家宝同志曾指出：未来世界的竞争，就是知识产权的竞争。国内外对专利的争夺，争的就是创新能力和竞争能力。

（二）国内外专利申请数量大幅增长，压力增大

从国内来看，以专利为主的知识产权得到前所未有的重视，国内专利申请、授权持续增长，地区间创新能力差距不断拉大。

1985—2010 年的 25 年间，国内累计专利申请达 6 018 774 件，累计授权量达 3 385 197 件，成为专利大国。从专利申请的区域分布来看，东部地区占 75.59%，中部地区占 11.26%，西部地区仅占 10.13%，说明经济发达的东部和中部地区专利申请与授权均处于领先水平。

从国外来看，值得重视的是，国外大量在中国进行专利申请并获取专利，国内创新空间将会受到制约。1985—2010 年，国外在中国累计专利申请 1 037 046 件，累计授权量 512 888 件。国外在中国的专利申请中，发明专利申请占 86.33%，表明国外在中国的专利申请总体技术水平高于国内。近年来，国外在中国的专利申请保持了较高的增长率。国

外在中国的专利申请排名前10位的国家是：日本、美国、德国、韩国、法国、荷兰、瑞士、英国、意大利、瑞典。

二、云南重点产业缺少专利支撑

（一）云南专利总体水平较低，差距较大

从云南专利发展水平来看，整体发展滞后，专利申请量、授权量在全国比重较低，排位靠后，总体水平不高。

1985—2010年，云南累计专利申请量43 247件，居全国第24位，占国内申请总量的0.72%。全省累计专利授权量26 676件，居全国第21位，占国内专利授权量的0.79%。全省专利申请量、授权量分别居西部12省（区、市）第5位和第4位。

在全省累计43 247件专利申请中，发明专利申请12 684件，实用新型专利申请18 686件，外观设计专利申请11 877件，所占比例分别为29.33%、43.21%、27.46%。

全省累计26 676件授权专利中，发明专利3 655件，实用新型专利14 057件，外观设计专利8 964件，所占比例分别为13.70%、52.70%、33.60%。

企业运用专利的水平较低。全省14.6万户工业企业，仅有1.1%的企业申请过专利。据2006年对全省1 567家申请过专利的企业调查，其中的375家企业共申请了2 327项专利，包括570项发明专利申请、847项实用新型专利申请、910项外观设计专利申请。

（二）云南重点产业专利数量较少，缺少可持续发展支撑

从云南重点产业专利分布来看，云南重点产业专利密集度低，关键专利技术少，专利尚未成为重点产业发展的支撑。

1985—2010年期间，国内在烟草及其配套、能源、冶金、化工、机械、信息、建材、医药、农特产品加工和造纸等产业相关技术领域共申请发明与实用新型专利2 367 628件，其中发明专利申请1 480 712件，实用新型专利申请886 916件，发明专利申请与实用新型专利申请数量比为1.67∶1。

云南在上述产业相关技术领域共申请发明与实用新型专利17 567件，占全国的0.74%；其中发明专利申请9 867件，占全国的0.67%；实用新型专利申请7 700件，占全国的0.87%，发明专利申请与实用新型专利申请数量比为1.28∶1。在相同产业技术领域内，云南专利申请所占比例较低。

从云南重点产业发展需求来看，一是产业结构不合理，烟草产业“一枝独秀”现象仍较明显，资源型加工产业仍占主导地位，新兴产业和高新技术产业发展缓慢，高技术含量、名牌产品和自主创新产品少，国有经济比重大，非公经济、中小企业、乡镇企业发展不足，竞争力较弱。二是产业增长方式粗放。除烟草外，冶金、化工、建材、机械等传统产业总体工艺水平有待进一步提高，部分重要矿产资源接替不足，“高投入、高消耗、高排放、低效益”的问题依然突出，落后产能的调整任务艰巨。

解决以上问题的根本出路是提高自主创新能力，推进产业结构调整和转变发展方式，提高产业和区域竞争力。提高自主创新能力，关键是要在重点产业掌握一批核心技术，拥有一批自主知识产权，造就一批科技水平高、在国内外具有竞争力的企业和品牌。

《中共云南省委　云南省人民政府关于大力加强自主创新促进云南经济社会全面发展

的决定》（云发〔2005〕16 号）指出：围绕全省 10 个重点产业技术升级和核心竞争力提升，通过集成创新和在引进先进技术基础上的消化吸收创新，掌握一批具有自主知识产权的产业发展核心技术，加快新型工业化进程。因此，实施重点产业专利战略，是提高重点产业知识产权的创造、运用、保护和管理能力的重要途径，是提升重点产业自主创新能力和核心竞争力的重要举措。

三、云南重点产业专利战略构想

2008 年 6 月 5 日，国务院发布了《国家知识产权战略纲要》，这是中国知识产权制度发展史上一个新的里程碑，标志着中国知识产权事业进入了一个新的发展时期。纲要指出：大力开发和利用知识资源，对于转变经济发展方式，缓解资源环境约束，提升国家核心竞争力，满足人民群众日益增长的物质文化生活需要，具有重大战略意义。纲要要求：大幅度提升我国知识产权创造、应用、保护和管理能力，为建设创新型国家和全面建设小康社会提供强有力支撑。并要求：制定并实施地区和行业知识产权战略。专利是知识产权的核心，应当抓住国家实施知识产权战略的重大机遇期，推进云南重点产业专利战略的实施。

通过研究，提出了云南重点产业专利战略的构想。

（一）基本思路

全面落实科学发展观，坚持“激励创造、有效运用、合理保护、科学管理”的方针，以提高自主创新能力，转变经济发展方式为目标，以提高产业核心关键技术专利创造能力和运用能力为重点，充分发挥专利制度在创新型云南建设中的作用，形成一批具有自主知识产权、核心竞争力强的企业和企业集团，使以专利为主的自主知识产权成为云南重点产业发展的强大支撑，促进云南省经济社会又好又快发展。

（二）战略目标

全省在烟草及其配套、能源、冶金、化工、机械、医药、信息、建材、农特产品加工、造纸等产业技术领域，专利创造、运用、保护和管理能力大幅提升，具有专利技术的商品比重大幅提高，形成一批拥有知名品牌和核心知识产权、熟练运用知识产权制度的优势企业。

通过五年的努力达到以下目标：

一是重点产业技术领域专利申请量在现有基础上增长 1 倍，即增加 25 000 件；其中发明专利申请达到 15 000 件，关键核心技术专利达到 1 000 项。

二是具有专利技术的商品比重大幅提高。在烟草及其配套、冶金、能源、医药、农特产品加工等产业技术领域形成 6 ~ 8 个专利池。

三是培育形成 50 户以上对产业有带动和示范作用的知识产权优势企业，每户企业拥有自主知识产权的数量达到 50 件以上。

（三）主要技术领域

烟草产业以烟叶种植、新品种繁育、低焦油产品开发、卷烟加工工艺等关键技术攻关为重点；能源产业以大容量与远距离输电技术、电网故障超导限流技术、光伏材料、建筑一体化太阳能技术、钢铁冶金企业工业余热利用、生物柴油等关键技术攻关为重点；医药产业以云药原料药材种植技术、提取技术和新药研发、优势新剂型研发为重点；冶金产业以稀贵金属非常规冶金技术、复杂低品位难选矿联合选冶技术等关键技术为重点；化工产业以生物化工、煤化工、磷化工和产业链延伸技术为重点；建材产业以节能降耗、环境保护、清洁生产和循环利用技术为重点；机械产业以大型矿冶设备和铁路装备技术为重点；信息产业以光电子、信息控制、空间信息应用技术等为重点；农特产品加工产业以茶叶、咖啡、特色果蔬等的精深加工技术和新品种选育、栽培技术为重点；造纸产业以纸浆原料种植技术、环境保护和新产品开发技术为重点。

（四）重点任务

1. 培育产业专利优势，构建关键技术专利池

在烟草及其配套、能源、冶金、化工、机械、医药、信息、建材、农特产品加工、造纸、生物等产业技术领域，培育和取得一大批支撑产业发展的专利技术，特别是关键技术、核心技术发明专利申请，构建优势产业链群的关键、共性技术专利池，提升重点产业的专利创造水平，推动重点产业发展由产品“制造”向专利及相关知识产权“创造”转变。

2. 培育专利优势企业，提升企业竞争力

引导和扶持规模以上企业和高新技术企业制定和实施专利战略，推动创新资源和知识产权资源向企业集聚，促进企业成为专利创造和运用的主体。遴选一批具有创新能力的企业，结合国家及云南省各类科技计划、技改计划、高新技术产业化计划的实施，大力推进企业专利创造和运用，培育形成一批专利拥有数量高、具有专利的产品比重大的优势企业。

3. 建立专利投融资机制，促进专利运用与产业化

加强对专利产业化的政策引导，构建政府引导、企业投入为主，其他社会资金为补充的多渠道、多层次的专利转化和产业化投入机制。建立专利创业投资政府引导基金，扶持以专利产业化为目标的创业活动。开展对成长型专利技术的孵化工作，扶持中小企业引进实施国内外专利技术和项目。扶持高等院校、科研院所的专利成果向企业转移，推进专利及相关知识产权的资本化运作。

编制重点知识产权产业化目录，与全省各类重大投资建设计划、科技产业化计划、技术改造计划等对接和联动，适时将具有自主知识产权的技术和项目纳入全省各类重点项目计划加以实施。

4. 推进专利信息化建设，提升信息利用水平

建立与国家基础专利信息系统衔接配套，服务于云南重点产业技术领域的专利信息数据库群。优先建成云南具有比较优势的烟草及其配套设备、农特产品加工、冶金和生物化工等9个中外专利信息数据库，逐步建立其他重点产业专利信息数据库。指导企业、高等学校、科研院所建立科研及产品开发所需的专利专题数据库，推进高起点创新。开发专利检索、战略分析工具软件，为全社会提供方便、快捷的服务。

5. 充分运用专利开拓国际市场，促进专利产品“走出去”

以东盟国家为重点，加大对专利技术和产品出口的扶持，制定专利技术和产品出口、对外经济技术合作的优惠政策，推动重点进出口企业运用专利拓展海外市场。鼓励企业向国外申请并取得专利，开展专利技术对外输出和贸易，增强云南专利技术和产品的国际竞

争力，逐步提高知识产权密集型商品出口比例，促进贸易增长方式的根本转变和贸易结构的优化升级。

（五）保障措施

1. 建立财政经费投入专项，引导重点产业实施专利战略

省级财政在年度计划内安排不低于5 000万元的专项经费，并逐年递增，州（市）、县结合当地实际设立专项资金，用于落实专利战略的目标和战略重点。

建立以企业投入为主、其他社会资金为补充的多渠道、多层次的社会投入机制。引导企业加大专利技术与产品研发经费在R & D（研究与发展，Research and Development）投入中的比重，支持专利技术质押贷款、项目融资、风险投资、资本化运作等投融资活动。

2. 制定完善相关政策法规，促进专利创造与运用

制定促进专利创造与转化的财税和政府采购等扶持政策。对战略性、公益性专利产品进行财政补贴，鼓励企业建立专利投入专项资金制度，允许企业将发明奖酬计入成本和加速开发研究设备折旧，政府采购优先选择自主知识产权专利产品，允许专利技术无形资产最高占企业注册资本的70%。

设立云南省人民政府专利奖。对在创新型云南建设中作出重大贡献的专利技术项目进行奖励，促进重点产业的专利技术创新。完善专利资助政策，增加省级财政专利资助金额，优先资助重点领域、优势企业和中小企业具有产业化潜力和市场前景的专利申请与专利权维持，促进全省专利数量和质量全面提高。

3. 加强管理与服务体系建设，提高专利管理与服务水平

强化政府专利管理职能建设。改善基本工作条件，为实施专利战略提供组织保障。建立服务于重点行业的专利预警及应急机制，跟踪国内外产业技术发展动态，预警行业技术竞争风险。建立以政府为主导，企业、行业及中介组织等共同参与的专利维权援助服务平台。

4. 加大专利保护力度，营造良好的法制环境

加强专利行政执法队伍建设和条件建设，成立覆盖全省的专利行政执法队，改善执法装备条件，提高执法人员业务素质和执法水平。加强专利行政执法与刑事司法的衔接，加大对重大专利侵权案件的惩处力度；强化生产制造、商品流通、技术贸易等领域的专利保护工作，维护消费者权益和市场经济秩序。依法公正、高效地调处专利纠纷案件，严肃查处冒充专利和假冒他人专利的行为，专利纠纷调处案件年结案率达到85%以上。

通过以上任务和措施，推动云南重点产业以专利为主的知识产权创造、运用、保护和管理水平的大幅提升。

第二章　云南重点产业专利战略研究

当今世界，科学技术迅猛发展，经济全球化进程加快，知识产权日益成为国家发展的战略性资源和国际竞争力的核心要素，成为建设创新型国家的重要支撑和掌握发展主动权的关键。2008 年 6 月，我国知识产权战略正式颁布实施，要求大力提升知识产权创造、运用、保护和管理能力。开展云南重点产业专利战略研究，提出相应对策措施，有利于在重点产业掌握一批核心技术，提高重点产业自主知识产权拥有量，造就一批科技水平高、在国内外具有竞争力的企业和品牌，提升自主知识产权在全省经济社会发展中的支撑和引领作用。

烟草及其配套、能源、冶金、化工、机械、医药、信息、建材、农特产品加工、造纸等十个重点产业是云南省“十一五”期间要求做大做强的产业。本研究一是分析国内外专利发展形势；二是分析云南重点产业专利状况、基本分布、在全国所处的地位及存在的问题；三是按照国家实施知识产权战略的要求，以及云南重点产业发展需求，研究提出推进实施云南重点产业专利战略的基本思路、总体目标、重点技术领域、主要任务和保障措施。

第一节　实施云南重点产业专利战略的必要性和紧迫性

一、国际知识产权不断变革和发展，竞争加剧

（一）知识产权国际保护快速发展

20 世纪中后期，以基因工程为代表的生物技术、以纳米技术为代表的新材料技术和以数字化、网络化、智能化为代表的信息技术突破性发展，推动了知识经济的兴起和发展。高新技术的出现及其应用领域的不断拓展，有力地推动了产权制度的变革，使知识产权内涵不断深化、外延继续扩大。随着经济全球化的深入发展，国际竞争日趋激烈，知识产权正在成为竞争的焦点。知识产权正由一般市场竞争工具变成重要的竞争工具，由国际贸易中的配角变成主角，由投资环境的一般条件变成必要条件，由产业国际竞争力的重要因素变成决定因素。

1. 知识产权已成为重要的国际规则

WTO 中《与贸易有关的知识产权协议》（*Agreement on Trade - related Aspects of Intellectual Property Rights*，简称 TRIPS）是对近两个世纪以来国际知识产权保护制度的发展，它第一次把知识产权与国际贸易问题联系在一起，与货物贸易和服务贸易一起，形成了 WTO 的三大支柱，也标志着知识产权保护的国际化向前迈进了一大步。

TRIPS 是当前世界范围内知识产权保护领域中涉及面广、保护水平高、保护力度大、制约力强的一个国际公约。TRIPS 的实施从总体上鼓励世界各国从事创造发明的积极性，使更多的资源被用于科技的研究与开发及其产业应用，从而有利于世界各国的科技进步。

它可以有效地促进新的创造发明，促进新技术的推广与应用，还可以促使更多的发明被公开。其结果，它将从整体上提高社会生产力，促进世界生产的增长和贸易与收入的增长。所有国家都会直接或间接地受益于新的技术产品和方法，从更长远的利益来看，科技进步所带来的社会生产力的提高和收入的增长又会进一步激励更多的资源投入到新的创造发明和开发应用中去，从而进一步推动科技进步和社会的发展。我国于 2001 年 12 月 11 日正式成为世贸组织成员，适用 TRIPS。

（1）TRIPS 的主要特点：①内容涉及面广，几乎涉及了知识产权的各个领域；②保护水平高，在多方面超过了现有的国际公约对知识产权的保护水平；③将关贸总协定（GATT）和世界贸易组织（WTO）中关于有形商品贸易的原则和规定延伸到对知识产权的保护领域；④强化了知识产权执法程序和保护措施；⑤强化了协议的执行措施和争端解决机制，把履行协议保护产权与贸易制裁紧密结合在一起；⑥设置了“与贸易有关的知识产权理事会”作为常设机构，监督本协议的实施。

（2）基本原则：重申的保护知识产权的基本原则主要有：①国民待遇原则。这是在巴黎公约中首先提出，在 TRIPS 中再次强调，各个知识产权国际公约共同遵守的基本原则。②保护公共秩序、社会公德、公众健康原则。③对权利合理限制原则。④权利的地域性独立原则。⑤专利、商标申请的优先权原则。⑥版权自动保护原则。

（3）提出的保护知识产权的原则主要有：①最惠国待遇原则。这是在 TRIPS 中首次把国际贸易中对有形商品的贸易原则延伸到知识产权保护领域，对知识产权的国际保护产生了深远的影响。②透明度原则。其目的是防止缔约方之间出现歧视性行为，便于各方对相互保护知识产权的措施尽快了解，以便加强保护。③争端解决原则。这是将解决贸易争端的规范程序直接引入解决知识产权争端，可以利用贸易手段，甚至交叉报复手段确保知识产权保护得以实现。④对行政终局决定的司法审查和复审原则。TRIPS 明确对于知识产权有关程序的行政终局决定，均应接受司法或准司法当局的审查，或者有机会提交司法当局复审。

2. 发达国家不断推进知识产权国际化进程

一些发达国家为了发挥其在知识产权上的优势，强化在经济全球化格局中的优势地位，从而获取在国际分工中的主导权，极力推动专利国际化的进程。美、欧、日等发达国家和地区一方面借助于世界知识产权组织（WIPO）平台，通过《专利合作条约》（PCT）改革、《专利法条约》（PLT）生效和推进《实体专利法条约》（SPLT）制定等措施，推动专利国际化进程；另一方面，还通过美、欧、日的协调与合作，推进此进程。他们的战略终极目标是建立三方主导的一体化国际专利体系。

知识产权制度的国际化是由经济全球化推动的，是科学技术发展和经济全球化的客观要求。但与此同时，知识产权国际规则的变革带有明显的发达国家强权的痕迹，发达国家主导的新一轮知识产权国际规则的变革首先是符合发达国家的利益。发达国家在科技和专利方面拥有的巨大优势，决定了发达国家在国际专利制度协调重大活动中的强势地位。在世界专利议程、有关公共健康与公共利益、专利保护客体、保护标准等专利国际规则的变革中，发达国家的利益诉求日益趋于强化，发展中国家的抗争也日趋激烈。专利制度国际化进程的加快，对我国技术创新和自主知识产权的创造与应用正形成严峻的挑战。

（二）知识产权战略成为许多国家的重要发展战略

西方经济学的“新经济增长理论”证实，现代社会经济增长的关键要素来自于技术创新和制度创新。技术创新创造知识产权，形成经济增长的动力机制，而制度创新则使知识产权得到保护，形成经济增长的保障机制。在国家创新体系中，知识创新和制度保障相辅相成，不可分割。知识产权既是自主创新的出发点，也是自主创新的落脚点。知识产权制度是创新的根本保障。

美国在建国之初就建立了知识产权制度，自20世纪80年代以来，为恢复其在世界经济中的强势地位，美国陆续采取了一系列加强知识产权保护和管理的重大举措。对内，通过实施《拜杜法案》、《联邦技术转移法》、《技术转让商业化法》、《美国发明家保护法令》等法案，重新界定国家投资所形成的知识产权归属和权益分配政策，推进政府部门、国家实验室和大学普遍建立知识产权许可和管理机构，促进“产学研”合作开发高新技术，大力扶植高新技术的产业化，激励了技术创新与进步，促进了技术的转移与扩散，加快了产业结构的优化升级，增强了国家核心竞争力。对外，通过与贸易有关的知识产权协议谈判和对外知识产权双边或多边谈判，谋求使美国知识产权权利人的权利在世界范围内得到更为有力的保护，包括制定和实施301、337条款，强化对外国企业侵犯知识产权行为的制裁。

继美国之后，日本于2002年发表了知识产权战略大纲，而后又由国会通过了知识产权基本法，在世界范围内率先提出了“知识产权立国”的国家战略，并将其作为一项“基本国策”，其目的在于摆脱日本经济长期不景气的状况，恢复日本的国际竞争力。大纲明确提出，要把无形资产的创造置于产业基础的地位，并从知识产权的创造、保护、应用以及人才基础四个方面提出了战略性对策及近期的行动计划。国会通过了基本法，表明政府提出的“知识产权立国”战略又具备了法律基础与依据；同时，基本法以法律形式规定了政府及其各部门在实施这一战略过程中的职责、任务、分工及协调功能。这充分表现出日本对“知识产权立国”战略的高度重视与务实态度。

韩国通过知识产权的创造、保护和使用，来实现产业高生产力和经济高附加值，强化其知识创造力和知识产权竞争力，积极参与全球新型知识产权制度的建立，为韩国企业参与国际知识产权竞争与合作创造良好的制度环境。

可见，知识产权制度对各国科技创新活动和经济持续增长，起到了积极的推动和重要的保障作用。以美国、日本为代表，知识产权战略正日益成为众多国家的发展战略。

二、国内外专利大幅增长，压力增大

（一）国内专利申请、授权持续增长，地区间创新能力差距较大

1985—2010年的25年间，国内累计专利申请达6 018 774件。其中，发明、实用新型、外观设计三种专利申请量分别为1 434 948件、2 400 601件、2 183 225件，所占比例分别为23.84%、39.89%、36.27%。

表 2-1　国内三种专利年申请情况

年　度	当年（件）	增长率（%）	发明（件）	构成（%）	增长率（%）	实用新型（件）	构成（%）	增长率（%）	外观设计（件）	构成（%）	增长率（%）
1985—2000	972 860	—	156 945	16.13	—	591 615	60.81	—	224 300	23.06	—
2001	165 773	18.10	30 038	18.12	18.50	79 275	47.82	15.80	56 460	34.06	21.30
2002	205 544	24.00	39 806	19.37	32.50	92 166	44.84	16.30	73 572	35.79	30.30
2003	251 238	22.20	56 769	22.59	42.60	107 842	42.92	17.00	86 627	34.48	17.70
2004	278 943	11.00	65 786	23.58	15.90	111 578	40.00	3.50	101 579	36.42	17.30
2005	383 157	37.40	93 485	24.40	42.10	138 085	36.04	23.80	151 587	39.56	49.20
2006	470 342	22.80	122 318	26.01	30.80	159 997	34.02	15.90	188 027	39.98	24.00
2007	586 734	24.70	153 060	26.09	25.10	179 999	30.68	12.50	253 675	43.24	34.90
2008	717 144	22.23	194 579	27.13	27.13	223 945	31.23	24.41	298 620	41.64	17.72
2009	877 611	22.38	229 096	26.10	17.74	308 861	35.19	37.92	339 654	38.70	13.74
2010	1109 428	26.41	293 066	26.42	27.92	407 238	36.71	31.85	409 124	36.88	20.45
总累计	6 018 774	—	1 434 948	23.84	—	2 400 601	39.89	—	2 183 225	36.27	—

近年来，国内专利申请量出现新的增长趋势，均保持两位数增长率，中国成为世界专利大国。年度发明专利申请所占比例从 2001 年的 18.12% 提高到 2010 年的 26.42%，表明我国技术创新水平和专利申请的质量有较大的提高。

表 2-2　全国各省（区、市）1985—2010 年专利申请量统计

排　序	省（区、市）	累计（件）	占国内申请（%）	排　序	省（区、市）	累计（件）	占国内授权（%）
1	广东	909 759	15.16	18	黑龙江	96 161	1.60
2	江苏	836 830	13.95	19	重庆	89 293	1.49
3	浙江	620 170	10.34	20	吉林	67 225	1.12
4	山东	447 880	7.46	21	山西	47 768	0.80
5	上海	421 557	7.03	22	江西	47 575	0.79
6	北京	376 163	6.27	23	广西	45 556	0.76
7	台湾	260 875	4.35	24	云南	43 247	0.72
8	辽宁	241 042	4.02	25	香港	31 508	0.53
9	四川	202 439	3.37	26	贵州	31 486	0.52
10	湖北	174 281	2.90	27	新疆	28 643	0.48
11	河南	150 366	2.51	28	内蒙古	26 905	0.45

续 表

排　序	省(区、市)	累计(件)	占国内申请(%)	排　序	省(区、市)	累计(件)	占国内授权(%)
12	天津	149 311	2.49	29	甘肃	23 715	0.40
13	湖南	145 511	2.42	30	宁夏	9 311	0.16
14	福建	135 032	2.25	31	海南	9 265	0.15
15	安徽	112 227	1.87	32	青海	4 729	0.08
16	河北	109 956	1.83	33	西藏	1 247	0.02
17	陕西	103 090	1.72	34	澳门	337	0.01

1985—2010 年的 25 年间，国内累计专利授权量达 3 385 197 件，其中：发明、实用新型、外观设计三种专利授权量分别为 336 135 件、1 699 569 件、1 349 493 件，所占比例分别为 9.93%、50.21%、39.86%。

表 2－3　国内三种专利年授权情况

年　度	当年(件)	增长率(%)	发明(件)	构成(%)	增长率(%)	实用新型(件)	构成(%)	增长率(%)	外观设计(件)	构成(%)	增长率(%)
1985—2000	580 971	—	25 752	4.43	—	397 769	68.47	—	157 450	27.10	—
2001	99 278	4.20	5 395	5.43	－12.70	54 018	54.40	－0.70	39 865	40.15	15.00
2002	112 103	12.90	5 868	5.23	8.80	57 092	50.90	5.70	49 143	43.84	23.30
2003	149 588	33.40	11 404	7.62	94.30	68 291	45.65	19.60	69 893	46.72	42.20
2004	151 328	1.20	18 241	12.05	60.00	70 019	46.27	2.50	63 068	41.68	－9.80
2005	171 619	13.40	20 705	13.50	13.51	78 137	45.53	11.60	72 777	42.41	15.40
2006	223 860	30.40	25 077	11.20	21.10	106 312	47.49	36.10	92 471	41.31	27.10
2007	301 632	34.70	31 945	10.59	27.40	148 391	49.20	39.60	121 296	40.21	31.20
2008	352 406	16.83	46 590	13.22	45.84	175 169	49.71	18.05	130 647	37.07	7.71
2009	501 786	42.39	65 391	13.03	40.35	202 113	40.28	15.38	234 282	46.69	79.32
2010	740 626	47.60	79 767	10.77	21.98	342 258	46.21	69.34	318 601	43.02	35.99
总累计	3 385 197	—	336 135	9.93	—	1 699 569	50.21	—	1 349 493	39.86	—

在全国各地的专利获权数量中，广东、浙江、江苏、山东、上海、北京、台湾、四川、辽宁 9 个省（区、市）最多。到 2010 年底，这些省（区、市）的累计专利获权量都在 10 万件以上。

表2-4　全国各省区1985—2010年专利授予量统计

排　序	省(区、市)	累计(件)	占国内申请(%)	排　序	省(区、市)	累计(件)	占国内授权(%)
1	广东	574 411	16.97	18	安徽	50 983	1.51
2	浙江	425 334	12.57	19	陕西	48 326	1.43
3	江苏	407 384	12.04	20	吉林	36 306	1.07
4	山东	235 052	6.95	21	云南	26 676	0.79
5	上海	225 052	6.65	22	山西	26 563	0.78
6	北京	188 545	5.57	23	广西	26 335	0.78
7	台湾	180 157	5.32	24	江西	26 314	0.78
8	四川	124 358	3.67	25	香港	25 020	0.74
9	辽宁	120 530	3.56	26	贵州	17 586	0.52
10	福建	88 887	2.63	27	新疆	17 024	0.50
11	河南	81 729	2.41	28	内蒙古	15 854	0.47
12	湖北	77 641	2.29	29	甘肃	12 305	0.36
13	湖南	76 061	2.25	30	宁夏	5 907	0.17
14	河北	69 199	2.04	31	海南	5 040	0.15
15	天津	60 022	1.77	32	青海	2 485	0.07
16	黑龙江	53 853	1.59	33	西藏	835	0.02
17	重庆	52 493	1.55	34	澳门	205	0.01

截至2010年底，东部地区累计专利申请与授权量分别占全国的75.59%和76.95%，中部地区累计专利申请与授权量分别占11.26%和10.02%，西部地区累计专利申请与授权量分别占10.13%和10.34%。从国内各省（区、市）的专利申请、授权总累计分析可以看出，经济发达的东部、中部地区专利申请与授权均处于较领先的地位。

表2-5　1985—2010年东、中、西部地区累计专利申请与授权状况表

地　区	申请量(件)	占全国比重(%)	授权量(件)	占全国比重(%)
全国	6 018 774	—	3 385 197	—
东部	4 549 685	75.59	2 604 838	76.95
中部	677 728	11.26	339 291	10.02
西部	609 661	10.13	350 184	10.34

近年来，西部地区与东、中部地区的专利申请量和专利获权量的差距不断加大。2007年，东部地区专利申请量占全国的77.2%，中部地区占13.8%，西部地区仅占9%。

表 2 – 6　2007 年东、中、西部地区专利申请与授权状况表

地　区	申请量(件)	占全国比重(%)	授权量(件)	占全国比重(%)
全国	561 300	—	283 704	—
东部	434 129	77.2	228 318	80.5
中部	76 230	13.8	33 695	11.8
西部	50 941	9	21 691	7.7

注：资料来源《中国知识产权报》(2008 年 1 月 11 日)。

（二）国外大量在中国获取专利，国内创新空间受到制约

1985—2010 年的 25 年间，国外在中国累计申请专利 1 037 046 件，其中：发明、实用新型、外观设计三种专利申请量分别为 895 316 件、16 783 件、124 947 件，所占比例分别为 86.33%、1.62%、12.05%。

表 2 – 7　国外在中国三种专利年申请情况

年　度	当年(件)	增长率(%)	发明(件)	构成(%)	增长率(%)	实用新型(件)	构成(%)	增长率(%)	外观设计(件)	构成(%)	增长率(%)
1985—2000	193 567	—	169 866	87.76	—	2 519	1.30	—	21 182	10.94	—
2001	37 800	24.60	33 166	87.74	25.60	447	1.18	26.30	4 187	11.08	16.70
2002	47 087	24.60	40 426	85.85	21.90	973	2.07	117.70	5 688	12.08	35.90
2003	57 249	21.60	48 549	84.80	20.10	1 273	2.22	30.80	7 427	12.97	30.60
2004	74 864	30.80	64 347	85.95	32.50	1 247	1.67	–2.00	9 270	12.38	24.80
2005	93 107	24.40	79 842	85.75	24.10	1 481	1.59	18.80	11 784	12.66	27.10
2006	102 836	10.40	88 172	85.74	10.40	1 369	1.33	–7.60	13 295	12.93	12.80
2007	107 419	4.50	92 101	85.74	4.50	1 325	1.23	–3.21	13 993	13.03	5.30
2008	111 184	3.50	95 259	85.68	3.43	1 641	1.48	23.85	14 284	12.85	2.08
2009	99 075	–10.89	85 477	86.28	–10.27	1 910	1.93	16.39	11 688	11.80	–18.17
2010	112 858	13.91	98 111	86.93	14.78	2 598	2.30	36.02	12 149	10.76	3.94
总累计	1 037 046	—	895 316	86.33	—	16 783	1.62	—	124 947	12.05	—

1985—2010 年的 25 年间，国外在中国累计获得专利授权 512 888 件，其中：发明、实用新型、外观设计专利授权量分别为 385 671 件、13 644 件、113 623 件，所占比例分别为 75.20%、2.66%、22.15%。

国外在中国申请的专利中，发明专利申请占了绝大部分，其比例高于国内发明专利申请所占比例 62.49 个百分点，表明国外专利申请的整体技术水平远高于国内。

表 2－8　国外在中国三种专利年授权情况

年　度	当年（件）	增长率（%）	发明（件）	构成（%）	增长率（%）	实用新型（件）	构成（%）	增长率（%）	外观设计（件）	构成（%）	增长率（%）
1985—2000	55 414	—	35 377	63.84	—	2 083	3.76	—	17 954	32.40	—
2001	14 973	48.10	10 901	72.80	67.60	341	2.28	1.50	3 731	24.92	14.20
2002	20 296	35.60	15 605	76.89	43.20	392	1.93	15.00	4 299	21.18	15.20
2003	32 638	60.80	25 750	78.90	65.00	615	1.88	56.90	6 273	19.22	45.90
2004	38 910	19.20	31 119	79.98	20.90	604	1.55	－1.80	7 187	18.47	14.60
2005	42 384	8.90	32 600	76.92	4.80	1 212	2.86	100.70	8 572	20.22	19.30
2006	44 142	4.10	32 709	74.10	0.30	1 343	3.04	10.80	10 090	22.86	17.70
2007	50 150	13.60	36 003	71.79	10.10	1 645	3.28	22.50	12 502	24.93	23.90
2008	59 576	18.80	47 166	79.17	31.01	1 506	2.53	－8.45	10 954	18.39	－12.38
2009	80 206	34.63	63 098	78.67	33.78	1 689	2.11	12.15	15 419	19.22	40.76
2010	74 199	－7.49	55 343	74.59	－12.29	2 214	2.98	31.08	16 642	22.43	7.93
总累计	512 888		385 671	75.20		13 644	2.66		113 623	22.15	

从国外在中国的专利申请量来看，排名前 10 位的国家分别是：日本、美国、德国、韩国、法国、荷兰、瑞士、英国、意大利、瑞典，它们在中国的累计申请量都在 10 000 件以上。除意大利稍低外，其余国家的发明专利申请比例都在 84% 以上，而实用新型专利比例基本都在 2.5% 以下；反映了这些国家的科技创新能力和技术水平都很高的特点。其中，仅日本一国在中国的专利申请量就达到了 261 733 件，占国外在中国申请的 36.67%。

表 2－9　国外在中国专利申请排名前 10 位的国家

排　序	国　别	累计（件）	发明（件）	构成（%）	实用新型（件）	构成（%）	外观设计（件）	构成（%）
1	日本	261 733	222 479	85.00	3 833	1.46	35 421	13.53
2	美国	169 656	150 902	88.95	2 674	1.58	16 080	9.48
3	德国	61 742	55 125	89.28	459	0.74	6 158	9.97
4	韩国	58 572	50 887	86.88	1 392	2.38	6 293	10.74
5	法国	26 975	23 008	85.29	294	1.09	3 673	13.62
6	荷兰	25 446	23 403	91.97	65	0.26	1 978	7.77
7	瑞士	19 356	16 342	84.43	114	0.59	2 900	14.98
8	英国	16 315	13 809	84.64	233	1.43	2 273	13.93
9	意大利	11 393	8 429	73.98	184	1.62	2 780	24.40
10	瑞典	11 297	10 272	90.93	51	0.45	974	8.62

三、云南省专利发展水平偏低，差距较大

（一）专利申请量、授权量在全国比重较低，排位靠后

截至2007年，云南累计专利申请量达28 882件，居全国第23位，占国内申请总量的0.87%，年均增长17.75%。全省累计专利授权量17 909件，居全国第22位，占国内专利授权量的1.00%，年均增长27.60%。全省专利申请量、授权量均居西部12省（区、市）第4位。

到2010年，云南累计专利申请量达43 247件，占国内申请总量的0.72%，居全国第24位、西部地区第5位；累计获得专利授权量26 676件，占国内专利授权量的0.79%，居全国第21位、西部地区第4位。专利申请和获权量占全国的比例均有所下降，专利申请量在全国的排位下降了1位，而专利获权量在全国的排位上升了1位。

表2-10　“九五”以来云南省专利申请、授权量及增长情况

年　度	专利申请			专利授权		
	历年累计（件）	当年合计（件）	增长率（%）	历年累计（件）	当年合计（件）	增长率（%）
1996	7 261	1 290	34.50	3 874	602	5.80
1997	8 369	1 108	-14.10	4 566	692	15.00
1998	9 505	1 136	2.50	5 398	832	20.20
1999	10 750	1 245	9.60	6 583	1 185	42.40
2000	12 461	1 710	37.30	7 799	1 216	2.60
2001	14 255	1 793	4.90	9 147	1 347	10.80
2002	16 035	1 780	-0.70	10 275	1 128	-16.30
2003	18 001	1 966	10.45	11 488	1 213	7.54
2004	20 133	2 132	8.44	12 752	1 264	4.20
2005	22 689	2 556	19.89	14 133	1 381	9.26
2006	25 774	3 085	20.70	15 770	1 637	18.54
2007	28 882	3 108	0.75	17 909	2 139	30.67
2008	32 971	4 089	31.56	19 930	2 021	-5.52
2009	37 602	4 633	13.30	22 853	2 923	44.63
2010	43 247	5 645	21.84	26 676	3 823	30.79

（二）发明专利申请量比例偏低，专利技术总体水平不高

截至2007年，云南省累计专利申请28 882件，其中，发明专利申请7 248件，实用新型专利申请13 260件，外观设计专利申请8 374件，所占比例分别为25.10%、45.91%、28.99%。全省累计专利授权17 909件，其中发明专利申请2 144件，实用新型

专利申请 9 655 件，外观设计专利申请 6 110 件，所占比例分别为 11.97%、53.91%、34.12%。

表 2-11 云南三种专利申请、授权构成及年均增长情况

项目		申请			授权		
		发明	实用新型	外观设计	发明	实用新型	外观设计
1985—2007 年	累计数量（件）	7 248	13 260	8 374	2 144	9 655	6 110
	构成比例（%）	25.1	45.91	28.99	11.97	53.91	34.12
	年均增长率（%）	16.03	17.67	133.44	33.01	23.88	48.48
2006—2010 年	累计数量（件）	7 463	7 602	5 495	2 234	6 108	4 201
	构成比例（%）	36.30	36.97	26.73	17.81	48.70	33.49
1985—2010 年	累计数量（件）	12 684	18 686	11 877	3 655	14 057	8 964
	构成比例（%）	29.33	43.21	27.46	13.70	52.70	33.60
“九五”期间年均增长率		11.8	9.1	17.0	31.8	11.9	20.2
“十五”期间年均增长率		18.60	4.58	8.17	25.73	-0.74	2.58
“十一五”期间年均增长率		24.96	20.27	2.95	17.25	32.50	23.70

截至 2010 年，云南累计申请专利 43 247 件，其中发明专利申请 12 684 件，实用新型专利申请 18 686 件，外观设计专利申请 11 877 件，所占比例分别为 29.33%、43.21%、27.46%；累计获得专利授权 26 676 件，其中发明专利 3 655 件，实用新型专利 14 057 件，外观设计 8 964 件，所占比例分别为 13.70%、52.70%、33.60%。

“十一五”期间，云南累计申请专利 20 560 件，其中发明专利申请 7 463 件，实用新型专利申请 7 602 件，外观设计专利申请 5 495 件，所占比例分别为 36.30%、36.97%、26.73%；累计获得专利授权 12 543 件，其中发明专利 2 234 件，实用新型专利 6 108 件，外观设计专利 4 201 件，所占比例分别为 17.81%、48.70%、33.49%。

虽然较“十一五”前期和总累计情况相比，云南近年来的专利申请质量有所改善，发明专利申请和授权的比例均有较大的提高，但专利申请中的发明还是只占到约 36%、授权专利中发明只占到约 18%，发明专利申请量比例仍然偏低，专利技术总体水平还是较低。

（三）职务专利申请未占主导地位

截至 2007 年，云南省职务专利申请 9 757 件，占申请总量的 33.78%，职务专利授权 6 125 件，占授权总量的 34.20%。其中企业专利申请 6 331 件，占申请总量的 21.92%。非职务专利申请 19 125 件，占申请总量的 66.22%，非职务专利授权 11 784 件，占授权总量的 65.80%。2007 年全省职务专利申请比例为 41.4%，低于全国 47.1%的平均水平。

表 2-12 云南省各类申请主体专利申请构成及年均增长率（截至 2007 年 12 月）

申请主体与类型 / 申请构成与增长率	职务专利申请				非职务
	企　业	科研单位	高等院校	机关团体	个　人
总累计（件）	6 331	1 557	1 232	637	19 125
在申请总量中构成（%）	21.92	5.39	4.27	2.21	66.22
在职务申请总量中构成（%）	64.89	15.96	12.63	6.53	—
年均增长率（%）	21.01	14.35	21.53	39.02	21.34
“九五”期年均增长率（%）	13.60	16.10	18.20	-20.10	12.70
“十五”期年均增长率（%）	13.08	13.73	57.14	13.84	5.68

（四）企业运用专利的水平较低

2006 年对云南全省 1 567 家有专利申请的企业的调查结果显示，在云南，作为创新主体的企业，在运用知识产权方面的整体能力还较低，主要表现为：

一是企业专利申请量偏低。全省 14.6 万户工业企业，仅有 1.1% 的企业申请过专利。据 2006 年对全省 1 567 家申请过专利的企业调查，其中的 375 家企业共申请了 2 327 项专利，包括 570 项发明、847 项实用新型、910 项外观设计专利。

二是企业专利运用水平不高。云南省企业专利主要还是自己研发，自己利用，多数企业对知识产权制度的运用还停留于一般层面上，缺少利用专利技术进行股份经营、资本扩张、项目融资、市场拓展、对外合作等的知识产权战略选择，知识产权的价值，以及对经济的贡献作用还没有得到最大化的发挥。

表 2-13 云南企业专利实施情况表

	企业类别	控股形式	大　型	中小型	规模以下	合　计	其中高新技术企业数	合　计
申请专利的企业数（家）	外商控股企业	—	—	8	4	12	5	29
	港澳台商控股企业	—	1	12	1	14	6	34
	内资控股企业	国有控股	28	67	20	115	36	266
		集体控股	4	46	18	68	8	144
		私人控股	2	105	53	160	40	360
	合　计	—	35	238	96	369	95	833

续　表

	企业类别	—	未实施	仅自实施	仅许可他人实施	自实施并许可他人实施	权利转让	合　计
企业专利实施状况（件）	外商控股企业	—	20	32	—	4	—	56
	港澳台商控股	—	19	81	—	2	—	102
	内资控股企业	国有控股	173	948	6	31	5	1 163
		集体控股	52	179	11	8	—	250
		私人控股	66	644	1	25	5	738
	合　计	—	330	1 884	18	70	10	2 312

注：表中数据来源于2006年对云南全省1 567家申请过专利企业的调查结果。

四、云南专利发展基础条件薄弱，但潜力巨大

（一）云南省人均GDP较低，但有资源优势

统计数据显示，2007年，东部地区国内生产总值占全国的比重为64.2%，中部地区、西部地区国内生产总值占全国的比重分别为18.7%、17.1%。

表2－14　2006年国内生产总值（GDP）构成

地　区	东部地区	中部地区	西部地区
占全国GDP比例（%）	64.2	18.7	17.1
第一产业（%）	47.4	26.7	25.9
第二产业（%）	66.4	18.1	15.5
第三产业（%）	65.9	17.3	16.8

注：资料来源于《2007年中国统计年鉴》。

2010年，东部地区国内生产总值占全国的比重为53.0%，较2005年下降2.5个百分点；中部地区、西部地区国内生产总值占全国的比重分别为19.7%、18.7%，分别较2005年提高0.9和1.6个百分点，东北地区基本持平。①

2010年，云南的GDP在全国排第26位（人均第32位）、在西部地区排第6位（人均第10位），在国内或西部地区都属于经济欠发达地区。与西部多数省（区、市）一样，云南产业发展具有利用本地资源优势的特点，主要以农业、矿冶、能源等资源型产业为主，经济总量中的创新投入较低，高新技术改造传统产业的需求不足，导致自主创新缺乏动力，知识产权产出数量和质量不高，自主知识产权核心技术匮乏，知识产权产业化程度低，难以形成具有自主知识产权优势的产业链群和企业集群，人均GDP较低。

---

①　孙宗鹤："十一五"产业结构改善2010第三产业占比43%，载中国新闻网（http://finance.ce.cn/rolling）2011年3月1日。

表 2-15　2006 年、2010 年西部各省（区、市）GDP 与人均 GDP 排序表

GDP 排序	2006 年				2010 年			
	地　区	地区生产总值(亿元)	人均 GDP(元/人)	人均 GDP 排序	地　区	地区生产总值(亿元)	人均 GDP(元/人)	人均 GDP 排序
1	四川	8 637.81	10 573.89	7	四川	16 898	20 645	7
2	广西	4 828.51	10 232.06	9	内蒙古	11 655	48 121	1
3	内蒙古	4 791.48	19 989.49	1	陕西	10 022	26 569	3
4	陕西	4 523.74	12 111.75	4	广西	9 502	19 568	8
5	云南	4 006.72	8 937.59	10	重庆	7 894	27 611	2
6	重庆	3 491.57	12 434.37	3	云南	7 220	15 795	10
7	新疆	3 045.26	14 854.93	2	新疆	5 000	23 159	6
8	贵州	2 282	6 074	12	贵州	4 594	12 096	12
9	甘肃	2 276.7	8 736.38	11	甘肃	4 100	15 560	11
10	宁夏	710.76	11 767.55	5	宁夏	1 643	26 288	4
11	青海	641.58	11 707.66	6	青海	1 350	24 237	5
12	西藏	291.01	10 356.23	8	西藏	508	17 517	9
	合计	39 527.14	—	—	合计	80 386	—	—

尽管云南的工业基础薄弱，人均 GDP 不高，但随着产业发展方式的转变，有色金属、生物资源、水利水电等丰富的资源无疑将成为云南产业科技创新和知识产权创造的优势条件。

（二）云南省科技进步水平仍处于较低层次

1. 综合科技进步水平方面

根据科技部《科技统计报告》，2006 年，在西部 12 个省（区、市）中，陕西的综合科技进步水平指数为 44.70，居西部第 1 位、全国第 8 位；重庆的综合科技进步水平指数为 41.09，居西部第 2 位、全国第 12 位；云南的综合科技进步水平指数为 29.43，居西部第 10 位、全国第 29 位。除陕西、重庆、四川 3 省（市）外，其余 9 省（区、市）的综合科技进步水平指数均在全国排名 20 以后，青海、云南、贵州、西藏 4 省（区）位列全国后 4 位。

2010 年，陕西的综合科技进步水平指数为 56.83，居西部第 1 位、全国第 8 位，与 2006 年排位相同；重庆的综合科技进步水平指数为 51.16，居西部第 2 位、全国第 13 位，全国排位较 2006 年下降了 1 位；云南的综合科技进步水平指数为 37.50，在西部和全国的排位与 2006 年相同。

数据显示，近年来，西部地区各省（区、市）的综合科技进步水平指数在全国的排位变化不大，陕西、重庆、四川、甘肃 4 个省（市）在全国排位进入前 20 位，西部地区的综合科技进步水平总体上处于全国较低水平，而云南属于全国末 3 位的省（区、市）之一。

表 2-16　2006 年、2010 年西部各省（区、市）综合科技进步水平指数排序表

年　度	地　区	陕　西	重　庆	四　川	内蒙古	甘　肃	新　疆	宁　夏	广　西	青　海	云　南	贵　州	西　藏
2006	西部	1	2	3	4	5	6	7	8	9	10	11	12
	全国	8	12	14	21	22	23	25	26	28	29	30	31
2010	西部	1	2	3	6	4	5	8	9	7	10	11	12
	全国	8	13	16	21	17	20	27	28	22	29	30	31

2. 科技进步环境指数方面

根据国家科技部《科技统计报告》，2006 年，在西部 12 个省（区、市）中，内蒙古的科技进步环境指数为 48.71，居西部第 1 位、全国第 10 位；陕西的科技进步环境指数为 48.19，居西部地区第 2 位、全国第 11 位；云南的科技进步环境指数为 36.73，居西部地区第 10 位、全国第 29 位。云南、贵州、西藏、广西的科技进步环境指数都较低，科技进步水平处于全国的落后地位。

2010 年，陕西的科技进步环境指数为 64.30，居西部第 1 位、全国第 5 位，在全国的排位较 2006 年提升了 6 位；青海的科技进步环境指数提高也较大，在全国和西部的位次较 2006 年分别提升了 6 位和 1 位；而云南在全国和西部的位次却分别下降了 1 位。

数据显示，西部地区的整体科技进步环境较差且不均衡，有半数的省（区、市）在全国的科技进步环境指数排名中都在 20 位以后，云南的科技进步环境指数长期处于全国最后 3 位之列，科技进步环境非常差。

表 2-17　2006 年、2010 年西部各省（区、市）科技进步环境指数排序表

年　度	地　区	内蒙古	陕　西	青　海	新　疆	四　川	重　庆	宁　夏	甘　肃	广　西	云　南	贵　州	西　藏
2006	西部	1	2	3	4	5	6	7	8	9	10	11	12
	全国	10	11	14	16	17	18	19	20	23	29	30	31
2010	西部	3	1	2	4	7	6	5	8	10	11	9	12
	全国	10	5	8	12	21	19	17	22	29	30	28	31

3. 科技投入指数方面

根据国家科技部《科技统计报告》，2006 年，在西部 12 个省（区、市）中，陕西科技活动投入指数为 58.20，居西部第 1 位、全国第 4 位；重庆科技活动投入指数为 41.80，居西部第 2 位、全国第 12 位；云南科技活动投入指数为 21.96，居西部第 9 位、全国第 27 位。

2010 年，陕西科技活动投入指数为 57.68，居西部第 1 位、全国第 8 位，在全国的排位较 2006 年下降了 4 位；重庆科技活动投入指数为 52.72，居西部第 2 位、全国第 10 位，在全国的排位较 2006 年提升了 2 位；云南科技活动投入指数为 27.82，居西部第 11 位、全国第 29 位，在全国和西部的排位均下降了 2 位。

数据显示，西部地区的整体科技投入水平较低且极不均衡，12 个省（区、市）中的

8个在全国的排位都在20位以后，而云南在科技投入方面更是排全国倒数第二，属于全国科技投入水平非常落后的省（区、市）之一。

表2-18　2006年、2010年西部各省（区、市）科技活动投入指数排序表

年度	地区	陕西	重庆	四川	甘肃	宁夏	内蒙古	贵州	青海	云南	新疆	广西	西藏
2006	西部	1	2	3	4	5	6	7	8	9	10	11	12
	全国	4	12	14	17	18	24	25	26	27	28	29	31
2010	西部	1	2	3	4	5	7	10	8	11	9	6	12
	全国	8	10	17	18	22	24	27	25	29	26	23	31

2006年，西部地区全社会R&D经费投入总量357.5亿元，比2000年增长了60.6%，经费投入总量已接近中部地区（361.2亿元），但与东部地区的差距仍然较大，仅为其15.7%。云南省全社会R&D投入强度仅为0.52%。

表2-19　2006年西部各省（区、市）研究与试验发展经费支出情况表

地区	R&D经费支出(亿元)	全国位次	R&D占GDP的比重(%)	全国位次
全国	3 003.1	—	1.42	—
四川	107.8	8	1.25	7
陕西	101.4	9	2.24	3
重庆	36.9	20	1.06	9
甘肃	24.0	22	1.05	10
云南	20.9	23	0.52	26
广西	18.2	24	0.38	27
内蒙古	16.5	25	0.34	28
贵州	14.5	26	0.64	25
新疆	8.5	27	0.28	29
宁夏	5.0	28	0.70	23
青海	3.3	29	0.52	26
西藏	0.5	31	0.17	31

4. 科技活动产出方面

根据国家科技部《科技统计报告》，2006年，在西部12个省（区、市）中，重庆科技活动产出指数为39.49，居西部第1位、全国第8位；陕西科技活动产出指数为38.76，居西部第2位、全国第9位；云南科技活动产出指数为29.19，居西部第4位、全国第14位。

2010年，陕西的科技产出指数为55.24，居西部第1位、全国第4位，在全国的排位较2006年提升了5位；甘肃的科技产出指数为45.90，居西部第2位、全国第7位，在全国的排位较2006年提升了11位；而云南在全国和西部的排位均明显下降，居西部第8

位、全国第22位，在全国的排位较2006年下降了8位。

数据显示，西部地区有少数省（区、市）的科技产出水平较高，特别是有半数省（区、市）的科技产出能力在“十一五”期间有较大的提高，其中陕西的科技产出水平提高最大，但西部地区的整体科技产出能力仍然处于全国较低水平。云南的科技产出能力在“十一五”初还处于全国中等水平，但“十一五”期间有较大的下降而处于全国落后水平。

表2-20　2006年、2010年西部各省（区、市）科技活动产出指数排序表

年　度	地　区	重　庆	陕　西	新　疆	云　南	四　川	甘　肃	青　海	宁　夏	广　西	西　藏	贵　州	内蒙古
2006	西部	1	2	3	4	5	6	7	8	9	10	11	12
	全国	8	9	11	14	17	18	21	22	25	28	30	31
2010	西部	3	1	4	8	6	2	5	11	9	12	7	10
	全国	9	4	12	22	19	7	13	30	24	31	21	28

5. 高新技术产业化方面

根据国家科技部《科技统计报告》，2006年，在西部12个省（区、市）中，四川的高新技术产业化指数为36.41，居西部第1位、全国第8位；重庆高新技术产业化指数为33.36，居西部第2位、全国第9位；云南居西部第9位、全国第24位。

2010年，四川的高新技术产业化指数为56.75，居西部第1位、全国第6位，在全国的排位较2006年提升了2位；重庆的高新技术产业化指数为48.91，居西部第2位、全国第11位，在全国的排位较2006年下降了2位；云南在全国和西部的排位也有所上升，居西部第8位、全国第20位。

数据显示，西部地区各省（区、市）的高新技术产业化指数在“十一五”期间有升有降，其中西藏进步最大，甘肃下降最大，而云南也有一定的下降。在西部地区，高新技术产业化整体上仍处于偏低水平，而云南处于全国落后地位。

表2-21　2006年、2010年西部各省（区、市）高新技术产业化指数排序表

年　度	地　区	四　川	重　庆	贵　州	陕　西	西　藏	广　西	内蒙古	甘　肃	云　南	青　海	宁　夏	新　疆
2006	西部	1	2	3	4	5	6	7	8	9	10	11	12
	全国	8	9	15	16	17	18	22	23	24	27	30	31
2010	西部	1	2	4	5	3	6	7	10	8	9	12	11
	全国	6	11	16	19	13	21	25	28	26	27	30	29

6. 科技促进经济社会发展方面

根据国家科技部《科技统计报告》，2006年，在西部12个省（区、市）中，内蒙古的科技促进经济社会发展指数为47.72，居西部第1位、全国第15位；广西科技促进经济社会发展指数为47.36，居西部第2位、全国第17位；云南居西部第9位、全国第28位。

2010年，内蒙古的科技促进经济社会发展指数为67.78，居西部第1位、全国第10

位，在全国的排位较2006年提升了5位；陕西的科技促进经济社会发展指数为62.69，居西部第2位、全国第17位，在全国的排位较2006年提升了2位；云南在全国和西部的排位也有所上升，居西部第8位、全国第26位。

数据显示，西部地区多数省（区、市）的科技促进经济社会发展指数在“十一五”期间都没有太大的变化，其中内蒙古和新疆的进步最为突出，分别较2006年提高了5位和6位；而云南的科技在促进经济社会发展中的作用也有一定的提高。但在西部地区，科技对经济社会发展的贡献率整体上仍属于偏低水平，云南也处于全国落后地位。

表2－22　2006年、2010年西部各省（区、市）科技促进经济社会发展指数排序表

年　度	地　区	内蒙古	广　西	陕　西	重　庆	四　川	新　疆	宁　夏	甘　肃	云　南	青　海	贵　州	西　藏
2006	西部	1	2	3	4	5	6	7	8	9	10	11	12
	全国	15	17	19	20	22	25	26	27	28	29	30	31
2010	西部	1	5	2	4	7	3	6	9	8	10	12	11
	全国	10	22	17	21	24	19	23	27	26	29	31	30

（三）云南省专利发展具有较大潜力和空间

西部12省（区、市）在我国的东、中、西部三个区域经济板块中同属于经济社会发展相对滞后的省份，同时，各省（区、市）的科技与经济社会发展还存在着差异，导致各省（区、市）知识产权发展的不平衡性。统计资料表明，从专利和商标两个类别的产出数量和质量方面来看，西部地区的知识产权水平可划分为三个层次：

第一层次：四川省、陕西省和重庆市。这3个省（市）的知识产权数量指标（专利与商标）在西部均名列前茅。其中，四川省创新、创造能力显著，专利申请、授权量和商标注册量超过了东部个别省（市）。

第二层次：云南、广西、贵州、新疆、内蒙古。近年来，这些省（区）知识产权事业有了长足发展，并继续保持着良好发展势头，知识产权综合能力不断提高。

第三层次：甘肃、宁夏、青海、西藏。由于受科技、经济、社会发展等诸多条件的制约，这4个省（区）的知识产权发展在西部相对滞后。

总之，目前云南的专利及相关知识产权发展处于中等水平，随着地方经济的发展，知识产权将具有较大的潜力和发展空间。

表2－23　西部省（区、市）累计专利数量统计表

省　份	1985—2007年				1985—2010年	
	专利申请量	专利授权量	发明专利申请量	发明专利申请授权量	专利申请量	专利授权量
四川	104 944	58 645	20 437	4 635	202 439	124 358
陕西	52 795	27 831	13 895	3 525	103 090	48 326
重庆	44 717	28 092	7 002	1 336	89 293	52 493

续　表

省　份	1985—2007 年				1985—2010 年	
	专利申请量	专利授权量	发明专利申请量	发明专利申请授权量	专利申请量	专利授权量
广西	32 278	17 758	6 509	1 155	45 556	26 335
云南	28 882	17 909	7 248	2 144	43 247	26 676
贵州	20 425	10 688	5 683	1 133	31 486	17 586
新疆	19 801	11 203	3 485	773	28 643	17 024
内蒙古	19 297	10 936	4 087	820	26 905	15 854
甘肃	15 310	8 116	4 759	1 103	23 715	12 305
宁夏	6 209	3 310	1 268	336	9 311	5 907
青海	3 213	1 625	869	210	4 729	2 485
西藏	544	327	135	30	1 247	835
合计	348 415	196 440	75 377	17 200	609 661	350 184

五、我国加快实施知识产权战略带来机遇

（一）近年来我国实施了系列关于知识产权的重大政策和措施

一是知识产权被纳入党和国家大政方针。党的十六大报告明确提出全面建设小康社会的奋斗目标，并提出要“完善知识产权保护制度”，“鼓励科技创新，在关键领域和若干科技发展前沿掌握核心技术和拥有一批自主知识产权”。党的十七大报告进一步提出“实施知识产权战略”，把实施知识产权战略作为建设创新型国家，调整和优化产业结构、转变经济发展方式的战略举措。

二是国家积极推进实施专利战略。国家科教领导小组第十次会议明确提出要实施“人才、专利、标准”三大战略。明确提出：要积极实施专利战略，加快专利审批速度，通过提高我国原创性发明专利申请的数量和质量，增强我国科技、经济的竞争力；要强化知识产权管理，抓紧研究制订具体政策和工作方案，提高我国自主知识产权的竞争能力。

三是国家将知识产权纳入国家中长期科学和技术发展规划。2006 年，国务院关于实施《国家中长期科学和技术发展规划纲要（2006—2020 年）》若干配套政策的通知，明确要求要掌握关键技术和重要产品的自主知识产权，要积极参与制定国际标准、推动以我国为主形成技术标准，要切实保护知识产权，要建立重大经济活动的知识产权特别审查机制，要求加强技术性贸易措施体系建设。

四是科技部制定了加强科技工作知识产权管理和保护的政策，对国家科技计划的知识产权管理和保护进行了规范。2002 年以来，科技部及有关部门先后制定了《关于国家科研计划项目研究成果知识产权管理若干规定》、《关于加强国家科技计划知识产权管理工作的规定》，并在国家科技计划项目的申请、立项、执行、验收及监督管理中全面落实专利战略，把专利权、植物新品种、计算机软件著作权、技术秘密等知识产权的取得、保护

和运用作为科技计划管理的重要内容，以提高国家科技计划项目创新起点，实现技术跨越发展，取得更多自主知识产权，增强国家在科技经济中的核心竞争力。

（二）国务院发布《国家知识产权战略纲要》

2008 年 4 月 9 日，国务院常务会议审议并原则通过了《国家知识产权战略纲要》。6 月 5 日，国务院发布了《国家知识产权战略纲要》。这是中国知识产权制度发展史上的一个新的里程碑，标志着中国知识产权事业进入了一个新的发展时期。《国家知识产权战略纲要》共分序言、指导思想和战略目标、战略重点、专项任务、战略措施五个部分。

纲要指出：大力开发和利用知识资源，对于转变经济发展方式，缓解资源环境约束，提升国家核心竞争力，满足人民群众日益增长的物质文化生活需要，具有重大战略意义。

国家知识产权战略的指导思想是，以激励创造、有效运用、依法保护、科学管理为方针，着力完善知识产权制度，积极营造良好的知识产权法治环境、市场环境、文化环境，大幅度提升我国知识产权创造、运用、保护和管理能力，为建设创新型国家和全面建设小康社会提供强有力支撑。

国家知识产权战略的重点，一是完善知识产权制度，健全知识产权执法和管理体制，进一步完善知识产权法律法规，强化知识产权在经济、文化和社会政策中的导向作用；二是促进知识产权创造和运用，运用财政、金融、投资、政府采购政策和产业、能源、环境保护政策，引导和支持市场主体创造和运用知识产权，推动企业成为知识产权创造和运用的主体；三是加强知识产权保护，加大司法惩处力度，降低维权成本，提高侵权代价，有效遏制侵权行为；四是防止知识产权滥用，制定相关法律法规，合理界定知识产权的界限，维护公平竞争的市场秩序和公众合法权益；五是培育尊重知识、崇尚创新、诚信守法的知识产权文化。

纲要明确了专利、商标、版权、商业秘密、植物新品种、特定领域知识产权、国防知识产权等专项任务，并提出了提升知识产权创造能力、鼓励知识产权转化运用、加快知识产权法制建设、提高知识产权执法水平、加强知识产权行政管理、发展知识产权中介服务、加强知识产权人才队伍建设、推进知识产权文化建设、扩大知识产权对外交流合作等九项战略措施。

（三）云南重点产业发展迫切需要专利支撑

据《云南省“十一五”新型工业化发展纲要》，云南工业进入新的发展时期。“十一五”期间，云南工业经济经历了止跌回升、恢复增长、提质增效、稳定发展的阶段，工业主导作用显著增强；结构明显改善，优势产业发展壮大；改革逐步深化，各类企业活力增强；工业投资加大，技术创新能力提升；资源配置优化，循环经济不断推进；园区建设步伐加快，集群发展实现突破；经济运行监测强化，宏观调控体系逐步完善，全省工业经济正朝着又快又好的方向发展。

“十二五”是云南产业实现又好又快发展的重要战略机遇期。从国际看，世界经济全球化和区域经济一体化进程加速，中国经济与世界经济的相互依存度越来越大，国际产业升级和转移速度加快，我国正在成为世界制造业中心。从国内看，我国经济正处于快速增长阶段，同时也将是工业化、城镇化加速发展时期。国家将继续实施西部大开发战略，加快推进建设中国—东盟自由贸易区、“泛珠三角”区域合作、南向互利合作和面向西南开放重要桥头堡，新的区域经济发展格局正在形成。市场在资源配置中的基础性作用增强。

经济结构战略性调整向纵深发展，产业结构、所有制结构不断优化升级的趋势愈加明显。从省内看，“十二五”时期，全省将进入年生产总值超万亿元、人均 GDP 3 000 美元的加快发展期[①]，社会需求对经济增长的拉动作用增强。经过努力，全省新型工业化已有较好的基础，能源制约矛盾逐步缓解，一批重点项目相继投产，大企业竞争力明显增强，加快发展的有利条件较多。

但同时，全省工业经济发展也面临不少困难和问题。世界经济发展的不确定因素、我国加入 WTO 过渡期结束后的激烈竞争，以及加快发展面临更加复杂、更为突出的矛盾和问题，都可能给全省工业经济发展带来负面影响。特别是由于云南工业经济发展长期滞后，一些深层次矛盾和问题仍待进一步解决。

一是工业经济总量小。2005 年，全省规模以上工业增加值占全国规模以上工业增加值的比重仅为 1.5% 左右，工业增长速度低于全国平均水平 8 个百分点。

二是结构不合理。烟草产业“一枝独秀”现象仍较明显，资源型加工产业仍占主导地位，新兴产业和高新技术产业发展缓慢，高技术含量、名牌产品和自主创新产品少，国有经济比重大，非公经济、中小企业、乡镇企业发展不足，竞争力较弱。

三是区域发展不协调。2005 年，昆明、玉溪、红河、曲靖、楚雄、大理、昭通 7 州（市）规模以上工业增加值占全省同口径企业的 90%，其余 9 个州（市）仅占 10%。

四是增长方式粗放。除烟草外，冶金、化工、建材、机械等传统产业总体工艺水平有待进一步提高外，部分重要矿产资源接替不足，“高投入、高消耗、高排放、低效益”的问题较为突出，落后产能的治理整顿任务艰巨。

五是“瓶颈”制约短期内难以根本改善。部分能源与原材料持续紧缺，出省物资运力更趋紧张。

解决以上问题的根本出路是提高自主创新能力，推进产业结构调整和转变发展方式，提高产业和区域竞争力。提高自主创新能力，关键是要在重点产业掌握一批核心技术，拥有一批自主知识产权，造就一批科技水平高、在国内外具有竞争力的企业和品牌。《中共云南省委　云南省人民政府关于大力加强自主创新促进云南经济社会全面发展的决定》（云发〔2005〕16 号）指出：“实施提升重点产业核心竞争力创新行动。围绕全省 10 个重点产业技术升级和核心竞争力提升，通过集成创新和在引进先进技术基础上的消化吸收创新，掌握一批具有自主知识产权的产业发展核心技术，加快新型工业化进程”。

专利是自主知识产权的核心，在重点产业掌握一批核心技术，拥有一批自主知识产权，核心就是要拥有一批专利，主要是发明专利申请。十大重点产业，对云南经济发展具有决定性作用，对自主知识产权拥有程度和自主知识产权产品的市场占有份额，是获得市场竞争主动权、保障产业持续健康发展的重要条件。在当前激烈的国际、国内经济竞争环境中，制定与实施重点产业专利战略，是提高重点产业知识产权的创造、运用、保护和管理能力的重要途径，是提升重点产业自主创新能力和核心竞争力的重要举措。

① 去年云南人均 GDP 约 2 952 美元，载《生活新报》，http：//www. shxb. net/html/，2012/2/4。

第二节 云南重点产业专利基本状况与基本评价

云南重点发展的十大产业为烟草及其配套、能源、冶金、化工、机械、信息、建材、医药、农特产品加工和造纸。下面对这些产业涉及的技术领域进行专利检索和分析，并就不同产业技术领域的专利进行比较，揭示云南重点产业专利申请状况、基本分布、在全国所处的地位及存在的问题。

一、云南重点产业专利申请状况

（一）烟草及其配套产业技术领域

1. 烟草及其配套产业技术领域专利申请状况

1985—2010 年期间，国内烟草及其配套技术领域累计申请发明与实用新型专利 11 036 件。其中发明专利申请 4 582 件，实用新型专利 6 454 件，发明与实用新型专利申请数量比为 0. 71∶1。在此期间，烟草产业技术领域国外申请的中国专利有 1 267 件，国内申请占全部中国专利申请的 89. 70%，国外申请的中国专利占 10. 30%，国内的专利申请占主导地位。

2006—2011 年期间，国内烟草及其配套技术领域累计共申请发明与实用新型专利 6 922 件，其中发明专利申请 2 882 件，实用新型专利申请 4 040 件，发明与实用新型专利申请数量比为 0. 71∶1。这一时期烟草产业技术领域的国内专利申请比例持续上升，而国外在中国的申请量却快速下降，国内申请所占比例上升到了 93. 59%，国外在中国的申请比例却下降到了 6. 41%。

2. 烟草及其配套产业技术领域专利申请总体状况

1985—2010 年期间，在烟草及其配套技术领域，云南累计申请发明与实用新型专利 959 件，占全国申请量的 8. 69%，远远高于全国各省（区、市）平均 3% 的比例。其中发明专利申请 438 件，占全国发明专利申请量的 9. 56%；实用新型专利申请 521 件，占全国实用新型专利申请的 8. 07%；发明与实用新型专利申请数量比为 0. 84∶1。累计申请量在国内各省（区、市）和西部地区排名均为第一，表明云南在国内烟草产业技术领域拥有明显的技术创新和专利创造优势。

3. “十一五”前后云南烟草产业技术领域专利申请状况

2000—2005 年期间，在烟草及其配套技术领域，云南累计申请发明与实用新型专利 248 件，占全国申请量的 9. 01%。其中发明专利申请 88 件，占全国发明专利申请量的 6. 87%；实用新型专利申请 160 件，占全国实用新型专利申请的 10. 87%；发明与实用新型专利申请数量比为 0. 55∶1。累计申请量在国内各省（区、市）和西部地区排名均为第一。

2006—2011 年期间，在烟草及其配套技术领域，云南累计申请发明与实用新型专利 791 件，占全国申请量的 11. 43%。其中发明专利申请 438 件，占全国发明专利申请量的 15. 20%；实用新型专利申请 353 件，占全国实用新型专利申请的 8. 74%；发明与实用新型专利申请数量比为 1. 24∶1。累计申请量在国内各省（区、市）和西部地区排名仍为第一。

“十一五”以来，云南烟草产业技术领域的专利申请数量和质量均较前期大幅提升，发明与实用新型专利申请数量比较前期有较大提高且高于全国整体水平，专利申请结构进一步优化，专利申请占全国比例提高明显，年专利申请量突破了190件，累计专利申请量持续保持全国和西部第一，产业技术创新和专利创造能力得到了明显的提高。

4. 云南烟草产业技术领域专利申请的技术分布

据对1985—2007年期间的专利信息数据分析结果显示，云南在烟草及其配套技术领域的累计发明与实用新型专利申请中，烟草与制烟技术专利申请占63%的比例，雪茄与纸烟技术占16%，烟草机械占11%，吸烟用品占10%。

数据表明，云南烟草及其配套产业的技术创新和专利创造活动主要集中于烟草与制烟工艺技术领域，而烟草设备方面的申请比例相对较少，特别是大型成套系统设备和智能化控制技术方面的自主创新成果和专利申请数量较少，关键技术和大型成套设备引进较多，应在加大消化吸收再创新方面多做工作。

5. 云南烟草产业技术领域专利创造与技术创新能力基本评价

在烟草及其配套产业相关技术领域，云南的专利申请数量与质量方面都有较好的表现，特别是近年来，年申请量快速增长，专利申请量占全国的比例持续提升，累计专利申请量在全国和西部地区均排名第1位，发明与实用新型专利申请的数量比高于全国整体水平，显示了云南烟草产业技术领域的技术创新与专利创造实力。

但同时，云南烟草产业技术领域的专利申请基数还是不高，存在与产业发展规模和速度不配套的现象，专利申请的技术分布也不均衡，烟草加工工艺和产品方面偏多，而大型成套设备和智能化控制技术相对较少，一些关键技术仍然依赖进口。进一步提高科技创新投入，提高重点企业技术创新能力，加大产业重大关键技术的研发力度，是保持云南烟草及其配套产业技术领先优势，提高发展效率的重要保障。

（二）能源产业技术领域

1. 全国能源产业技术领域专利申请状况

1985—2010年期间，国内能源技术领域累计共申请发明与实用新型专利申请265 172件。其中发明专利申请116 426件，实用新型专利申请148 710件，发明与实用新型专利申请数量比为0.78∶1。在此期间，能源技术领域国外申请的中国专利有60 518件，国内申请占全部中国专利申请的81.42%，国外申请占全部中国专利申请的18.58%，国内的专利申请占主导地位。

2006—2011年期间，国内能源技术领域累计共申请发明与实用新型专利202 459件，其中发明专利申请80 264件，实用新型专利申请122 195件，发明与实用新型专利申请数量比为0.66∶1。这一时期能源产业技术领域的国内专利申请比例快速上升，而国外在中国的申请量连续下降，国内申请所占比例上升到了84.05%，国外在中国的申请比例却下降到了15.95%。

2. 云南能源产业技术领域整体专利申请状况

1985—2010年期间，云南在能源产业技术领域累计申请发明与实用新型专利申请2 133件，占国内的0.80%，占全国各省（区、市）平均的27.35%，其中发明专利申请523件，占国内的0.45%；实用新型专利申请1 610件，占国内的1.08%；发明与实用新型专利申请数量比为0.32∶1，低于全国整体水平；年申请量达到405件，累计申请量在国内省（区、市）排名第24位、西部地区排名第5位。

数据显示，云南能源产业相关技术领域的专利申请有一定的数量积累，但发明专利申请所占比例明显偏低，累计申请量占全国的比例很低，申请量在全国和西部地区的排位靠后，专利创造与申请工作在全国总体上处于滞后地位。

3.“十一五”前后云南能源产业技术领域专利申请状况

2000—2005年期间，在能源技术领域，云南累计申请发明与实用新型专利471件，占全国申请量的0.59%。其中发明专利申请101件，占全国发明专利申请量的0.25%；实用新型专利申请370件，占全国实用新型专利申请量的0.96%；发明与实用新型专利申请数量比为0.27:1。

2006—2011年期间，在能源技术领域，云南累计申请发明与实用新型专利申请1 352件，占全国申请量的0.67%。其中发明专利申请460件，占全国发明专利申请量的0.57%；实用新型专利申请892件，占全国实用新型专利申请的0.73%；发明与实用新型专利申请数量比为0.52:1。专利申请量的增长幅度高于全国整体水平，累计申请量在国内省（区、市）排名第19位、西部地区排名第3位，较“十一五”前的第23位和5位均有明显提高。

“十一五”以来，云南能源产业技术领域的专利申请数量和质量均较前期有较大的提升，发明与实用新型专利申请数量比明显提高，专利申请结构得到了一定程度的改善，专利申请占全国比例有所提高，年专利申请量突破了400件，累计专利申请量在全国和西部的排位明显提高，产业技术创新和专利创造能力得到了较大的提高。

4. 云南能源产业技术领域专利申请的技术分布

据对1985—2007年期间的专利信息数据分析结果显示，云南的能源技术专利申请中，供热与通风技术占了59.93%的比例，发电、变电与配电技术占22.44%，石油、煤气与燃料技术占8.88%，电磁能技术占4%，化学能技术占2.92%，风能技术占1.36%，动植物油脂利用技术占0.34%，光能利用技术占0.07%。

数据表明，云南能源产业的技术创新主要集中在热能利用和发电、变电与配电技术领域，与云南确定的能源技术领域重点发展的技术方向大体上一致，与云南能源产业主要集中于电力和冶金工业余热利用的现实情况也相符。而云南在对生物质能、太阳能、化学能等新能源的开发利用技术方面却处于相对较弱的状态，不利于充分发挥云南丰富的生物、太阳能等资源优势，大力发展清洁能源和替代能源，从根本上解决能源短缺问题。

5. 云南能源产业技术领域专利创造与技术创新能力基本评价

近年来，云南在能源产业相关技术领域的专利申请量有较大增长，专利申请量的增长幅度高于全国整体水平，申请的质量有一定的改善，累计申请量在全国和西部地区的排位有明显的进步，年度专利申请量已经突破400件，产业技术创新和专利创造的实力得到了较大的提高。

但从整体来看，专利申请量占全国的份额较低且与国内各省（区、市）平均水平仍有较大的差距，累计专利申请量在全国排位靠后，发明申请所占比例偏低，专利申请的整体质量和创新的层次不高，专利申请的技术分布不合理，技术创新活动集中于发配电和热能利用技术方向，对生物质能、太阳能等清洁能源的技术开发相对滞后，亟待从战略角度提高对产业自主创新能力的认识和支持，推进产业结构优化升级。充分发挥云南在水电资源利用、工业余热利用、生物柴油制备与乙醇燃料等某些技术方向上的比较优势，争取在这些技术领域取得发展主动权，是云南能源产业专利战略的主要方向。

（三）冶金产业技术领域

1. 全国冶金产业技术领域专利申请状况

1985—2010 年期间，国内冶金产业技术领域累计共申请发明与实用新型专利申请 84 590 件。其中发明专利申请 63 244 件，实用新型专利申请 21 346 件，发明与实用新型专利申请数量比为 2. 96∶1。这一时期，冶金产业技术领域国外申请的中国专利有 24 307 件，国内申请占全部中国专利申请的 77. 68%，国外申请占全部中国专利申请的 22. 32%，专利申请以国内为主。

2006—2011 年期间，国内冶金产业技术领域累计共申请发明与实用新型专利 69 880 件，其中发明专利申请 47 059 件，实用新型专利申请 22 821 件，发明与实用新型专利申请数量比为 2. 06∶1。这一时期冶金产业技术领域的国内专利申请比例快速上升，而国外在中国的申请量则持续下降，国内申请所占比例上升到了 84. 49%，国外在中国的申请比例却下降到了 15. 51%。

2. 云南冶金产业技术领域整体专利申请状况

1985—2010 年期间，云南在冶金产业技术领域累计申请发明与实用新型专利 1 321 件，占国内的 1. 56%、占全国各省（区、市）平均的 53. 10%，其中发明专利申请 1 032 件，占全国的 1. 63%；实用新型专利申请 289 件，占国内的 1. 35%，发明与实用新型专利申请数量比为 3. 57∶1；年申请量达到 291 件，累计申请量在国内各省（区、市）排名第 19 位、西部地区排名第 5 位。

数据显示，云南在冶金产业技术领域的累计专利申请量达到了一定的规模，发明与实用新型专利申请的数量比较高，专利申请的质量和技术创新的层次均较高，但年度专利申请量偏低，占全国专利申请的份额也未达到全国平均水平，累计申请量在国内各省（区、市）和西部地区的排位靠后，整体技术创新和专利创造能力与繁荣的有色冶金产业极不协调，产业创新能力有待进一步提高。

3. “十一五”前后云南冶金产业技术领域专利申请状况

2000—2005 年期间，在冶金产业技术领域，云南累计申请发明与实用新型专利 256 件，占全国申请量的 1. 04%。其中发明专利申请 206 件，占全国发明专利申请量的 1. 03%；实用新型专利申请 50 件，占全国实用新型专利申请的 1. 09%；发明与实用新型专利申请数量比为 4. 12∶1。

2006—2011 年期间，在冶金产业技术领域，云南累计申请发明与实用新型专利申请 1203 件，占全国申请量的 1. 72%。其中发明专利申请 926 件，占全国发明专利申请量的 1. 97%；实用新型专利申请 277 件，占全国实用新型专利申请的 1. 21%；发明与实用新型专利申请数量比为 3. 34∶1。专利申请量的增长幅度高于同期全国整体水平，累计申请量在国内各省（区、市）排名第 15 位、西部地区排名第 3 位，与“十一五”前的排位持平。

“十一五”以来，云南冶金产业技术领域的专利申请数量均较前期有较大的提升，专利申请占全国的比例也明显提高，年专利申请量突破了 290 件，产业技术创新和专利创造能力得到了较大的提高；但发明与实用新型专利申请数量比有一定的下降，累计专利申请量在全国的排位只属中等水平，整体技术创新和专利创造能力有待进一步提高。

4. 云南冶金产业技术领域专利申请的技术分布

据对1985—2007年期间的专利信息数据分析结果显示，云南在冶金产业技术领域的专利申请中，黑色与有色金属冶金技术专利申请占57%的比例，铸造与粉末冶金技术专利申请占17%，电解工艺与设备技术专利申请占15%，金属材料镀覆技术专利申请占9%，其他技术专利申请占2%。

数据显示，云南冶金产业的技术创新集中于黑色与有色金属冶金、铸造与粉末冶金以及电解工艺与设备技术领域，这与云南确定的冶金产业技术领域重点发展的技术方向大体上是一致的，但在冶炼过程资源综合利用、冶金节能降耗生产、有色金属及稀贵金属新材料与特种成型加工、有色金属基复合材料制备加工、金属纳米粉体及金属基纳米复合材料制备、轻合金材料制备加工、硅系列材料及其制备加工技术、薄膜材料制备技术等领域，却存在着研发能力和技术水平相对较弱的现象，一定程度制约了云南冶金工业的发展。

5. 云南冶金产业技术领域专利创造与技术创新能力基本评价

近年来，云南冶金产业技术领域的专利申请量有较大的增长，累计申请量的增长幅度高于全国整体水平，年申请量突破了290件，专利申请占全国的比例有明显的提高，发明专利申请所占比例高于全国整体水平，技术创新的层次和专利申请的总体质量较高，产业技术创新和专利创造能力有较大的提高。

但从整体来看，云南冶金产业技术领域的累计专利申请量仍然达不到全国各省（区、市）平均水平，专利申请量在全国的排位持续处于中等位置，创新活动集中于传统的金属冶炼与材料成型技术方向，对有色金属新材料、薄膜材料制备、大型成套冶金设备等的技术开发相对滞后，产业技术创新和专利创造活动总体上属于全国中等水平。充分发挥云南有色金属资源优势和已经形成的技术基础，及时把握国内外冶金技术发展的方向，加强对复杂低品位矿选冶技术、高纯稀贵金属提取技术、ITO靶材新技术等核心关键技术研发的支持和布局，争取在这些技术领域获得发展的主动权，是云南冶金产业技术创新的发展方向。

（四）化工产业技术领域

1. 全国化工产业技术领域专利申请状况

1985—2010年期间，国内化工产业技术领域累计共申请发明与实用新型专利301 826件。其中发明专利申请282 638件，实用新型专利申请19 188件，发明与实用新型专利申请数量比为14.73∶1。化工产业技术领域国外申请的中国专利有92 765件，国内申请占全部中国专利申请的76.49%，国外申请占全部中国专利申请的23.51%，专利申请以国内为主。

2006—2011年期间，国内化工产业技术领域累计共申请发明与实用新型专利185 775件，其中发明专利申请165 694件，实用新型专利申请20 081件，发明与实用新型专利申请数量比为8.25∶1。这一时期化工产业技术领域的国内专利申请比例较“十五”期间有所上升，但与1985年来的累计比例相比变化不大，国内申请所占比例占74.98%，国外在中国的申请比例占25.02%。

2. 云南化工产业技术领域整体专利申请状况

1985—2010年期间，云南在化工产业技术领域累计申请发明与实用新型专利申请

2 676 件，占国内的 0. 89%、占全国各省（区、市）平均的 30. 14%，其中发明专利申请 2 392 件，占全国的 0. 85%；实用新型专利申请 284 件，占国内的 1. 48%，发明与实用新型专利申请数量比为 8. 42∶1；年申请量达到 550 件，累计申请量在国内各省（区、市）排名第 21 位、西部地区排名第 3 位。

数据显示，云南在化工产业技术领域的累计专利申请量较高，发明与实用新型专利申请的数量比很高，专利申请的质量和技术创新的层次均较高，但申请量占全国的份额仅达到全国平均水平的约 30%，累计申请量在国内各省（区、市）的排位靠后，整体技术创新和专利创造能力需进一步提高。

3. “十一五”前后云南化工产业技术领域专利申请状况

2000—2005 年期间，在化工产业技术领域，云南累计申请发明与实用新型专利 713 件，占全国申请量的 0. 65%。其中发明专利申请 658 件，占全国发明专利申请量的 0. 62%；实用新型专利申请 55 件，占全国实用新型专利申请的 1. 31%；发明与实用新型专利申请数量比为 11. 96∶1。

2006—2011 年期间，在化工产业技术领域，云南累计申请发明与实用新型专利申请 2 384 件，占全国申请量的 1. 28%。其中发明专利申请 2 104 件，占全国发明专利申请量的 1. 27%；实用新型专利申请 280 件，占全国实用新型专利申请的 1. 39%；发明与实用新型专利申请数量比为 7. 51∶1。专利申请量的增长幅度高于同期全国整体水平，累计申请量在国内省（区、市）排名第 14 位、西部地区排名第 2 位，较“十一五”前的第 18 位和第 3 位均有提高。

“十一五”以来，云南化工产业技术领域的专利申请数量均较前期有大幅度的提高，专利申请占全国的比例也明显提高，年专利申请量突破了 550 件，产业技术创新和专利创造能力得到了较大的提高；但发明与实用新型专利申请数量比有一定的下降，累计专利申请量在全国的排位只属中等水平，整体技术创新和专利创造能力一般。

4. 云南化工产业技术领域专利申请的技术分布

据对 1985—2007 年期间的专利信息数据分析结果显示，云南化工产业技术领域的专利技术分布结构中，生物化学技术专利申请占 32% 的比例，有机化学技术专利申请占 22%，无机化学技术专利申请占 15%，涂料与黏合剂技术专利申请占 9%，石油煤化工技术专利申请占 7%，化肥技术专利申请占 7%，油、脂与蜡技术专利申请占 4%。

数据表明，云南化工产业的技术创新集中于生物化学、有机化学与无机化学技术领域，而煤化工、化肥技术所占比例较低，与云南确定的化工产业技术领域重点发展的技术方向和产业集中度有不一致的地方。反映了云南虽在生物化工方面积累了一定的技术基础，但对磷化工、煤化工、盐化工技术的开发不够，不利于云南化工产业的发展。

5. 云南化工产业技术领域专利创造与技术创新能力基本评价

近年来，云南在化工产业相关技术领域的专利申请量大幅度增长，年申请量突破了 550 件，专利申请量占全国的比例有明显的提高，发明专利申请所占比例很高，产业技术创新和专利创造的层次较高，累计专利申请量在全国各省（区、市）的排位进入全国中等水平，产业技术创新和专利创造具备了一定的实力。

但从整体来看，云南化工产业技术领域的累计专利申请量大约只达到全国各省（区、市）平均水平的 30%，发明专利申请所占比例也低于全国整体水平且有下降的趋势，产业技术创新和专利创造活动总体上处于全国中等水平。此外，云南化工产业技术领域的专利技术分布不均衡，技术研发与专利创造活动集中于传统的有机、无机化学和生物化学方向，对磷化工、煤化工、盐化工的技术开发相对不足，需充分发挥云南在磷、盐、煤、植物资源方面的优势和已积累的技术基础，加强对核心关键技术研发的支持和布局，在化工产业技术领域争取更大的发展主动权。

（五）机械制造产业技术领域

1. 全国机械制造产业技术领域专利申请状况

1985—2010 年期间，国内机械制造产业技术领域累计共申请发明与实用新型专利 603 810 件。其中发明专利申请 21 575 件，实用新型专利申请 388 635 件，发明与实用新型专利申请数量比为 0. 55∶1，专利申请以实用新型专利申请居多，这与机械制造产业技术领域设备装置偏多的特点有一定关系。机械制造产业技术领域国外申请的中国专利有 185 807 件，国内申请占全部中国专利申请的 76. 47%，国外申请占全部中国专利申请的 23. 53%，专利申请以国内为主。

2006—2011 年期间，国内机械制造产业技术领域累计共申请发明与实用新型专利 488 579 件，其中发明专利申请 150 751 件，实用新型专利申请 337 828 件，发明与实用新型专利申请数量比为 0. 45∶1。这一时期机械制造产业技术领域的国内专利申请比例较“十五”期间有较大的提高，而国外在中国申请的专利所占比例则有较大的下降，国内申请所占比例上升到 84. 41%，国外在中国的申请比例下降到 15. 59%。

2. 云南机械制造产业技术领域整体专利申请状况

1985—2010 年期间，云南在机械制造产业技术领域累计申请发明与实用新型专利 4 063 件，占国内的 0. 67%、占全国各省（区、市）平均的 22. 88%，其中发明专利申请 907 件，占全国的 0. 42%；实用新型专利申请 3 156 件，占全国的 0. 81%，发明与实用新型专利申请数量比为 0. 29∶1；年申请量达到 764 件，累计申请量在国内省（区、市）排名第 24 位、西部地区排名第 5 位。

数据显示，云南在机械制造产业技术领域的专利申请数量有一定的积累，但发明与实用新型专利申请的数量比较低，专利申请的质量和技术创新的层次不高，申请量占全国的份额大约仅达到全国平均水平的 23%，累计申请量在国内各省（区、市）的排位靠后，整体技术创新和专利创造能力较低。

3. “十一五”前后云南机械制造产业技术领域专利申请状况

2000—2005 年期间，在机械制造产业技术领域，云南累计申请发明与实用新型专利 1 027 件，占全国申请量的 0. 59%。其中发明专利申请 178 件，占全国发明专利申请量的 0. 25%；实用新型专利申请 849 件，占全国实用新型专利申请的 0. 85%；发明与实用新型专利申请数量比为 0. 21∶1。

2006—2011 年期间，在机械制造产业技术领域，云南累计申请发明与实用新型专利 3 122 件，占全国申请量的 0. 64%。其中发明专利申请 945 件，占全国发明专利申请量的 0. 63%；实用新型专利申请 2 177 件，占全国实用新型专利申请的 0. 64%；发明与实用新型专利申请数量比为 0. 43∶1。专利申请量的增长幅度高于同期全国整体水平，累计申请量在国内省（区、市）排名第 21 位、西部地区排名第 4 位，较“十一五”前的第 24 位和第 5 位均有提高。

"十一五"以来，云南机械制造产业技术领域的专利申请数量均较前期有大幅度的提高，发明与实用新型专利申请数量比有一定的提高，年专利申请量突破了760件，产业技术创新和专利创造能力得到了较大的提高；但专利申请以实用新型专利为主，累计专利申请量在全国的排位较后，专利申请量占全国的比例仍然较低，产业整体技术创新和专利创造能力一般。

4. 云南机械制造产业技术领域专利申请的技术分布

据对1985—2007年期间的专利信息数据分析结果显示，云南省在机械制造产业技术领域中，车辆技术专利申请占19%的比例，工程零部件技术占14%，发动机技术占14%，贮运装置技术占8%，锁具占8%，机床技术占6%，农业机械占5%，液体变容式机械技术占4%，金属机械加工技术占4%，包装机械占3%，切削工具占2%，烟草机械占2%，其他占11%。

数据显示，云南机械制造产业的技术创新集中于车辆与贮运装置、工程零部件技术领域，数控机床、加工中心、柔性制造系统技术、金融电子设备、中药现代化制药装备、光电子设备、农业机械等技术领域所占比例较低，与云南确定的机械制造产业技术领域重点发展的技术方向存在诸多不一致，产业技术研发力量和专利布局不合理。

5. 云南机械制造产业技术领域专利创造与技术创新能力基本评价

近年来，云南在机械制造产业技术领域的专利申请量有较明显的增长，年申请量突破了760件，发明专利申请所占比例也有一定的提高，产业技术创新和专利创造实力有一定的发展。但累计专利申请量只达到全国各省（区、市）平均水平的30%左右，专利申请中以实用新型专利为主，产业技术创新和专利创造的层次较低，累计专利申请量在全国各省（区、市）的排位靠后，无论是在一般机械制造产业技术领域还是在自身确定的重大共性和关键技术领域，专利申请量都处于全国滞后水平，产业技术创新和专利创造活动总体上属于全国滞后水平。

此外，云南在机械制造产业技术领域的专利技术结构还存在不均衡性，技术研发与专利创造活动集中于车辆、工程机械技术方向，对数控机床、加工中心、柔性制造系统技术、金融电子设备、中药现代化制药装备、光电子设备、农业加工机械、大型成套设备等技术领域的新技术开发相对不足，需要加强技术研发和专利布局。应充分发挥云南在机床、工程机械和发动机等方面已有的技术基础，加强对产业核心关键技术研发的支持和布局，振兴云南机械制造产业。

（六）医药产业技术领域

1. 全国医药产业技术领域专利申请状况

1985—2010年期间，国内医药产业技术领域累计共申请发明与实用新型专利324 504件。其中发明专利申请201 612件，实用新型专利申请122 892件，发明与实用新型专利申请数量比为1.64∶1，专利申请结构中发明居多。医药产业技术领域国外申请的中国专利有89 653件，国内申请占全部中国专利申请的78.35%，国外申请占全部中国专利申请的21.65%。

2006—2011年期间，国内医药产业技术领域累计共申请发明与实用新型专利199 035件，其中发明专利申请105 894件，实用新型专利申请93 141件，发明与实用新型专利申请数量比为1.14∶1。这一时期医药产业技术领域的国内专利申请比例较"十五"期间有较大的提高，而国外在中国申请的专利所占比例则有明显的下降，国内申请所占比例提高到了81.52%，国外在中国的申请比例则下降到18.48%。

2. 云南医药产业技术领域整体专利申请状况

1985—2010年期间，云南在医药产业技术领域累计申请发明与实用新型专利申请3 048件，占国内的0.94%、占全国各省（区、市）平均的31.94%，其中发明专利申请2 345件，占全国的1.16%；实用新型专利申请703件，占全国的0.57%，发明与实用新型专利申请数量比为3.34:1；年申请量达到424件，累计申请量在国内省（区、市）排名第23位、西部地区排名第4位。

数据显示，云南在医药产业技术领域的专利申请数量有一定的积累，发明与实用新型专利申请的数量比较高且高于全国整体水平，专利申请的质量和技术创新的层次均较高，但申请量占全国的份额仅达到全国平均水平的32%左右，累计申请量在国内各省（区、市）的排位靠后，产业整体技术创新和专利创造活动在国内的地位不高。

3. "十一五"前后云南医药产业技术领域专利申请状况

2000—2005年期间，在医药产业技术领域，云南累计申请发明与实用新型专利1 142件，占全国申请量的0.96%。其中发明专利申请915件，占全国发明专利申请量的1.08%；实用新型专利申请227件，占全国实用新型专利申请量的0.66%；发明与实用新型专利申请数量比为4.03:1。

2006—2011年期间，在医药产业技术领域，云南累计申请发明与实用新型专利1 788件，占全国申请量的0.90%。其中发明专利申请1 525件，占全国发明专利申请量的1.44%；实用新型专利申请263件，占全国实用新型专利申请量的0.28%；发明与实用新型专利申请数量比为5.80:1。专利申请量的增长幅度略低于同期全国整体水平，累计申请量在国内省（区、市）排名第18位、西部地区排名第2位，较"十一五"前的第21位和3位均有提高。

"十一五"以来，云南医药产业技术领域的专利申请数量较前期有大幅度的提高，发明与实用新型专利申请的数量比也明显提高，年专利申请量突破了420件，专利申请以发明为主，产业技术创新和专利创造能力有较大的提高；但累计专利申请量在全国的排位较后，专利申请量占全国的比例也较低，产业整体技术创新和专利创造能力一般。

4. 云南医药产业技术领域专利申请的技术分布

据对1985—2007年期间的专利信息数据分析结果显示，云南省在医药产业技术领域中，医用配制品技术专利申请占46%的比例，化合物或药物制剂技术占30%，介质输入器械技术占5%，植入滤器与假体技术占4%，医疗方法与器械技术占4%，理疗装置技术占3%，其他医药技术占8%。数据显示，云南医药产业的技术创新集中于医用配制品（中药）、化合物或药物制剂技术领域，与云南确定的医药产业技术领域重点发展的技术方向基本一致。

5. 云南医药产业技术领域专利创造与技术创新能力基本评价

近年来，云南在医药产业相关技术领域的专利申请量大幅度提高，年申请量突破了420件，发明与实用新型专利申请的数量比显著提高，专利申请以发明为主且远高于全国整体水平，技术创新的层次和专利申请的质量均较高，累计专利申请量在全国各省（区、市）的排位也有明显进步，在生物药等自身确定的重大共性和关键技术方面，具有一定的比较优势，产业技术创新和专利创造具备一定的实力。

但从整体来看，云南医药产业技术领域的累计专利申请量只达到全国各省（区、市）平均水平的32%左右，累计专利申请量在全国各省（区、市）的排位靠后，产业技术创新和专利创造活动总体上属于全国中下水平。应发挥云南在中药方面已形成的技术基础，充分利用丰富的中草药资源，加强对核心关键技术研发的支持和布局，促进云南医药产业快速发展。

（七）信息产业技术领域

1. 全国信息产业技术领域专利申请状况

1985—2010 年期间，国内信息产业技术领域累计共申请发明与实用新型专利 605 455 件。其中发明专利申请 463 330 件，实用新型专利申请 142 125 件，发明与实用新型专利申请数量比为 3. 26∶1，专利申请结构中以发明为主。信息产业技术领域国外申请的中国专利有 213 985 件，国内申请占全部中国专利申请的 73. 89%，国外申请占全部中国专利申请的 26. 11%。

2006—2011 年期间，国内信息产业技术领域累计共申请发明与实用新型专利 392 884 件，其中发明专利申请 267 456 件，实用新型专利申请 125 428 件，发明与实用新型专利申请数量比为 2. 13∶1。这一时期信息产业技术领域的国内专利申请比例较 1985 年以来的累计申请情况变化不大，国内申请所占比例为 70. 25%、国外在中国的申请比例为 29. 75%。国外在中国申请的信息技术类专利占有较大的比例，对国内的信息技术创新形成了一定的压力。

2. 云南医药产业技术领域整体专利申请状况

1985—2010 年期间，云南在医药产业技术领域累计申请发明与实用新型专利 1 028 件，占国内的 0. 17%、占全国各省（区、市）平均的 5. 77%，其中发明专利申请 420 件，占全国的 0. 09%；实用新型专利申请 608 件，占全国的 0. 43%，发明与实用新型专利申请数量比为 0. 69∶1；年申请量达到 173 件，累计申请量在国内省（区、市）排名第 25 位、西部地区排名第 5 位。

数据显示，云南在信息产业技术领域的专利申请数量虽有一定的积累，但发明与实用新型专利申请的数量比远低于全国整体水平，专利申请的质量和技术创新的层次低，申请量占全国的份额仅达到全国平均水平的 5. 77%，累计申请量在国内省（区、市）的排位靠后，产业整体技术创新和专利创造活动在国内处于落后地位。

3. “十一五”前后云南医药产业技术领域专利申请状况

2000—2005 年期间，在信息产业技术领域，云南累计申请发明与实用新型专利 249 件，占全国申请量的 0. 10%。其中发明专利申请 103 件，占全国发明专利申请量的 0. 05%；实用新型专利申请 146 件，占全国实用新型专利申请的 0. 33%；发明与实用新型专利申请数量比为 0. 71∶1。

2006—2011 年期间，在医药产业技术领域，云南累计申请发明与实用新型专利 677 件，占全国申请量的 0. 17%。其中发明专利申请 319 件，占全国发明专利申请量的 0. 12%；实用新型专利申请 358 件，占全国实用新型专利申请的 0. 29%；发明与实用新型专利申请数量比为 0. 89∶1。专利申请量的增长幅度高于同期全国整体水平，累计申请量在国内各省（区、市）排名第 22 位、西部地区排名第 6 位，与“十一五”前的第 24

位和第5位相比变化不大。

“十一五”以来，云南信息产业技术领域的专利申请数量较前期有较大提高，发明与实用新型专利申请的数量比也有所提高，年专利申请量突破了170件；但专利申请量占全国的比例极低，专利申请以实用新型专利为主，发明与实用新型专利申请的数量比很低，累计专利申请量在全国的排位较后，产业技术创新和专利创造能力严重不足。

4. 云南信息产业技术领域专利申请的技术分布

据对1985—2007年期间的专利信息数据分析结果显示，云南信息产业技术领域的专利申请中，数字数据处理技术占30%的比例，电子通信技术占25%，电器元件技术占14%，信号呼叫技术占10%，半导体器件技术占6%，印刷电路技术占3%，其他信息技术占11%。

数据显示，云南信息产业的技术创新集中于数字数据处理、通信技术和电器元件技术领域，但制造业信息化关键技术、农业信息化应用技术、空间信息应用技术、现代服务业信息化集成应用技术、社区综合管理技术、社区治安应急求助、自动控制系统技术、机器人技术、太阳能光伏器件技术、电子级高纯材料加工技术、敏感元器件技术等发展不够。

5. 云南信息产业技术领域专利创造与技术创新能力基本评价

近年来，云南在信息产业相关技术领域的专利申请量有较大提高，年申请量突破了170件，发明与实用新型专利申请的数量比、专利申请量占全国的比例均有所提高，产业技术创新和专利创造能力有所提高。但从整体来看，云南信息产业技术领域的累计专利申请量仅有全国各省（区、市）平均水平的6%左右，累计专利申请量在全国各省（区、市）的排位靠后，专利申请以实用新型专利申请居多，创新层次和专利申请质量较低，产业技术创新和专利创造活动总体上属于全国滞后水平，表现出整体创新能力严重不足、发展速度低下等问题。即使是在信息技术相对落后的西部地区，云南的专利申请量也只处于中等水平，与四川、陕西、重庆相比均有很大差距。

值得注意的是，国外信息技术在国内一直占有一定的份额，特别是在高技术含量的通信技术、数据处理和半导体器件技术等方面占有绝对优势，对全国和云南信息产业的发展和技术创新活动形成巨大压力。应当充分发挥云南在自动化仓储系统技术、自动输送系统技术、金融信息技术方面已形成的比较优势，及时把握国内外信息技术发展方向，加强对信息产业技术领域的核心关键技术研发的支持和布局，促进云南信息产业健康发展。

（八）建材产业技术领域

1. 全国建材产业技术领域专利申请状况

1985—2010年期间，国内建材产业技术领域累计共申请发明与实用新型专利73 247件。其中发明专利申请50 709件，实用新型专利申请22 538件，发明与实用新型专利申请数量比为2.25:1。在此期间，建材产业技术领域国外申请的中国专利有19 899件，国内申请占全部中国专利申请的78.64%，国外申请占全部中国专利申请的21.36%，国内的专利申请占主导地位。

2006—2011年期间，国内建材产业技术领域累计共申请发明与实用新型专利55 460件，其中发明专利申请35 905件，实用新型专利申请19 555件，发明与实用新型专利申请数量比为1.84:1。这一时期建材产业技术领域的国内专利申请比例有较大提高，而国外在中国的申请量则明显下降，国内申请所占比例上升到了85.73%，国外在中国的申请比例却下降到了 14.27%。

2. 云南建材产业技术领域整体专利申请状况

1985—2010 年期间，云南在建材产业技术领域累计申请发明与实用新型专利 549 件，占国内的 0.75%、占全国各省（区、市）平均的 25.48%），其中发明专利申请 330 件，占国内的 0.65%；实用新型专利申请 219 件，占国内的 0.97%；发明与实用新型专利申请数量比为 1.51∶1，低于全国整体水平；年申请量达到 104 件，累计申请量在国内省（区、市）排名第 25 位、西部地区排名第 6 位。

数据显示，云南建材产业相关技术领域的专利申请以发明居多，但发明与实用新型专利申请的数量比低于全国整体水平，累计申请量占全国的比例较低，申请量在全国和西部地区的排位都靠后，产业技术创新和专利创造活动在全国总体上处于落后地位。

3. “十一五”前后云南建材产业技术领域专利申请状况

2000—2005 年期间，在建材产业技术领域，云南累计申请发明与实用新型专利 145 件，占全国申请量的 0.62%。其中发明专利申请 91 件，占全国发明专利申请量的 0.52%；实用新型专利申请 54 件，占全国实用新型专利申请的 0.91%；发明与实用新型专利申请数量比为 1.69∶1。

2006—2011 年期间，在建材产业技术领域，云南累计申请发明与实用新型专利 442 件，占全国申请量的 0.80%。其中发明专利申请 283 件，占全国发明专利申请量的 0.79%；实用新型专利申请 159 件，占全国实用新型专利申请的 0.81%；发明与实用新型专利申请数量比为 1.78∶1。专利申请量的增长幅度高于同期全国整体水平，累计申请量在国内省（区、市）排名第 20 位、西部地区排名第 4 位，较“十一五”前的第 24 位和 5 位有不同程度的提高。

“十一五”以来，云南建材产业技术领域的专利申请数量较前期有较大的增长，申请量占全国的比例也有所提高，专利申请结构得到了一定程度的改善，年专利申请量突破了 100 件，累计专利申请量在全国的排位有较大的提高，产业技术创新和专利创造能力得到了加强。

4. 云南建材产业技术领域专利申请的技术分布

据对 1985—2007 年期间的专利信息数据分析结果显示，云南省在建材产业技术领域中，水泥、混凝土与石料技术专利申请占 56% 的比例，建筑构件与材料技术占 18%，涂料技术占 15%，建筑辅助材料 11%。

数据显示，云南建材产业技术领域的技术创新集中于水泥、混凝土、石料、建筑构件与材料技术以及涂料领域，与云南确定的本领域重大共性和关键技术内容的方向基本一致。但在水泥热工窑炉自动监测与燃料系统优化与计算机控制技术、新型建材技术等方面的工作相对薄弱，技术发展不均衡。

5. 云南建材产业技术领域专利创造与技术创新能力基本评价

近年来，云南在建材产业相关技术领域的专利申请量有较大的增长且增长幅度高于全国整体水平，年度专利申请量突破了 100 件，专利申请量占全国的比例和申请的质量都有一定的提高，专利申请结构中以发明居多，累计申请量在全国和西部地区的排位有不同程度的进步，产业技术创新和专利创造能力得到了提高。

但从整体来看，云南建材产业技术领域的专利申请量占全国的份额较低且与国内省

（区、市）平均水平差距较大，累计专利申请量在全国排位靠后，年度专利申请的基数偏低，专利申请的技术分布不均衡，在水泥热工窑炉自动监测与燃料系统优化、新型建材技术等方面的技术开发能力较弱，无论是在整个建材产业技术领域还是在自身确定的重大共性和关键技术领域，专利申请的数量和质量都处于全国滞后水平，产业技术创新和专利创造能力不足。应充分发挥云南在水泥、石料等方面的资源优势，加强对新型建材等核心关键技术研发的支持和布局，提高建材产业的竞争实力。

（九）农特产品加工产业技术领域

1. 全国农特产品加工领域专利申请状况

1985—2010 年期间，国内农特产品加工产业技术领域累计共申请发明与实用新型专利 87 217 件。其中发明专利申请 75 219 件，实用新型专利申请 11 998 件，发明与实用新型专利申请数量比为 6. 27∶1。在此期间，农特产品加工产业技术领域国外申请的中国专利有 23 437 件，国内申请占全部中国专利申请的 78. 82%，国外申请占全部中国专利申请的 21. 18%，国内的专利申请占主导地位。

2006—2011 年期间，国内农特产品加工产业技术领域累计共申请发明与实用新型专利 63 766 件，其中发明专利申请 52 352 件，实用新型专利申请 11 414 件，发明与实用新型专利申请数量比为 4. 59∶1。这一时期农特产品加工领域的国内专利申请比例快速上升，而国外在中国的申请量则持续下降，国内申请所占比例上升到了 87. 04%，国外在中国的申请比例却下降到了 12. 96%。

2. 云南农特产品加工领域整体专利申请状况

1985—2010 年期间，云南在农特产品加工产业技术领域累计申请发明与实用新型专利申请 1 634 件，占国内的 1. 87%、占全国各省（区、市）平均的 63. 70%，其中发明专利申请 1 368 件，占国内的 1. 82%；实用新型专利申请 266 件，占国内的 2. 22%；发明与实用新型专利申请数量比为 5. 14∶1，低于全国整体水平；年申请量达到 296 件，累计申请量在国内省（区、市）排名第 14 位、西部地区排名第 3 位。

数据显示，云南农特产品加工产业相关技术领域的专利申请有一定的数量积累，发明与实用新型专利申请的数量比高，但累计申请量低于全国各省（区、市）平均水平，发明专利申请所占比例也低于全国整体水平，累计申请量在全国的排位仅属中等，产业技术创新和专利创造水平一般。

3. “十一五”前后云南农特产品加工领域专利申请状况

2000—2005 年期间，在农特产品加工产业技术领域，云南累计申请发明与实用新型专利 484 件，占全国申请量的 1. 52%。其中发明专利申请 430 件，占全国发明专利申请量的 1. 49%；实用新型专利申请 54 件，占全国实用新型专利申请的 1. 77%；发明与实用新型专利申请数量比为 7. 96∶1。

2006—2011 年期间，在农特产品加工产业技术领域，云南累计申请发明与实用新型专利申请 1 368 件，占全国申请量的 2. 15%。其中发明专利申请 1 156 件，占全国发明专利申请量的 2. 21%；实用新型专利申请 212 件，占全国实用新型专利申请量的 1. 86%；发明与实用新型专利申请数量比为 5. 45∶1。专利申请量的增长幅度高于全国整体水平，累计申请量在国内省（区、市）排名第 10 位、西部地区排名第 1 位，较“十一五”前的第 13 位和 2 位均有提高。

“十一五”以来，云南农特产品加工领域的专利申请数量较前期有大幅度的提高，发明与实用新型专利申请数量比较高，专利申请占全国的比例有一定的提高，年专利申请量突破了290件，累计专利申请量在全国和西部的排位均有提高，产业技术创新和专利创造能力明显增强。

4. 云南农特产品加工领域专利申请的技术分布

据对1985—2007年期间的专利信息数据分析结果显示，云南农特产品加工技术创新中，酒、酶与微生物技术专利申请占49%的比例，咖啡、茶技术占19%，果蔬加工设备技术占10%，果蔬等其他农产品占5%，香料等天然提取物占4%，农产品保存占4%，食用油或脂肪占3%，糖占4%，天然调料占2%。

数据显示，云南农特产品加工产业的技术创新集中于酒、酶与微生物技术以及咖啡、茶技术领域，在茶叶方向符合云南农特产品资源优势特点，但创新的技术方向偏重于食用酒领域，而果蔬、花卉、天然香料、畜产品等资源优势领域却相对薄弱，产业结构转变和优化升级缺乏足够的自主知识产权支撑。

5. 云南农特产品加工领域专利创造与技术创新能力基本评价

近年来，云南在农特产品加工产业相关技术领域的专利申请量大幅度增长，年度专利申请量突破了290件，专利申请量的增长幅度高于全国整体水平，专利申请以发明为主，技术创新和专利创造的层次较高，累计申请量在全国和西部地区的排位有较大的进步，产业技术创新和专利创造能力处于全国中上、西部领先水平。

但从整体来看，云南农特产品加工领域的专利申请量占全国的份额仍未达到国内各省（区、市）平均水平，专利申请的技术分布还存在不合理现象，应充分发挥在茶叶、咖啡、糖、橡胶、果蔬等方面的资源优势，加大对农特产品企业和科研院所技术创新活动的支持力度，推动农特产品加工产业向高技术、高附加值方向发展。

（十）造纸产业技术领域

1. 全国造纸产业技术领域专利申请状况

1985—2010年期间，国内造纸产业技术领域累计共申请发明与实用新型专利10 771件。其中发明专利申请7 741件，实用新型专利申请3 030件，发明与实用新型专利申请数量比为2. 55∶1。在此期间，造纸产业技术领域国外申请的中国专利有2 854件，国内申请占全部中国专利申请的79. 05%，国外申请占全部中国专利申请的20. 95%，国内的专利申请占主导地位。

2006—2011年期间，国内造纸产业技术领域累计共申请发明与实用新型专利6 409件，其中发明专利申请4 142件，实用新型专利申请2 267件，发明与实用新型专利申请数量比为4. 24∶1。这一时期造纸产业技术领域国内外的中国专利申请比例与1985年以来的累计情况基本一致，国内申请所占比例上升到了79. 34%，国外在中国的申请比例为20. 66%。

2. 云南造纸产业技术领域整体专利申请状况

1985—2010年期间，云南在造纸产业技术领域累计申请发明与实用新型专利156件，占国内的1. 45%，占全国省（区、市）平均的49. 24%，其中发明专利申请112件，占国内的1. 45%；实用新型专利申请44件，占国内的1. 45%；发明与实用新型专利申请数量比为2. 55∶1，与全国整体水平一致；年申请量达到47件，累计申请量在国内省（区、市）排名第17位、西部地区排名第3位。

数据显示，云南造纸产业相关技术领域的专利申请中发明较多，但累计专利申请数量和年度申请基数都较低，申请量占全国的比例偏低，累计申请量在全国的排位较后，产业技术创新和专利创造能力在全国总体上处于较落后地位。

3. “十一五”前后云南造纸产业技术领域专利申请状况

2000—2005年期间，在造纸产业技术领域，云南累计申请发明与实用新型专利37件，占全国申请量的0.97%。其中发明专利申请24件，占全国发明专利申请量的0.80%；实用新型专利申请13件，占全国实用新型专利申请的1.57%；发明与实用新型专利申请数量比为1.85∶1。

2006—2011年期间，在造纸产业技术领域，云南累计申请发明与实用新型专利131件，占全国申请量的2.04%。其中发明专利申请106件，占全国发明专利申请量的2.56%；实用新型专利申请25件，占全国实用新型专利申请的1.10%；发明与实用新型专利申请数量比为4.24∶1。专利申请量的增长幅度高于全国整体水平，累计申请量在国内省（区、市）排名第12位、西部地区排名第1位，较“十一五”前的第17位和3位均有较大的提高。

“十一五”以来，云南造纸产业技术领域的专利申请数量和质量均较前期有大幅度的提升，发明与实用新型专利申请数量比提高较大，专利申请结构得到了明显改善，专利申请占全国比例略有提高，年专利申请量突破了40件，累计专利申请量在全国和西部的排位明显提高，产业技术创新和专利创造能力得到了明显的提高。

4. 云南造纸产业技术领域专利申请的技术分布

据对1985—2007年期间的专利信息数据分析结果显示，云南造纸产业技术领域的技术创新活动中，纤维素生产技术专利申请占36%的比例，纤维原料技术占20%，造纸设备技术占18%，蒸煮原料处理技术占15%，浆料或纸浆组合物技术占11%。

数据显示，云南的造纸产业技术创新集中于纤维素技术、造纸设备、蒸煮原料处理技术方向，但在废纸资源领域技术、竹纸浆技术、造纸废水处理与利用、纸浆原料替代技术等方面较弱，在技术创新和支持产业发展方向上的布局存在不合理现象。

5. 云南造纸产业技术领域专利创造与技术创新能力基本评价

近年来，云南造纸产业技术领域的专利申请量有较大的增长，专利申请量的增长幅度高于全国整体水平，专利申请的质量有较大的改善，申请量占全国的比例也有较大提高，累计申请量在全国和西部地区的排位取得明显的进步，产业技术创新和专利创造的实力明显增强。

但从整体来看，云南造纸产业专利申请量占全国的份额仍未达到全国各省（区、市）平均水平，累计专利申请量在全国的排位只属中等，专利申请的总量和年申请量还较低，专利申请的技术分布不合理，技术创新活动的专利产出不够，产业整体技术基础和创新能力较弱。

二、云南重点产业专利申请与国内的整体比较

1985—2010年期间，国内在烟草及其配套、能源、冶金、化工、机械、信息、建材、医药、农特产品加工和造纸产业等相关技术领域共申请发明与实用新型专利申请

2 367 628 件（已公开），其中发明专利申请 1 480 712 件，实用新型专利申请 886 916 件，发明与实用新型专利申请数量比为 1.67:1。

表 2－24　云南十大重点产业专利申请量与全国对比情况

单位：件

序　号	重点产业	全　国			云　南			云南占全国比例(%)
		小　计	发　明	实　用	小　计	发　明	实　用	
1	烟草及其配套	11 036	4 582	6 454	959	438	521	8.69
2	能源	265 172	116 462	148 710	2 133	523	1 610	0.80
3	冶金	84 590	63 244	21 346	1 321	1 032	289	1.56
4	化工	301 826	282 638	19 188	2 676	2 392	284	0.89
5	机械	603 810	215 175	388 635	3 048	2 345	703	0.94
6	医药	324 504	201 612	122 892	3 048	2 345	703	0.94
7	信息	605 455	463 330	142 125	1 028	420	608	0.17
8	建材	73 247	50 709	22 538	549	330	219	0.75
9	农特产品加工	87 217	75 219	11 998	1 634	1 368	266	1.87
10	造纸	10 771	7 741	3 030	156	112	44	1.45
合计		2 367 628	1 480 712	886 916	17 567	9 867	7 700	0.74

云南在上述产业相关技术领域共申请发明与实用新型专利 17 567 件（已公开），占全国的 0.74%；其中发明专利申请 9 867 件，占全国的 0.67%；实用新型专利申请 7 700 件，占全国的 0.87%；发明与实用新型专利申请数量比为 1.28:1。

云南重点发展的十大产业的累计专利申请量和发明专利申请量占全国的比重严重偏低。在上述技术领域中，仅有烟草及其配套产业相关技术领域的专利申请量在全国占有较高比例，而申请量占全国比例达到 1%～2% 的也只有冶金、农特产品加工和造纸三个产业相关技术领域，能源、化工、机械、医药、建材、信息六个产业相关技术领域的专利申请量占全国比例都不及 1%，特别是信息产业相关技术领域的专利申请量占全国比例仅有 0.17%。

此外，除烟草及其配套产业以外，云南其他九大重点产业的发明与实用新型专利申请累计申请量都不高，在全国各省（区、市）的整体排位情况令人担忧。其中，烟草及其配套产业以绝对优势排第 1，农特产品加工和造纸产业以相对优势排第 14 和 17 位的中等位置，其他七个产业均处于全国落后位置。而 2006—2011 年期间，多数产业的专利申请排位都较 1985 年来的累计排位有所提高，其中，烟草、农特产品加工、造纸、冶金、化工产业均排在全国 15 位之前，但仍有 5 个产业的排位在全国属于靠后位置。

表 2-25 云南重点产业专利申请量在全国及西部地区排位情况

序 号	产 业	1985—2010 年		2006—2011 年	
		全国排位	西部排位	全国排位	西部排位
1	烟草及其配套	1	1	1	1
2	农特产品加工	14	3	10	1
3	造纸	17	3	12	1
4	冶金	19	5	15	1
5	化工	21	3	14	2
6	医药	23	4	18	2
7	能源	24	5	19	3
8	机械	24	5	21	4
9	建材	25	6	20	4
10	信息	25	6	22	6

以上状况的原因是多方面的。如整体工业和科技基础薄弱，科研平台条件和人才队伍建设不足，科技人员创新意识不强，缺乏产业或企业专利统计和考核制度，政府的科技产业政策导向不够，缺乏对产业科技创新能力的评价以及科技投入支持的创新活动水平不高，等等。

三、云南重点产业专利申请基本分布

截至 2010 年底，云南十大重点产业相关技术领域已公开的 17 567 件专利申请中，机械制造产业技术领域的申请量最多，占了总量的 23.13%，其余产业相关技术领域专利申请所占比例依次为：医药（17.35%）、化工（15.23%）、能源（12.14%）、农特产品加工（9.30%）、冶金（7.52%）、信息（5.85%）、烟草及其配套（5.46%）、建材（3.13%）、造纸（0.89%）。

表 2-26 云南十大重点产业累计专利申请产业分布

序 号	产业名称	申请量(件)	产业申请量比例(%)
1	机械	4 063	23.13
2	医药	3 048	17.35
3	化工	2 676	15.23
4	能源	2 133	12.14
5	农特产品加工	1 634	9.30
6	冶金	1 321	7.52
7	信息	1 028	5.85

续　表

序　号	产业名称	申请量(件)	产业申请量比例(%)
8	烟草及其配套	959	5.46
9	建材	549	3.13
10	造纸	156	0.89
合计		17 567	100.00

上述数据反映了云南十大重点产业的专利申请分布，以及自主创新能力分布的严重不均衡。机械、医药、化工、能源四个产业专利申请所占比例都在10%以上，而建材、造纸两个产业的专利申请所占比例都在5%以下，特别是造纸产业还没占到1%。

四、云南重点产业专利状况综合评价

从上述数据可以看出，除烟草及其配套产业以外，云南十大重点产业中的九个重点产业的专利申请量都严重偏少，占全国比例大多都在1.5%以下，技术创新和专利创造能力较弱，与全国整体水平相比都有很大差距。这也是目前云南多数产业长期依赖资源消耗、更多地停留在粗放型和低附加值产品生产阶段、产业结构不合理的客观反映。云南十大重点产业的专利申请量普遍偏低，直接反映出支撑专利创造的各产业自主创新能力的严重不足。自主创新还没有对云南产业发展形成支撑作用，技术依赖和低水平运行是目前云南产业的主要特征。

由于专利数量与质量是反映自主创新能力的重要指标，专利申请量基本反映了某一地区或行业、单位、产业的创新活动繁荣程度和创新能力的高低，而发明专利申请数量则反映了自主创新质量和水平的重要指标。云南的发明专利申请数量占全国比例较总体专利申请占全国的比例更低，说明在除烟草以外的其他各产业技术领域中，云南的研发成果技术水平普遍不高，科技创新成果的质量和水平与全国整体水平还有较大差距，目前多数产业的自主创新活动仍处于层次和水平不高的阶段。

第三节　实施云南重点产业专利战略的基本构想

、战略目标

基于目前国内各领域专利申请量高速增长的大环境以及云南近年来在产业技术创新领域取得的进展和发展态势，在烟草及其配套、能源、冶金、化工、机械、医药、信息、建材、农特产品加工、造纸等产业技术领域，云南的专利创造、运用、保护和管理能力需要得到大幅度的提升，具有专利技术的商品比重大幅提高，形成一批拥有知名品牌和核心知识产权，熟练运用知识产权制度的优势企业。

通过五年的努力达到以下目标：

一是重点产业技术领域专利申请量在“十一五”的基础上增长1倍以上，即增加25 000件以上（年均约5 000件）；其中发明专利申请达到15 000件以上，关键核心技术

专利达到1 000项以上。

近三年来，云南的年度专利申请量增长幅度都在13%以上，考虑到未来五年全国和云南的创新环境变化趋势，以2010年度云南十大重点产业合计3 205件的申请量作为基数，按15%的年增长率增长，五年后云南十大重点产业相关技术领域的年申请量有望达到约6 500件，五年共约增加25 000件。

二是具有专利技术的商品比重大幅提高，在烟草及其配套、冶金、能源、医药、农特产品加工等产业技术领域形成6~8个关键技术专利池。

鉴于云南烟草及其配套产业已经形成的创新基础和在国内的地位，围绕卷烟产品或烟草物流技术形成1~2个国内技术领先的核心技术专利池是可行的。依托丰富的矿产资源和云南铜业集团、云南冶金集团、昆明钢铁集团等大型冶金企业，云南在铟、锗等稀贵金属的真空冶金等非常规冶金提取技术，复杂铜、铅、锌、锰、铁矿冶金等关键技术领域，有形成2~3个核心技术专利池的基础；在能源产业技术领域，云南具有丰富的太阳能资源和生物质能资源，在光伏材料和生物柴油等领域，均有形成领先技术专利池的可能；而近年来快速发展的天然药物产业，为以民族传统医药传统知识为基础的天然药剂技术开发提供了广阔的空间，围绕三七、灯台叶、重楼、龙血竭、美登木、石斛等天然药物的开发利用，有形成2~3个核心技术专利池的基础；在农特产品加工产业技术领域，普洱茶、小粒咖啡等的产业化已经具备很好的基础，针对普洱茶和咖啡的深加工和医药、保健利用，有形成1~2个核心技术专利池的基础。

三是培育形成50户以上对产业有带动和示范作用的知识产权优势企业，其中，拥有100件以上自主知识产权的企业10户以上，拥有50件以上自主知识产权的企业40户以上。

近年来，云南各级政府加大了对企业创新能力的培育力度，昆明、玉溪等产业相对发达的地区都开展了知识产权试点企业的培育工作，仅列入省级知识产权试点企业的就有110家。昆明市知识产权局于2004年启动企事业单位知识产权试点示范工程，2007年在市委、市政府的高度重视下，该项工作深入推进，至2011年，全市拥有知识产权试点示范企事业单位73家，其中，国家级示范企业2家，国家级示范创建企业3家，国家级试点企业10家，市级示范企业8家，市级试点企业50家。如昆明滇虹药业有限公司、云南植物药业有限公司、云南铜业（集团）有限公司等，这些企业都有望培育成为对产业有带动和示范作用的知识产权优势企业。

二、主要技术领域

根据前述专利信息分析结果所反映的云南各产业专利技术分布情况，结合云南的技术基础、资源状况、产业规划以及国内外相关领域的技术发展趋势，综合考虑未来产业发展的需要，具体布局云南十大产业技术领域关键技术和专利战略的重点方向。

（1）烟草产业托云南烟叶资源优势，在现有技术基础上，重点发展烟叶种植、新品种繁育、低焦油产品开发、卷烟加工工艺等关键技术。

（2）能源产业依托云南丰富的水电、太阳能和生物资源，在现有技术基础上，重点发展大容量与远距离输电技术、电网故障超导限流技术、光伏材料、建筑一体化太阳能技术、钢铁冶金企业工业余热利用、生物柴油等关键技术。

（3）化工产业依托丰富的磷矿、天然气和生物资源，在现有技术基础上，重点发展生物化工、煤化工、磷化工和产业链延伸技术。

（4）冶金产业依托云南丰富的铜、铁、铅、锌、锰、铝等矿产资源，在现有技术基础上，重点发展稀贵金属非常规冶金技术、复杂低品位难选矿联合选冶技术等。

（5）机械产业依托云南加工机械和重工机械优势，在现有技术基础上，重点发展大型矿冶设备和铁路装备技术。

（6）医药产业依托云南丰富的植物药材资源和民族传统医药知识，在现有技术基础上，重点发展地道中药材繁育、种植和天然药物研发等技术。

（7）信息产业结合云南烟草、化工、冶金等产业升级，重点发展光电子、信息控制、空间信息应用技术等。

（8）建材产业依托云南冶金、矿山等废弃物资源，在现有技术基础上，重点发展节能降耗、清洁生产和废弃物资源化技术。

（9）农特产品加工产业依托云南丰富的作物、林地资源，重点发展茶叶、咖啡、特色果蔬等的精深加工技术和新品种选育、栽培技术。

（10）造纸产业依托云南思茅松资源和气候环境优势，在现有技术基础上，重点发展纸浆原料种植技术、环境保护和新产品开发技术。

第四节　实施云南重点产业专利战略的主要任务

一、培育产业专利优势，构建关键技术专利池

随着经济规模的不断扩大和国内外经济竞争的加剧，云南省面临着发展不平衡、经济结构不合理、经济增长方式粗放以及人口、资源、环境的制约等问题。同时，在云南重点产业发展中，存在拥有专利技术少，行业发展粗放等问题，需要立足云南实际，制定适合云南实际的产业和科技政策，大幅提升产业技术创新能力，在烟草及其配套、能源、冶金、化工、机械、医药、信息、建材、农特产品加工、造纸、生物等产业技术领域，培育和取得一大批支撑产业发展的专利技术，特别是关键技术、核心技术发明专利申请，构建优势产业链群的关键、共性技术专利池，提升重点产业的专利创造水平，推动重点产业发展由产品“制造”向专利及相关知识产权“创造”转变，促进全省经济社会持续快速协调发展。

在具体实施专利战略中，应当积极引导和扶持重点产业技术创新中的专利创造，构建产学研相结合的专利创造与转移体系，充分发挥昆明理工大、云南大学、云南农业大学等高等院校和中科院植物所、云南省农科院、云南烟草科学研究院、云南电力试验研究院等科研院所在人才、学科、平台等方面的技术创新和专利创造资源优势，通过协同创新，在有色金属材料冶金、装备制造业现代化、信息控制、精细化工、生物质能源、天然药物、农特产品深加工、节能减排、资源循环利用等领域，每年研发形成关键专利技术 50 项以上、先进实用专利技术 1 000 项以上，形成支撑重点产业发展的专利技术创新源；依托高等院校和科研院所，形成规模化的专利技术开发基地，积极培育重点产业“专利池”，向企业批量转移和产业化应用专利技术，大幅提高产业专利竞争优势。

二、培育专利优势企业，提升企业竞争力

专利拥有量是企业自主创新能力的重要标志，专利创造则是自主创新的重要环节。专利与创新能力、发展潜力、国际竞争力成正比，与企业的创新活力、市场竞争力成正比，专利的创造和运用决定着企业在现阶段尤其是未来市场竞争中的成败。培育专利优势企业，调动企业技术创新和专利创造的主动性，充分发挥专利制度在促进自主创新及成果转化方面的积极作用，是提升企业核心竞争力，形成云南重点产业发展内生动力的重要保障。

要通过实施重点产业专利战略，制定和完善有关政策措施，充分发挥以促进专利创造和实施为目标的科技、财政、金融、技改和产业政策的导向作用，推动创新资源和知识产权资源向企业集聚，引导、扶持、带动规模以上企业和高新技术企业，逐步成为专利创造和运用的主体。遴选一批具有创新能力的企业，结合国家及云南省各类科技计划、技改计划、高新技术产业化计划的实施，大力推进企业专利创造和运用，培育形成一批专利创造高、具有专利的产品比重大的优势企业，成为支撑和引领云南重点产业发展的中坚力量。

三、建立专利投融资机制，促进专利运用与产业化

专利技术的产业化，依赖于来自金融机构、风险投资等各方资金的支持。要加强对专利产业化的政策导向，构建政府引导、企业投入为主、其他社会资金为补充的多渠道、多层次的专利转化和产业化投入机制。通过制定和实施知识产权风险投资和质押融资政策，加快专利价值评估和融资担保等中介组织的发展，推进知识产权与金融资本市场的结合，有利专利技术的商品化和产业化，在增强重点产业核心竞争力的同时，促进产业优化升级，增加企业产品附加值，提升产业经济效益。

在经济、科技和市场环境相对落后的云南，要提高专利技术在重点产业的实施应用，仅靠单一的市场行为是远远不够的。应建立专利创业投资政府引导基金，扶持以专利产业化为目标的创业活动，开展对成长型专利技术的孵化工作，鼓励中小企业引进实施国内外专利技术和项目，支持高等院校、科研院所的专利成果向企业转移。同时，通过编制重点知识产权产业化目录，并与重大投资项目建设计划、高新技术产业化计划、技术改造计划等进行对接和联动，适时将具有自主知识产权的技术和项目纳入全省各类重点项目计划加以实施，全面促进专利技术的产业化。

四、推进专利信息化建设，提升信息利用水平

据报道，90% ~95% 的创新成果包含在专利文献中，专利文献的有效运用可缩短60% 的产品研发时间，节约40% 的研发费用。专利信息的利用能帮助企业充分了解相关技术领域中专利技术的现状、重点技术、技术生命周期，监测本领域的技术发展趋势、核心专利分布等，从而直接影响企业的技术开发、产品定位和生产经营决策行为。专利信息的分析和利用是企业在市场竞争中知己知彼、克敌制胜的关键，也是保持云南重点产业技术优势的重要手段。

近年来，国家知识产权局已经建成了有色金属产业、钢铁产业、汽车产业、电子信息产业、装备制造产业、化工产业等重点产业专利信息数据库。要建立重点产业的专利预

警、监控和应对机制，及时把握与云南重点产业相关的国内外技术发展动态，不断提升技术创新的起点和水平，需要结合云南实际，建立与国家基础专利信息系统衔接配套、服务于云南重点产业技术领域的专利信息数据库群。从目前云南产业发展情况来看，在已经建成的云南生物产业专利数据库的基础上，应优先建设云南具有比较优势的烟草及配套设备产业、冶金产业、农特产品加工产业等专利信息数据库，逐步建立与其他重点产业相对应的专利信息数据库，指导大型企业、高等学校、科研院所建立科研及产品开发所需的专利专题数据库。

五、充分运用专利开拓国际市场，促进专利产品“走出去”

外贸在云南经济社会发展中占有重要地位。近年来，云南外贸直接拉动了经济增长、促进了财政增收、加快了国民经济结构调整和优化。2011 年，云南省外贸实现进出口总值 160.5 亿美元，净增 26.3 亿美元，增幅达 19.6%，在全国各省（区、市）市外贸排名中居第 22 位。其中，出口 94.7 亿美元，进口 65.8 亿美元；对东盟贸易接近 60 亿美元，对南亚贸易突破 10 亿美元。在出口商品中，第一大类商品机电产品出口 20.3 亿美元，同比增长 17.6%；农产品位居第二，出口 17.6 亿美元，同比增长 34.9%；排第三位的化肥出口 14.3 亿美元，同比增长 36.1%；其次为纺织品及服装、电力出口，分别同比增长 2.5% 和 6.7%。①

为提高云南机电产品、农特产品和化工产品的国际市场占有率，进一步扩大云南对外贸易的规模，应结合云南主要外贸市场和产品的特点，以东盟和南亚国家为重点，加大对专利技术和专利产品出口的扶持力度，制定专利技术和产品出口、对外经济技术合作的优惠政策，给予自主知识产权技术和商品出口、对外经济技术合作在立项、信贷、通关、关税减免等方面的扶持，提供海外知识产权维权和预警应急援助，推动重点进出口企业运用专利拓展海外市场。同时，鼓励企业向国外申请并取得专利，积极开展专利技术对外输出和贸易，增强云南专利技术和产品的国际竞争力，逐步提高知识产权密集型商品的出口比例，促进云南对外贸易增长方式根本转变和贸易结构优化升级。

第五节　实施云南重点产业专利战略的保障措施

一、加大财政经费投入，引导重点产业实施专利战略

经费投入是产业技术创新和专利创造的重要保障。2010 年，云南科技投入仅排全国第 29 位，而云南省级财政知识产权年度专项经费投入在国内和西部地区都属于落后水平，严重制约了全省技术创新和专利工作的发展。由于整体创新意识和知识产权保护意识的薄弱，在现有市场和经济环境下，依靠企业的自觉行为来推进云南的产业技术创新和专利创造活动并不现实，需要通过政府的经费投入来引导企业的专利创造与新产品研发投入，支持专利质押贷款、风险投资等投融资活动，形成以政府投入为引导、企业投入为主体、社会资金为补充的多渠道、多层次的产业专利创造投入机制。

① 2011 年云南外贸额超 160 亿美元，载中商情报网，http://www.askci.com，2012.1.29。

要深入贯彻落实中共云南省委、云南省人民政府《关于大力加强自主创新，促进云南经济社会全面发展的决定》（云发〔2005〕16号文），云南省《中长期科学和技术发展规划纲要（2006—2020年）》，中共云南省委、云南省人民政府《关于实施建设创新型云南行动计划的决定》（2008年），切实推进重点产业的自主创新和专利创造活动。各级财政都应设立产业专利工作专项经费，重点支持相关产业自主创新和专利创造活动，省级财政应在年度计划内安排不低于5 000万元的专利专项经费并逐年递增，州（市）、县应结合当地实际设立专利专项资金，用于落实专利战略的具体目标。

二、制定完善相关政策法规，促进专利创造与运用

除直接的创新经费投入外，制度实施有利于产业自主创新和专利创造的政策措施，也是云南重点产业结构调整和优化升级的重要保障。通过修订《云南省专利保护条例》，规范企业专利管理和保护工作，强化专利法制保障，有效维护专利权人的合法权益，鼓励产业关键技术的发明创造与产业化实施，提高重点产业相关企业对专利工作的重视程度和运用能力，适应云南重点产业专利事业发展的需要。

应制定促进重点产业专利创造与转化的财税和政府采购等扶持政策，对战略性、公益性专利产品进行财政补贴，鼓励企业建立专利投入专项资金制度，允许企业将发明奖酬计入成本和加速开发研究设备折旧，政府采购优先选择自主知识产权专利产品，允许专利技术无形资产最高占企业注册资本的70%。

通过设立云南省人民政府专利奖，对在创新型云南建设中作出重大贡献的专利技术项目进行奖励，促进重点产业的技术创新和专利创造工作。通过健全专利资助制度，完善专利资助政策，增加各级财政的专利资助金额，优先资助重点产业关键技术领域、具有产业化潜力和市场前景的专利申请与专利权维持，促进云南重点产业专利数量和质量的全面提高。

应强化对重点产业的专利管理与监控，建立政府主导的产业重大科技、经济项目专利评估和审查机制，将专利的数量、质量和实施效果作为重点产业各类计划项目立项、验收和绩效评价的重要指标，促进重点产业创新成果取得更多的专利权。制定有利于产学研结合的产业创新政策，推动以取得核心、关键技术专利权为目标的重点产业协同创新，规范创新成果的专利权利和义务关系，合理分享创新成果的专利权。

三、加强管理与服务体系建设，提高专利管理与服务水平

政府在把握重点产业发展方向、支持产业技术自主创新中发挥决定性作用。应完善知识产权管理工作体系，强化政府专利管理与服务职能，改善基本工作条件，增强政府专利管理与决策的能力，为实施重点产业专利战略提供组织保障。建立服务于重点产业的专利预警和应急机制，跟踪国内外产业技术发展动态，预警行业技术竞争风险，对重大知识产权事件及时做出反应，保持产业技术竞争优势。建立健全专利统筹协调机制，加强知识产权管理部门之间、管理部门与企业之间的沟通，共同推进全省重点产业专利战略的实施。

专利信息分析、专利代理、专利制度设计、创新能力培育服务等，是做好重点产业专利工作的重要保障。应鼓励和发展专利代理、评估、咨询、司法鉴定、产权交易和专利孵化等中介服务体系，加强行业监管，规范专利服务行为，形成完善的专利服务体系。建立

政府主导、社会参与的企业专利服务机制，构建专利信息公共服务交互平台，帮助企业运用专利战略和专利信息进行新产品开发、经营管理和市场拓展。通过建立中小企业与中介机构紧密结合的专利事务托管机制，增强中小企业专利管理和保护能力。

四、加大专利保护力度，营造良好的市场环境

加强专利行政执法队伍建设和条件建设，成立覆盖全省的专利行政执法队，改善执法装备条件，提高执法人员业务素质和执法水平。建立知识产权行政执法长效机制，加大打击知识产权违法行为的力度，加强知识产权日常执法和专项执法行动，严厉查处制假、售假等侵犯知识产权违法行为。健全知识产权执法协调机制，加强知识产权执法的信息沟通与共享，针对重点产业与重点领域开展跨部门、跨地区的知识产权专项执法行动。

强化生产制造、商品流通、技术贸易等领域的专利保护工作，维护消费者权益和市场经济秩序，营造良好的市场环境。加强专利行政执法与刑事司法的衔接，加大对重大专利侵权案件的惩处力度。依法公正、高效地调处专利纠纷案件，充分发挥知识产权司法制度对侵权行为的震慑作用，严厉打击知识产权刑事犯罪活动。发挥云南省知识产权维权援助中心的作用，加大对企业和重点产业专利维权的指导和服务力度，帮助企业学会在市场和国际竞争中利用专利制度，维护知识产权的公平竞争，提高云南重点产业整体竞争力。

第三章　云南重点产业专利技术创新能力研究

专利的拥有量是衡量区域产业技术创新能力的重要指标之一。《云南省新型工业化重点产业发展规划纲要》和《云南省国民经济和社会发展第十一个五年规划纲要》提出，要推进云南新型工业化，做强烟草及其配套、能源、冶金、化工、机械、医药、信息、建材、农特产品加工、造纸等十个重点产业。云南十大重点产业总体专利申请情况和关键核心技术领域专利申请情况，反映出云南产业发展中的技术创新能力和自主知识产权水平。

任何一个产业的发展，都依赖于其技术基础，需要有核心技术的支撑，要加快产业的发展，就必须加快关键技术自主知识产权的研究和核心竞争力产品的开发。本章通过对十大重点产业相关技术领域及其重大和关键技术方向的专利申请情况进行分析，反映云南重点产业的科技创新能力和市场竞争实力。

第一节　分析研究体系

一、技术领域与检索工具

每一产业都涉及一定的技术领域或方向，产业专利申请状态则是这些技术领域内的专利技术状况。为保证研究结果的科学性，本研究遵循国际惯例，以国际专利分类规定的技术领域或方向作为检索途径，以中国专利数据库作为检索工具，对各产业的专利状况进行检索、研究。

二、分析评价指标体系

评价产业的专利创造水平，需要从多角度进行综合分析考察，才能得到科学、客观的结果。本研究主要通过以下指标体系，来分析研究云南重点产业的专利创造水平与技术创新能力。

（一）专利创造能力指标——专利数量

创造能力指标包括国内与国外在国内申请累计数、国内外累计申请比例、云南申请累计数与占全国比例。累计数表明整体创造能力，国内外比例可以反映国内创新能力与国外创新能力的差异，占全国比例可以反映在国内产业中的专利创造与自主创新地位。

（二）专利创造趋势指标——年度数量、年度比例

年度数量表示动态产出能力和一种变化趋势，年度比例则反映在国内产业中的专利创造与自主创新地位的变化趋势。

（三）专利创造质量指标——发明数量

发明数量包括全国和云南的发明专利申请数量。发明专利申请数量、发明与实用新型专利申请数量比反映专利申请的质量和科技创新水平的高低。

（四）专利创造地位指标——申请量排位

申请排位包括全国排位和西部排位、累计排位与年度排位。全国排位和西部排位反映云南在全国或西部的地位，累计排位与年度排位则反映一种变化趋势。

（五）专利创造结构指标——产业内专利技术分布

产业内专利技术分布反映产业科技创新和专利创造的均衡程度或热点方向，以及政府的科技和产业政策导向结果。

（六）专利创造整体平衡指标——产业间专利技术分布与整体状态

产业间专利技术分布反映各产业科技创新和专利创造的均衡程度，以及政府的科技和产业政策导向结果。整体状态则以各产业累计专利技术数量、全国地方比例、发明数量与比例、排位变化趋势等的综合对比，反映多个产业的整体情况。

三、产业专利创造与技术创新能力综合评价

世界知识产权组织调查显示，全世界有 90% 的新技术公开于专利文献，这表明了专利技术与科技创新之间的密切关系，专利创造水平是评价科技创新能力最重要的指标，而产业专利创造水平则是产业科技创新能力的直接反映。运用检索数据，对产业专利创造水平进行综合分析评价，同时也是对产业科技创新能力的评价研究。

第二节　烟草及其配套产业专利技术创新能力分析

烟草产业一直是云南最重要的支柱产业，对云南省经济可持续发展具有举足轻重的作用，2007 年全省烟草产业利税突破 600 亿元，2008 年 1 ~ 7 月实现利税 434. 98 亿元。

长期以来，云南以省烟草公司、云南中烟公司、红塔集团、红云集团、红河集团、玉溪水松纸厂、昆船设备集团等企业为龙头，以“两烟”生产为主导，已形成了卷烟、商标彩印、水松纸、滤嘴棒、烟用 BOPP 膜、复合铝箔、油墨、纸箱、香精香料、溶剂、乳胶、金拉线、卷烟带、防伪商标、烟机设计和制造等门类齐全的卷烟配套生产能力。

烟草及其配套产业所属技术领域主要涉及国际专利分类 A24 所包含的范围，即烟草、雪茄烟、纸烟、吸烟者用品。具体为：A24B | 吸烟或嚼烟的制造或制备，烟草，鼻烟；A24C | 制造雪茄烟或纸烟的机械；A24D | 雪茄烟，纸烟，烟油滤芯，雪茄烟或纸烟的烟嘴，烟油滤芯或烟嘴的制造；A24F | 吸烟者用品，火柴盒；A61K36/81 | 茄科，如烟草、龙葵、番茄、颠茄、辣椒或曼陀罗；A61P25/34 | 烟草滥用。

使用上述分类号，对该技术领域截至 2008 年 8 月底已公开的中国专利申请情况进行检索，反映国内外和云南在烟草及其配套产业相关技术领域的专利申请情况和技术创新能力。

一、国内烟草及其配套技术领域专利申请总体状况

（一）国内累计专利申请

1985—2007 年期间，全国烟草及其配套技术领域累计共申请发明与实用新型专利 6 797 件，其中发明专利申请 2 863 件，实用新型专利申请 3 934 件，发明与实用新型专利申请数量比为 0. 73∶1。

数据表明，该领域的中国专利申请总量偏少，发明专利申请比例不高、专利申请质量一般。

（二）国内外申请比例

1985—2008 年 8 月期间，外国在中国烟草及其配套技术领域累计发明与实用新型专利申请公开 1 230 件，约占该技术领域中国专利全部公开申请的 18%；而国内该技术领域累计发明与实用新型专利申请公开 5 589 件，约占该技术领域中国专利全部公开申请的 82%。

数据表明，国外烟草技术在国内的专利申请虽然占有一定的份额，但所占比例不高，该技术领域的中国专利申请主要以国内提出的为主。

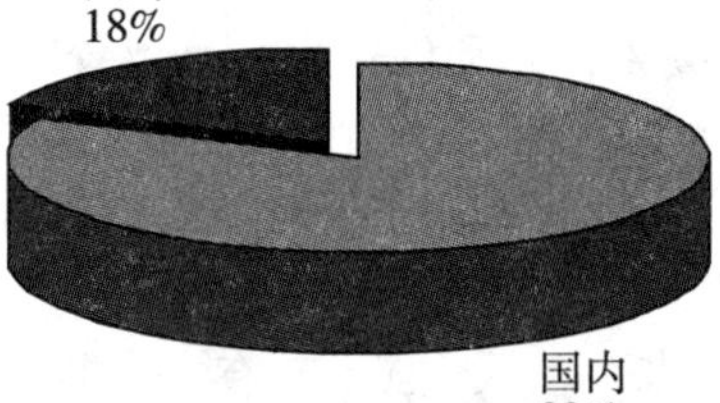

图 3－1　1985—2008 年 8 月烟草及其配套领域国内、国外累计中国发明与实用新型专利申请比例

（三）国内外申请比例年度变化

1995—2007 年期间，外国在中国专利申请量占全部专利申请比例在 25. 51% ~7. 4% 之间波动，2005 年前基本占到 16% 以上，2006 年后降幅较大。而在此期间，国内专利申请量占全部专利申请比例则经小幅波动下降后又大幅上升，2003 年前有小幅下降波动，2004 年达到 74. 49% 的最低值；之后则较快增长，2007 年达到 92. 63% 的最高值。

1995—2007 年期间，在烟草及其配套技术领域，国内、国外的中国专利申请量占全部专利申请年均比例分别为 80. 92% 和 19. 08%。

数据表明，国外在国内烟草及其配套技术领域的专利申请有一定竞争力，并一度占到 25. 51% 的较高比例，但近两年来国内所占份额有较大提高，有技术竞争实力不断提高的趋势。

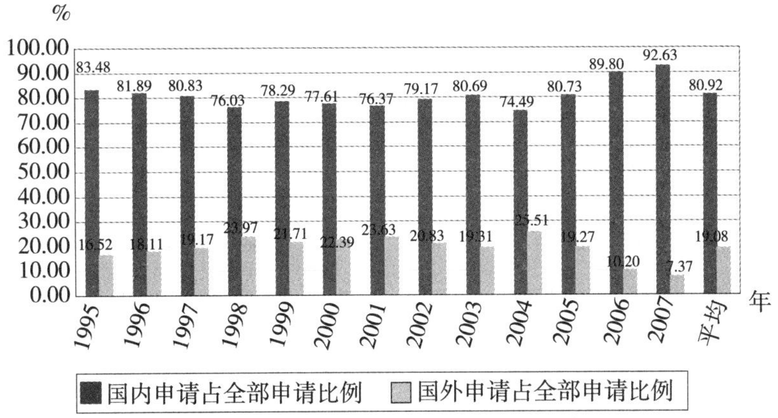

图 3－2　1995—2007 年烟草领域国内外专利申请占全国申请比例

（四）国内外申请量年度变化

2000 年前，国内外每年在烟草及其配套技术领域的专利申请量相对不多，而且都没有太大变化，基本维持在 250 件左右波动。但 2001 年后，该技术领域的专利申请量增长明显，特别是国内专利申请量加速增长（2007 年数据尚未完全公开，尚不能完全说明问题）。

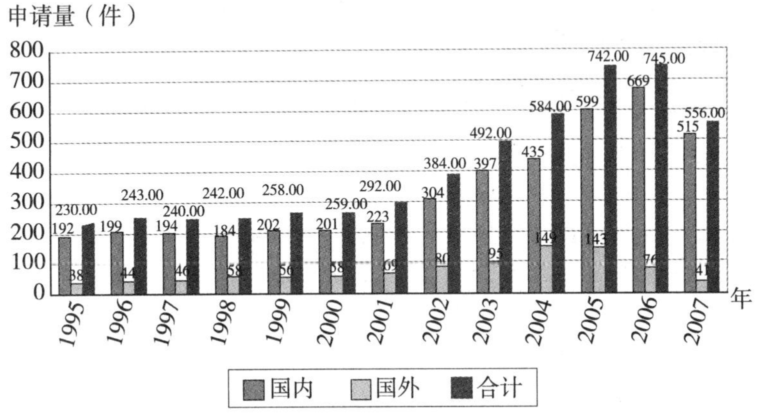

图 3－3　1995—2007 年烟草及其配套领域国内外在中国专利申请量

数据表明，国内外在烟草产业技术领域的技术创新和专利创造活动总体呈增长趋势，特别是 2000 年以来，国内在该技术领域的技术创新能力提升较快，拉动烟草产业技术领域的中国专利申请量大幅增长。

二、云南烟草及其配套技术领域专利申请总体状况

（一）累计专利申请数量

1985—2007 年期间，云南在烟草及其配套技术领域累计申请发明与实用新型专利 523 件，其中发明专利申请 217 件，实用新型专利申请 306 件，发明与实用新型数量比为 0. 17∶1。

（二）累计专利申请占全国比例

1985—2007 年期间，在烟草及其配套技术领域，云南累计发明与实用新型专利申请量占全国的 7.69%，发明专利申请量占全国的 7.58%，实用新型专利申请量占全国的 7.78%，远高于全国各省（区、市）平均比例。

在 1985—2007 年期间，烟草及其配套技术领域全国各省（区、市）平均发明与实用新型专利申请量为 194 件，云南 523 件的累计发明与实用新型专利申请量为全国各省（区、市）平均水平的 270%。

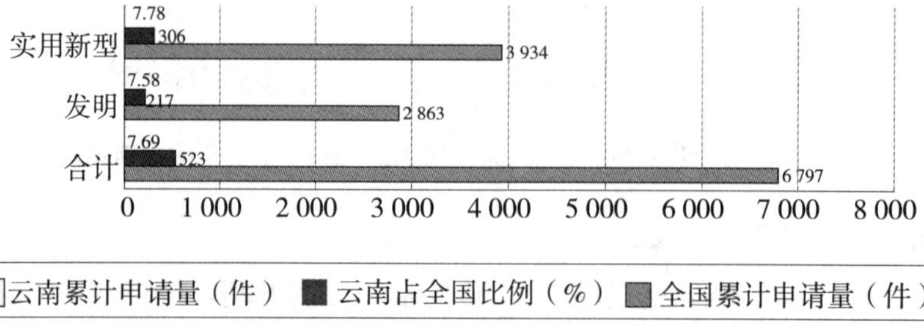

图 3－4 1985—2007 年烟草及配套领域全国与云南发明与实用新型专利累计申请量及云南占全国比例

数据表明，云南在烟草产业技术领域的整体研发能力和专利创造能力远远高于全国平均水平，在该技术领域具有明显的技术创新和专利创造优势。尽管如此，还是存在年度和累计专利申请数量绝对值偏小、技术创新成果不多、掌握核心关键技术与产业发展不协调等问题。

（三）占国内年专利申请量比例

2000 年前，云南在烟草及其配套技术领域的发明与实用新型专利申请量占国内专利申请比例相对较低，在 1.56% ~8.25% 之间波动，多数年份为 6% 左右。而 2000 年后，云南在该技术领域的专利申请量占国内专利申请比例明显增加，基本都保持在 10% 以上，特别是 2003 年和 2007 年达 14% 以上。

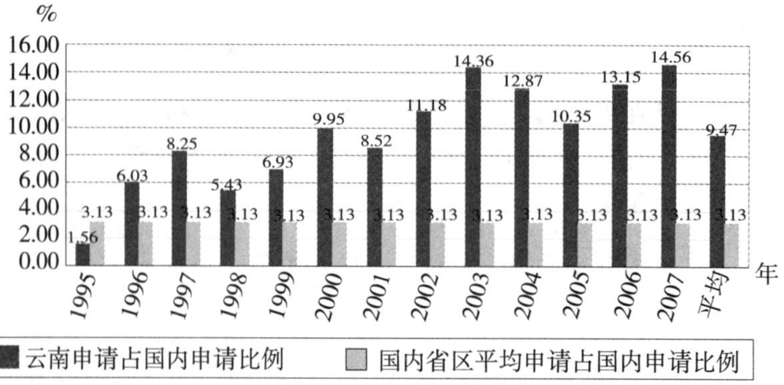

图 3－5 1995—2007 年烟草产业技术领域云南专利申请占国内专利申请比例与国内省（区、市）平均占全国专利申请比例

1996 年以来，虽然有三次涨跌波动，但云南在烟草及其配套技术领域的专利申请量都远高于全国省（区、市）平均占国内专利申请比例；1996—2007 年的 12 年间，年平均占国内申请的比例达到了 9. 47% 的较高数值。而且，随着时间的推移，这种超越全国省（区、市）平均水平的程度还在不断增加，表现出云南在烟草及其配套技术领域的自主创新不仅在国内有显著优势，而且还在不断增强。

（四）占年全部专利申请量比例

在烟草及其配套技术领域，云南的发明与实用新型专利申请占全部中国专利申请比例呈现涨跌交替变化的走势，但总体上呈增长趋势。从 1995 年的 1. 30%，经过三次下降与上升的波动，最终上升到 2007 年的 13. 49%。其总体走势与其占国内专利申请比例的情况基本一致。

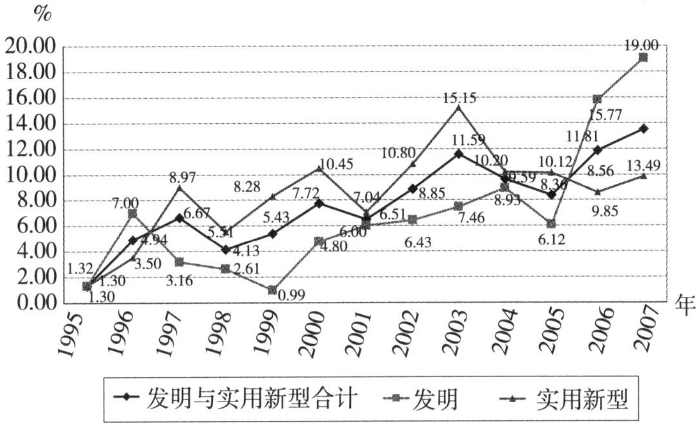

图 3－6　云南烟草及其配套领域发明与实用新型专利申请占全部申请比例走势图

从图 3－6 中可看出，近年来，云南在烟草及其配套技术领域的发明专利申请占该领域全部申请量的比例增长幅度较大，而实用新型专利申请量占全部申请的比例则出现逐年下滑趋势，说明云南在该技术领域专利申请的结构在不断的改善，专利申请质量逐年提高。

上述年度比例变化数据表明，长期以来，云南在烟草及其配套技术领域的创新活动一直享有优势，专利申请量长期占有较高份额，并且有逐年增高的趋势，专利申请的质量也在不断提高，在该技术领域已经积累了较强的技术创新实力和技术研发基础，因而在国内烟草行业具有较强的技术创新和专利创造能力。

（五）整体申请质量

云南在烟草及其配套技术领域的发明与实用新型专利申请数量比为 0. 71∶1，与全国整体 0. 73∶1 的水平基本一致，表明云南在该技术领域总体也以实用新型专利申请为主，整体专利申请质量一般。

三、云南烟草及其配套技术领域专利申请年度走势

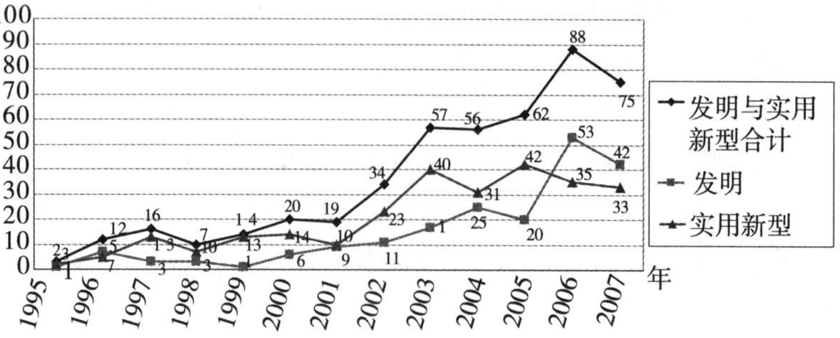

图3－7　云南烟草及其配套领域发明与实用新型专利申请量走势图

在烟草及其配套技术领域，云南的年专利申请量总体上呈逐年上升趋势。1996—2006年间，云南在该技术领域的年发明与实用新型专利申请量从3件增长到88件，增长了633.33%，是全国同期申请量增幅206.58%的3倍多（因数据公开不完全，2007年度的数据不足以说明问题，仅以2006年前的数据为基础）；尤其是发明专利申请的年增长显著，从1996年的7件，增长到2006年的53件，年申请量净增了46件。

数据表明，云南在烟草产业技术领域的技术创新能力及其运用专利制度保护自主知识产权的能力在不断提升。

四、云南烟草及其配套技术领域专利申请国内与西部地区排位

（一）国内累计申请排位

1985—2008年8月期间，烟草及其配套技术领域累计发明与实用新型专利申请国内排名前10位的分别是云南、山东、湖南、河南、广东、江苏、浙江、北京、辽宁、湖北。云南以累计535件发明与实用新型专利申请的绝对优势，名列全国内地各省（区、市）第1位。

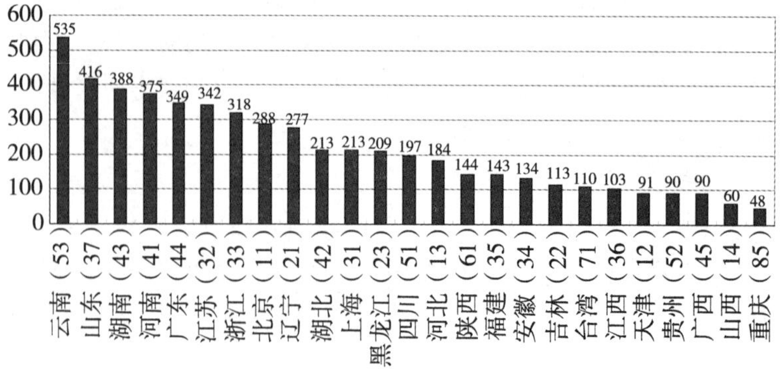

图3－8　1985—2008年8月国内各省（区、市）烟草及其配套领域发明与实用新型专利累计申请量排序

上述情况表明，云南在烟草及其配套技术领域的自主创新和专利创造能力处于全国先进水平，技术创新和专利创造能力远远领先全国大多省（区、市）。

（二）国内年度申请排位

从申请量年度变化趋势来看，除1995年外，1996—2007年期间，云南在烟草及其配套技术领域的累计发明与实用新型专利申请量在全国各省（区、市）排位一直处于前列。特别是自2002年以来，云南在该技术领域的专利申请量基本保持全国第1位。

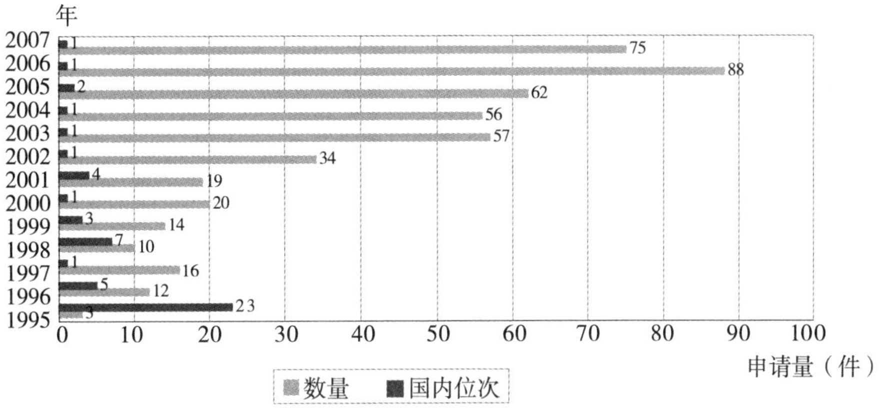

图3-9　1995—2007年云南烟草及其配套领域专利申请量与国内排位

（三）西部地区排位

1985—2008年8月期间，云南在烟草及其配套技术领域的发明与实用新型专利申请量远远高于西部其他省（区、市），位列西部第1位，其后是四川、陕西、贵州、广西、重庆、新疆、内蒙古、甘肃、青海、宁夏。

1985—2008年8月期间，西部12省（区、市）在烟草及其配套技术领域的累计平均申请量为104件，仅为国内平均160件的64.97%，反映了西部地区烟草及其配套领域的整体技术水平相对滞后。但云南在该技术领域的累计专利申请量为西部平均的515.66%，是四川197件的2.72倍，表现出在该领域的专利技术领先程度。

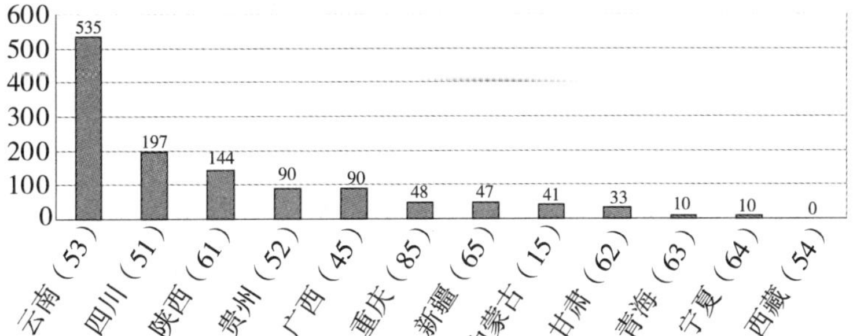

图3-10　1985—2008年8月烟草及其配套领域西部地区发明与实用新型专利申请量排名

上述情况表明，不论是在全国还是在西部地区，云南烟草技术基础和专利创造能力都处于领先水平。

五、云南烟草及其配套技术领域重大共性和关键技术专利申请情况

2007 年 2 月，云南省科技厅和发改委发布了《云南省“十一五”科学和技术发展规划》，提出了云南在烟草及其配套技术领域的重大共性和关键技术方向，主要涉及打叶复烤设备技术、大型烟草制丝设备设计与制造技术、大型烟草制丝设备可靠性技术、大型烟草制丝成套系统设备技术、烟丝的柔性化生产及其设备智能化控制技术、微波复烤技术、低危害卷烟技术、造纸法烟草薄片技术、烟草包装装潢印刷技术、烟草包装水松纸技术、烟用香精香料技术、烟用丝束技术、烟用 BOPP 膜技术等。

通过关键词检索，1985—2007 年期间，在上述重大共性和关键技术领域，全国累计申请发明和实用新型专利 450 件，其中发明专利申请 290 件，实用新型专利申请 160 件，发明与实用新型专利申请数量比为 1. 81: 1。而云南累计申请发明和实用新型专利 79 件，占全国的 17. 56%；其中发明专利申请量为 41 件，占全国的 14. 14%；实用新型专利申请 38 件，占全国的 23. 75%；发明与实用新型专利申请数量比为 1. 08: 1。

上述情况表明，在云南自身确定的烟草及其配套技术领域重大共性和关键技术方向中，云南的专利申请量占全国的比例也很高，尤其是实用新型专利申请量比例更高，反映了云南在烟草产业技术领域的核心关键技术方面的自主创新能力处于全国先进水平，特别是烟草机械方面更具优势，但也存在发明专利申请偏少的不足。

六、云南烟草及其配套技术领域专利申请技术分布构成

就专利技术申请分布结构而言，1985—2008 年 8 月期间，云南在烟草及其配套技术领域的累计发明与实用新型专利申请中，烟草与制烟技术专利申请占 63% 的比例，雪茄与纸烟技术占 16%，烟草机械占 11%，吸烟用品占 10%。

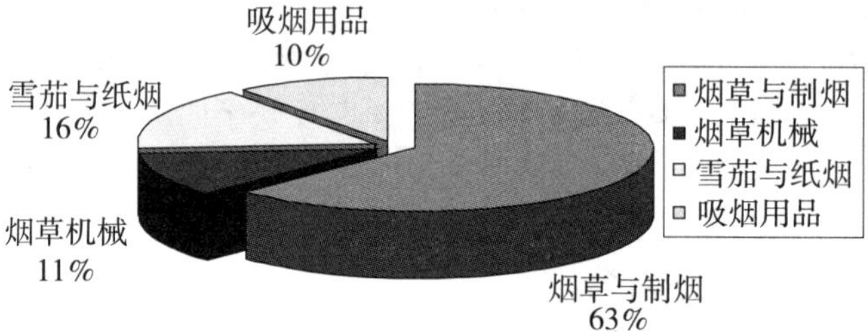

图 3 – 11　1985—2008 年 8 月云南烟草领域专利申请技术分布结构图

这些情况表明，云南烟草及其配套产业的科技创新活动以及专利申请集中于烟草与制烟工艺技术领域，而烟草设备方面的申请比例偏少，特别是大型成套系统设备和智能化控制技术的自主创新成果和专利申请较少，还主要依赖技术和设备引进，应加大自主研发力度。

七、云南烟草及其配套产业领域专利技术创新能力总体评价

上述整体情况表明，云南在烟草及其配套产业相关技术领域的专利申请数量与质量方面都有较好的表现，无论是在全国还是在西部地区，云南的专利申请量都名列前茅，年申请量和增长率都呈现总体增长的趋势，显示了云南在该技术领域的专利创造与技术创新实

力与基础。

尽管如此，云南在该产业技术领域仍存在申请总量绝对数偏少、技术结构方面不均衡发展、烟草加工工艺和产品方面偏多、大型成套设备和智能化控制技术创新能力等不足。同时，云南专利申请水平在大的增长趋势下，还存在一定时期向下波动现象，表现出整体创新能力的不稳定和创新体系的不健全。应在巩固和发挥现有相对优势的技术研发实力的基础上，进一步加大云南在烟草及其配套技术领域的自主创新力度，在更高层次上提升产业竞争力。

此外，国外的烟草及其配套技术在国内占有相当份额，对云南在烟草产业技术领域的发展构成一定的威胁。加大云南烟草及其配套产业重大关键技术的研发力度，为云南烟草产业提供强大的核心关键技术支撑，减少对国外高技术的依赖，是保障云南烟草及其配套产业可持续发展的重要条件。

第三节　能源产业专利技术创新能力分析

云南能源资源丰富，开发条件优越。近年来，云南以电力为主、煤炭为基础，大力推进节能减排，积极开发太阳能、风能、生物质能和地热能等替代能源，发展沼气、微型水电等农村新能源，加强石油、天然气的勘探开发，以鲁布革电站、西洱河电站、漫湾电站、大朝山电站、小龙潭电厂、昆明电厂、阳宗海电厂、曲靖一期电厂、宣威电厂、巡检司电厂等企业为龙头，以澜沧江、金沙江、怒江三大水电基地和滇东、滇南、滇东北三大火电基地为依托进行构建和发展，使能源工业地位不断上升，成为云南仅次于烟草产业的第二大产业。

能源产业所属技术领域主要涉及国际专利分类 B29L31/20、C10、C11C、F03D、F24、G21C、H01F、H01L31/00、H01M、H02 所属范围。具体为：B29L31/20｜燃料块；C10｜石油、煤气及炼焦工业，含一氧化碳的工业气体，燃料，润滑剂，泥煤；C11C｜从脂肪、油或蜡中获得的脂肪酸，蜡烛，脂肪、油或由其得到的脂肪酸经化学改性而获得的脂、油或脂肪酸；F03D｜风力发动机；F24｜供热，炉灶，通风；G21C｜核反应堆；H01F｜磁体，电感，变压器，磁性材料的选择；H01L31/00｜对红外辐射、光、较短波长的电磁辐射，或微粒辐射敏感的，并且专门适用于把这样的辐射能转换为电能的，或者专门适用于通过这样的辐射进行电能控制的半导体器件（太阳能电池），专门适用于制造或处理这些半导体器件或其部件的方法或设备，及其零部件；H01M｜用于直接转变化学能为电能的方法或装置；H02｜发电、变电或配电。

使用上述分类号，对截至 2008 年 8 月底已公开的该技术领域的中国专利申请情况进行检索，反映国内外和云南在能源产业相关技术领域的专利创造情况和技术创新能力。

一、国内能源技术领域专利申请总体状况

（一）国内累计专利申请

1985—2007 年期间，全国能源产业技术领域累计申请发明与实用新型专利 172 632 件，其中发明专利申请 79 129 件，实用新型专利申请 93 503 件，发明与实用新型专利申请数量比为 0. 85∶1。

数据表明，全国在该领域的发明专利申请数量大，创新活动繁荣，创新成果多，但专利申请质量不是太好、整体技术含量一般。

（二）国内外累计专利申请比例

截至2008年8月，在能源产业技术领域，外国在中国累计公开发明与实用新型专利申请42 638件，约占全部公开申请量的24.67%；国内发明与实用新型专利申请累计公开130 218件，约占全部公开申请量的75.33%。

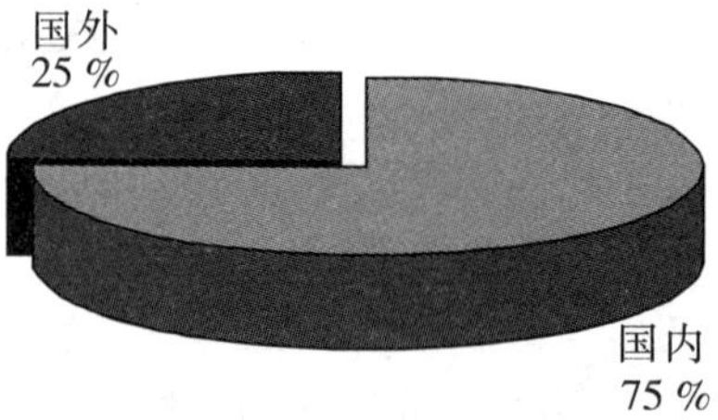

图3－12　1985—2008年8月能源领域国内、国外累计中国发明与实用新型专利申请比例

数据表明，能源技术领域的中国专利申请以国内申请为主，但国外能源技术领域的中国专利申请在国内也占有相当的份额，对国内能源产业的发展形成一定的技术威胁。

（三）国内外年度专利申请比例变化

1995—2007年期间，能源产业技术领域外国在中国的专利申请占全国专利比例在32.54%～18.75%之间波动，大多年份在25%左右；而国内比重在67.46%～81.25%之间波动，2007年国内专利申请比例达到81.25%的最高值，2005年则达到67.46%的最低点。1995—2007年国内外中国专利申请的年均比例情况为国外26.66%、国内73.34%。

这些情况表明，十多年来，在能源技术领域，国内专利申请的规模一直较大，占有主要份额，但外国能源技术在国内也有相当的竞争力，外国在中国专利申请量曾一度占到32.54%的较高比例。

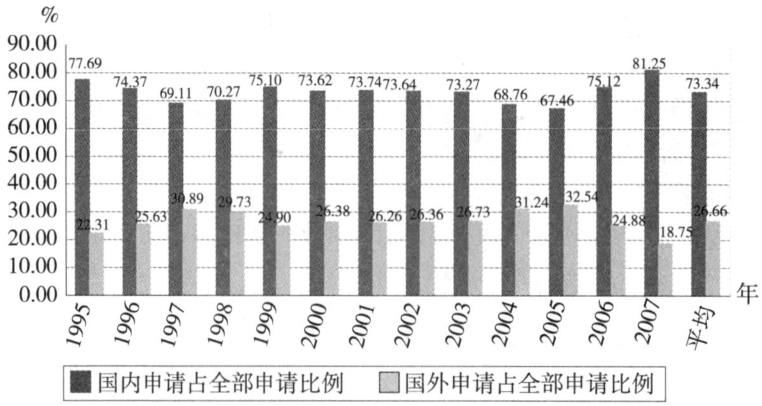

图3－13　1995—2007年能源领域国内外专利申请占全部申请比例

（四）国内外年度专利申请量

1995—2007 年期间，全国能源技术领域的年中国专利申请量总体呈增长趋势。1999 年前国内外申请量增长较慢，年申请量在 4 000 ~ 6 600 件之间；2000 年后，年申请量出现了持续大幅增长，年增长量都在千件以上（2007 年数据未完全公开除外），主要是国内申请量的高速增长所致，2006 年国内申请量就达到了 17 655 件。

这些数据表明，国内外能源产业技术领域的科技创新活动日益繁荣，专利创造能力不断提高，特别是近年来国内能源产业技术领域技术创新能力不断增强，年技术创新成果和专利申请数量大幅增长。

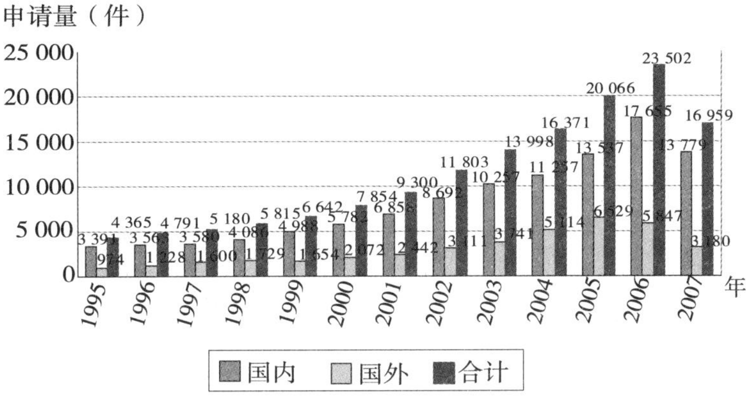

图 3－14　1995—2007 年能源领域国内外中国专利申请量

总体上讲，国内外都加大了能源技术领域的科技创新力度，能源技术领域的中国专利申请总量大，且近年来基数在不断增大，创新活动繁荣，能力不断增强。但也存在专利申请质量不高、发明专利申请量比例不高、国外专利申请量一直占有相当比例、国内外能源产业技术领域技术竞争激烈等问题。

二、云南能源产业技术领域专利申请总体状况

（一）累计专利申请数量

1985—2007 年期间，云南在能源产业技术领域累计申请发明与实用新型专利 1 423 件，其中发明专利申请 273 件，实用新型专利申请 1 150 件，发明与实用新型数量比为 0.24∶1，累计专利申请数量较低。

（二）累计专利申请占全国比例

1985—2007 年期间，云南在能源技术领域累计发明与实用新型专利申请量仅占全国的 0.82% ［国内省（区、市）平均为 3.13% ］，发明专利申请量占全国的 0.35% ，实用新型专利申请量占全国的 1.23% 。在此期间，全国省（区、市）平均发明与实用新型专利申请量为 4 069 件，云南的累计专利申请量仅达到全国各省（区、市）平均的 35.51% 。

数据表明，云南能源产业技术领域专利申请量占全国份额很低，专利申请总量绝对数明显偏低，与国内省（区、市）平均水平差距较大，技术研发实力与专利创造能力还较

弱，在全国处于落后地位。

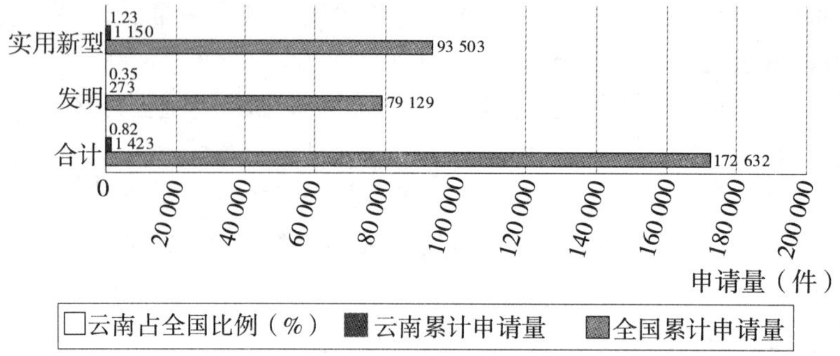

图 3-15　1985—2007 年能源领域全国与云南发明与实用新型专利累计申请量及云南占全国比例

（三）占国内年专利申请量比例

1985—2007 年期间，云南在能源技术领域发明与实用新型专利申请量占国内专利申请比例都低于全国省（区、市）平均比例水平，而且有逐年下降的趋势。

2000 年前，云南在该技术领域的专利申请比例一直保持在 1.6% 以上，较全国省（区、市）平均占国内专利申请比例约低 1.5 个百分点；而 2001 年后却下降到了 0.8% 左右，较全国省（区、市）平均占国内专利申请比例约低 2.3 个百分点；1996—2006 年间，累计下降了 1.59 个百分点。

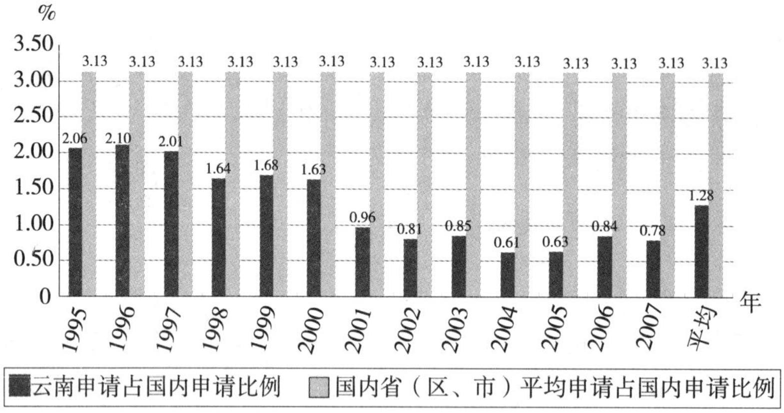

图 3-16　1995—2007 年能源领域云南专利申请占国内专利申请比例与国内省（区、市）平均占国内专利申请比例

（四）占年全部中国专利申请量比例

1995—2007 年期间，云南能源产业技术领域发明与实用新型专利申请量占全部中国专利申请量比例走势与其占国内专利申请比例情况基本一致，总体表现出波动下降的态势。

1995 年以来，云南在能源技术领域的年专利申请量占全部中国专利申请量的比例持续下降，到 2004 年达到 0.42% 的最低水平，2005 年后又小幅恢复到 0.65% 左右；从 1996—2006 年间，累计下降了 0.94 个百分点。

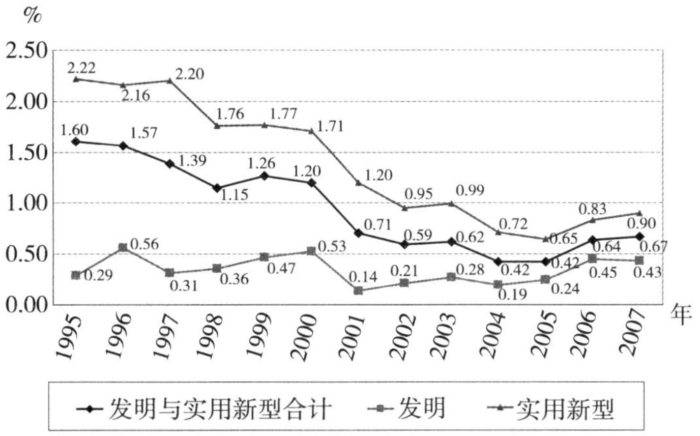

图 3－17　云南能源领域发明与实用新型专利申请占全部申请比例走势图

上述年度比例数据变化情况表明，长期以来，云南在全国能源技术领域的地位较低，技术创新能力和专利创造能力差，专利申请量占全国比例与全国省（区、市）平均水平差距较大。而且，专利申请占国内申请和全部中国专利申请的比例持续走低，在行业技术创新中的地位较 10 年前有了明显的下降，产业核心竞争力在不断下降。

（五）整体申请质量

云南在能源技术领域的发明与实用新型专利申请数量比为 0. 24∶1，远远低于全国 0. 85∶1 的整体水平，表明云南在该领域的专利申请实用新型专利申请占了绝大多数，专利申请的质量明显偏低。

三、云南能源产业技术领域年度专利申请状况

1995 年以来，云南在能源技术领域的专利申请量一直在 80 件左右徘徊，到 2006 年才出现明显增长。1996—2006 年间，云南在能源技术领域的专利申请量只增长了 98. 67%，增长幅度远远低于全国 390. 54% 的总体水平，而且增长基数太小，并主要集中在 2006 年。

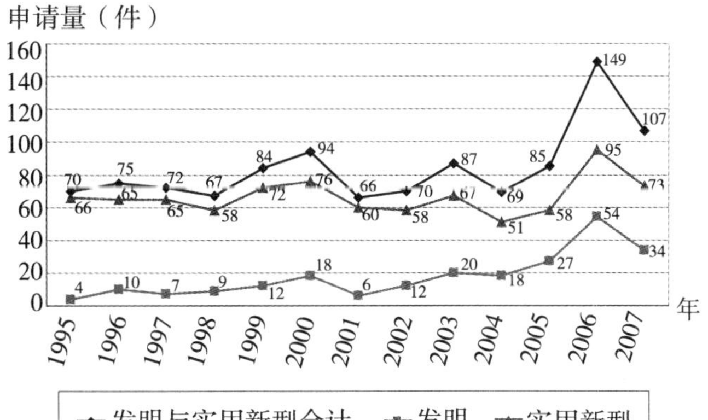

图 3－18　云南能源领域发明与实用新型专利申请量走势图

云南在该技术领域的发明申请较实用新型专利申请有稍好的表现，发明专利申请总体呈缓慢上升态势；而实用新型专利申请在2005年前基本呈下降态势；发明与实用新型专利申请量都在2006年才出现明显增长。

数据表明，长期以来，云南在能源产业技术领域的专利创造水平长期处于低迷状态，仅在近一两年才出现有所改善的迹象，年专利申请量严重偏低，全省能源技术领域创新能力严重不足，研发实力提升缓慢。

四、云南能源产业技术领域专利申请国内与西部地区排位

（一）国内累计申请排位

1985—2008年8月期间，能源技术领域累计发明与实用新型专利申请国内排名前10位的分别是广东、北京、江苏、山东、浙江、辽宁、上海、天津、湖南、台湾。云南在该技术领域累计申请发明与实用新型专利1 445件，排名国内各省（区、市）第23位，处于落后位置。

与排名在前的省（区、市）相比，云南在该技术领域的累计发明与实用新型专利申请量严重偏少，仅为广东（排名第1位）累计14 963件的9.66%、浙江（排名第5位）累计9 560件的15.12%、台湾（排名第10位）累计4 696件的30.77%、四川（排名第15位）累计3 440件的42.01%、福建（排名第20位）累计1 956件的73.76%，反映了云南在该技术领域的创新能力与其他省（区、市）之间的差距。

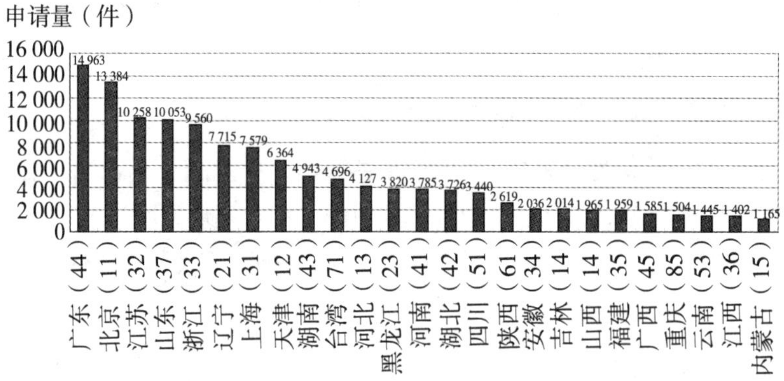

图3-19　1985—2008年8月国内各省（区、市）能源领域发明与实用新型专利累计申请量排序

（二）国内年度申请排位

与年申请量变化相关联，1996—2007年期间，云南在能源技术领域的累计发明与实用新型专利申请量在全国各省（区、市）排位一直处于17位之后的靠后位置，而且在2001年后出现了较大的倒退现象，2002年和2005年都退到了第26位，2004年更一度退到了27位。

这些情况表明，云南在该技术领域的专利创造和技术创新能力都处于全国落后水平，在全国的排位不仅长期处于靠后位置，而且有逐年倒退的趋势。

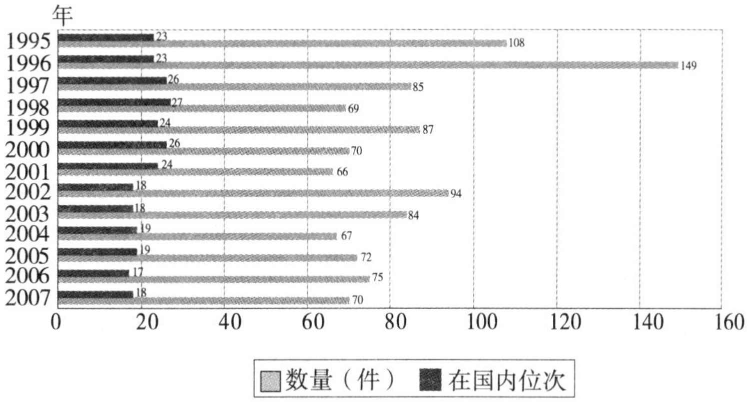

图 3－20　1995—2007 年云南能源领域专利申请量与国内排位

（三）西部地区排位

在西部地区，云南在能源技术领域的专利申请量位列第 5，排在四川、陕西、广西、重庆之后，申请量仅为四川的 42.01%，为西部省（区、市）平均申请量 1 279 件的 112.97%。

数据表明，即使是在科技水平相对滞后的西部地区，云南在能源技术领域的专利创造能力也仅处于中等水平。

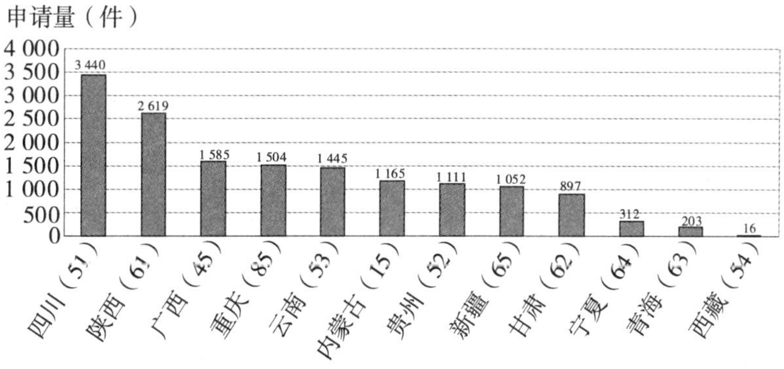

图 3－21　1985—2008 年 8 月能源领域西部地区发明与实用新型专利申请量排名

上述情况表明，云南虽然有丰富的水利、煤炭、生物质能与天然气资源，但在能源产业技术领域的自主创新能力却明显不足，能源产业的整体科技创新和专利创造能力都处于全国滞后水平。

五、云南能源产业技术领域重大共性和关键技术专利申请状况

《云南省“十一五”科学和技术发展规划》提出了云南在能源技术领域的重大共性和关键技术内容，主要涉及以节能降耗为目标的工业节能节水技术，机电产品节能技术，钢铁、有色金属、煤炭、电力、化工和建材等行业节能降耗技术，能源梯级综合利用技术，废弃物循环利用技术，高效节能新技术；以高海拔超高压大容量远距离输电技术为主线的电网故障超导限流器技术，特高压直流输电及系统运行控制技术，高海拔紧凑型输电线路技术，电网可靠性评价技术，电网调压控制技术，互联电网内的调频、调峰、电能质量控

制技术，水电跨流域补偿技术，灵活交流输电技术；以新能源开放利用技术为主线的太阳能发电及并网技术，太阳能空调制冷技术，太阳能建筑一体化技术，热泵和太阳能互补技术，生物柴油技术，大中型沼气工程技术，燃料甲醇、乙醇生产运用技术；与单晶硅材料为基础的高效太阳能电池技术，氢能开发利用技术等领域。

通过关键词检索，1985—2007 年期间，在上述重大共性和关键技术领域，全国共申请发明与实用新型专利 14 346 件，其中发明专利申请 6 718 件，实用新型专利申请 7 646 件，发明与实用新型专利申请数量比为 0. 88∶1。而云南共申请发明与实用新型专利 242 件，占全国的 1. 69%；其中发明专利申请 155 件，占全国的 2. 31%；实用新型专利申请 87 件，占全国的 1. 14%；发明与实用新型专利申请数量比为 1. 78∶1。

这些情况表明，即使是在云南自身确定和重点发展的能源重大共性和关键技术领域，云南占全国的专利申请比例也仍然很低，但专利申请的质量较高。

六、云南能源产业技术领域专利申请的技术分布

就专利技术分布结构而言，1995—2008 年 8 月期间，在云南的能源技术领域专利申请中，供热与通风技术占 59. 93% 的比例，发电、变电与配电技术占 22. 44%，石油、煤气与燃料技术占 8. 88%，电磁能技术占 4%，化学能技术占 2. 92%，风能技术占 1. 36%，动植物油脂利用技术占 0. 34%，光能利用技术占 0. 07%。

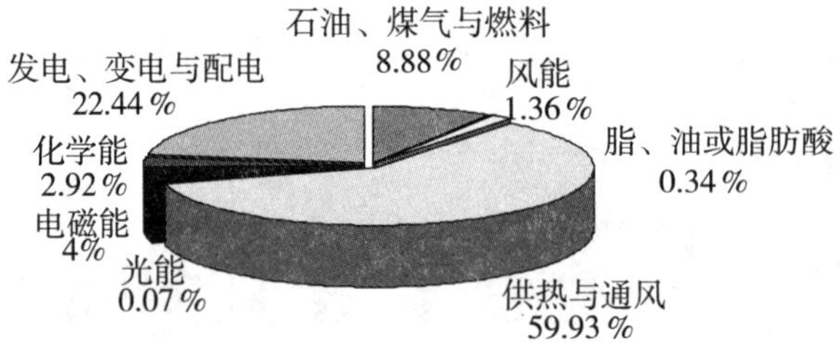

图 3－22　1985—2008 年 8 月云南能源领域专利申请技术分布结构图

专利技术分布结构反映了云南能源产业的技术创新主要集中在热能利用与发电、变电与配电技术领域，这与云南确定的能源技术领域重点发展的技术方向大体上是一致的，也与云南能源产业主要集中于电力和冶金工业余热利用的现实情况相符。但是却存在着对生物质能、太阳能、化学能等新能源技术的开发利用和技术水平相对较弱的现象，不利于云南充分发挥生物、太阳能等资源优势，应大力发展清洁能源和替代能源，从根本上解决能源短缺问题。

七、云南能源产业领域专利技术创新能力总体评价

上述整体情况表明，无论是在整个能源技术领域还是在云南的能源重大共性和关键技术领域，云南的专利申请量都处于全国靠后水平，累计专利申请量和年度申请量在全国的排位一直处于靠后位置，且有逐年下降的趋势；同时，在能源技术领域的科技创新与专利创造能力长期得不到提升，专利申请量长期处于低位徘徊，表现出行业自主创新能力的严重不足。

此外，云南在能源技术领域的专利技术结构上还存在不均衡性，专利技术的分布不合

理。表现为技术研发与专利创造活动主要集中于传统的发配电和热能利用技术方向，对生物质能和太阳能等新能源的开发利用以及高压输电等技术的研发明显滞后。

上述情况不利于云南能源产业的发展，亟待从战略角度提高对能源技术领域自主创新能力的认识和支持，大力推进云南能源新技术的研发，大幅提升能源产业科技创新能力和核心竞争力，推进产业结构优化升级。

需要注意的是，国外能源技术在国内占有相当高的份额，对云南能源产业的发展和能源技术创新构成很大的威胁。及时掌握国际能源技术发展新动向，充分发挥云南在水电资源利用、工业余热利用、生物柴油制备与乙醇燃料等某些技术方向上的比较优势，争取在这一技术领域更多的发展主动权，是云南能源产业专利战略的主要方向。

第四节　冶金产业专利技术创新能力分析

冶金工业是云南重要的基础工业，具有较强的比较优势和发展潜力。经过长期的努力，主要依托云南铜业（集团）有限公司、云南铝业股份有限公司、云南驰宏锌锗股份有限公司、云南锡业集团有限责任公司、昆明钢铁集团有限责任公司、兰坪金鼎锌业有限公司、云南罗平锌电股份有限公司、易门矿务局、四川得胜集团楚雄钢铁有限公司等大中型企业，重点延伸培育锡、铜、铝、铅、锌等有色金属产品加工产业链，积极培育以有色、稀贵金属为重点的新材料产业群，同时推进钢铁工业技术装备和产品升级，基本形成了从矿产品、冶炼产品、加工产品到应用产品等品种齐全的产品系列，并开始向有色金属深加工、高技术、高附加值产品领域延伸，正力求把云南建设成国家级有色金属冶炼及深加工基地、世界级锡工业及深加工基地、面向周边国家和地区的钢铁工业基地。

冶金产业所属技术领域主要涉及国际专利分类 B22、B24C1/10、C02F103/16、C04B18/14、C04B5/00、C04B33/138、C04B7/147、C21、C22、C23、C25、C30 所包含的范围。具体为：B22丨铸造，粉末冶金；B24C1/10丨用于使表面致密；C02F103/16丨来自冶金过程，即来自金属生产、精炼或处理；C04B18/14丨冶金废料；C04B33/138丨冶金工艺废料，如炉渣、炉灰、电沉废料；C04B7/147丨冶金渣；C21丨铁的冶金；C22丨冶金，黑色或有色金属合金，合金或有色金属的处理；C23丨对金属材料的镀覆，用金属材料对材料的镀覆，表面化学处理，金属材料的扩散处理，真空蒸发法、溅射法、离子注入法或化学气相沉积法的一般镀覆，金属材料腐蚀或积垢的一般抑制；C25丨电解或电泳工艺及其所用设备；C30丨晶体生长。

使用上述分类号，对截至 2008 年 8 月底已公开的该技术领域的专利申请情况进行检索，反映国内外和云南在冶金产业相关技术领域的专利申请情况和技术创新能力。

一、国内冶金产业技术领域专利申请总体状况

（一）国内累计专利申请

1985—2007 年期间，全国冶金产业技术领域累计申请发明与实用新型专利 52 953 件，其中发明专利申请 42 416 件，实用新型专利申请 10 537 件，发明与实用新型专利申请数量比为 4. 03∶1。这表明全国在该技术领域以发明专利申请为主，整体专利申请质量较高，这与冶金产业技术领域工艺、配方居多的技术特点相关。

（二）国内外累计专利申请比例

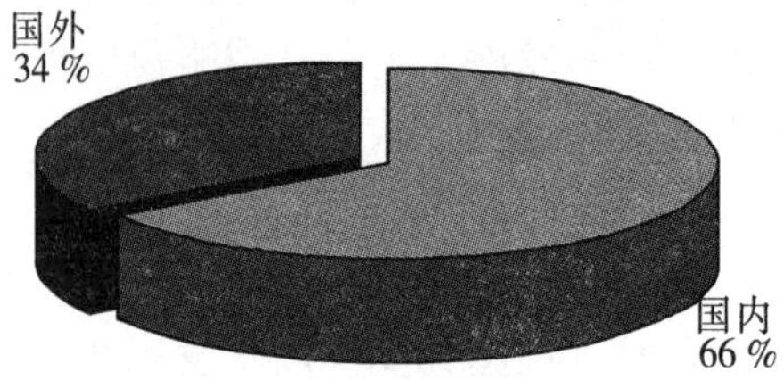

图 3－23　1985—2008 年 8 月冶金领域国内、国外累计中国发明与实用新型专利申请比例

截至 2008 年 8 月，外国在中国的冶金技术发明与实用新型专利申请累计共有 18 372 件，约占该领域全部公开中国专利申请的 34.36%；国内累计专利申请公开 35 049 件，约占全部公开中国专利申请的 65.66%。数据表明，在冶金产业技术领域，外国在中国申请的专利技术总量较大，占有较高份额。

（三）国内外年度专利申请比例变化

1995—2007 年期间，外国在中国冶金技术领域的专利申请量占全部冶金技术中国专利申请的比例在 53.23%～12.47%之间波动；但 2004 年前，国内外该领域的专利申请比例差距不大，国外基本占了 40%～47%；而 2005 年后国内专利申请量比例开始有了较大增长，国外专利申请量比例却出现了较大下降，2007 年国内专利申请比例达到 87.53%。

数据表明，2005 年来，国内在冶金产业技术领域的研发和专利创造能力明显提高（2007 年数据尚未完全公开，但仍能一定程度说明问题），有逐步占据优势的趋势。但国外在冶金技术领域的中国专利申请曾一度接近 50% 的高比例，在冶金产业技术领域具有较大的技术优势，对国内冶金产业的核心技术研发构成较大的压力。

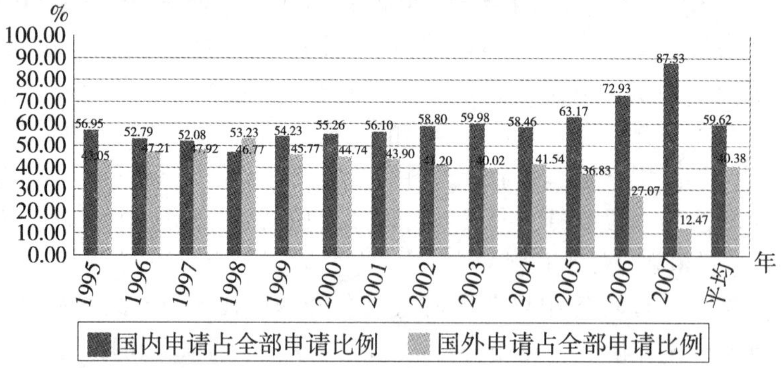

图 3－24　1995—2007 年冶金领域国内外专利申请占全部申请比例

（四）国内外年度专利申请量

1995 年以来，国内外冶金产业技术领域的中国专利申请量总体上呈增长趋势（2007 年数据尚不能说明问题除外），特别是 2001 年以来年增长速度明显加快，而国内申请量增长更快。

数据表明，近年来国内外都加大了冶金产业技术领域的技术创新力度，专利创造能力逐年增强，国内冶金技术自主创新能力和技术竞争实力正在大幅提高。2006 年，国内冶金技术专利申请量达到了 5 623 件。

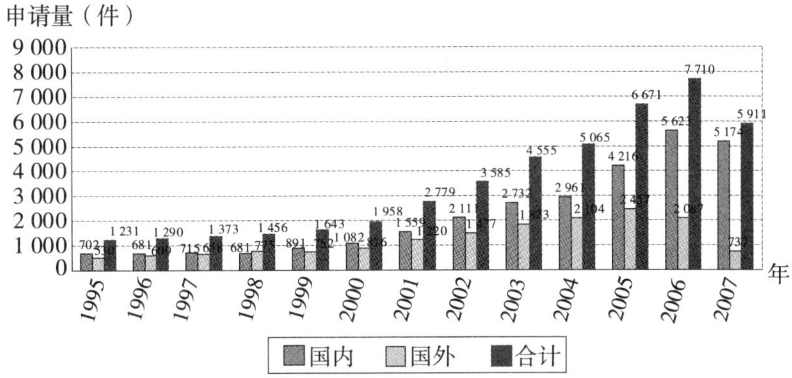

图 3－25　1995—2007 年冶金领域国内外中国专利申请量

二、云南冶金产业技术领域专利申请总体状况

（一）累计专利申请数量

1985—2007 年期间，云南在冶金产业技术领域累计申请发明与实用新型专利 733 件，其中发明专利申请 584 件，实用新型专利申请 149 件，发明与实用新型数量比为 3.92∶1，累计专利申请数量较低。

（二）累计专利申请占全国比例

1985—2007 年期间，云南在冶金产业技术领域的累计发明与实用新型专利申请量仅占全国的 1.38%［国内省（区、市）平均为 3.12%］，其中发明专利申请量占全国的 1.38%，实用新型专利申请量占全国的 1.41%。

在此期间，全国省（区、市）冶金产业技术领域的平均发明与实用新型专利申请量为 1 095 件，云南的累计专利申请量占全国省（区、市）平均的 69.94%，距全国平均水平还有一定差距。

数据表明，云南在冶金产业技术领域的研发实力还较差，专利申请总量小，在全国冶金产业技术领域所占份额明显较低，整体科技创新能力和专利创造能力还达不到全国平均水平，在国内冶金行业科技创新活动中所发挥的作用还不大。

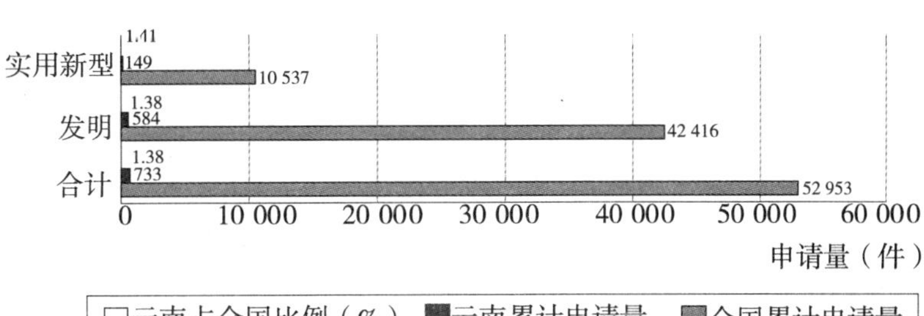

图 3－26　1985—2007 年冶金领域全国和云南发明与实用新型专利累计申请量及云南占全国比例

（三）占年国内专利申请量比例

1995 年来，云南在冶金产业技术领域的发明与实用新型专利申请量占国内专利申请比例波动较大，但总体上以 1997 年为界分两个阶段。1997 年前在 2.66% ~4.55% 之间波动，高于或接近全国省（区、市）平均水平；但 1997 年后下降情况明显，专利申请量下降到近年来国内专利申请量的 1.8% 左右，低于全国省（区、市）平均水平 1.3 个百分点，与全国整体水平有较大差距。

数据表明，云南在该技术领域的科技创新与专利创造能力曾一度有较好基础，专利申请量占全国份额高于或基本达到全国各省（区、市）平均 3.13% 的水平，但 1997 年之后所占份额却出现了较大的下降。冶金专利创造水平下降是产业创新能力下降的危险信号。

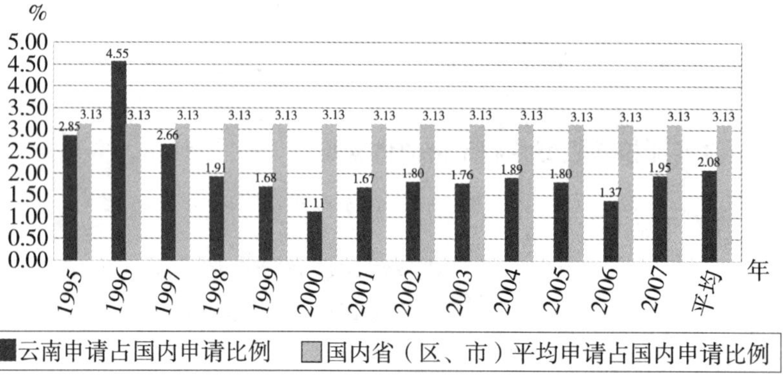

图 3－27　1995—2007 年冶金领域云南申请占国内申请比例与国内省（区、市）平均占全国申请比例

（四）占年全部中国专利申请量比例

1995—2007 年间，在冶金产业技术领域，云南的发明与实用新型专利申请占全部中国专利申请的比例呈波动下降态势，与其占国内专利申请比例年度变化情况大体一致。

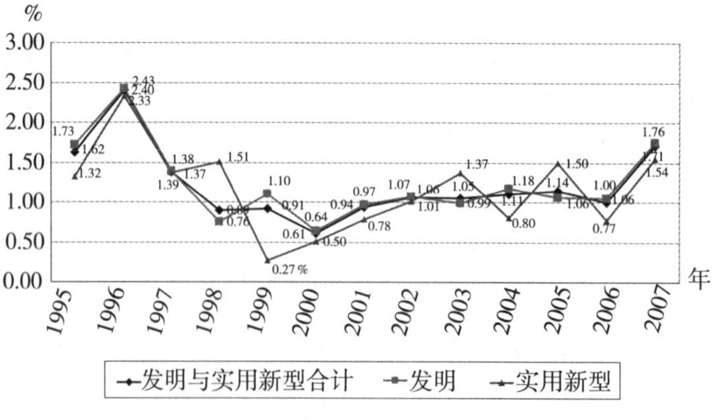

图 3－28　云南冶金领域发明与实用新型专利申请占全部申请比例走势图

云南冶金技术领域专利申请量占全部中国专利申请的比例从 1996 年的 2.40%，连续下降到 2000 年 0.61% 的低谷，尽管 2001 年后有所恢复，但长期处于 1% 附近的低水平

(2007 年除外)。1995—2006 年间，云南在冶金产业技术领域的专利申请占中国专利申请的比例共下降了 1.34 个百分点。

上述年度比例变化数据表明，云南在全国冶金产业技术领域的技术创新和专利创造能力处于落后水平，且 1997 年后在国内的地位有明显降低并长期处于低迷状态，产业技术创新能力不及全国多数省（区、市）。

（五）整体申请质量

云南在冶金产业技术领域的发明与实用新型专利申请数量比为 3.92∶1，与全国整体水平 4.02∶1 基本一致。这表明，云南在该技术领域的专利申请主要以发明为主，专利申请的质量较高。

三、云南冶金产业技术领域年度专利申请状况

2001 年前，云南在冶金产业技术领域的科技创新和专利创造能力与全国有相似之处，在冶金产业技术领域的发明与实用新型专利申请量一直处于 10～30 件的低水平徘徊状态。2002 年后，这种现象逐步得到改善，特别是 2007 年度的申请量有了明显的提高，当年专利申请达到了 101 件（数据尚未完全公开，不完整）。

尽管如此，从整体上来看，云南在冶金产业技术领域的年发明与实用新型专利创造能力与全国的总体水平相比却有很大差距，年专利申请的绝对数量太低，技术进步与专利增长缓慢。

1996—2006 年间，云南在冶金产业技术领域的发明与实用新型专利申请量仅仅增长了 148.39%，远远低于全国同期 497.67% 的总体增长水平，而且增长基数明显偏小，年申请量还不足 100 件。

这些情况表明，表面上看，云南近年来在冶金产业技术领域的自主创新能力有一定的提升，年专利申请量在增长，但技术研发规模小、基础差，产业整体科技创新能力提升还远远不够，产业自主创新能力至今仍然处于全国滞后水平。

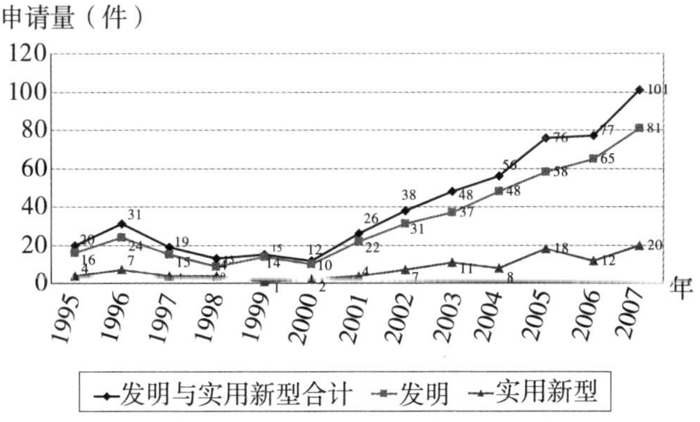

图 3－29　云南冶金领域发明与实用新型专利申请量走势图

四、云南冶金产业技术领域专利申请国内与西部地区排位

（一）国内累计申请排位

1985—2008 年 8 月期间，在冶金产业技术领域累计发明与实用新型专利申请国内排名前 10

位的省（区、市）分别是北京、上海、辽宁、江苏、山东、广东、浙江、湖北、湖南、河南。

云南在该技术领域累计申请发明与实用新型专利 1 445 件，排名国内省（区、市）第 15 位，处于中等位置。但云南的累计申请量较排名在前的省（区、市）明显偏少，仅为北京（排名第 1 位）累计 4 731 件的 16. 19%、山东（排名第 5 位）累计 1 935 件的 39. 59%、河南（排名第 10 位）累计 1 163 件的 65. 86%。

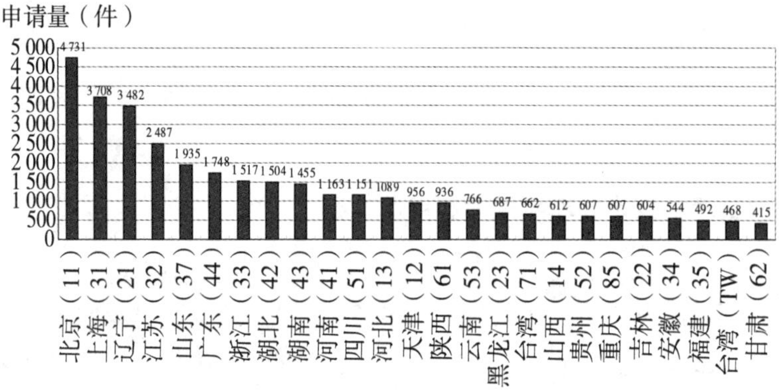

图 3－30　1985—2008 年 8 月国内各省（区、市）冶金领域发明与实用新型专利累计申请量排序

（二）国内年度申请排位

受年度申请量变化的影响，1996—2007 年期间，云南在冶金产业技术领域的年度发明与实用新型专利申请量在全国各省（区、市）的排位有较大波动。1998 年前，云南在全国尚处于 8～14 位的中上位置，但 1999 年后出现了较大的下滑现象，长期处于 16～22 位的中下位置，2001 年和 2006 年分别退到了第 22 和 21 位的靠后位置。

上述情况表明，云南在国内冶金产业技术领域的专利创造能力曾一度处于靠前位置，但 1999 年后出现明显倒退并长期处于落后位置，产业科技创新能力已不及全国大多数省（区、市）的水平。

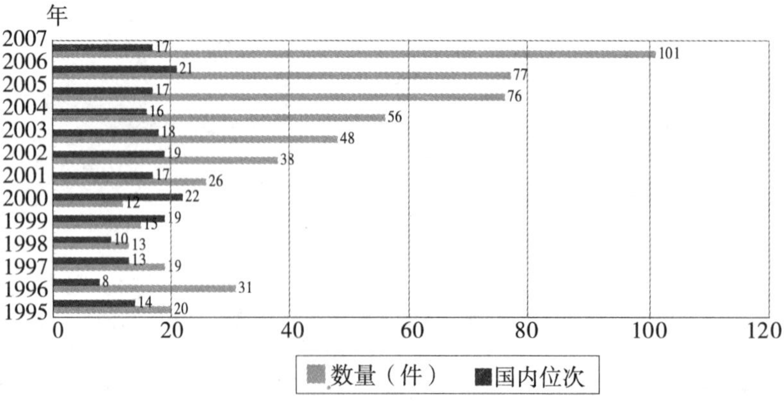

图 3－31　1995—2007 年云南冶金领域专利申请量与国内排位

（三）西部地区排位

在科技水平相对滞后的西部地区，云南在冶金产业技术领域的专利申请量排在四川、陕西之后，位列第3，具有一定的区域领先水平。

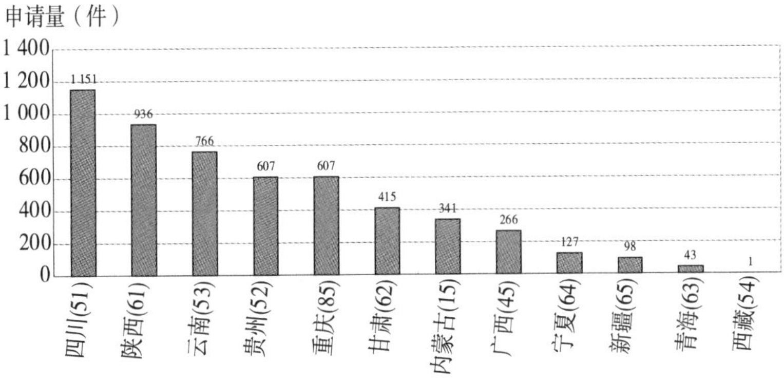

图3－32　1985—2008年8月冶金领域西部地区发明与实用新型专利申请量排名

总体来看，西部12省（区、市）在冶金产业技术领域的技术创新和专利创造水平都不高，平均发明与实用新型专利申请量仅为447件。云南在冶金产业技术领域的申请量为西部省（区、市）平均量的171.56%，并列前三，在西部地区冶金产业技术领域占有一席之地。

显然，云南虽有丰富的有色金属资源，铜、锡、铝、锌、锗、铅、铁等冶金工业在国内占有相当地位，但冶金产业自主创新和专利创造能力却滞后于全国多数省（区、市），专利申请数量偏少，自主知识产权明显不足，技术依赖性较强。由于西部地区整体科技水平相对滞后，云南在西部地区冶金产业技术领域具有一定的技术比较优势。

五、云南冶金产业技术领域重大共性和关键技术专利申请状况

《云南省“十一五”科学和技术发展规划》提出了云南在冶金产业技术领域的重大共性和关键技术内容，主要涉及快速找矿及矿产资源开发综合利用技术，先进采矿工艺和高效技术装备技术，生物细菌脱硫技术、深部及难采矿床高效、安全、低耗开采技术，云南菱铁矿利用技术，钛资源开发利用技术，氧化铝开发利用技术，铜冶炼新技术，原生铂族金属硫化矿全湿法冶金提取技术，共生伴生矿、难选冶矿石综合回收技术，低品位铜、锌矿采选冶综合回收技术，中低品位磷矿采选技术，以矿产资源开发安全、高效、低耗、清洁生产技术为主线的采矿安全及其预测技术，“绿色”采矿及清洁生产技术，冶炼、加工过程的二次资源综合利用技术，清洁能源开发及提供技术，矿物加工过程中废弃物资源的二次提取技术，冶炼过程中固体废弃物资源的再生利用技术，矿冶生产过程中废水的有价元素提取与再生处理技术、矿山、冶金的节能降耗生产技术，以有色金属及稀贵金属新材料生产技术为主线的新型铜、锡、铅、锌、铝、镍材料及其制备加工技术，有色金属特种成型加工技术，有色金属基先进复合材料制备加工技术，金属纳米粉体及金属基纳米复合材料制备技术，轻合金材料制备加工技术，硅系列材料及其制备加工技术，高纯金属材料制备技术，等离子喷涂技术，薄膜材料制备技术，纳米纤维材料制备技术等领域。

通过关键词检索，1985—2007年期间，在上述重大共性和关键技术领域，全国共申

请发明和实用新型专利 60 877 件，其中发明专利申请 28 754 件，实用新型专利申请 32 123 件，发明与实用新型专利申请数量比为 0.9∶1。而云南共申请发明和实用新型专利 724 件，占全国的 1.19%。其中，发明专利申请 366 件，占全国的 1.27%；实用新型专利申请 358 件，占全国的 1.11%；发明与实用新型专利申请数量比为 1.02∶1。

这些情况表明，即使是在云南自身确定的冶金重大共性和关键技术领域，云南占全国的专利申请比例也很低，但专利申请的质量略高。

六、云南冶金产业技术领域专利申请的技术分布

就冶金产业技术领域专利技术分布结构而言，1985—2008 年 8 月，云南黑色与有色金属冶金技术专利申请占 57% 的比例，铸造与粉末冶金技术专利申请占 17%，电解工艺与设备技术专利申请占 15%，金属材料镀覆技术专利申请占 9%，其他技术专利申请占 2%。

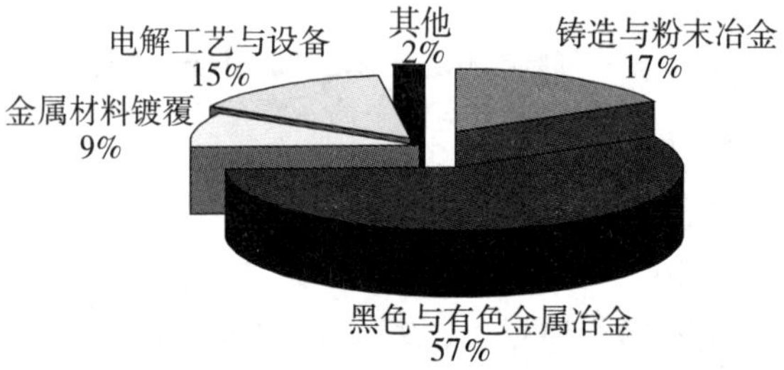

图 3-33　1985—2008 年 8 月云南冶金领域专利申请技术分布结构

专利技术分布结构反映了云南冶金产业的技术创新集中于黑色与有色金属冶金、铸造与粉末冶金以及电解工艺与设备技术领域，这与云南确定的冶金产业技术领域重点发展的技术方向大体上是一致的，但在冶炼过程资源综合利用、冶金节能降耗生产、有色金属及稀贵金属新材料与特种成型加工、有色金属基先进复合材料制备加工、金属纳米粉体及金属基纳米复合材料制备、轻合金材料制备加工、硅系列材料及其制备加工技术、薄膜材料制备技术等领域，却存在着研发能力和技术水平相对较弱的现象，一定程度制约了云南冶金工业的发展。

七、云南冶金产业领域专利技术创新能力总体评价

上述整体情况表明，尽管云南冶金产业技术领域的创新能力与专利申请数量在西部地区处于较先进水平，年专利申请量正在逐年提高，专利申请质量也较高，但与全国整体情况相比，却处于滞后水平。表现为累计发明与实用新型专利申请总量明显偏低，专利申请增长幅度远不及全国整体增长水平，年专利申请量在全国排位长期处于靠后位置。无论是在整个冶金产业技术领域还是在云南确定的冶金重大共性和关键技术方向，专利创造水平都滞后于全国整体水平，表现出云南在冶金产业技术领域的整体创新能力不足，尤其在有色金属新材料和深加工等领域更为突出。

此外，云南冶金产业的专利技术分布存在不均衡性，技术研发与专利创造活动集中于传统的金属冶炼与材料成型技术方向，对有色金属新材料和深加工、薄膜材料制备、资源

综合利用、大型成套冶金设备等领域的技术开发利用相对缺乏，需要加以重点引导和布局。

再者，国外冶金技术在中国专利申请中占有很高的份额，对云南冶金产业的发展和冶金技术创新活动构成较大威胁；省内一些大型企业的核心关键技术大量依赖技术引进，自主知识产权严重不足。充分发挥云南有色金属资源优势和已经形成的技术基础，及时把握国际冶金技术发展的方向，加强对复杂低品位矿的冶炼技术、高纯稀贵金属冶金技术、ITO 靶材、有色金属新材料等核心关键技术研发的支持和布局，争取在这一技术领域获得更多的发展主动权，是云南冶金产业面临的迫切任务。

第五节　化工产业专利技术创新能力分析

云南省化学产业以磷化工和煤化工为主导，辅之以盐化工、精细化工和化肥，依托云天化股份、云南三环化工、云南沾化、云南解化集团、云南红磷化工、景谷县林业股份、云南云维集团、云南云峰化工、国营云南燃料一厂、云南曲靖化工等大中型企业，主要生产肥料、基础化学原料和专用化学产品。肥料制造主要为氮肥和磷肥，基础化学原料制造主要为磷化学原料和无机盐，专用化学产品制造主要为林产化学产品和炸药及火工产品，还有香料、香精等日用化学品制造；原料结构以磷及相关化工产品为主，煤化工、盐化工、有机化工也有较大比重。云南的磷酸、磷肥及高浓度磷复肥、黄磷产量居全国第一，并力求建成全国最大的磷化工基地和辐射西南、面向东南亚的煤化工和盐化工基地。

化工产业技术领域主要涉及国际专利分类 C01、C05、C07、C08、C09、C10、C11、C12、C13、C14 所包含的范围。具体为：C01 | 无机化学；C05 | 肥料，肥料制造；C07 | 有机化学；C08 | 有机高分子化合物及其制备或化学加工，以其为基料的组合物；C09 | 染料，涂料，抛光剂，天然树脂，黏合剂，其他类目不包含的组合物，其他类目不包含的材料应用；C10 | 石油、煤气及炼焦工业，含一氧化碳的工业气体，燃料，润滑剂，泥煤；C11 | 动物或植物油、脂、脂肪物质或蜡，由油脂物质或蜡制取的脂肪酸，洗涤剂，蜡烛；C12 | 包括微生物或酶的生物化学、微生物学、酶学，微生物或酶的制备，用其来合成化合物或组合物，涉及微生物或酶的测定或检验方法，变异或遗传工程；C13 | 糖工业；C14 | 小原皮，大原皮，毛皮，皮革。

使用上述分类号，对截至 2008 年 8 月底已公开的该技术领域的专利申请情况进行检索，反映国内外和云南在化工产业相关技术领域的专利申请情况和技术创新能力。

一、国内化工产业技术领域专利申请总体状况

（一）国内累计专利申请

1985—2007 年期间，全国化工产业技术领域累计申请发明与实用新型专利申请 219 066 件，其中发明专利申请 208 999 件，实用新型专利申请 10 067 件，发明与实用新型专利申请数量比为 20.7∶1。

数据表明，全国化工产业技术领域的专利申请中，发明专利申请占绝对多数，整体专利申请质量很高，但这也与化工产业技术领域生产工艺、制剂等偏多的特点相关。

（二）国内外累计专利申请比例

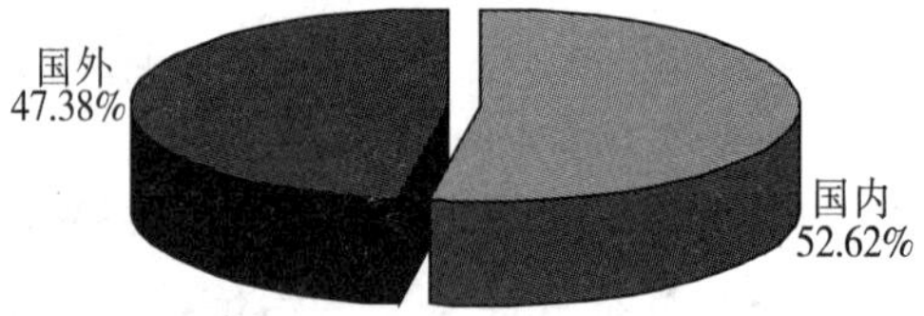

图 3－34　1985—2008 年 8 月化工领域国内、国外累计中国发明与实用新型专利申请比例

截至 2008 年 8 月，外国在化工技术领域的中国发明与实用新型专利累计申请共有 104 843 件，约占全部公开申请的 47.38%；国内累计专利申请公开 116 445 件，约占全部公开申请的 52.62%。

数据表明，在化工产业技术领域，外国在中国的累计专利申请总量很大，在国内占有很高比例，具有明显的技术竞争优势。

（三）国内外年度申请比例变化

1995—2007 年期间，外国在中国化工产业技术领域的发明与实用新型专利申请量占全部中国专利申请的比例在 68.41%～10.71% 之间大幅波动。

2000 年前，中国专利申请主要以国外为主，国外在化工产业技术领域的中国专利申请占了 53.39%～68.41% 的高比例；而 2000 年后，国内化工产业技术领域的专利申请所占比例出现较大增长，逐步超过了国外在中国的申请量，并有逐步占据优势的趋势。2006 年，国内申请达到 68.50% 的高比例（2007 年数据尚未完全公开，不足以说明问题）。

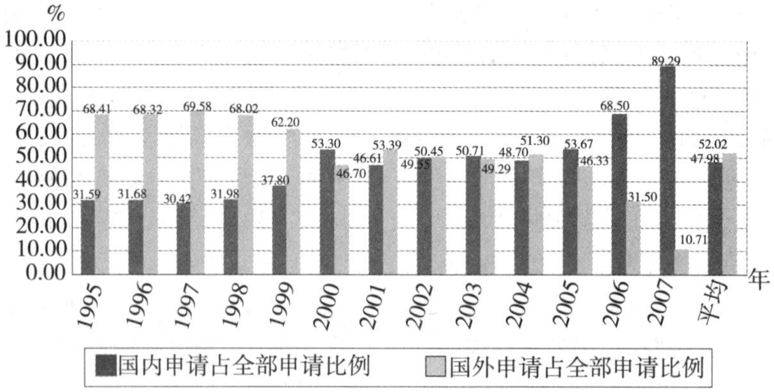

图 3－35　1995—2007 年化工领域国内外专利申请占全部申请比例

（四）国内外年度专利申请量

1995 年以来，国内外化工产业技术领域的中国专利申请量总体上呈增长趋势。2004 年以来，年申请量超过了 2 000 件。2006 年来，国内该领域的专利申请量增长幅度高于外国在中国的申请量。

这些情况表明，近年来国内外都加大了化工产业技术领域的科技创新力度，而国内在化工产业技术领域的技术竞争实力正在逐步增强，自主知识产权创造能力逐年提高，年专利申请量已经超过了国外在中国的申请量。

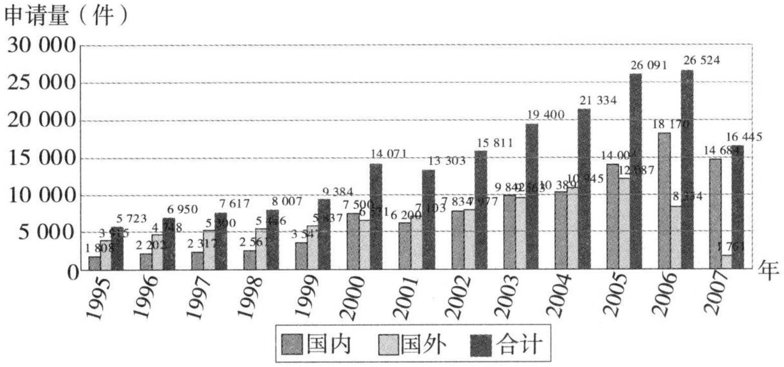

图 3－36　1995—2007 年化工领域国内外的中国专利申请量

二、云南化工产业技术领域专利申请总体状况

（一）累计专利申请数量

1985—2007 年期间，云南在化工产业技术领域累计申请发明与实用新型专利 1 617 件，其中发明专利申请 1 465 件，实用新型专利申请 152 件，发明与实用新型数量比为 9. 64∶1，累计专利申请总量较低。

（二）累计专利申请占全国比例

1985—2007 年期间，云南在化工产业技术领域累计发明与实用新型专利总量仅占全国的 0. 74%［国内省（区、市）平均为 3. 13%］，发明专利申请量占全国的 0. 70%，实用新型专利申请量占全国的 1. 51%。在此期间，该技术领域全国省（区、市）平均发明与实用新型专利申请量为 3 639 件，云南的累计专利申请量仅占全国省（区、市）平均的 40. 06%。

数据表明，云南在化工产业技术领域的研发实力严重不足，累计专利申请总量明显偏低，甚至达不到全国平均水平的一半，与全国整体水平还有很大差距，尤其是在新工艺、新产品方面差距更大，整体技术创新能力和专利创造能力还很低。

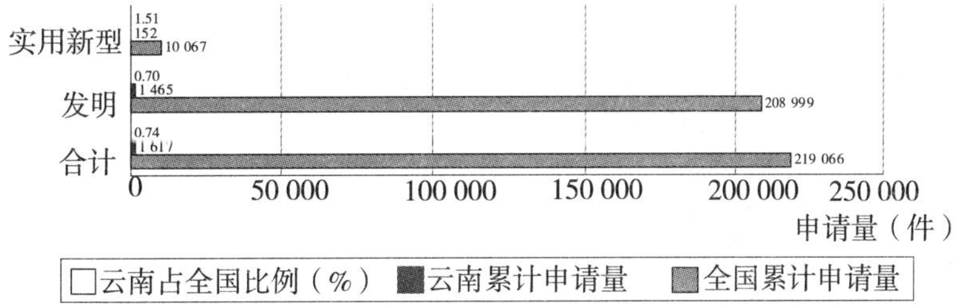

图 3－37　1985—2007 年化工领域全国和云南发明与实用新型专利累计申请量及云南占全国比例

（三）占年国内专利申请量比例

1995—2007 年期间，云南在化工产业技术领域的发明与实用新型专利申请占国内申请的比例总体呈现出由高到低、长期处于低位的态势。

1995—1996 年间，云南化工产业技术领域专利申请占国内比例与全国各省（区、市）平均水平差距不到 0.9%，但 1996 年后却出现持续下降现象。1996—2006 年间下降了 0.93 个百分点，近年来一直在 1.30% 左右徘徊，与全国省（区、市）平均水平差距扩大到 1.8% 左右。

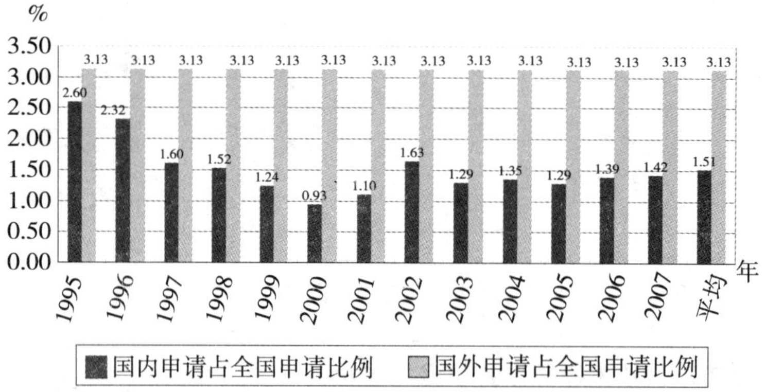

图 3－38　1995—2007 年化工领域云南申请占国内申请比例与国内省（区、市）平均占全国申请比例

数据表明，云南在该技术领域曾一度拥有一定的科技创新和专利创造基础，但 1996 年后出现了明显下降，而且近年来占全国的比例长期维持在 1.30% 左右的低水平，达不到全国省（区、市）平均水平的 50%，与全国整体水平有较大差距。

（四）占年全部专利申请量比例

在化工产业技术领域，云南的发明与实用新型专利申请量占全部中国专利申请量的比例，经历了从下降到恢复、再下降再恢复的波动上升过程，总体走势与其占国内专利申请比例大体相似。云南专利申请占全部中国专利申请比例，1995 年为 0.82%，1999 年下降到 0.47%，之后 2002 年恢复到 0.81% 后再度下降到 0.66% 左右，至 2006 年才开始有所提高（2007 年数据未完全公开，不足以说明问题）。

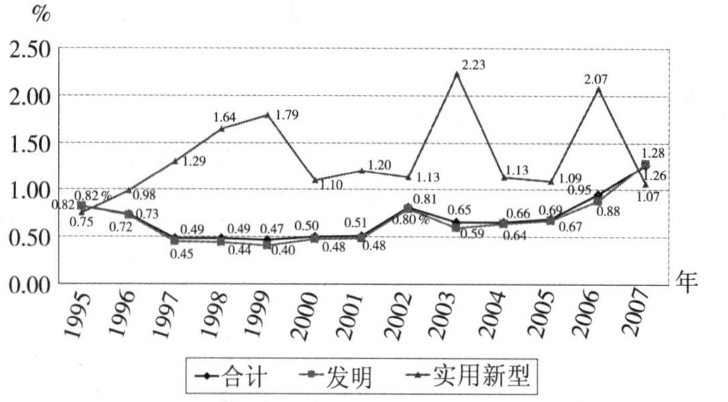

图 3－39　云南化工领域发明与实用新型专利申请占全部申请比例走势图

上述年度比例变化数据表明，长期以来，无论是总量还是年度申请量，云南在化工产业技术领域的专利申请量占全国的份额都很低，远不及全国平均水平，而且近年来在全国的份额较十多年前有较大下降，行业技术创新实力明显缺乏。

（五）整体申请质量

云南在化工产业技术领域的发明与实用新型专利申请数量比为9.64∶1，虽主要以发明为主，但远不及全国20.76∶1的总体水平，发明与实用新型专利申请的数量比大大低于全国整体水平；而且，云南的实用新型专利申请占全国的比例却明显高于发明专利申请占全国的比例。这表明，与全国整体水平相比，云南在化工产业技术领域的专利质量明显较差，科技成果的技术含量不及全国平均水平。

三、云南化工产业技术领域年度专利申请状况

与全国一样，1999年前，云南在化工产业技术领域的专利创造能力一直处于较低水平，而2000年后才开始出现明显连续增长。1995—1999年期间，全省化工产业技术领域的年专利申请量一直在37～51件之间徘徊，年申请数量明显偏少。2000年后，这种现象逐步得到改善，特别是2002年后有了明显的改善，年申请量达到120项以上。

2006年，云南在该技术领域的年专利申请量达到了252件的历史最高值，较1996年增长了394.12%（因2007年数据未完全公开，尚不能说明问题），远远高于全国同期281.64%的总体增长水平。

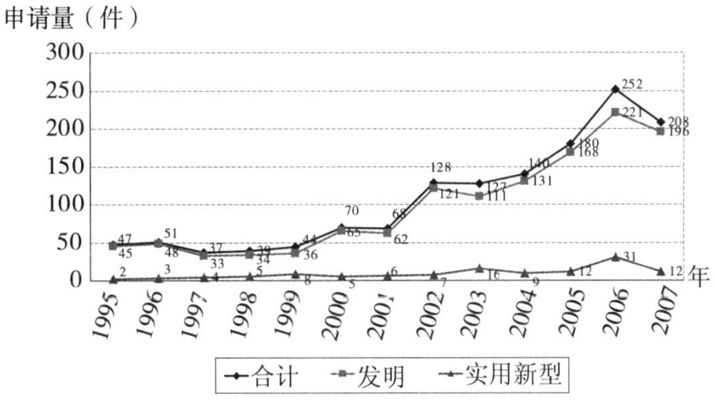

图3－40　云南化工领域发明与实用新型专利申请量走势图

尽管如此，云南在该技术领域的年专利创造能力仍较全国总体水平有很大差距，年专利申请绝对数量太小，专利申请增长基数小，增速缓慢，年产出有限，导致累计申请量严重偏低。

四、云南化工产业技术领域专利申请国内与西部地区排位

（一）国内累计申请排位

1985—2008年8月期间，化工产业技术领域累计发明与实用新型专利申请国内排名前10位的省（区、市）分别是北京、上海、江苏、广东、山东、辽宁、浙江、天津、四川、湖北。云南在该技术领域累计申请发明与实用新型专利申请1 676件，排名国内各省（区、市）第19位，处于较后位置。云南的累计申请量较排名在前的省（区、市）明显偏少，仅为北京（排名第1位）累计18 552件的9.03%、山东（排名第5位）累计7 070

件的23.71%、湖北（排名第10位）累计3 918件的42.78%、陕西（排名第15位）累计2 304件的72.74%。

显然，云南在化工产业技术领域的自主创新和专利创造能力处于全国落后地位，自主知识产权明显不足，技术依赖性较强。

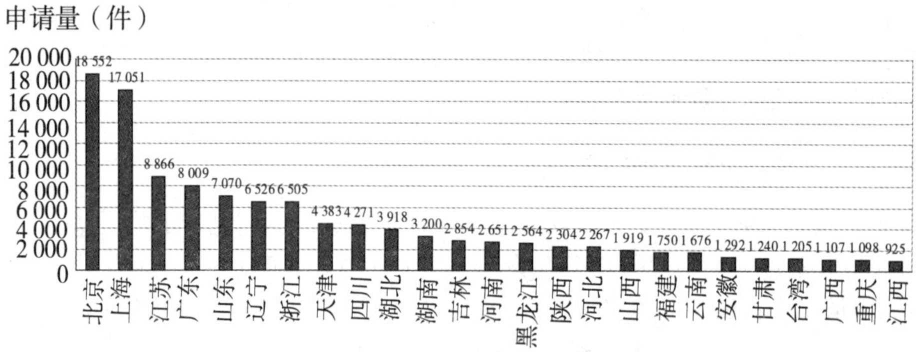

图3-41　1985—2008年8月化工领域国内各省（区、市）发明与实用新型专利累计申请量排序

（二）国内年度申请排位

1996—2007年期间，云南在化工产业技术领域的年度发明与实用新型专利申请量在全国各省（区、市）的排位波动不大，基本在16～20位之间。这表明，与全国各省（区、市）整体情况相比，云南在化工产业技术领域的自主创新能力一直都处于中下水平，没有明显变化。

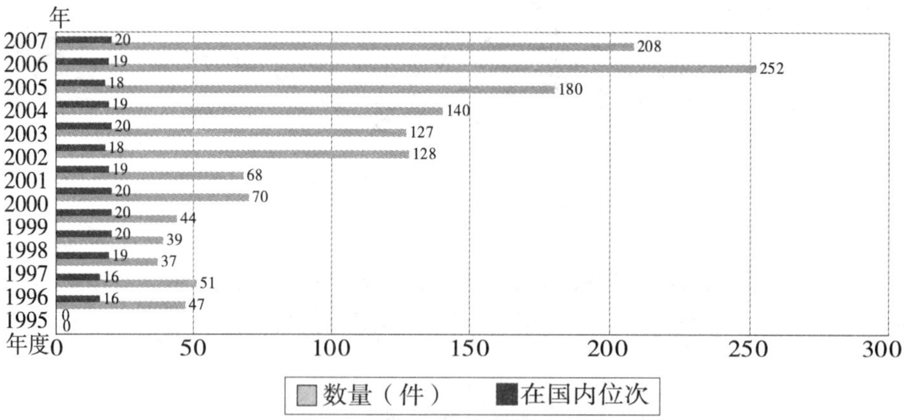

图3-42　1995—2007年云南化工领域专利申请量与国内排位

（三）西部地区排位

1985—2008年8月期间，在西部地区，云南在化工产业技术领域的专利申请量在四川、陕西之后，位列第3。西部12省（区、市）在化工产业技术领域的整体技术创新和专利创造水平都不高，平均申请量仅为1 199件，仅为国内平均3 639件的32.94%。

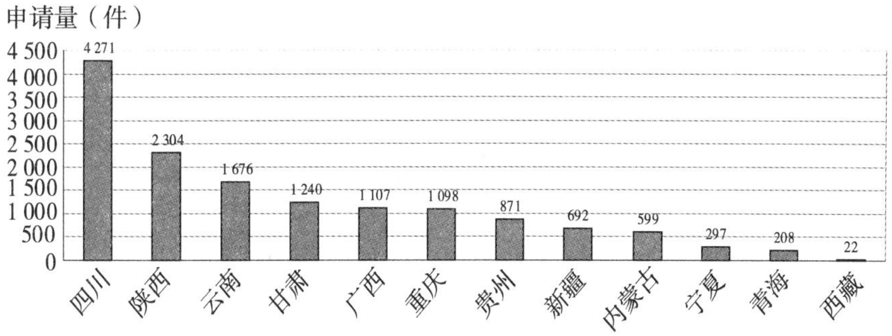

图 3－43　1985—2008 年 8 月化工领域西部地区发明与实用新型专利申请量排名

云南虽与四川有较大差距，但在该技术领域的专利申请量为西部省（区、市）平均量的 139.81%，并位居前三，表明其在西部地区化工产业技术领域占有一定地位。

五、云南化工产业技术领域重大共性和关键技术专利申请状况

《云南省“十一五”科学和技术发展规划》提出了云南在化工产业技术领域的重大共性和关键技术内容，主要涉及以大型磷复肥工业系统集成优化技术为主线的大型磷复肥生产装置技术，高浓度磷复肥技术，磷肥装置用特殊耐蚀、耐磨材料技术，P_2O_5 生产装置应力腐蚀防治技术，磷精细化工产业技术领域的电子级、工业级、饲料级、食品级磷酸盐生产技术，磷系阻燃产品生产技术；围绕煤化工深加工技术的满足煤炭气化要求的型煤技术，大型煤气化技术，煤层气开发与利用技术，合成氨、甲醇、二甲醚等煤化工产品新型合成技术；以甲醇为主要中间产品的新型碳化工产品生产技术、醇醚燃料的应用技术；盐化工产业技术领域的离子膜烧碱技术、膜法除硝技术、盐卤制碱技术等领域。

通过关键词检索，1985—2007 年期间，在上述重大共性和关键技术领域，全国共申请发明和实用新型专利申请 1 654 件，其中发明专利申请 1 470 件，实用新型专利申请 184 件，发明与实用新型专利申请数量比为 7.99∶1。云南共申请发明和实用新型专利申请 21 件，占全国的 1.27%。其中发明专利申请 9 件，占全国的 0.61%；实用新型专利申请 12 件，占全国的 6.25%；发明与实用新型专利申请数量比为 0.75∶1。

这些情况表明，即使是在云南自身确定的化工重大共性和关键技术领域，云南占全国的专利申请比例仍然很低，尤其是发明专利申请的比例很低，且实用新型专利申请偏多，专利申请的质量不高。

六、云南化工产业技术领域专利申请技术分布

就云南化工产业技术领域的专利技术分布结构而言，生物化学技术专利申请占 32% 的比例，有机化学技术专利申请占 22%，无机化学技术专利申请占 15%，涂料与黏合剂技术专利申请占 8%，石油煤化工技术专利申请占 7%，化肥技术专利申请占 7%，高分子化合物专利申请占 5%，油、脂与蜡技术专利申请占 4%。

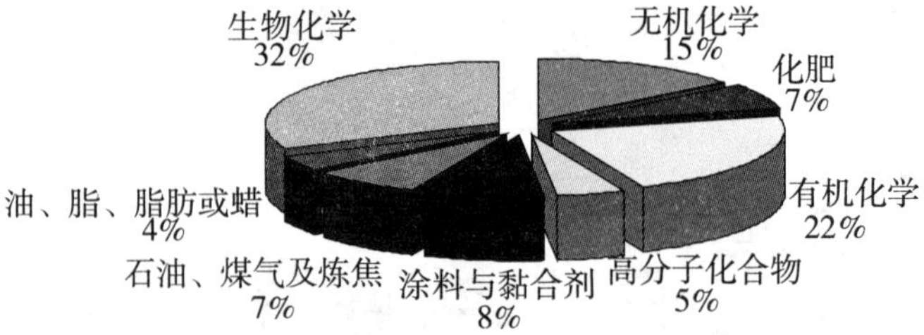

图 3－44　1985—2008 年 8 月云南化工领域专利申请技术分布结构图

专利技术分布结果反映了云南化工产业的技术创新集中于生物化学、有机化学与无机化学技术领域，而煤化工、化肥技术所占比例较低，与云南确定的化工产业技术领域重点发展的技术方向和产业集中度有不一致的地方。

这些情况一方面反映出云南在生物化工方面积累了一定的技术基础，另一方面对磷化工、煤化工、盐化工优势资源的开发利用却存在着创新能力和技术水平不高的现象，制约了磷化工、煤化工、盐化工产业的发展。

七、云南化工产业领域专利技术创新能力总体评价

上述整体情况表明，尽管云南化工产业技术领域的创新能力与专利申请数量在西部地区处于较前位置，但与全国相比，云南在该技术领域的累计专利申请总量明显偏低，还不到全国省（区、市）平均水平的一半。虽然近年来云南在该技术领域的年专利申请量逐步提高，但增长幅度远不及全国整体增长水平，年度专利申请量在全国的排位一直处于靠后位置，专利申请质量也远低于全国平均水平。无论是在整个化工产业技术领域还是在自身确定的化工重大共性和关键技术领域，云南的专利申请量和质量都处于全国落后水平，表现出在该技术领域的整体技术创新能力不足、水平不高、发展速度不够等问题。

此外，云南在化工产业技术领域的专利技术结构还存在不均衡性，技术研发与专利创造活动集中于传统的有机与无机化学以及云南生物优势资源的生物化学方向，对磷化工、煤化工、盐化工优势资源的开发利用等领域的新技术开发相对不足，应当加强这些领域的技术研发和布局。

值得注意的是，国外化工技术在国内占有很高的份额，达到累计申请量占 47%、平均 52.02% 的高比例，基本占据化工技术领域中国专利申请的一半，对全国和云南化工产业的发展和技术创新活动构成极大的威胁。应当充分发挥云南在磷、盐、煤、植物资源方面的优势和已积累的技术基础，及时把握国内外化工技术发展方向，加强对核心关键技术研发的支持和布局，在化工产业技术领域争取更大的发展主动权。

第六节　机械制造产业专利技术创新能力分析

云南省机械工业以汽车制造、铁路运输设备修理、烟草机械、电工电器和机床行业为主，以昆明云内动力股份有限公司、云南机床股份有限公司、云南烟草机械有限公司、昆明船舶集团设备有限公司、昆明力神重工有限公司、昆明中铁大型养路机械集团有限公司、沈机集团昆明机床股份有限公司、一汽红塔云南汽车制造有限公司等企业为龙头，在

数控机床、电线电缆、铁道牵引变压器、烟草机械设计与制造、大型铁路养护机械、轻型卡车、农用车、柴油发动机等技术领域有较强的产业技术基础。

机械制造产业所属技术领域主要涉及国际专利分类 A01B、A01D、A21B、A21C、A23N、A24B5/14、A24C、A41G1/02、A41G11/02、A43D、A46D3/02、A46D3/04、A46D3/06、A46D3/08、A61B18/00、A62C37/42、A63C19/08、B21、B22C、B22D、B23、B24B、B26、B27B、B27C、B30、B41B、B41D、B41F、B41G、B60、B61C9/00、B62D、B65B、B65C、B65G、B66B、B66F3/00、C03B9/40、C21D、C23F、E05、F01、F02、F03、F04、F15、F16、F17、G05B 所包含的范围。具体为：A01B丨一般农业机械或农具的部件、零件或附件；A01D丨收获，割草机械；A21B丨食品烤炉，焙烤用机械或设备；A21C丨制作或加工面团的机械或设备；A23N丨其他类不包含的处理大量收获的水果、蔬菜或花球茎的机械或装置，大量蔬菜或水果的去皮，制备牲畜饲料装置；A24B5/14丨使烟叶或烟梗变平的机械；A24C丨制造雪茄烟或纸烟的机械；A41G1/02丨制作人造花等用的工具、设备或机械；A41G11/02丨制作人造羽饰用的工具或机械；A43D丨制鞋或修鞋的机械、工具、设备或方法；A46D3/02丨刷体钻孔机械；A46D3/04丨在刷体上插毛或固定刷毛的机械；A46D3/06丨既给刷体钻孔又插刷毛的机械；A46D3/08丨制刷机械的零件；A61B18/00丨向人体或从人体传递非机械形式的能量的外科器械、装置；A62C37/42丨在敏感器和调节器之间具有机械连接件，例如连杆、控制杆；A63C19/08丨画线用的机械器具；B21丨基本上无切削的金属机械加工，金属冲压；B22C丨铸造造型；B22D丨金属铸造，用相同工艺或设备的其他物质的铸造；B23丨机床，不包含在其他类目中的金属加工；B24B丨用于磨削或抛光的机床、装置或工艺；B26丨手动切割工具，切割，切断；B27B丨锯，其零件或附件；B27C丨木工刨床、钻床、铣床、车床或通用机械；B30丨压力机；B41B丨制版、排字或拆版还字用的机器或附件，铅字，照相或光电排字装置；B41D丨铅版印刷版的印版的机械复制设备，弹性或塑性材料的印刷版的成型；B41F丨印刷机械或印刷机；B41G丨用于金粉印刷、线条印刷，或用于单张纸或类似物品印刷花边或边线的装置，与印刷机相连的穿孔辅助设备；B60丨一般车辆；B61C9/00丨以所用传动系统的类型为特点的机车或机动有轨车，专门适用于机车或机动有轨车的传动系统；B62D丨机动车，挂车；B65B丨包装物件或物料的机械，装置或设备，或方法，启封；B65C丨贴标签或签条的机械、装置或方法；B65G丨运输或贮存装置，例如装载或倾斜用输送机，车间输送机系统，气动管道输送机（物体或物料的特殊搬运或处理用的运输或贮存装置）；B66B丨升降机，自动扶梯或移动人行道；B66F3/00丨用于连续地提升载荷的装置；C03B9/40丨玻璃吹制机专用的传动或控制机械；C21D丨改变黑色金属的物理结构，黑色或有色金属或合金热处理用的一般设备；C23F丨非机械方法去除表面上的金属材料；E05丨锁，钥匙，门窗零件，保险箱；F01丨一般机器或发动机，一般的发动机装置，蒸汽机；F02丨燃烧发动机，热气或燃烧生成物的发动机装置；F03丨液力机械或液力发动机，风力、弹力或重力发动机，不包含在其他类目中的产生机械动力或反推力的发动机；F04丨液体变容式机械，液体泵或弹性流体泵；F15丨流体压力执行机构，一般液压技术和气动技术；F16丨工程元件或部件，为产生和保持机器或设备的有效运行的一般措施，一般绝热；F17丨气体或液体的贮存或分配；G05B丨一般的控制或调节系统，这种系统的功能单元，用于这种系统或单元的监视或测试装置。

使用上述分类号，对截至2008年8月底已公开的该技术领域的专利申请情况进行检索，反映国内外和云南在机械制造产业相关技术领域的专利申请情况和技术创新能力。

一、国内机械制造产业技术领域专利申请总体状况

（一）国内累计专利申请

1985—2007年期间，全国机械制造产业技术领域累计申请发明与实用新型专利387 112件，其中发明专利申请146 916件，实用新型专利申请240 196件，发明与实用新型专利申请数量比为0.61∶1。

数据表明，全国在机械制造技术领域的实用新型专利申请较多，这与机械制造产业技术领域设备装置偏多的特点有一定关系。

（二）国内外累计专利申请比例

截至2008年8月，外国在机械制造领域的中国发明与实用新型专利申请累计公开95 647件，约占全部公开申请的24.65%；国内的累计专利申请公开292 299件，约占全部公开申请的75.35%。

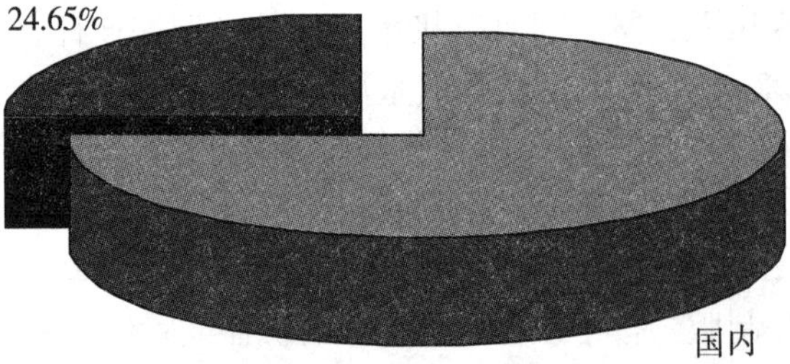

图3－45　1985—2008年8月机械制造领域国内、国外累计中国发明与实用新型专利申请比例

数据表明，在机械制造产业技术领域，国外在中国的累计专利申请占有相当的比例，对国内机械制造行业的技术研发构成一定的威胁。

（三）国内外年度申请比例变化

1995—2007年期间，国外在机械制造技术领域的年度中国发明与实用新型专利申请占全部中国专利申请的比例呈起伏波动态势。

1995—2000年期间，外国的机械制造技术中国专利申请占全部中国专利申请比例呈现下降态势，从1995年的31.53%连续下降到2000年的22.61%；从2001开始，又逐年回升到2005年34.89%的历史最高点，到2006年、2007年又出现下降现象。而国内情况刚好与之相反，表现为先升后降、再上升的态势。

2005年前，外国在该领域的中国专利申请占全部中国专利申请的比例基本维持在25%～30%，而国内占了70%～75%的比例；2006年后，外国在该领域的专利申请所占比例降到20%左右，而国内所占比例却上升到了80%左右。

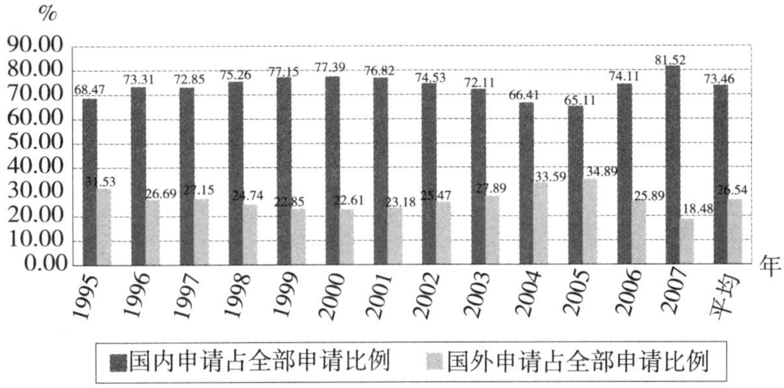

图 3-46 1995—2007 年机械制造领域国内外专利申请占全部申请比例

这些情况表明，多年来，国内在机械制造产业技术领域的技术创新和专利创造活动一直保持了规模优势，国内的年专利申请占全部中国专利申请比例基本保持在 70% ~80% 的高水平，并有进一步提升的趋势。

（四）国内外年度专利申请量

1995 年以来，国内外机械制造产业技术领域的中国专利申请量总体上呈增长趋势，特别是 2003 年以来不仅专利申请增幅加快，而且申请基数较大，每年增长量都在 5 000 件以上，2006 年申请量已经超过了 5 万件。

数据表明，近年来国内外都加大了机械制造产业技术领域的科技创新力度，而且国内专利申请数量增长速度明显高于国外在中国的专利申请量增长速度，国内机械制造产业技术领域的科技创新能力正日益增强。

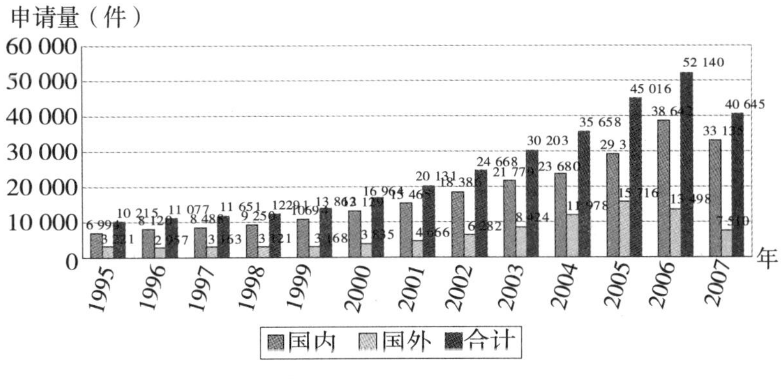

图 3-47 1995—2007 年机械制造领域国内外中国专利申请量

二、云南机械制造产业技术领域专利申请总体状况

（一）累计专利申请数量

1985—2007 年期间，云南在机械制造产业技术领域累计申请发明与实用新型专利申请 2 698 件，其中发明专利申请 502 件，实用新型专利申请 2 196 件，发明与实用新型数量比为 0. 23∶1，累计专利申请数量较低。

（二）累计专利申请占全国比例

1985—2007 年期间，云南在机械制造产业技术领域累计发明与实用新型专利申请总量仅占全国的 0.70%，发明专利申请量占全国的 0.34%，实用新型专利申请量占全国的 0.91%。在此期间，全国省（区、市）平均发明与实用新型专利申请量为 9 134 件，云南的累计专利申请量占全国省（区、市）平均的 29.80%。

这些情况表明，云南在机械制造产业技术领域的技术研发实力严重不足，累计专利申请总量明显偏低，与全国整体水平有很大差距，特别是在大型成套设备和新加工工艺方法等方面的差距更大。

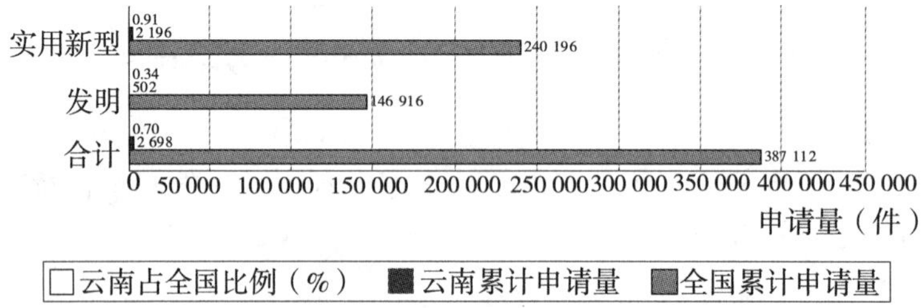

图 3－48　1985—2007 年机械制造领域全国和云南发明与实用新型专利累计申请量及云南占全国比例

（三）占国内年专利申请量比例

1995—2007 年期间，云南在机械制造产业技术领域的发明与实用新型专利申请量占国内专利申请量比例呈小幅波动下降态势，且与全国省（区、市）平均水平有大的差距。

1995 年，云南在该技术领域的年专利申请量占国内比例为历史最高点的 1.49%，但与全国省（区、市）平均水平的 3.13% 相比已有 1.64% 的差距。1995 年以来，云南在机械制造产业技术领域的年专利申请量占国内比例持续下滑，尽管 2000 年、2001 年有微量反弹，但之后继续下滑到 2006 年的 0.7% 左右，较全国省（区、市）平均水平低了约 2.4%。1996—2006 年间下降了约 0.7 个百分点，与全国整体水平的差距不断扩大。

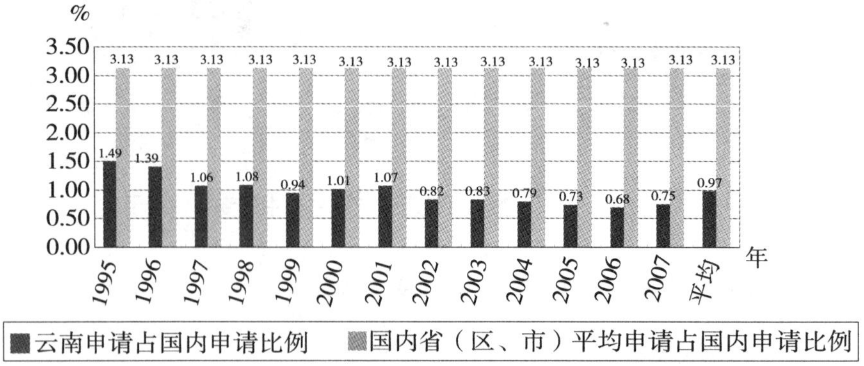

图 3－49　1995—2007 年机械制造领域云南申请占国内申请比例与国内省（区、市）平均占全国申请比例

（四）占年全部专利申请量比例

在机械制造产业技术领域，云南的发明与实用新型专利申请量占全部中国专利申请量的比例走势与其占国内专利申请量的比例趋势情况基本一致，表现出总体下降的态势。

1995 年，云南的机械制造技术专利申请量占全部中国专利申请的比例为历史最高的 1.02%，之后波动下降到 2005 年的 0.47%，至 2006 年后才开始适当有所恢复。1996—2006 年间，云南在该领域占全部中国专利申请的比例下降了约 0.5 个百分点。

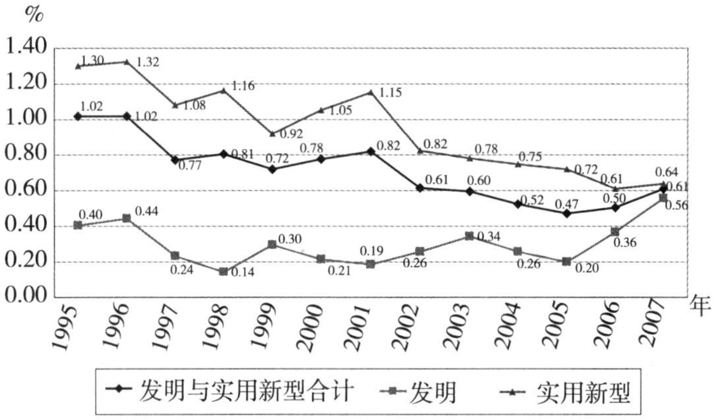

图 3－50　云南机械制造领域发明与实用新型专利申请占全部申请比例走势图

上述年度比例变化数据表明，长期以来，无论是总量还是年度申请量，云南在机械制造产业技术领域的专利申请量占全国份额都很低，不但与全国平均水平有很大差距，还出现持续下滑的现象，产业技术创新和竞争实力严重不足，并正在日趋恶化。

（五）整体申请质量

云南在机械制造产业技术领域发明与实用新型专利申请数量比为 0.23∶1，低于全国总体 0.61∶1 的水平。这表明，云南在该领域的专利申请主要以实用新型专利申请为主，而且发明专利申请所占比例相当于全国发明专利申请所占比例的 1/3，专利申请质量明显偏低，距全国整体水平差距很大。

三、云南机械制造产业技术领域年度专利申请状况

云南在机械制造产业技术领域的年发明与实用新型专利申请量总体呈增长趋势。1995—1999 年期间，云南在该领域的专利申请量一直在 100 件左右徘徊，2000 年后开始表现出连续增长态势，至 2006 年达到 263 件的历史最高（因 2007 年数据未完全公开，尚不能说明问题）。

尽管如此，云南在机械制造产业技术领域的专利创造能力还是远赶不上全国的总体增长水平。1996—2006 年间，云南在该技术领域的专利申请量仅增长了 132.74%，与全国同期 370.71% 的总体增长水平有很大差距，年专利申请量增长明显乏力。此外，长期以来，云南的年专利申请量基数很小，即使是在最好年度的 2006 年也只有 263 件，由此导致全省机械制造产业累计专利申请量严重偏低，与云南整个机械制造产业的规模极不协调。这些情况表明，云南机械产业的技术研发基础还相当薄弱，技术创新和专利创造能力

严重不足。

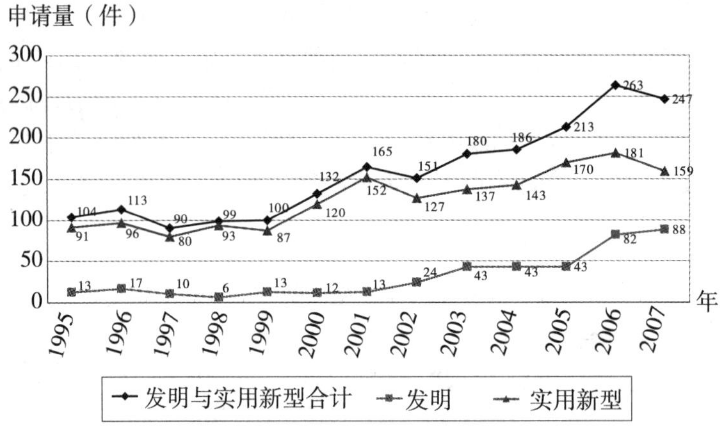

图 3－51　云南机械制造领域发明与实用新型专利申请量走势图

四、云南机械制造产业技术领域专利申请国内与西部地区排位

（一）国内累计申请排位

1985—2008 年 8 月期间，机械制造产业技术领域累计发明与实用新型专利申请国内排名前 10 位的分别是浙江、江苏、广东、山东、北京、辽宁、上海、台湾、河南、河北。云南在该技术领域累计申请发明与实用新型专利申请 2 722 件，排名全国内地各省（区、市）第 24 位，处于靠后位置；累计申请量较排名在前的省（区、市）明显偏少，仅为浙江（排名第 1 位）累计 27 777 件的 9. 80%、北京（排名第 5 位）累计 18 994 件的 14. 331%、河北（排名第 10 位）累计 10 540 件的 25. 83%、天津（排名第 15 位）累计 8 234 件的 33. 06%，福建（排名第 20 位）累计 4 676 件的 58. 21%。

显然，云南在机械制造产业技术领域的自主创新和专利创造能力处于全国靠后地位，总体技术创新能力不及全国大多数省（区、市）。

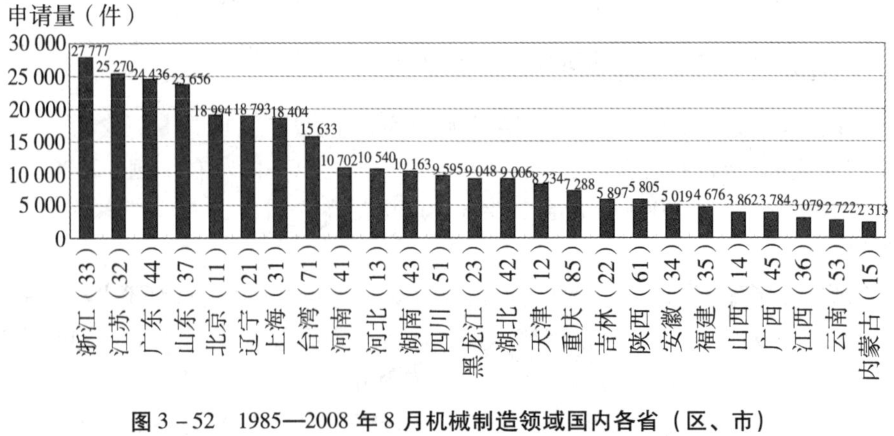

图 3－52　1985—2008 年 8 月机械制造领域国内各省（区、市）
发明与实用新型专利累计申请量

（二）国内年度申请排位

1996—2007 年期间，云南在机械制造产业技术领域的年度发明与实用新型专利申请量在全国省（区、市）排位波动不大，基本在 21 ~26 位的靠后位置。

数据表明，与全国各省（区、市）整体情况相比，云南在机械制造产业技术领域的自主创新和专利创造能力长期处于全国滞后水平。

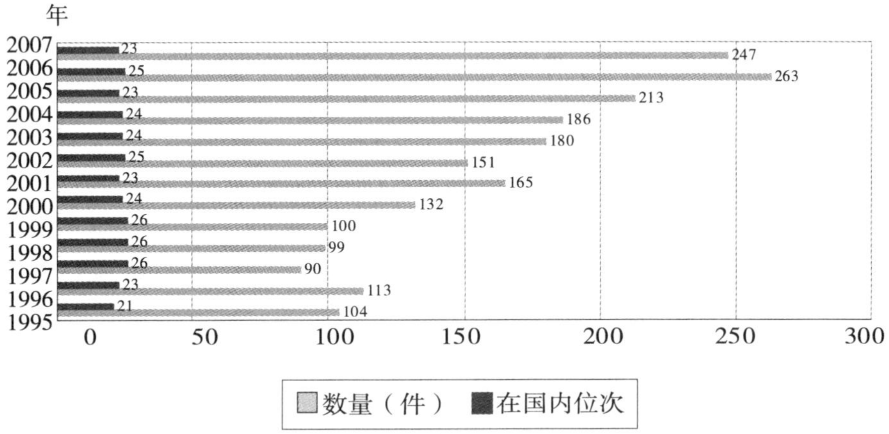

图 3 -53　1995—2007 年云南机械制造领域专利申请量与国内排位

（三）西部地区排位

1985—2008 年 8 月期间，在西部地区，云南在机械制造产业技术领域的专利申请量在四川、重庆、陕西、广西之后，仅位列第 5。西部 12 省（区、市）在机械制造产业技术领域的平均申请量为 3 231 件，仅为国内平均 9 134 件的 35. 37%，而云南的申请量仅为西部平均的 84. 25%。

这些情况表明，西部地区制造领域的整体技术创新和专利创造水平都不高。即使在整体技术水平相对滞后的西部地区，云南在该技术领域的研发能力也只处于中下水平，与四川、重庆、陕西有较大差距。

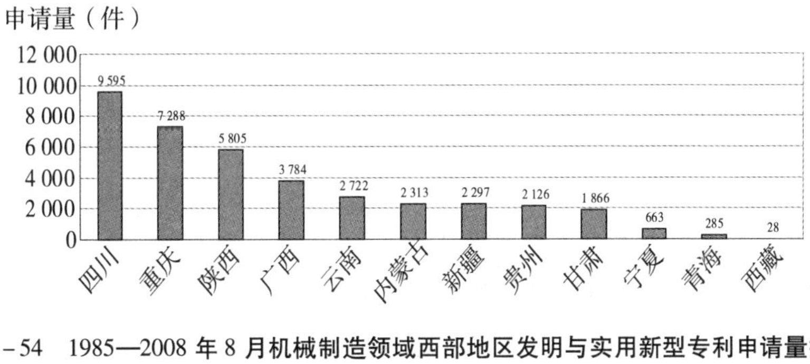

图 3 -54　1985—2008 年 8 月机械制造领域西部地区发明与实用新型专利申请量排名

五、云南机械制造产业技术领域重大共性和关键技术专利申请状况

《云南省“十一五”科学和技术发展规划》提出了云南在化工产业技术领域的重大共

性和关键技术内容，主要涉及围绕机械制造技术的高性能数控机床设计制造技术，加工中心机光电一体化集成技术，新一代柔性制造系统技术，高性能检测控制系统设计与制造技术，金融电子设备制造技术，铁路牵引变压器设计制造技术，组合电力变压器设计制造技术，大型铁道养护机械设备制造技术，新型车用内燃机技术，数控机床新技术，中药现代化制药装备设计制造技术，果蔬、农特产品加工计算机优化控制技术，涉及光电子技术的光电子材料制备技术、光电子元器件制造技术、光电子设备制造技术等领域。

通过关键词检索，1985—2007 年期间，在上述重大共性和关键技术领域，全国共申请发明与实用新型专利申请 4 998 件，其中发明专利申请 2 986 件，实用新型专利申请 2 012 件，发明与实用新型专利申请数量比为 1.48∶1。云南共申请发明和实用新型专利申请 47 件，占全国的 0.94%。其中，发明专利申请 12 件，占全国的 0.4%；实用新型专利申请 35 件，占全国的 1.74%；发明与实用新型专利申请数量比为 0.34∶1。这表明，即使是在云南自身确定的机械制造重大共性和关键技术领域，云南占全国的专利申请量比例仍然很低，特别是发明专利申请占全国的比例更低，专利申请的质量也与全国整体水平有较大差距。

六、云南机械制造产业技术领域专利申请技术分布

就专利技术分布结构而言，在机械制造产业技术领域，车辆技术专利申请占 19% 的比例，工程零部件技术占 14%，发动机技术占 14%，贮运装置技术占 8%，锁具占 8%，机床技术占 6%，农业机械 5%，液体变容式机械技术占 4%，金属机械加工技术占 4%，包装机械占 3%，切削工具占 2%，烟草机械占 2%，其他占 11%。

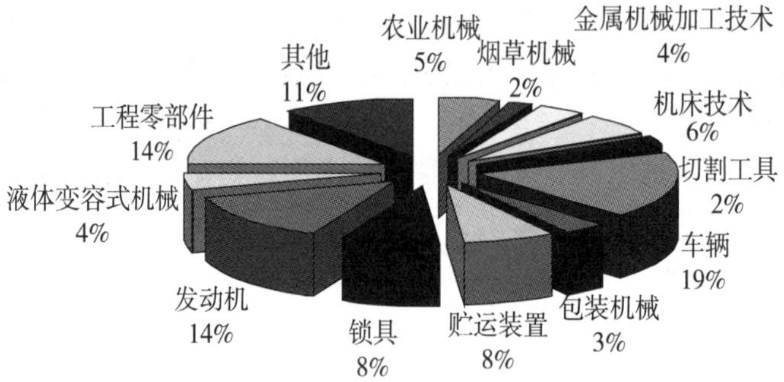

图 3-55　1985—2008 年 8 月云南机械制造领域专利申请技术分布结构图

专利技术分布结构反映了机械制造产业的技术创新集中于车辆与贮运装置、工程零部件技术领域，而数控机床、加工中心、柔性制造系统技术、金融电子设备、中药现代化制药装备、光电子设备、农业机械等技术领域所占比例较低，与云南确定的机械制造产业技术领域重点发展的技术方向存在诸多不一致的地方，产业技术研发力量和专利布局不合理。

七、云南机械制造产业领域专利技术创新能力总体评价

上述情况表明，云南在机械制造产业技术领域的累计专利申请总量明显偏低，仅占全国的 0.70%，还不及全国各省（区、市）平均水平的 30%。虽然近年来云南在该技术领域的专利申请量在逐年提高，但增长幅度与全国整体增长水平仍有较大差距，年度专利申

请量在全国的排位一直处于落后水平，而且与全国各省（区、市）整体专利增长的差距在逐步加大，即使在西部地区也只处于中等水平。

无论是在一般机械制造产业技术领域还是在自身确定的重大共性和关键技术领域，云南的专利申请量都处于全国滞后水平，表现出在该技术领域的整体创新能力严重不足的现实。科技创新严重滞后，是振兴云南机械产业的最大障碍。

此外，云南在机械制造产业技术领域的专利技术结构还存在不均衡性，技术研发与专利创造活动集中于车辆、工程机械技术方向，对数控机床、加工中心、柔性制造系统技术、金融电子设备、中药现代化制药装备、光电子设备、农业加工机械、大型成套设备等技术领域的新技术开发相对不足，需要加强技术研发和专利布局。发明专利申请量比例不高，专利申请质量不高，技术含量低，也是云南机械制造产业技术领域技术创新与专利创造活动存在的突出问题。

值得注意的是，国外机械制造技术在国内的专利申请占有一定的份额，累计申请量占到25%左右的比例，对全国和云南机械制造产业的发展和技术创新活动构成一定的威胁。应当充分发挥云南在机床、工程机械和发动机等方面已有的技术基础，及时把握国内外机械制造技术发展方向，加强对产业核心关键技术研发的支持和布局，促进云南机械制造产业的快速发展。

第七节　医药产业专利技术创新能力分析

以天然药为主的现代医药产业，在云南具有十分重要的战略地位，是云南重要的支柱产业。经过多年的发展，以云南白药集团股份有限公司、昆明制药集团股份有限公司、云南盘龙云海药业有限公司、昆明贝克诺顿制药有限公司、昆明滇虹药业有限公司等为龙头，云南医药产业已初步形成了化学药及制剂、生化制剂、植物药及制剂、中成药、动物药、抗生素药品等多门类的药品研制生产体系。

医药产业所属技术领域主要涉及国际专利分类 A61、A61B、A61C、A61F、A61G、A61H、A61J、A61K、A61L、A61M、A61N、A61P 所包含的范围。具体为：A61｜医学或兽医学，卫生学；A61B｜诊断，外科，鉴定；A61C｜牙科，口腔或牙齿卫生；A61F｜可植入血管内的滤器，假体，为人体管状结构提供开口或防止其塌陷的装置，整形外科、护理或避孕装置，热敷，眼或耳的治疗或保护，绷带、敷料或吸收垫，急救箱；A61G｜专门适用于病人或残疾人的运输工具、专用运输工具或起居设施，手术台或手术椅子；A61H｜理疗装置，人工呼吸，按摩，用于特殊治疗或保健目的或人体特殊部位的洗浴装置；A61J｜专用于医学或医药目的的容器，专用于把药品制成特殊的物理或服用形式的装置或方法，喂饲食物或口服药物的器具，婴儿橡皮奶头，收集唾液的器具；A61K｜医用、牙科用或梳妆用的配制品；A61L｜材料或物体消毒的一般方法或装置，空气的灭菌、消毒或除臭，绷带、敷料、吸收垫或外科用品的化学方面，绷带、敷料、吸收垫或外科用品的材料；A61M｜将介质输入人体内或输到人体上的器械；A61N｜电疗，磁疗，放射疗，超声波疗；A61P｜化合物或药物制剂的治疗活性。

使用上述分类号，对截至 2008 年 8 月底已公开的该技术领域的专利申请情况进行检索，反映国内外和云南在医药产业相关技术领域的专利申请情况和技术创新能力。

一、国内医药产业技术领域专利申请总体状况

（一）国内累计专利申请

1985—2007年期间，全国医药产业技术领域累计申请发明与实用新型专利242 952件，其中发明专利申请160 424件，实用新型专利申请82 528件，发明与实用新型专利申请数量比为1.94:1。

数据表明，全国在医药领域的发明专利申请偏多，整体专利申请水平较高，这与医药产业技术领域药品、制剂及其生产方法偏多的特点相关。

（二）国内外累计专利申请比例

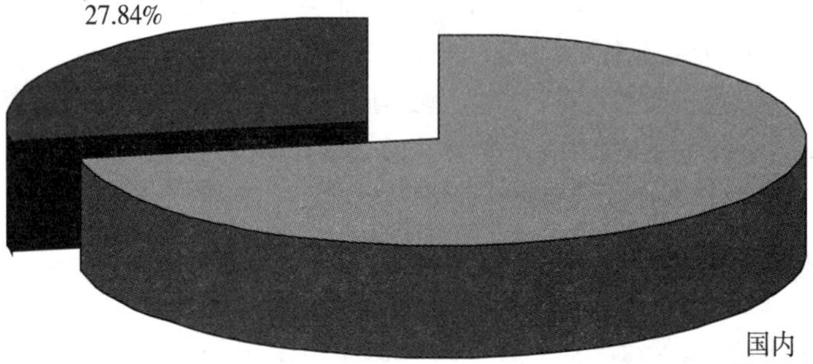

图3－56　1985—2008年8月医药领域国内、国外累计中国发明与实用新型专利申请比例

截至2008年8月，在医药产业技术领域，外国在中国的发明与实用新型专利申请累计共有68 242件，约占全部公开专利申请的27.84%；国内累计专利申请公开176 908件，约占全部公开申请的72.16%。数据表明，在医药产业技术领域，外国在中国的累计专利申请占有相当的比例，对国内医药行业的技术研发构成一定的威胁。

（三）国内外年度申请比例变化

1995—2007年期间，医药产业技术领域国外在中国的专利申请占全部中国专利申请比例呈一定的起伏波动状态。1995—1998年间，外国在中国的专利申请量占全部中国专利申请量的比例曾一度增长到40.3%，之后基本回落到2005年前的30%左右；2006年后，国外在该领域的专利申请量比例有较大幅度下降，而国内在该领域的专利申请量比例则大幅提高；2006年国内专利申请量比例上升到了78.08%，2007年更是达到了92.25%（尽管2007年的数据公开尚不完全，但可以一定程度地说明问题）。

数据表明，2005年前，国外在医药产业技术领域的专利申请量比例较高，基本占到了30%～40%；而2005年来，国内该领域的整体技术研发实力和专利创造能力较国外相比都有了较大的提升，国内医药产业技术领域的专利申请量占到了80%左右的份额。

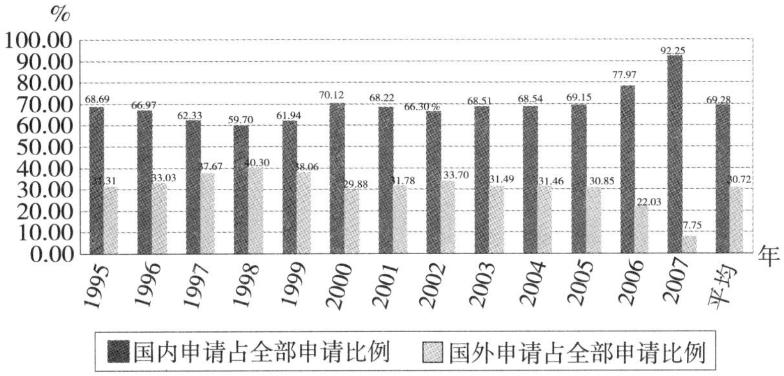

图 3－57　1995—2007 年医药领域国内外专利申请占全部申请比例

（四）国内外年度专利申请量

1995 年以来，医药产业技术领域的全部中国专利申请量总体上呈增长趋势。1999 年前全国年医药专利申请量增加幅度相对较小，而 2000 年后年专利申请量都在 14 000 件以上，且增长幅度较高，2005 年更是突破了 3 万件的水平（2007 年的数据尚未完全公开，尚不能反映真实情况）。

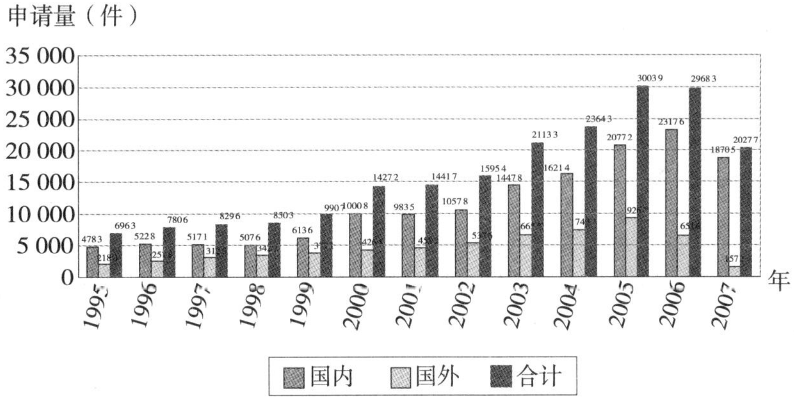

图 3－58　1995—2007 年医药领域专利国内外中国专利申请量

数据表明，近年来国内外都加大了医药产业技术领域的研发力度，尤其是国内医药专利申请数量大幅增长，增长速度明显高于国外在中国的专利申请量的增长速度，国内医药产业技术领域的技术创新能力正日益增强。

二、云南医药产业技术领域专利申请总体状况

（一）累计专利申请数量

1985—2007 年期间，云南在医药产业技术领域累计申请发明与实用新型专利 2 311 件，其中发明专利申请 1 703 件，实用新型专利申请 608 件，发明与实用新型数量比为 2. 8∶1，累计专利申请总量较低。

（二）累计专利申请占全国比例

1985—2007 年期间，云南在医药产业技术领域累计发明与实用新型专利申请总量仅占全国的 0.95%；其中，发明专利申请量占全国的 1.06%，实用新型专利申请量占全国的 0.74%。

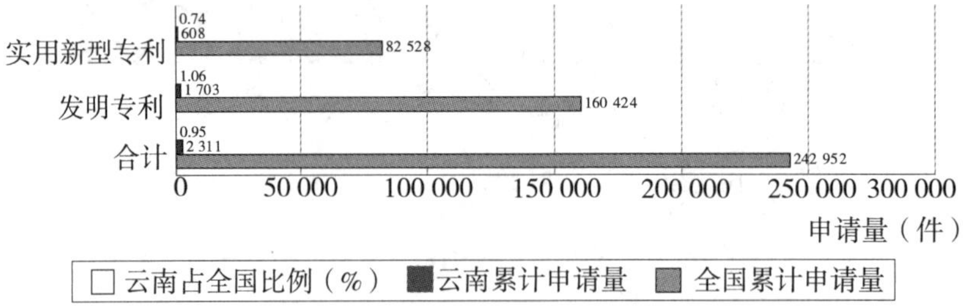

图 3-59　1985—2007 年医药领域全国和云南发明与实用新型专利累计申请量及云南占全国比例

在此期间，全国省（区、市）平均发明与实用新型专利申请量为 5 528 件，云南的累计专利申请量占全国省（区、市）平均的 42.42%。

数据表明，云南在该领域的整体研发能力和专利创造水平还较低，专利申请总量明显偏低，较全国平均水平有较大差距。

（三）占国内年专利申请量比例

1995—2007 年期间，云南在医药产业技术领域发明与实用新型专利申请量占国内专利申请量的比例起伏波动较大，但整体呈下降趋势。1995 年以来经历了三次上升和下降，1996 年达到 2.08% 的历史最高比例，之后一直在 1.00% ~1.60% 之间反复波动，到 2005 年后基本维持在 1.1% 左右；1996—2006 年间下降了约 1.0 个百分点。与全国各省（区、市）平均水平的差距最大为 2007 年的 2.13%，最小为 1996 年的 1.05%，平均差距为 1.73%。1995 年以来的平均水平不及全国各省（区、市）平均的 56%，与全国各省（区、市）平均水平的差距较大。

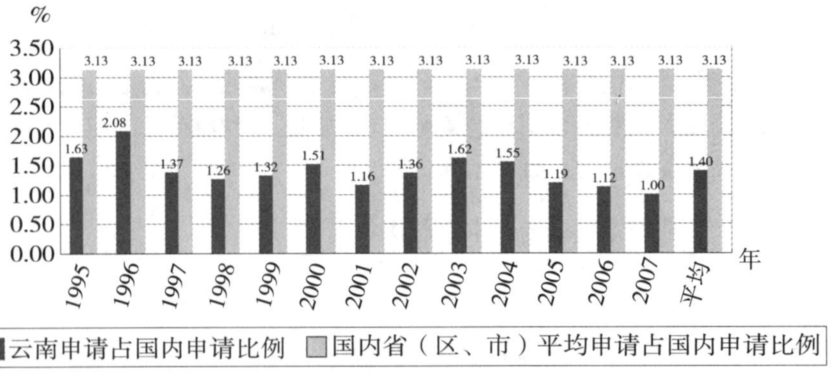

图 3-60　1995—2007 年医药领域云南申请占国内申请比例与国内省（区、市）平均占全国申请比例

（四）占年全部专利申请量比例

1995—2007 年期间，在医药产业技术领域，云南的发明与实用新型专利申请量占全部中国专利申请量的比例表现出起伏下降的态势，走势与其占国内专利申请量比例的情况基本一致。1995 年以来，共经历了三次上升与下降；1996 年达到 1.40% 的历史最高比例，之后一直在 0.75% ～1.11% 之间反复波动，到 2005 年后基本维持在 0.85% 左右；1996—2006 年间下降了约 0.5 个百分点。

上述年度比例变化数据表明，长期以来，云南在医药产业技术领域的技术创新和专利创造能力都较差，与全国整体水平相比有较大的差距。

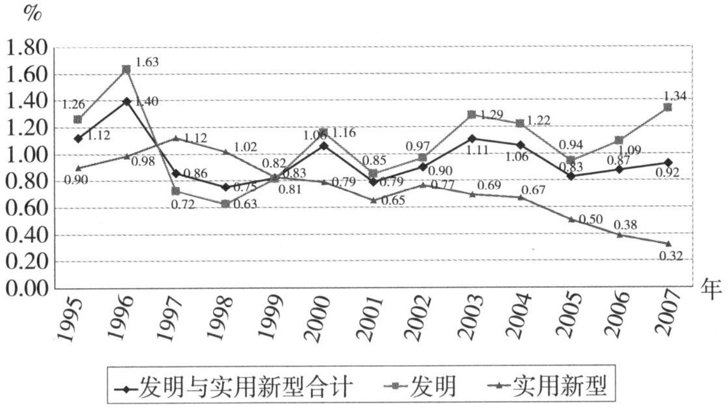

图 3－61　云南医药领域发明与实用新型专利申请占全部申请比例走势图

（五）整体申请质量

云南在医药产业技术领域的发明与实用新型专利申请数量比为 2.8∶1，明显高于全国总体 1.94∶1 的水平，表明云南在该技术领域以发明专利申请为主，而且专利申请质量较全国整体水平高。

三、云南医药产业技术领域年度专利申请状况

单纯从年度申请量的变化情况来看，云南在医药产业技术领域的年发明与实用新型专利申请量总体呈增长趋势。

1995—1998 年期间，云南在该领域的专利申请量经历了第一轮增长和下降，申请量从 1996 年 109 件的高位下降到 1998 年 64 件的低位；1999—2001 年期间，经历了第二轮增长和下降，申请量从 2000 年 151 件的高位下降到 2001 年 114 件的低位；2002—2007 年期间，经历了第三轮增长，申请量增长到 2006 年 259 件的历史最高值（因 2007 年数据未完全公开，尚不足以说明问题）。

尽管如此，云南在医药产业技术领域的专利创造能力还是远赶不上全国的总体增长水平。1996—2006 年间，云南在该技术领域的专利申请量仅增长了 137.61%，还不及全国同期 280.26% 总体增长水平的一半。此外，长期以来，云南的年专利申请量基数很小，即使是在最好年度的 2006 年，申请量也只有 259 件，导致全省医药产业累计专利申请量严重偏低。

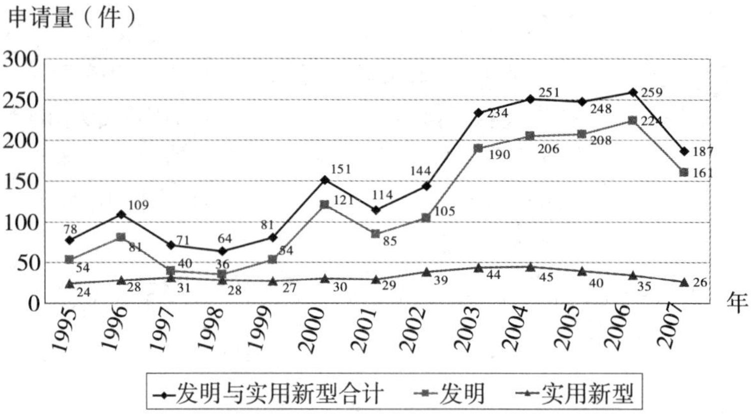

图 3－62　云南医药领域发明与实用新型专利申请量走势图

数据表明，云南在医药产业技术领域的技术研发实力和专利创造能力与全国还有较大差距，整体技术创新水平的增长速度赶不上全国发展水平。

四、云南医药产业技术领域专利申请国内与西部地区排位

（一）国内累计申请排位

1985—2008 年 8 月期间，国内医药产业技术领域累计发明与实用新型专利申请排名前 10 位的分别是山东、北京、上海、广东、浙江、江苏、辽宁、河南、天津、河北。云南在该技术领域累计申请发明与实用新型专利申请 2 345 件，排名全国内地各省（区、市）第 21 位，处于全国靠后位置。

云南在这一技术领域的累计申请量较排名在前的省（区、市）明显偏少，仅为山东（排名第 1 位）累计 23 235 件的 10.09%、浙江（排名第 5 位）累计 10 958 件的 20.40%、河北（排名第 10 位）累计 5 805 件的 40.40%、湖北（排名第 15 位）累计 4 625 件的 50.70%、安徽（排名第 20 位）累计 2 349 件的 99.83%。

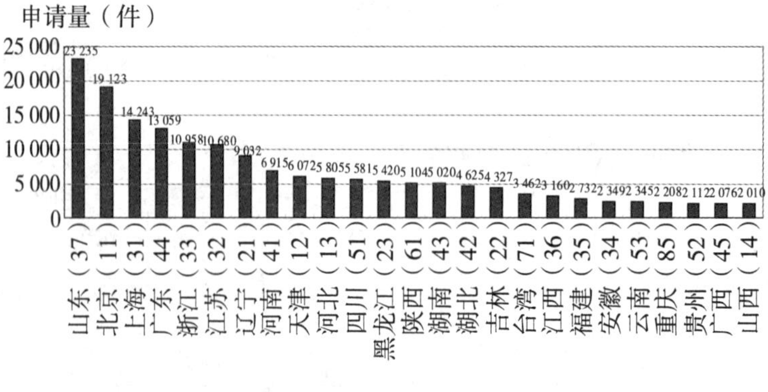

图 3－63　1985—2008 年 8 月医药领域国内各省（区、市）发明与实用新型专利累计申请量排序

数据表明，云南在医药产业技术领域的自主创新和专利创造能力处于全国滞后水平，总体科技创新能力不及全国大多数省（区、市），自主知识产权明显不足，技术依赖性较强。

（二）国内年度申请排位

1996—2007 年期间，云南在医药产业技术领域的专利申请量年度排位基本没有太大变化，年度发明与实用新型专利申请量在全国各省（区、市）排位基本保持在 20 位左右。

这表明，与全国各省（区、市）整体情况相比，云南在医药产业技术领域的自主创新能力一直处于落后水平，多年来在技术进步水平与全国整体水平之间的差距基本没有太大变化。

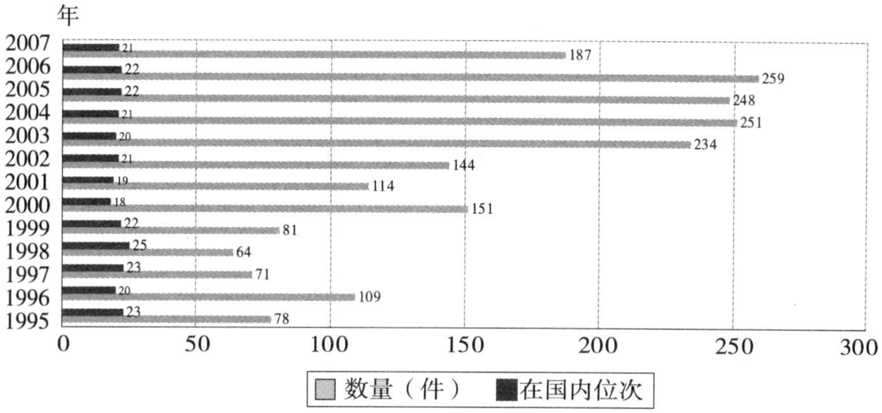

图 3 - 64　1995—2007 年云南医药领域专利申请量与国内排位

（三）西部地区排位

1985—2008 年 8 月期间，云南在医药产业技术领域的累计专利申请量在四川、陕西之后，列西部地区第 3 位。西部 12 省（区、市）在医药产业技术领域的平均申请量为 2 004 件，仅为国内平均 5 528 件的 36.26%，而云南的申请量仅为西部平均的 117%。

这些情况表明，西部 12 省（区、市）在医药产业技术领域的整体技术创新和专利创造水平落后于全国整体水平，而云南在西部地区该技术领域的专利申请量虽处于靠前位置，但申请数量仅略高于地区平均水平，与之前的四川、陕西还有较大差距。

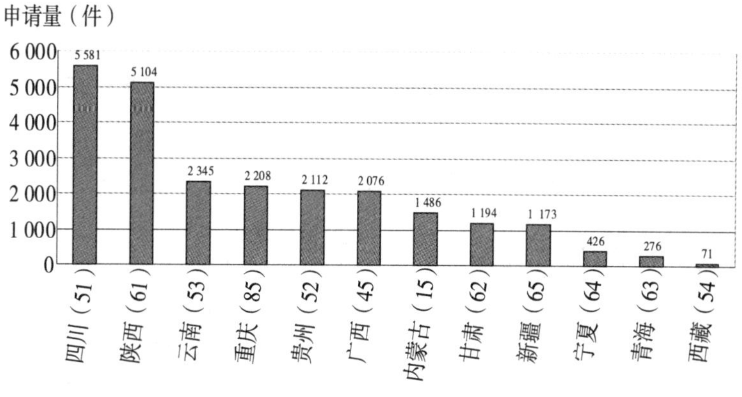

图 3 - 65　1985—2008 年 8 月医药领域西部地区发明与实用新型专利申请量排名

五、云南医药产业技术领域重大共性和关键技术专利申请状况

《云南省“十一五”科学和技术发展规划》提出了云南在医药产业技术领域的重大共性和关键技术内容，主要涉及以特色药物二次开发技术及新产品开发技术为主线的民间中草药开发利用，传统剂型改进及增加适应症技术、指纹图谱技术、药物质量控制技术、抗艾滋病新药技术、戒毒新药技术，中药材及天然药物品种驯化、繁育、种植和质量控制技术中的中药材种苗繁育技术和GAP种植技术、中药材和中药饮片的质量控制技术、中药材和中药饮片的有害物质控制技术、新型酶制剂与重大酶制剂技术，生物制药技术中的云南白药、三七、灯盏花、天麻、蒿甲醚、紫杉醇、辅酶Q10制药技术和生物激素技术等领域。

通过关键词检索，1985—2007年期间，在上述重大共性和关键技术领域，全国共申请发明和实用新型专利申请9 640件，其中发明专利申请8 541件，实用新型专利申请1 099件，发明与实用新型专利申请量之比为7.77。而云南共申请发明和实用新型专利申请391件，占全国的4.06%。其中，发明专利申请326件，占全国的3.82%；实用新型专利申请65件，占全国的5.91%；发明与实用新型专利申请数量比为5.02。这表明，在云南自身确定的中药等重大共性和关键技术领域，云南占全国的专利申请量的比例高于全国省（区、市）平均3.13%的水平，专利申请的质量也较好，具备一定的比较优势。

六、云南医药产业技术领域专利申请技术分布

就专利技术分布结构而言，在医药产业技术领域，医用配制品技术专利申请占46%的比例，化合物或药物制剂技术占30%，介质输入器械技术占5%，植入滤器与假体技术占4%，医疗方法与器械技术占4%，理疗装置技术占3%，其他医药技术占8%。

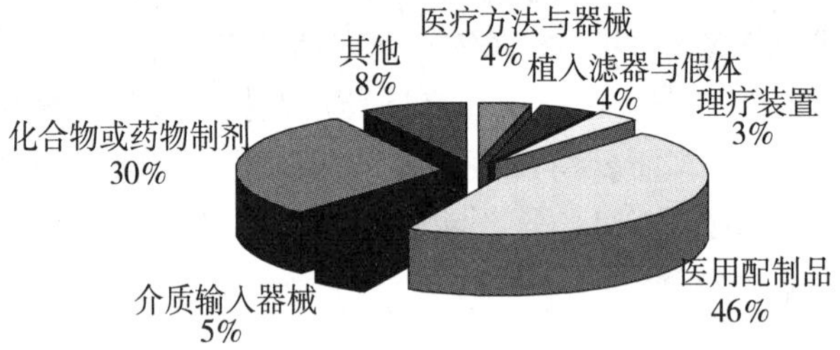

图3-66　1985—2008年8月云南机械制造领域专利申请技术分布结构图

专利技术分布结构反映了医药产业的技术创新集中于医用配制品（中药）、化合物或药物制剂技术领域，与云南确定的医药产业技术领域重点发展的技术方向基本一致。

七、云南医药产业领域专利技术创新能力总体评价

上述情况表明，云南在医药产业技术领域的累计专利申请总量明显偏低，仅占全国的0.95%，还不到全国省（区、市）平均水平的43%。虽然近年来云南在该技术领域的专利申请量逐年提高，但增长幅度不及全国整体增长水平，年度专利申请量在全国排位一直处于靠后位置，并与全国省（区、市）整体专利增长的差距拉大，表现出在该技术领域的整体创新能力不足、发展速度不够等问题。在技术水平相对滞后的西部地区，云南的医

药专利申请量虽然处于较前位置，但与四川、陕西相比仍有很大差距。

尽管如此，云南在医药产业技术领域的整体专利申请质量方面以及生物药等自身确定的重大共性和关键技术方面有一定的比较优势。表现为发明与实用新型专利申请数量比高于全国整体水平近1个百分点，重大共性和关键技术方向的专利申请占全国比例高于全国省（区、市）平均水平等。另外，依托丰富的植物与中草药资源，云南的大部分医药专利都属于中成药或中药制剂，在中药的开发利用方面具有相当优势和前景。

此外，国外医药技术在国内一直占有一定的份额，对全国和云南医药产业的发展和技术创新活动构成相当的威胁。2006年前，国外医药领域的中国专利申请量一直占到全部中国专利申请量30%左右的比例，曾一度达到40%的高份额，累计申请量也占到28%的比例，尤其是在高技术含量的化合物药、生物制剂等方面占有优势。应当充分发挥云南在中药方面已形成的技术基础，及时把握国内外医药技术发展方向，加强对核心关键技术研发的支持和布局，促进云南医药产业发展。

第八节　信息产业专利技术创新能力分析

云南信息产业以金融信息软件开发和系统集成、自动化物流信息软件与系统集成、IT产品应用软件与信息系统集成、远程数据采集、控制系统集成、数据网络产品为主，以昆明船舶设备集团有限公司、云南南天电子信息产业股份有限公司、云南天达光伏科技股份有限公司、云南无线电厂、云南电信网信实业集团有限公司、云南云电信息通信股份有限公司、昆明阳光数字技术股份有限公司、昆明爱迪科技有限公司、云南盛云科技有限公司、昆明南天网络系统工程有限公司、昆明金沙烟草数据设备有限公司、云南科海电子有限公司、昆明优力威尔信息系统有限公司、昆明云金地科技有限公司、云南新迈科技有限公司为支撑，形成了颇具规模的高技术产业集群，基本建成了满足云南信息化发展需要、覆盖全省、通达周边的高速宽带网络设施，实施了一系列骨干信息系统工程，信息资源开发利用水平显著提高，信息技术服务于经济、社会、科技、文化、教育等领域的效果逐步显现。

信息产业所属技术领域主要涉及国际专利分类G01S、G02F、G04F5/00、G05B21/00、G05D25/00、G05F、G06C、G06E、G06F、G06G、G06J、G06K、G06M、G06N、G06Q、G06T、G07G1/12、G08B、G09G、G10L、G11B、G11C、H01H、H01L、H03C、H03D、H03K19/00、H03M、H04、H05K所包含的范围。具体为：G01S | 无线电定向，无线电导航，采用无线电波测距或测速，采用无线电波的反射或再辐射的定位或存在检测，采用其他波的类似装置；G02F | 用于控制光的强度、颜色、相位、偏振或方向的器件或装置（例如转换、选通、调制或解调），上述器件或装置的光学操作是通过改变器件或装置的介质的光学性质来修改的，用于上述操作的技术或工艺，变频、非线性光学、光学逻辑元件，光学模拟/数字转换器；G04F5/00 | 产生用作定时标准的预选的时间间隔的仪器；G05B21/00 | 包括对被控变量取样的系统；G05D25/00 | 光的控制，例如强度、颜色、相位的控制；G05F | 调节电变量或磁变量的系统；G06C | 一切计算均用机械方式实现的数字计算机；G06E | 光学计算设备；G06F | 电数字数据处理；G06G | 模拟计算机；G06J | 混合计算装置；G06K | 数据识别、数据表示、记录载体、记录载体的处理；G06M | 计数机构，其对象未列入其他类目内的计数；G06N | 基于特定计算模型的计算机

系统；G06Q｜专门适用于行政、商业、金融、管理、监督或预测目的的数据处理系统或方法，其他类目不包含的专门适用于行政、商业、金融、管理、监督或预测目的的处理系统或方法，G06T｜一般的图像数据处理或产生；G07G1/12｜电子方式操作的；G08B｜信号装置或呼叫装置，指令发信装置，报警装置；G09G｜对用静态方法显示可变信息的指示装置进行控制的装置或电路；G10L｜语言分析或合成，语言识别；G11B｜基于记录载体和换能器之间的相对运动而实现的信息存储，包括：通过在记录轨迹和换能器之间的相对运动来记录或重放信息，换能器直接在记录轨迹中或在重放轨迹中产生调制，或者通过此调制直接激励换能器，并且其调制的程度与被记录或重放的信号相对应，用于记录或重放信息的设备、机器及其零部件（如磁头），这种设备、机器所使用的记录载体，与这种设备、机器协同作业的其他设备；G11C｜静态存储器；H01H｜电开关，继电器，选择器，紧急保护装置；H01L｜半导体器件，其他类目未包含的电固体器件；H03C｜调制；H03D｜由一个载频到另一载频对调制进行解调或变换；H03K19/00｜逻辑电路（用于应用模糊逻辑的计算机系统的至少有两个输入作用于一个输出的电路），倒向电路；H03M｜一般编码、译码或代码转换；H04｜电通信技术；H05K｜印刷电路，电设备的外壳或结构零部件，电气元件组件的制造技术。

使用上述分类号，对截至2008年8月底已公开的该技术领域的专利申请情况进行检索，反映国内外和云南在信息产业相关技术领域的专利申请情况和技术创新能力。

一、国内信息产业技术领域专利申请总体状况

（一）国内累计专利申请

1985—2007年期间，全国信息产业技术领域累计申请发明与实用新型专利申请436 168件，其中发明专利申请347 456件，实用新型专利申请88 712件，发明与实用新型专利申请数量比为3.92∶1。数据表明，全国在信息领域的专利申请数量巨大，并主要以发明专利申请为主，专利申请质量高。

（二）国内外累计专利申请比例

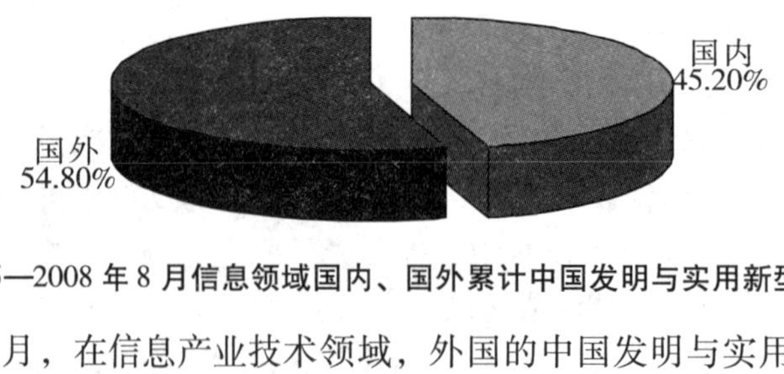

图3－67　1985—2008年8月信息领域国内、国外累计中国发明与实用新型专利申请比例

截至2008年8月，在信息产业技术领域，外国的中国发明与实用新型专利申请累计公开240 978件，约占全部公开中国专利申请的54.80%；国内发明与实用新型专利累计申请公开198 799件，约占全部公开申请的45.20%。这表明，外国在信息产业技术领域的累计中国专利申请量占全部中国专利申请量的比例超过了国内申请的比例，国内信息产业技术研发能力相对较弱，而外国信息技术在国内有很强的竞争力。

（三）国内外年度申请比例变化

1995—2007年期间，信息产业技术领域外国在中国申请的专利占全部中国专利申请

比例呈现较大的起伏波动状态，在42.31%~71.48%之间大幅波动。2005年前，国外在该领域的专利申请量比例一直很高，基本占到了60%~70%；从1995年的65.61%，上升到1998年的71.48%，再经下降后恢复到2002年的69.75%，之后再度连续下降到2006年的49.84%（因2007年的数据公布尚不完全，还不足以说明问题）。2006年以来，国外在该领域的专利申请量比例有所下降，而国内在该领域的专利申请量比例则出现较快增长，2006、2007年国内专利申请量比例都达到了50%以上。

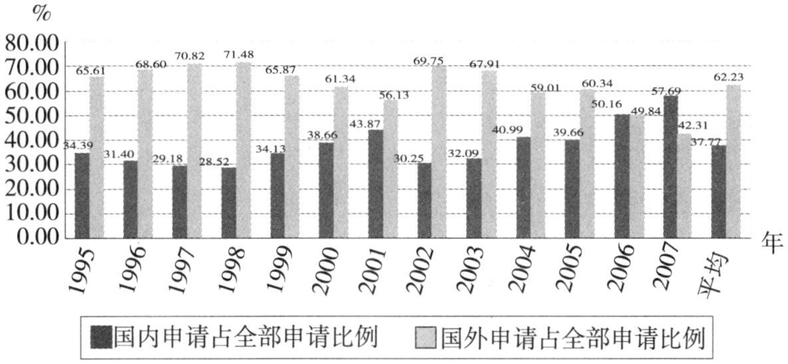

图3-68 1995—2007年信息领域国内外专利申请占全部申请比例

数据表明，2005年前，国外在信息产业技术领域的中国专利申请量一直占主体地位，而近一两年来，国内该领域的整体技术研发能力和专利申请规模有了较大的提升，出现了年专利申请量超过外国在中国申请的迹象；总体来说，国外信息技术在国内有很强的竞争力。

（四）国内外年度专利申请量

1995年以来，在信息产业技术领域，中国专利申请量总体上呈增长趋势。2000年前，国内与外国的中国专利申请量增长还比较平缓，而2001年后却出现了连续的大幅增长（2007年数据公开不完全除外），年增长幅度在5 000件以上，2006年的申请量达到了7.2万多件。

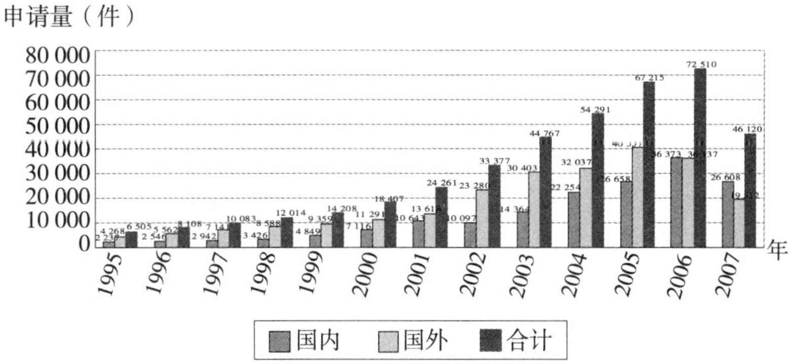

图3-69 1995—2007年信息领域国内外中国专利申请量

数据表明，近年来国内外都加大了信息产业领域的技术研发力度，专利申请增长明显加速，技术更新不断加快，国内该领域的技术竞争实力也得到了不断的提升。

二、云南信息产业技术领域专利申请总体状况

（一）累计专利申请数量

1985—2007年期间，云南在信息产业技术领域累计申请发明与实用新型专利申请672件，其中发明专利申请242件，实用新型专利申请430件，发明与实用新型数量比为0.56∶1，信息技术累计专利申请量很低。

（二）累计专利申请占全国比例

1985—2007年期间，云南在信息产业技术领域累计发明与实用新型专利申请总量仅占全国的0.15%，发明专利申请量占全国的0.07%，实用新型专利申请量占全国的0.48%。在此期间，全国省（区、市）平均发明与实用新型专利申请量为6 213件，云南的累计专利申请量仅占全国省（区、市）平均的11.06%。

数据表明，云南在信息产业技术领域的整体研发能力和专利创造水平还很低，专利申请总量严重不足，较全国平均水平有很大差距。

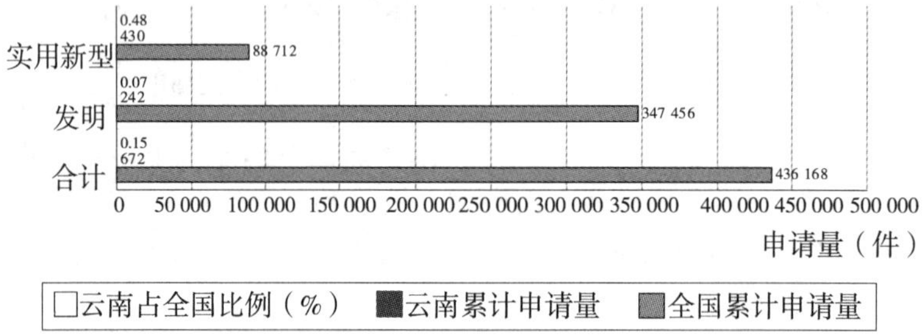

图3-70　1985—2007年信息领域全国与云南发明、实用新型专利累计申请量及云南占全国比例

（三）占国内年专利申请量比例

1995—2007年期间，云南在信息产业技术领域发明与实用新型专利申请量占国内专利申请量的比例总体呈下降趋势。

除了在1999年和2002年有小幅回升外，自1996年以来，云南在该技术领域的专利申请占国内专利申请比例基本都在下滑，从1997年前的0.8%左右下降到2004年后的0.2%左右，1996—2006年间下降了0.7个百分点。

云南在该技术领域的专利申请占国内专利申请比例一直都很低，最高年份的1997年也仅有0.86%，较全国平均水平差了2.27%；1995—2007年间，云南在该技术领域的专利申请占国内专利申请比例的平均值仅为0.46%，只有全国平均水平的15%。

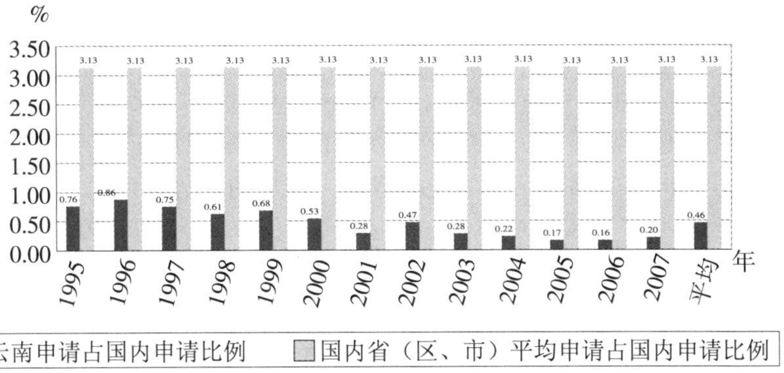

图 3－71　1995—2007 年信息领域云南申请占国内申请比例与国内省（区、市）平均占全国申请比例

（四）占年全部中国专利申请量比例

1995—2007 年期间，在信息产业技术领域，云南的年发明与实用新型专利申请量占全部中国专利申请量的比例表现出总体下降的态势。与其占国内专利申请比例情况相似，除了在 1999 年和 2002 年有小幅回升外，自 1996 年以来年专利申请量基本都在下滑；从 1996 年的 0. 27% 下降到 2006 年的 0. 08%，下降了 0. 19 个百分点。

上述年度比例变化数据表明，长期以来，云南在信息产业技术领域的专利申请占国内专利申请的比例一直都很低，相关技术研发基础与专利创造能力都很差，整体技术创新能力严重不足，而且随着时间的推移，与全国的差距还在不断扩大。

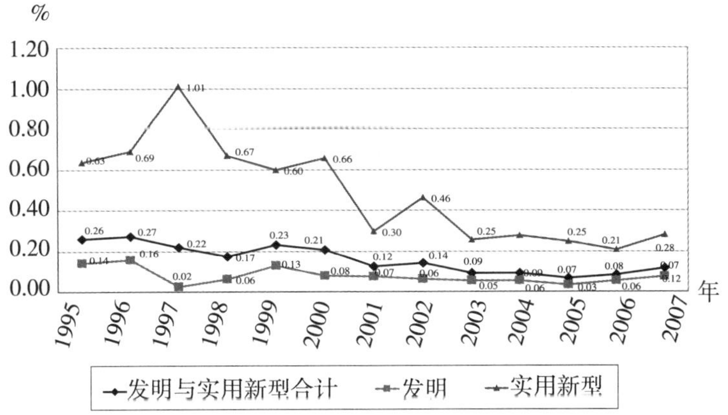

图 3－72　云南信息领域发明与实用新型专利申请占全国比例走势图

（五）整体申请质量

云南在信息产业技术领域的发明与实用新型专利申请数量比为 0. 56∶1，表明云南在该技术领域的专利申请主要以实用新型专利申请为主，与全国整体情况刚好相反，在信息产业技术领域的专利申请质量远远低于全国整体水平，专利申请的整体技术含量不高。

三、云南信息产业技术领域年度专利申请状况

单纯从年度申请量的变化情况来看，云南在信息产业技术领域的年专利申请量总体呈增长趋势。1995—1998 年期间，云南在该领域的专利申请量不高，一直在 20 件左右波动，1999 年后开始出现交替增长与下跌的态势，但总的趋势是增长。2006 年云南年专利申请量较 1996 年增长了 168. 18%，但还是远赶不上全国内地 794. 30% 的总体增长水平。

这些情况表明，虽然云南在信息产业技术领域的年专利申请量总体呈增长趋势，但年申请基数过小，且长期以来年专利申请量增长不稳定、增长乏力，表现出在该技术领域的创新能力严重不足、创新活动缺乏目标性和规划性等问题。

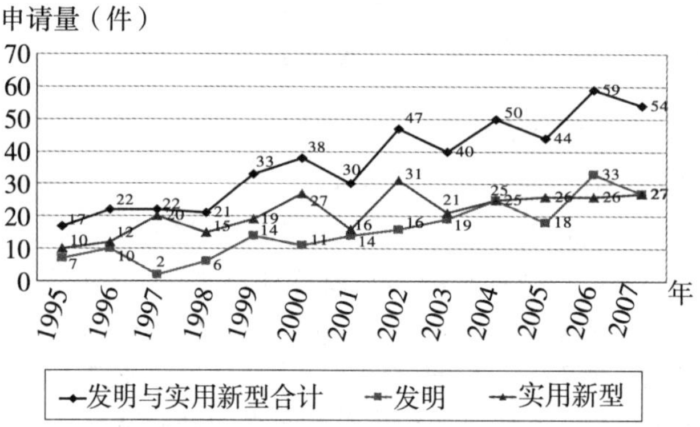

图 3－73　云南信息领域发明与实用新型专利申请量走势图

四、云南信息产业技术领域专利申请国内与西部地区排位

（一）国内累计申请排位

1985—2008 年 8 月期间，国内信息产业技术领域累计发明与实用新型专利申请排名前 10 位的分别是广东、北京、台湾、上海、江苏、浙江、山东、辽宁、四川、湖北。云南在该技术领域累计申请发明与实用新型专利申请 687 件，排名全国内地省（区、市）第 24 位，处于全国靠后位置。

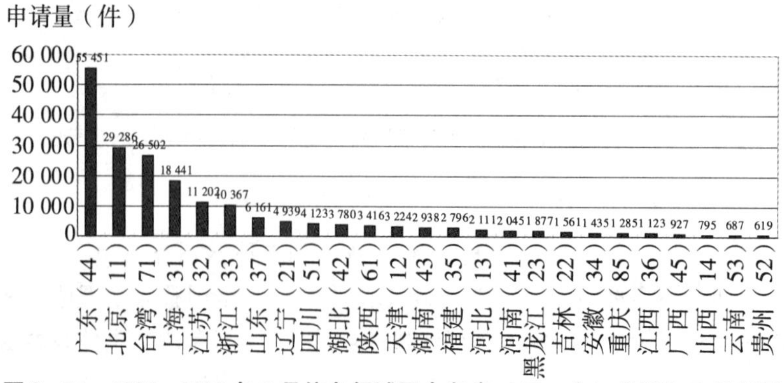

图 3－74　1985—2008 年 8 月信息领域国内各省（区、市）发明与实用新型专利累计申请量排序

云南在该技术领域的累计申请量较排名在前的省（区、市）严重偏少，仅为广东（排名第1位）累计55 451件的1.24%、江苏（排名第5位）累计11 202件的6.13%、湖北（排名第10位）累计3 780件的18.17%、河北（排名第15位）累计2 111件的32.54%、重庆（排名第20位）累计1 285件的53.46%。显然，云南在信息产业技术领域的自主创新和专利创造能力处于全国滞后水平，拥有自主知识产权明显不足，技术依赖性很强。

（二）国内年度申请排位

1995—2007年期间，云南在信息产业技术领域的专利申请量年度排位变化不大，年度发明与实用新型专利申请量在全国省（区、市）的排位基本在23～26位之间。

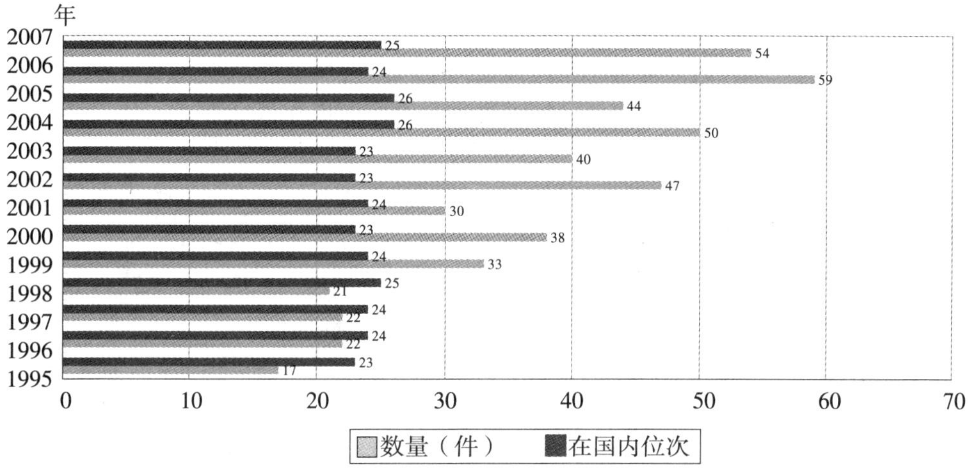

图3－75　1995—2007年云南信息领域专利申请量与国内排位

这些情况表明，与全国省（区、市）整体情况相比，云南在信息产业技术领域的自主创新和专利创造能力长期处于落后水平，特别是2004年来出现的倒退迹象值得关注。

（三）西部地区排位

1985—2008年8月期间，云南在信息产业技术领域的专利申请量在四川、陕西、重庆、广西之后，只位列西部地区第5，处于西部地区中等水平。西部12省（区、市）在信息产业技术领域的平均申请量为1 038件，仅为国内平均6 213件的16.70%，而云南的申请量仅为西部平均的66.21%。

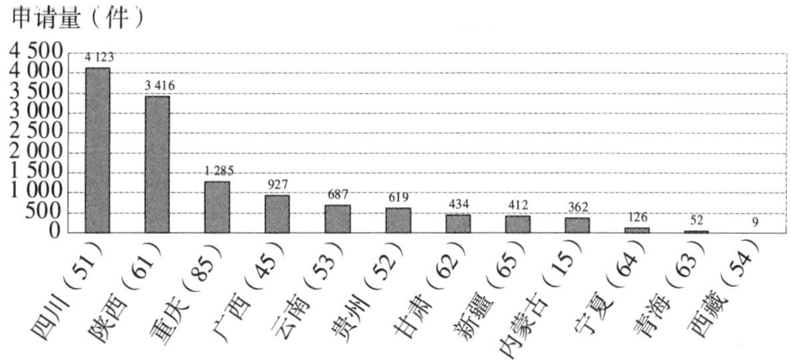

图3－76　1985—2008年8月信息领域西部地区发明与实用新型专利申请量排名

这表明，即使在信息技术整体不发达的西部地区，云南的信息技术整体创新和专利创造水平也较差，与之前的四川、陕西还有很大差距，申请量仅为四川的16.66%、陕西的20.11%。

五、云南信息产业技术领域重大共性和关键技术专利申请状况

《云南省“十一五”科学和技术发展规划》提出了云南在信息产业技术领域的重大共性和关键技术内容，主要涉及有关信息安全及标准技术的信息加密、解密技术，信息网络监控技术，信息安全操作系统（嵌入式）技术，网络防病毒和防攻击技术，信息生物识别技术；有关信息系统运用集成技术的集成及平台开发技术、制造业信息化关键技术、农业信息化应用技术、自动化物流技术、智能交通技术、空间信息应用技术；有关现代服务业信息化关键技术的现代服务业信息化集成应用技术，旅游信息系统技术，社区综合管理技术，社区治安应急求助、信息服务、物业管理及家庭智能化信息技术；有关现代物流自动化系统技术的自动化物流系统规划设计技术、自动化仓储系统技术、自动输送系统技术、自动作业系统技术、自动控制系统技术、计算机管控系统技术、数据采集与自动识别技术、机器人技术、物流软件开发技术；有关关键元器件技术的太阳能光伏器件技术、红外微光器件技术、热成像器件技术、电子级高纯材料加工技术、敏感元器件技术等领域。

通过关键词检索，1985—2007年期间，在上述重大共性和关键技术领域，全国共申请发明和实用新型专利申请9 827件，其中发明专利申请8 058件，实用新型专利申请1 769件，发明与实用新型专利申请量之比为4.56∶1。而云南共申请发明和实用新型专利申请51件，占全国的0.52%。其中，发明专利申请22件，占全国的0.27%；实用新型专利申请29件，占全国的1.64%；发明与实用新型专利申请量之比为0.76∶1。这表明，在云南自身确定的信息重大共性和关键技术领域，云南占全国的专利申请比例仍然很低，发明专利申请比例明显偏低，专利申请的质量远不及全国水平。

六、云南信息产业技术领域专利申请技术分布

就专利技术分布结构而言，在信息产业技术领域，数字数据处理技术专利申请占30%的比例，电子通信技术占26%，电器元件技术占14%，信号呼叫技术占10%，半导体器件技术占6%，印刷电路技术占3%，其他信息技术占11%。

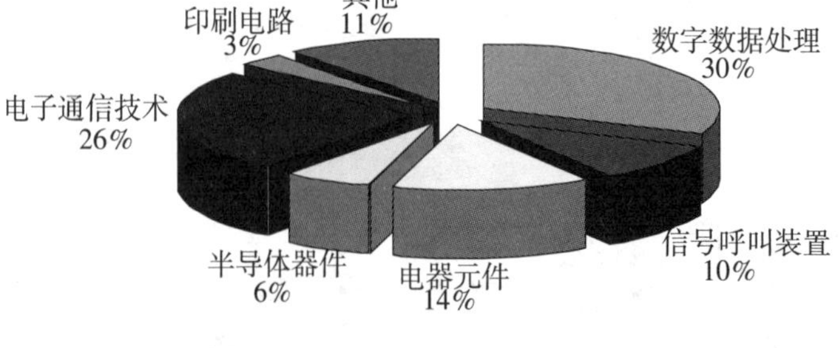

图3-77　1985—2008年8月云南信息领域专利申请技术分布结构

专利技术分布结构反映了云南的信息产业技术创新集中于数字数据处理、通信技术和电器元件技术领域，但在制造业信息化关键技术、农业信息化应用技术、空间信息应用技

术、现代服务业信息化集成应用技术、社区综合管理技术、社区治安应急求助、物业管理及家庭智能化信息技术、自动作业系统技术、自动控制系统技术、机器人技术、关键元器件技术的太阳能光伏器件技术、电子级高纯材料加工技术、敏感元器件技术等领域却存在发展不平衡现象。

七、云南信息产业领域专利技术创新能力总体评价

上述情况表明，云南在信息产业技术领域的累计专利申请总量严重偏低，仅占全国的0.15%，还不及全国省（区、市）平均水平的13%。虽然近年来云南在该技术领域的专利申请量逐年提高，但增长幅度远不及全国整体增长水平，年度专利申请量在全国排位一直处于靠后位置，并与全国省（区、市）整体专利增长的差距逐年扩大。

无论是在整个信息产业技术领域还是在自身确定的重大共性和关键技术领域，云南的专利申请量都处于全国滞后水平，表现出在该技术领域的整体创新能力严重不足、发展速度低下等问题。即使是整体技术相对滞后的西部地区，云南的信息技术专利申请量也只处于中等水平，且与四川、陕西相比仍有很大差距。

值得注意的是，国外信息技术在国内一直占有极高的专利申请份额，累计占到中国申请量约54%的比例，特别是在高技术含量的通信技术、数据处理和半导体器件技术等方面占有绝对优势，对全国和云南信息产业的发展和技术创新活动形成很大压力。应当充分发挥云南在自动化仓储系统技术、自动输送系统技术、金融信息技术方面已形成的比较优势，及时把握国内外信息技术发展方向，加强对核心关键技术研发的支持和布局，促进云南信息产业健康发展。

第九节 建材产业专利技术创新能力分析

云南建材产业主要涉及水泥、玻璃、陶瓷、石材、涂料、砖、瓦等非金属材料制造业及加工业，以水泥行业为主体，以云南国资水泥红河有限公司、华新水泥（昭通）有限公司、云南红塔滇西水泥有限公司、丽江永保水泥有限责任公司、云南昆钢嘉华建材有限公司、昆明水泥股份有限公司、云南建材集团有限公司等企业为龙头，借助国家固定资产投资持续增长的强劲推动，近年来正进入快速发展时期，主要建材产品产量保持了持续的大幅增长。

建材产业所属技术领域主要涉及国际专利分类B28、C04、C09D、E01C5/06、E04C、E04G、F27D1/06所覆盖的范围。具体为：B28｜加工水泥、黏土或石料；C04｜水泥，混凝土，人造石，陶瓷，耐火材料；C09D｜涂料组合物（例如色漆、清漆、天然漆），填充浆料，化学涂料或油墨的去除剂，油墨，改正液，木材着色剂，用于着色或印刷的浆料或固体，原料为此的应用；E01C5/06｜用水泥或类似胶结材料砌块铺筑的；E04C｜结构构件，建筑材料；E04G｜脚手架、模壳，模板，施工用具或其他建筑辅助设备或其应用，建筑材料的现场处理，原有建筑物的修理、拆除或其他工作；F27D1/06｜复合砖或复合构件。

使用上述分类号，对截至2008年8月底已公开的该技术领域的专利申请情况进行检索，反映国内外和云南在建材产业相关技术领域的专利申请情况和技术创新能力。

一、国内建材产业技术领域国内外专利申请总体状况

（一）国内累计专利申请

1985—2007年期间，全国建材产业技术领域累计申请发明与实用新型专利申请49 532件，其中发明专利申请35 586件，实用新型专利申请13 946件，发明与实用新型专利申请数量比为2.55∶1。数据表明，全国建材领域的发明专利申请较多，专利申请质量较高。

（二）国内外累计专利申请比例

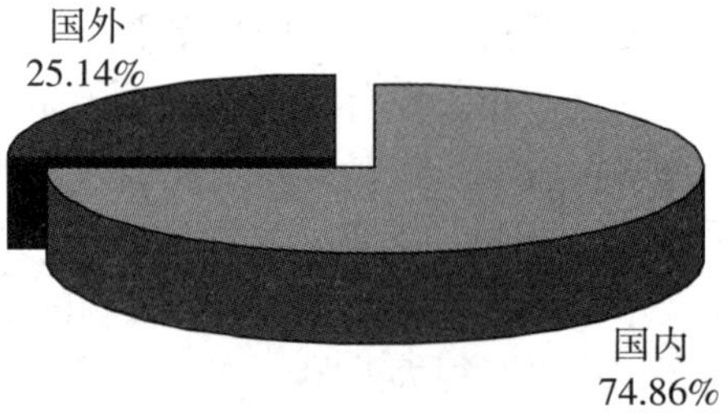

图3-78　1985—2008年8月建材领域国内、国外累计中国发明与实用新型专利申请比例

截至2008年8月，在建材产业技术领域，外国的中国发明与实用新型专利累计申请公开12 588件，约占全部公开中国专利申请的25.14%；国内发明与实用新型专利累计申请公开37 489件，约占全部公开申请的74.86%。数据表明，外国在中国建材产业技术领域的累计专利申请在国内占有相当比例，对国内建材产业构成一定技术威胁。

（三）国内外年度申请比例变化

1995—2007年期间，在建材产业技术领域，国外的中国申请占全部中国专利申请的比例总体呈波动下降态势，而国内申请所占比例则呈波动上升态势。

1995—2001年期间，国外在该领域的专利申请量占全部申请比例基本处于35%左右的较高水平，但2002—2005年期间，国外在该领域的专利申请量比例有所下降，基本维持在27%左右，而国内在该领域的专利申请比例则出现较快增长，2006年国内专利申请比例上升到了80.22%（因2007年数据未完全公开，尚不能说明问题）。

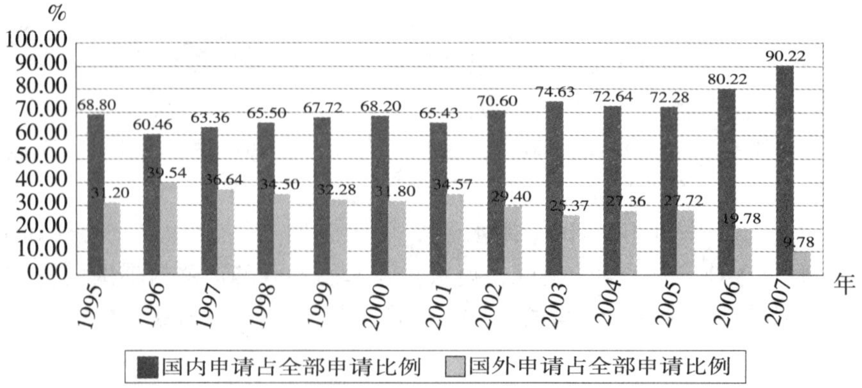

图3-79　1995—2007年建材领域国内外专利申请占全部申请比例

数据表明，近年来，特别是近一两年来，国内建材领域的整体技术研发和专利创造能力有了明显的提升，逐步显现出比较优势。

（四）国内外年度专利申请量

1995 年以来，建材产业技术领域的全部中国专利申请量总体上呈增长趋势（2007 年申请数据尚未公开完全除外）。在2000 年前，国内外的建材技术中国专利申请量增长比较缓慢，但2001 年后出现较大增长，2006 年国内外的中国专利申请量达到了 6 905 件的历史最高水平，尤其是国内的专利申请量增长较快。

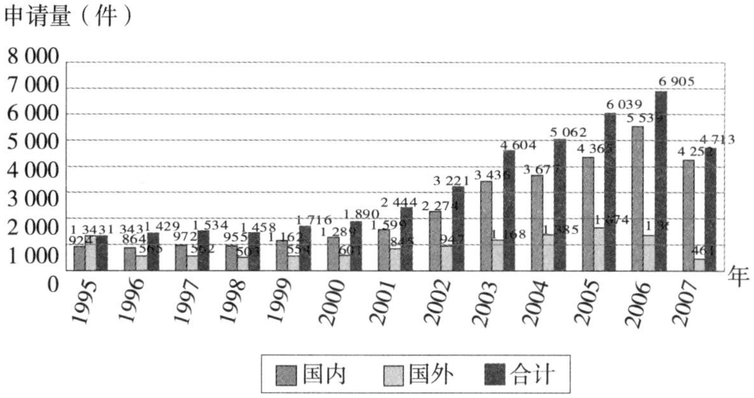

图 3－80　1995—2007 年建材领域国内外中国专利申请量

这些情况表明，1995 年以来，国内外加大了建材产业技术领域的技术创新力度，专利申请增长速度明显提高，特别是近年来国内建材行业的专利创造能力大幅提升，自主创新能力不断增强。

二、云南建材产业技术领域专利申请总体状况

（一）累计专利申请数量

1985—2007 年期间，云南在建材产业技术领域累计申请发明与实用新型专利申请 371 件，其中发明专利 219 件，实用新型专利申请 152 件，发明与实用新型数量比为 1.44∶1，累计专利申请比例不高。

（二）累计专利申请占全国比例

1985—2007 年期间，云南在建材产业技术领域累计发明与实用新型专利申请总量仅占全国的 0.75%，发明专利申请量占全国的 0.62%，实用新型专利申请量占全国的 1.09%。在此期间，全国省（区、市）平均发明与实用新型专利申请量为 1 172 件，云南的累计专利申请量仅占全国省（区、市）平均的 32.27%。

这些情况表明，云南在建材产业技术领域的专利申请总量严重偏低，较全国平均水平有很大差距，技术研发实力和专利创造能力严重不足。

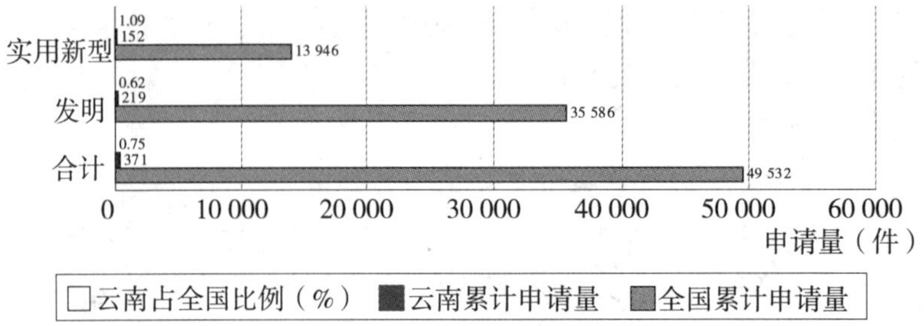

图 3-81　1985—2007 年建材领域全国与云南发明、实用新型专利累计申请量及云南占全国比例

（三）占国内年专利申请量比例

1995—2007 年期间，云南在建材产业技术领域发明与实用新型专利申请量占国内专利申请量的比例较低，而且总体呈波动下降趋势。1995—1997 年期间，云南建材产业技术领域的专利申请占全国比例呈上升态势，1997 年达到 1.75% 的历史最高值；而 1997 年后则出现整体下降现象，从 1997 年前的 1.6% 左右下降到 2003 年后的 0.8% 左右；1996—2006 年间下降了约 0.7 个百分点。

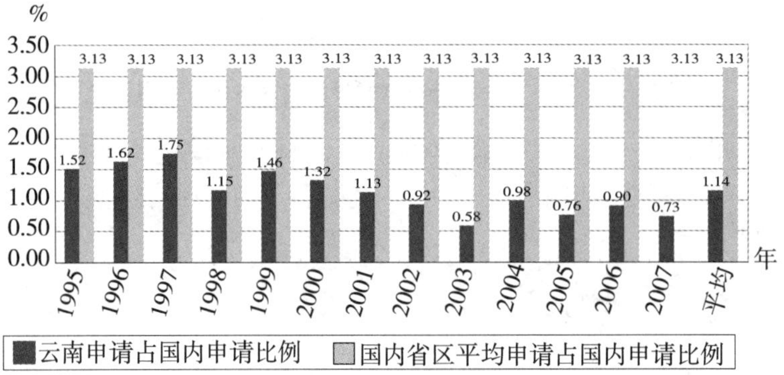

图 3-82　1995—2007 年建材领域云南申请占国内申请比例与国内省(区、市)平均占国内申请比例

云南在该技术领域的专利申请占全国比例与全国省（区、市）平均水平有较大差距，而且近年来的差距更大，1997 年最小为 1.38%，2003 年最大为 2.55%，1997—2007 年期间的平均差距为 1.99%。

（四）占年全部专利申请量比例

与云南占国内专利申请比例情况相似，1995—2007 年期间，在建材产业技术领域，云南的年发明与实用新型专利申请量占全部中国专利申请的比例也呈总体下降态势。虽然在 2004、2006 年有小幅回升，但自 1997 年以来，云南在该领域的专利申请量占全部中国专利申请的比例基本都在下滑，从 1997 年前的 1% 左右下降到 2002 年后的 0.6% 左右。

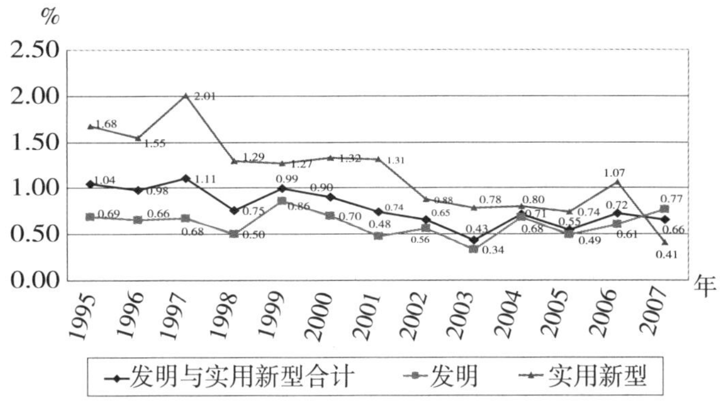

图 3－83　云南建材领域发明与实用新型专利申请占全部申请比例走势图

上述年度比例变化数据表明，长期以来，无论是占国内专利申请比例还是占全部中国专利申请比例，云南在建材产业技术领域的年发明与实用新型专利申请的比例一直都很低，并随着时间的推移不断下降，反映了云南在建材产业技术领域的科技技术创新能力不足、研发基础与专利创造能力较差，而且与全国的差距正在不断扩大。

（五）整体申请质量

在建材产业技术领域，云南的发明与实用新型专利申请数量比为 1.44∶1，主要以发明专利申请为主，但其发明与实用新型专利申请数量比明显低于全国 2.55∶1 的整体水平。数据表明，云南在建材领域的技术创新水平、技术成果以及专利申请的质量较全国整体水平还有较大差距。

三、云南建材产业技术领域年度专利申请状况

从年度申请量的变化情况来看，云南在建材产业技术领域的年发明与实用新型专利申请量总体呈增长趋势。1995—2003 年期间，云南在该领域的专利申请量并不高，一直维持在 14～20 件左右徘徊；而 2004 年后出现交替增长与下跌的态势，但总的趋势是增长。2006 年，云南在该领域的专利申请量达到了 50 件的历史最高水平，年专利申请量较 1996 年增长了 257.14%，但与全国 383.21% 的总体增长水平相比还有较大差距。

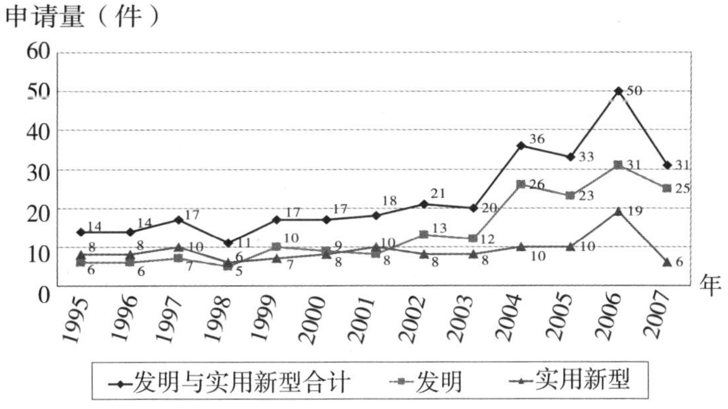

图 3－84　云南建材领域发明与实用新型专利申请量走势图

这些情况表明，尽管云南在建材产业技术领域的年专利创造量总体呈增长趋势，但年专利创造绝对数小，在2000年前的增长幅度低，整体增长乏力，该领域长期以来存在技术基础和研发实力不足的问题。

四、云南建材产业技术领域专利申请国内与西部地区排位

（一）国内累计申请排位

1985—2008年8月期间，国内建材产业技术领域累计发明与实用新型专利申请排名前10位的分别是湖南、北京、广东、山东、江苏、上海、辽宁、浙江、湖北、河南。云南在该技术领域累计申请发明与实用新型专利申请378件，排名全国内地省（区、市）第24位，处于全国靠后位置。

云南在建材产业技术领域的累计申请量较排名在前的省（区、市）严重偏少，仅为湖南（排名第1位）累计3 957件的9.55%、江苏（排名第5位）累计2 571件的14.70%、河南（排名第10位）累计1 374件的27.51%、福建（排名第15位）累计875件的43.20%、吉林（排名第20位）累计536件的70.52%。显然，云南在该技术领域的自主创新和专利创造能力处于全国滞后水平，专利申请量不及大多数省（区、市），自主知识产权明显不足。

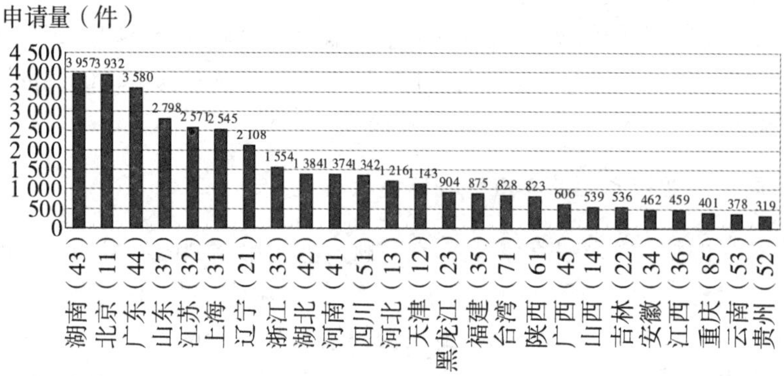

图3-85　1985—2008年8月建材领域国内各省（区、市）发明与实用新型专利累计申请量排序

（二）国内年度申请排位

1996—2007年期间，云南在建材产业技术领域的年度发明与实用新型专利申请量在全国省（区、市）排位基本在18～25位之间波动，但从2000年前的20位左右下降到近年来的24位左右。

数据表明，云南在建材产业技术领域的自主创新和专利创造能力不但一直处于全国省（区、市）落后水平，而且在该技术领域的专利申请量年度排位有倒退的趋势，整体发展水平与全国其他省（区、市）的发展差距在逐步拉大，特别是近7年来出现的倒退迹象值得关注。

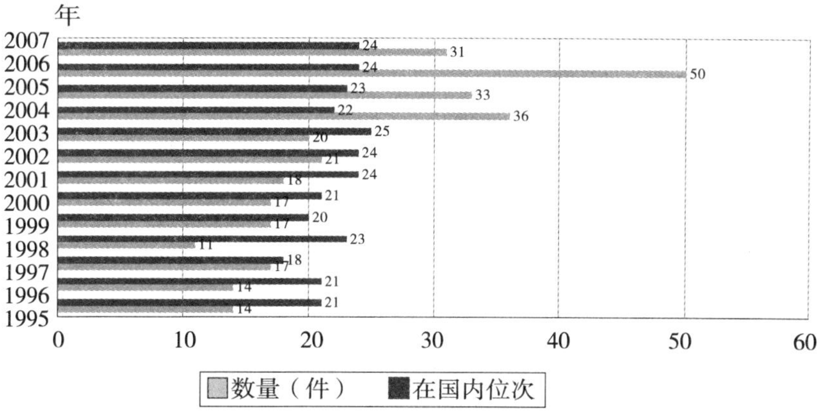

图 3－86　1995—2007 年云南建材领域专利申请量与国内排位

（三）西部地区排位

1985—2008 年 8 月期间，在西部地区，云南在建材产业技术领域的专利申请量在四川、陕西、广西、重庆之后，只位列第 5 的中等位置。西部 12 省（区、市）在建材产业技术领域的平均申请量为 389 件，仅为国内平均水平 1 172 件的 97. 17%，而云南的申请量仅为西部平均水平的 33. 20%。

数据表明，即使在技术水平整体不发达的西部地区，云南在建材产业技术领域的科技创新和专利创造水平也较差，与专利申请量在前的四川、陕西仍有很大差距，申请量仅为四川的 28. 17%、陕西的 45. 93%。

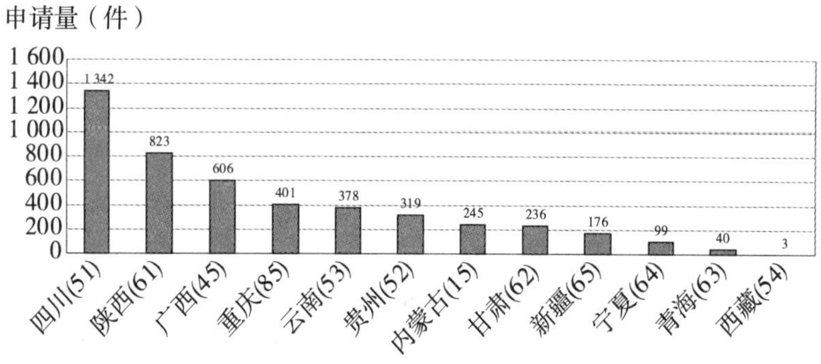

图 3－87　1985—2008 年 8 月建材领域西部地区发明与实用新型专利申请量排名

五、云南建材产业技术领域重大共性和关键技术专利申请情况

《云南省“十一五”科学和技术发展规划》提出了云南在建材产业技术领域的重大共性和关键技术内容，主要涉及新型干法水泥工艺，水泥等产品的热工窑炉自动监测与燃料系统优化控制技术，墙体材料等产品的热工窑炉自动监测与燃料系统优化控制技术，建材产品生产、计算机监控技术，新型建材技术等领域。

通过关键词检索，1985—2007 年期间，在上述重大共性和关键技术领域，全国共申请发明和实用新型专利申请 5 164 件，其中发明专利申请 897 件，实用新型专利申请 4 267 件，发明与实用新型专利申请量之比为 0. 21∶1。而云南共申请发明和实用新型专利申请78件，占全国的1.51%。其中，发明专利申请10件，占全国的1.11%；实用新型专利申请68件，占全国的1.59%；发明与实用新型专利申请量之比为0.15∶1；云南的发明和实用新型专利申请总量与发明专利申请量分别占全国的1.5%和1.1%。

数据表明，在自身确定的建材重大共性和关键技术领域，云南的专利申请量及其占全国的专利申请量比例仍然很低，发明专利申请量比例也明显偏低，专利申请量与质量都不及全国水平。

六、云南建材产业技术领域专利申请技术分布

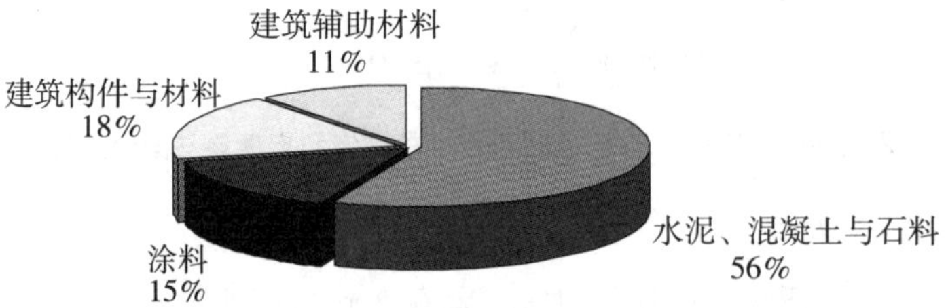

图3-88　1985—2008年8月云南建材领域专利申请技术分布结构图

就专利技术分布结构而言，在建材产业技术领域，水泥、混凝土与石料技术专利申请占56%的比例，建筑构件与材料技术占18%，涂料技术占15%，建筑辅助材料占11%。

专利技术分布结构反映了云南的建材产业技术创新集中于水泥、混凝土、石料、建筑构件与材料技术以及涂料领域，与云南确定的建材产业技术领域重大共性和关键技术内容的方向大体一致。但在水泥热工窑炉自动监测与燃料系统优化与计算机控制技术、新型建材技术等领域技术实力相对较弱，存在发展不均衡的现象。

七、云南建材产业领域专利技术创新能力评价

上述情况表明，云南在建材产业技术领域的累计专利申请总量严重偏低，仅占全国的0.75%，还不到全国省（区、市）平均水平的33%。虽然近年来云南在该技术领域的专利申请量在逐年提高，但年专利申请基数小、增长幅度远不及全国整体增长水平，年度专利申请量在全国排位一直处于靠后位置，并与全国省（区、市）整体专利增长的差距逐年加大。无论是在整个建材产业技术领域还是在自身确定的重大共性和关键技术领域，云南的专利申请数量和质量都处于全国落后水平，表现出在该技术领域的整体创新能力严重不足、发展速度低下、缺乏发展动力等问题。即使是在整体技术相对滞后的西部地区，云南的建材技术专利申请量也只处于中等水平，且与四川、陕西相比有很大差距。

此外，外国建材产业技术领域的中国专利申请在国内一直占有相当的份额，累计占到全部中国申请量约25%的较高比例，特别是在高技术含量的新型涂料、非金属复合材料、热工窑炉自动监控与成套设备等方面占有优势，对全国和云南建材产业的发展和技术创新活动形成较大压力。应当充分发挥云南在水泥、石料等方面的资源优势，加大建材行业科技创新的力度，加强对核心关键技术研发的支持和布局，促进建材产业的持续、健康发展。

第十节 农特产品加工产业专利技术创新能力分析

云南农特产品加工产业主要涉及制糖、制茶、饲料、软饮料、果蔬、乳制品、马铃薯、方便食品、食用菌和天然香精香料加工等，在糖、茶、果蔬、畜禽肉奶制品、绿色保健食品、天然药物、造纸与纺织原料、香料、花卉加工方面都具备一定的技术水平。以云南德宏英茂糖业有限公司、云南省盈江县平原糖业有限公司、孟连昌裕糖业有限责任公司、云南茶苑集团、风庆滇红集团、翠云普洱茶集团、耿马蒸酶茶集团、下关沱茶公司、清凉山茶叶公司、云南红酒业集团有限公司、云南澜沧江啤酒企业集团公司等大中型企业为龙头，依托独特的地方资源优势，云南已经形成了规模化、功能化、绿色化、多样化的食品产业。

农特产品产业所属技术领域主要涉及国际专利分类 C12、C13、A01N3/00、A22、A23B、A23F、A23D、A23L1/221、A23L1/06、A23L1/212、A23L2/02、A23N、A47J31/00、B30B9/02、C11B、C12H 所包含的范围。具体为：C12丨生物化学，啤酒，烈性酒，果汁酒，醋，微生物学，酶学，突变或遗传工程；C13丨糖工业；A01N3/00丨植物或其局部的保存（如抑制蒸发、改进叶子的外观），接蜡；A22丨屠宰，肉品处理，家禽或鱼的加工；A23B丨保存（如用罐头贮存肉、鱼、蛋、水果、蔬菜、食用种子），水果或蔬菜的化学催熟，保存、催熟或罐装产品；A23D丨食用油或脂肪，例如人造奶油、松酥油脂、烹饪用油；A23F丨咖啡，茶，其代用品，它们的制造、配制或泡制；A23L1/221丨天然调味、增香剂或佐料，及其提取物；A23L1/06丨马茉兰，果酱，果子冻，其他类似的水果或蔬菜组合物，仿制的水果制品；A23L1/212丨水果或蔬菜制品；A23L2/02丨含有水果或蔬菜汁的；A23N丨其他类不包含的处理大量收获的水果、蔬菜或花球茎的机械或装置，大量蔬菜或水果的去皮，制备牲畜饲料装置；A47J31/00丨饮料制备装置；B30B9/02丨从含有液体物质中挤压出液体，例如从水果中挤汁、从含油物质中挤油；C11B丨生产（压榨、萃取）、精制或保藏脂、脂肪物质（例如羊毛脂）、脂油或蜡（包括从废料中萃取），香精油，香料；C12H丨酒精饮料的巴氏灭菌、杀菌、保藏、纯化、澄清、陈酿或其中酒精的去除。

使用上述分类号，对截至 2008 年 8 月底已公开的该技术领域的专利申请情况进行检索，反映国内外和云南在农特产品产业相关技术领域的专利申请情况和技术创新能力。

一、国内农特产品加工产业技术领域国内外专利申请总体状况

（一）国内累计专利申请

1985—2007 年期间，全国农特产品加工产业技术领域累计申请发明与实用新型专利申请 60 485 件，其中发明专利申请 53 170 件，实用新型专利申请 7 315 件，发明与实用新型专利申请数量比为 7.27:1。

这表明，全国在该领域以发明专利申请为主，专利申请质量高，但一定程度上与农特产品主要集中在食品领域的特点有关。

（二）国内外累计专利申请比例

截至2008年8月，在农特产品加工产业技术领域，外国的中国发明与实用新型专利申请累计公开16 498件，约占全部公开中国专利申请的26.88%；国内发明与实用新型专利申请累计公开44 883件，约占全部公开申请的73.22%。

数据表明，国外农特加工技术领域的中国专利申请占有相当分量，对国内农特产品加工行业的技术创新形成一定的压力。

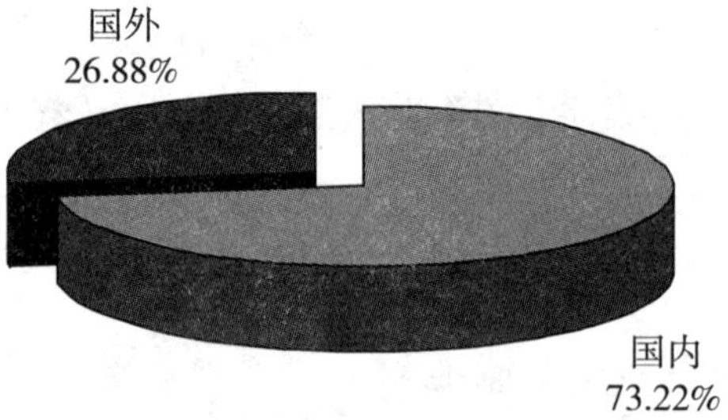

图3－89　1985—2008年8月农特产品领域国内、国外累计中国发明与实用新型专利申请比例

（三）国内外年度申请比例变化

1995—2007年期间，在农特产品加工产业技术领域，国外在中国的专利申请占全部中国专利申请量比例呈起伏波动下降态势，而国内专利申请的比例则呈起伏波动上升态势。1995—2000年期间，国外在中国的专利申请占全部申请比例经历了第一轮上升和下降，从1995年的39.29%上升到1998年的46.55%，又下降到2000年的22.13%；2001—2006年期间，国外在中国的专利申请占全部申请比例经历了第二轮上升和下降，从2001年的29.97%上升到2004年的32.72%，又下降到2006年的16.09%；1996—2006年间，国外在中国的专利申请占全部申请比例下降了12.37个百分点。

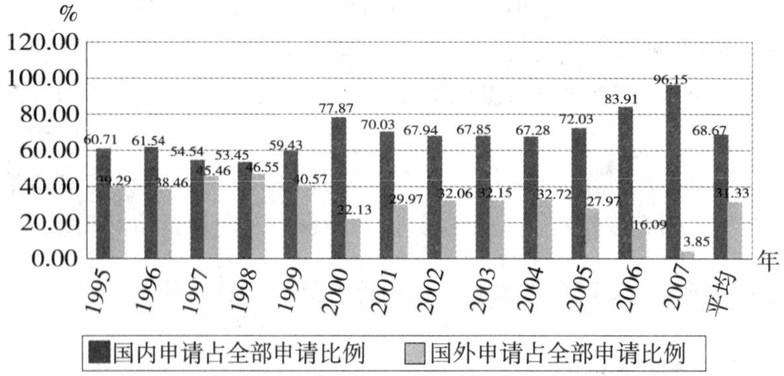

图3－90　1995—2007年农特产品领域国内外专利申请占全部申请比例

1999年前，国外在农特产品加工领域的中国专利申请量一直处于40%左右的较高比例，但2000—2005年期间，国外在该领域的专利申请量比例有明显下降，而国内在该领域的专利申请比例则上升了约10个百分点，基本维持在70%左右。2006年后国内专利申请量出现大幅增长，占全部专利申请比例上升到了 83.91%，2007 年更是达到了 96.15%（尽管 2007 年数据公开尚不完全，但可以在一定程度上说明问题）。

数据表明，2000 年前国内外农特产品加工领域的中国专利申请比例相差不大，但 2000 年后国内明显占有优势，特别是 2006 两年来，国内农特产品加工领域的整体技术研发和专利创造能力有了明显的提升，占全部中国专利申请比例达到了 80% 以上。

（四）国内外年度专利申请量

1995 年以来，农特产品加工产业技术领域的中国专利申请数量总体上呈增长趋势（2000 年跳跃式增长和 2007 年数据尚未完全公布除外）。国内外该技术领域的中国专利申请量在 1998 年前增长比较缓慢，但 1999 年后出现较大增长（2000 年跳跃式增长除外），2006 年申请量达到了 7 396 件的高位，尤其是国内的专利申请量增长显著，增长幅度明显高于国外水平。

这些情况表明，近年来国内外都加大了对农特产品加工领域的技术研发力度，特别是国内在该领域的技术创新能力与专利创造实力不断增强，年专利申请量持续增长。

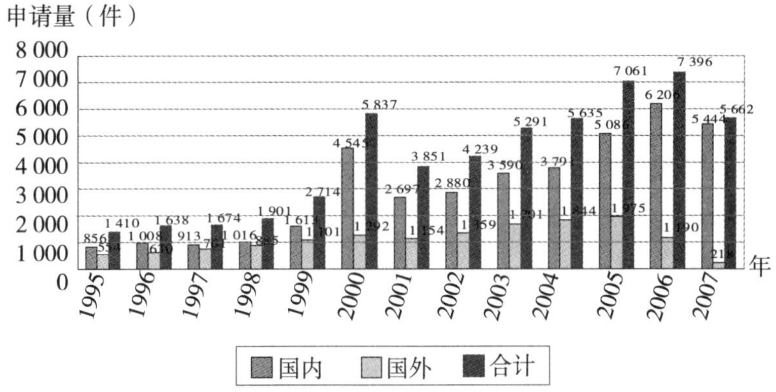

图 3－91　1995—2007 年农特产品领域国内外中国专利申请量

二、云南农特产品加工产业技术领域专利申请总体状况

（一）累计专利申请数量

1985—2007 年期间，云南在农特产品加工产业技术领域累计申请发明与实用新型专利申请 1 079 件，其中发明专利申请 909 件，实用新型专利申请 170 件，发明与实用新型数量比为 5.35∶1，累计专利申请量较低。

（二）累计专利申请占全国比例

1985—2007 年期间，云南在农特产品加工产业技术领域累计发明与实用新型专利申请总量仅占全国的 1.78%，发明专利申请量占全国的 1.71%，实用新型专利申请量占全国的 2.32%。在此期间，全国省（区、市）平均农特产品加工技术发明与实用新型专利申请量为 1 403 件，云南在该技术领域的累计专利申请量仅占全国省（区、市）平均的 78%。

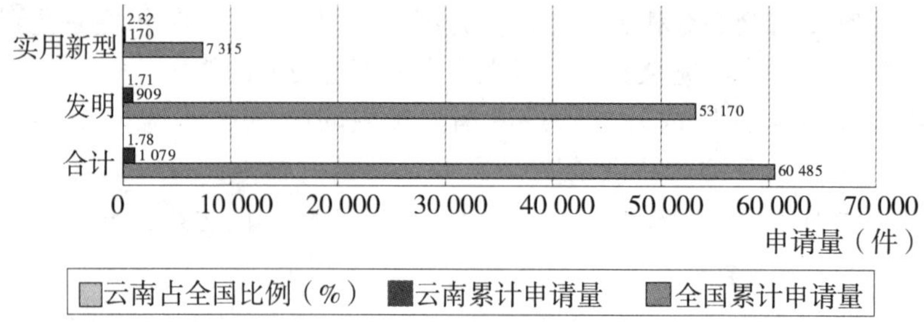

图 3－92　1985—2007 年农特产品领域全国与云南发明、实用新型专利累计申请量及云南占全国比例

数据表明，云南在农特产品加工产业技术领域的研发实力和专利创造能力不足，专利申请量不高，但整体研发能力和专利创造水平距全国省（区、市）平均水平差距不大。

（三）占国内年专利申请量比例

1995—2007 年期间，云南在农特产品加工产业技术领域发明与实用新型专利申请量占国内专利申请量的比例总体呈波动下降态势。1995—2000 年期间，云南该技术领域的专利申请量占全国的比例经 1996 年 4. 56% 的短暂上升后持续下降至 1. 28%，2001 年后又基本恢复到 2. 2% 左右；1996—2006 年间，年申请量下降了约 2 个百分点。此外，1997 年之前，云南在该技术领域的年专利申请量高于全国 3. 13% 的平均水平，但 1998 年后出现了低于全国平均水平的现象，虽然之后恢复到 2006 年后的 2. 6% 左右，但仍低于全国平均水平。

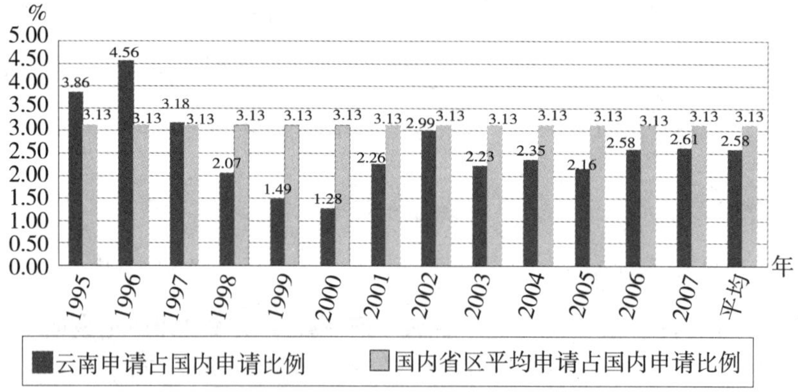

图 3－93　1995—2007 年农特产品领域云南申请占国内申请比例与国内省（区、市）平均占全国申请比例

这些情况表明，云南在农特产品加工产业技术领域的技术创新和专利创造能力曾一度在全国有一定比较优势，但近年逐步落后于全国平均水平，整体技术创新能力与全国的差距正在加大。

（四）占年全部专利申请量比例

1995—2007 年期间，在农特产品加工产业技术领域，云南的年发明与实用新型专利申请量占全部中国专利申请的比例呈反复波动下降与恢复态势。

1996 年，云南的专利申请量占全部中国专利申请量比例为历史最高的 2.77%，1997 年开始连续下滑，到 1999 年达到 0.88% 的低谷，之后虽经一定恢复后又下降，到 2006 年后才再度恢复到 2.3% 左右，还不及 10 年前的水平；其整体走势与其占国内专利申请量比例情况相似。

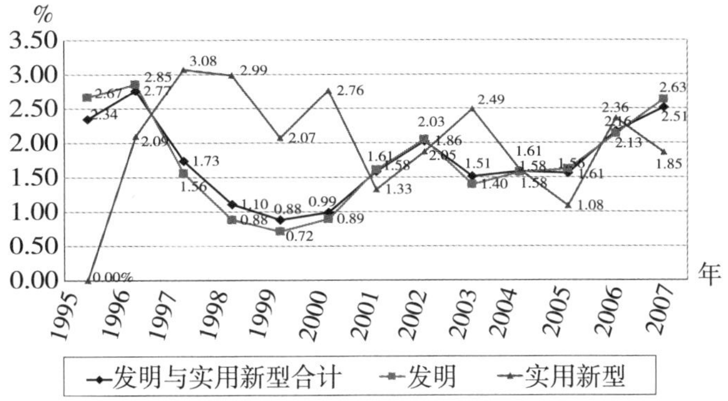

图 3－94　云南农特产品领域发明与实用新型专利申请占全国比例走势图

上述年度比例变化数据表明，在农特产品技术领域，云南的专利创造占全国比例长期处于大波动、低份额状态，存在着技术研发能力不足、与全国整体水平差距较大等问题。

（五）整体申请质量

云南在农特产品加工产业技术领域的发明与实用新型专利申请数量比为 5.35∶1，主要以发明专利申请为主，但其发明与实用新型专利申请数量比明显低于全国 7.27∶1 的整体水平，表明云南在该领域的科研成果技术含量和专利质量较全国整体水平有较大差距。

三、云南农特产品加工产业技术领域专利申请年度走势

单纯从年度申请量的变化情况来看，云南在农特产品加工产业技术领域的年发明与实用新型专利申请量总体呈增长趋势。

图 3－95　云南农特产品领域发明与实用新型专利申请量走势图

2000年前，云南在该领域的专利申请量不高，一直在21～46件之间的低水平徘徊，并有专利申请量下降的趋势。2000年后，年专利申请量出现交替增长与下跌的态势，但总的趋势是在增长，特别是2005、2006年专利申请量有大幅增长。

2006年，云南在该技术领域的年专利申请量达到了160件的历史最高水平，较1996年增长了247.83%，但与全国344.47%的总体增长水平相比还有较大差距。

这些情况表明，2000年以来，云南在农特产品技术领域的科技创新能力总体上逐步增强，但与全国总体增长水平相比还有较大差距，年专利申请数量也明显偏少，整体创新能力和专利创造能力提升缓慢。

四、云南农特产品加工产业技术领域专利申请国内与西部地区排位

（一）国内累计申请排位

1985—2008年8月期间，国内农特产品加工产业技术领域累计发明与实用新型专利申请排名前10位的分别是上海、北京、浙江、广东、江苏、山东、辽宁、湖北、四川、天津。云南在该技术领域累计申请发明与实用新型专利申请1 100件，排名全国省（区、市）第13位，处于全国中上位置。

云南在这一技术领域的累计申请量较排名在前的省（区、市）严重偏少，仅为上海（排名第1位）累计7 757件的14.18%、江苏（排名第5位）累计3 066件的35.88%、天津（排名第10位）累计1 330件的82.71%。

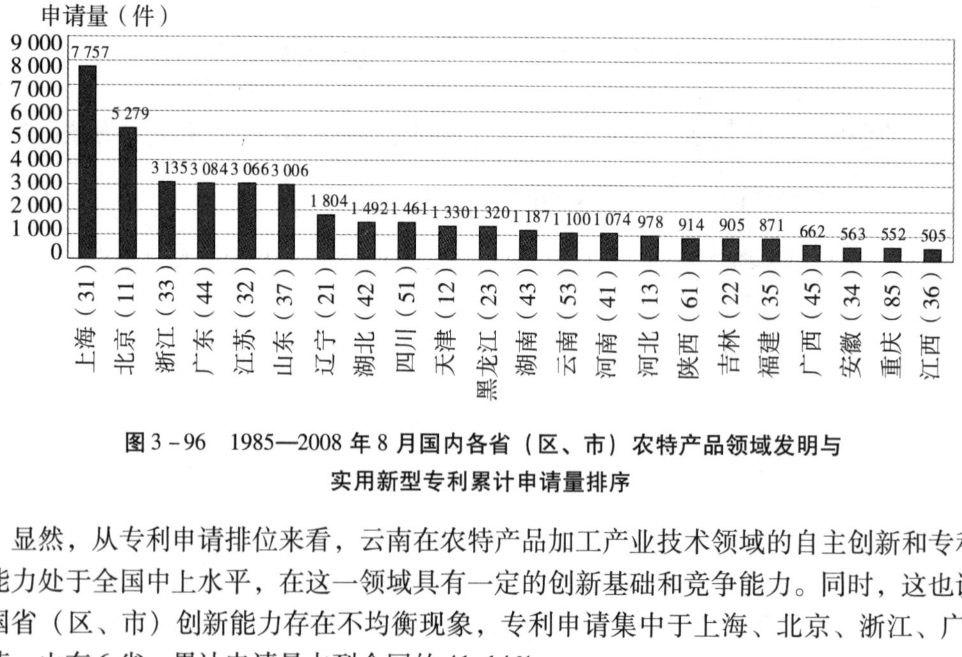

图3-96　1985—2008年8月国内各省（区、市）农特产品领域发明与实用新型专利累计申请量排序

显然，从专利申请排位来看，云南在农特产品加工产业技术领域的自主创新和专利创造能力处于全国中上水平，在这一领域具有一定的创新基础和竞争能力。同时，这也说明全国省（区、市）创新能力存在不均衡现象，专利申请集中于上海、北京、浙江、广东、江苏、山东6省，累计申请量占到全国的41.14%。

（二）国内年度申请排位

云南在农特产品加工产业技术领域的年度发明与实用新型专利申请量在全国省（区、市）排位基本处于中上水平。1995—2007年期间，云南在该技术领域的年度发明与实用新型

型专利申请量在全国省（区、市）排位在 7 ~ 19 位之间波动，1996 年前处于全国靠前位置，但 1997—1999 年期间出现了严重的倒退现象，2000 年后才几经波动逐步恢复到 12 位左右。

数据表明，云南在农特产品技术领域的自主创新和专利创造能力曾一度处于全国省（区、市）较先进水平，但之后却出现了下滑，虽经近年来的发展，目前也只处于全国中等水平。

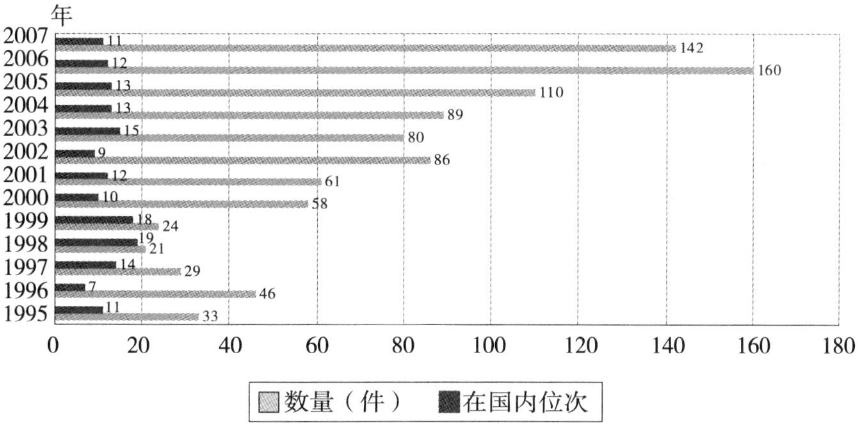

图 3 - 97　1995—2007 年云南农特产品领域专利申请量与国内排位

（三）西部地区排位

1985—2008 年 8 月期间，在西部地区，云南在农特产品技术领域的专利申请量位列第 2，仅次于四川，在陕西、广西、重庆等省（区、市）之前。西部 12 省（区、市）在农特产品加工产业技术领域的平均申请量为 540 件，仅为国内平均水平 1 403 件的 38.49%，而云南的申请量为西部平均水平的 203.77%。

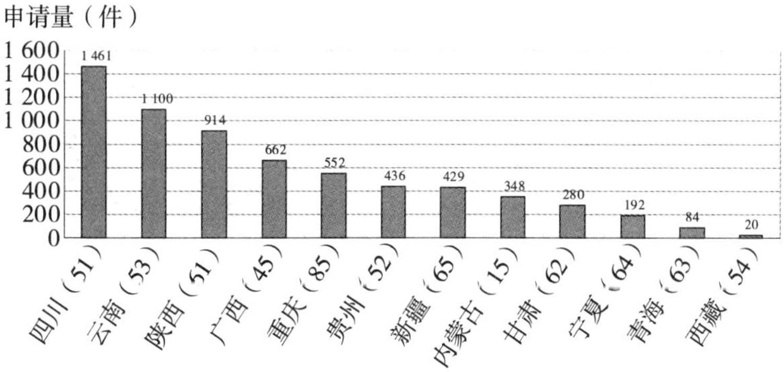

图 3 - 98　1985—2008 年 8 月农特产品加工领域西部地区发明与实用新型专利申请量排名

数据表明，在整体技术水平不发达的西部地区，云南在农特产品技术领域占有重要地位，整体科技创新和专利创造能力优于多数西部省（区、市），有较高的技术竞争实力。

五、云南农特产品加工产业技术领域重大共性和关键技术专利申请状况

《云南省“十一五”科学和技术发展规划》提出了云南在农特产业技术领域的重大共性和关键技术内容，主要涉及烟草、甘蔗、橡胶、茶叶、果蔬、花卉等特色专用农经作物新品种技术，野生稻种质资源开发利用技术，种子标准化生产技术，畜禽新品种选育、改良与配套养殖技术，重大畜禽疫病综合防治技术，重大病虫害综合防治技术，森林资源培育和可持续发展技术，区域特色农产品产业化技术，食品安全生产技术等领域。

通过关键词检索，1985—2007 年期间，在上述重大共性和关键技术领域，全国共申请发明和实用新型专利申请 20 671 件，其中，发明专利申请 13 031 件，实用新型专利申请 7 640 件，发明与实用新型专利申请量之比为 1. 71∶1。而云南共申请发明和实用新型专利申请 513 件，占全国的 2. 48%。其中，发明专利申请 399 件，占全国的 3. 06%；实用新型专利申请 114 件，占全国的 1. 49%；发明与实用新型专利申请量之比为 3. 5∶1。

数据表明，在自身确定的农特产品加工重大共性和关键技术领域，云南的专利申请数量及其占全国的专利申请比例也很低，但发明专利申请量比例高于全国总体水平，专利申请的质量比全国水平高。

六、云南农特产品加工产业技术领域专利申请技术分布

就专利技术分布结构而言，在农特产品加工技术领域，酒、酶与微生物技术专利申请占 49% 的比例，咖啡、茶技术占 19%，果蔬加工设备技术占 10%，果蔬等其他农产品占 5%，香料等天然提取物占 4%，农产品保存占 4%，食用油或脂肪占 3%，糖占 4%，天然调料占 2%。

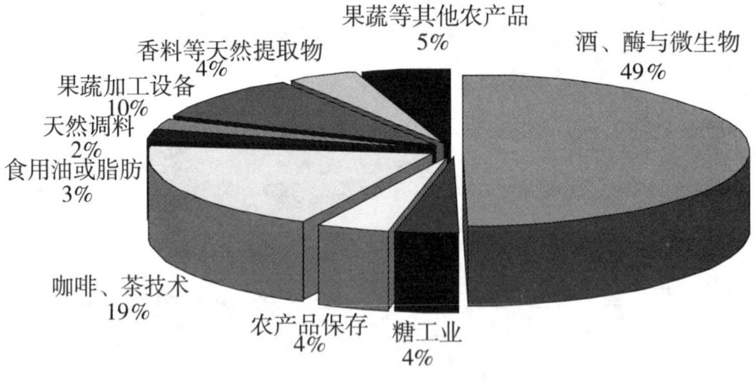

图 3－99　1985—2008 年 8 月云南农特产品领域专利申请技术分布结构图

专利技术分布结构反映了云南的农特产品产业技术创新集中于酒、酶与微生物技术以及咖啡、茶技术领域，在茶叶方向符合云南农特产品资源优势特点，但技术方向过多集中于食用酒领域，在果蔬、花卉、天然香料、畜产品等领域技术实力相对较弱，存在发展不均衡的现象。

七、云南农特产品加工产业领域专利技术创新能力总体水平评价

云南在农特产品加工产业技术领域的累计专利申请总量偏低，仅占全国的 1. 78%，

达不到全国省（区、市）平均水平，但近年来的专利申请量在逐年提高，年度专利申请量在全国排位总体处于中上位置，在西部地区处于靠前位置；发明专利申请占主体，专利申请质量较高。

这表明，云南在农特产品加工产业技术领域具备一定的技术基础和创新能力，加之自身丰富而特有的农特资源优势，完全具备在国内农特产品加工技术领先的可能性。应当充分发挥云南在茶叶、糖、橡胶、烟叶、果蔬等方面的资源优势，加大科技创新的力度，加强对核心关键技术研发的支持和布局，促进云南农特产品产业的持续、健康发展。

第十一节　造纸产业专利技术创新能力分析

造纸工业对林业、农业、包装、印刷、化工、机械和交通等行业具有明显的带动作用，云南在造纸工业方面具有优越的资源条件和较大的发展潜力，主要以云南大理造纸厂、云南思茅造纸厂、云南省陆良造纸厂等企业为龙头，产品主要涉及木浆、竹浆、蔗渣浆、桑条浆、机制纸及纸板。“十一五”末，全省造纸工业机制纸浆产能达到220万吨，纸及纸板产能达到150万吨，造纸速生丰产林面积达76.67万m^2，真正使云南省造纸工业成为全国以木浆为主的主要生产区域，成为云南工业发展的主导型行业之一。

造纸产业所属技术领域主要涉及国际专利分类D21（D21B、D21C、D21D、D21F、D21G、D21H、D21J）所覆盖的范围。具体为：D21B｜纤维原料或其机械处理；D21C｜从含纤维素原料中除去非纤维素物质生产纤维素，制浆药液的再生，所需设备；D21D｜上造纸机前蒸煮原料的处理；D21F｜造纸机，用以生产纸张的方法；D21G｜压光机，造纸机辅助设备（卷纸机，成品复卷机）；D21H｜浆料或纸浆组合物，纸浆组合物的制备，纸的浸渍或涂布，成品纸的加工，其他类不包括的纸；D21J｜纤维板，由纤维素纤维悬浮液或纸料制造的物件。

使用上述分类号，对截至2008年8月底已公开的该技术领域专利申请情况进行检索，反映国内外和云南在造纸产业相关技术领域的专利情况与技术创新能力。

一、国内造纸产业技术领域专利申请总体状况

（一）国内累计专利申请

1985—2007年期间，全国造纸产业技术领域累计申请发明与实用新型专利申请8 173件，其中发明专利申请6 166件，实用新型专利申请2 007件，发明与实用新型专利申请数量比为3.07∶1。

数据表明，全国在该领域的专利申请数量少，创新活动与成果少，但在已提出专利申请中以发明专利申请为主，专利申请质量高。

（二）国内外累计专利申请比例

截至2008年8月，外国在造纸产业技术领域的中国发明与实用新型专利申请累计公开3 133件，约占全部公开中国专利申请的37.98%；国内发明与实用新型专利申请累计公开5 116件，约占全部公开申请的62.02%。

数据表明，国外造纸产业技术领域的中国专利申请在全部中国专利申请中占有较高比

例，具有相当的技术竞争优势。

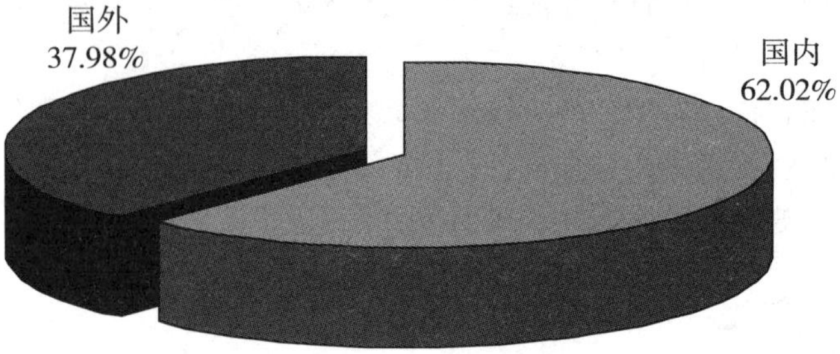

图3－100　1985—2008年8月造纸领域国内、国外累计中国发明与实用新型专利申请比例

（三）国内外年度专利申请比例变化

1995—2007年期间，造纸产业技术领域外国在中国的专利申请占全部中国专利申请量的比例在53.58%～11.17%之间波动。

2004年前，国外在该领域的专利申请量基本处于50%左右的较高比例。2005年后，国外在该领域的专利申请量的比例大幅下降，而国内在该领域的专利申请量比例则以年10%以上的速度增长。2006年上升到了78.54%，2007年更是达到了88.83%（尽管2007年的数据公布尚不完全，但可以在一定程度上说明问题）。

这些情况表明，2004年前国外在造纸产业技术领域的中国专利申请量约占50%，在该领域占有技术优势；而2005年来，国内该领域的整体技术研发能力和专利创造能力都得到明显的提升，技术实力逐步显现出优势。

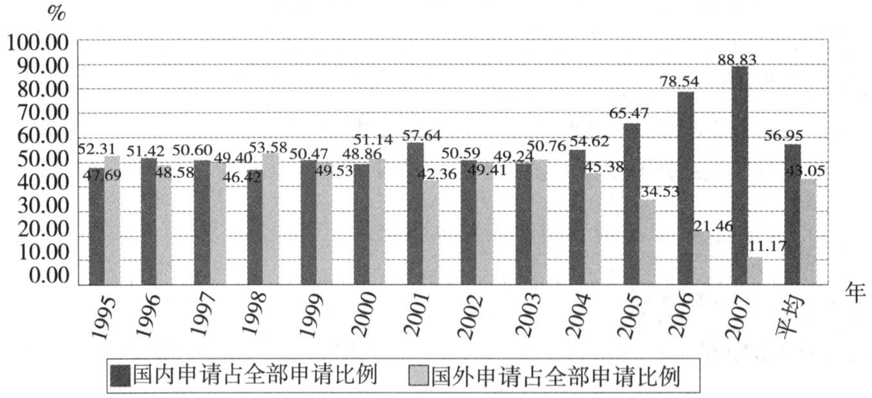

图3－101　1995—2007年造纸领域国内外专利申请占全部申请比例

（四）国内外年度专利申请量

1995—2007年期间，在造纸产业技术领域，国内外的年中国专利申请量总体呈增长趋势（2006、2007年数据尚未完全公开除外），2005年专利申请量达到了1 083件，尤其是近年来国内专利申请量增长较快，增长幅度明显高于国外水平。

这些情况表明，近年来国内外都加大了对造纸产业技术领域的技术研发力度，年专利申请量持续增长；特别是国内的技术创新活动有了较大发展，专利申请大幅增长。

总体来看，随着时间的推移，国内外在造纸产业技术领域都加大了技术创新力度，中国专利申请量不断增长，特别是近年来国内专利申请量较快增长；但总的来看，专利申请总量还是偏少，总体技术创新能力有待进一步提升。

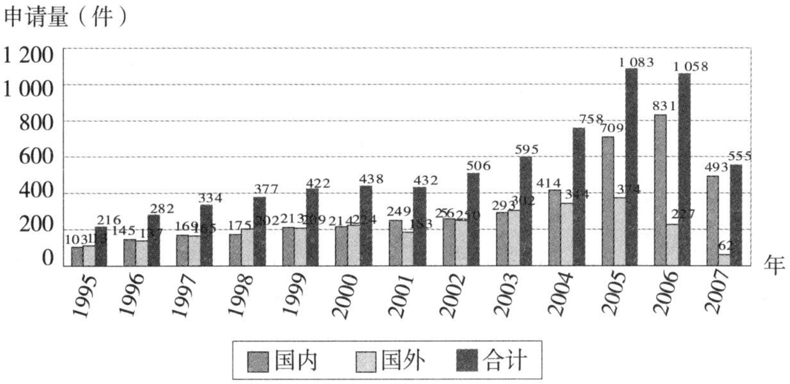

图 3－102　1995—2007 年造纸领域国内外中国专利申请量

二、云南造纸产业技术领域专利申请总体状况

（一）累计专利申请数量

1985—2007 年期间，云南在造纸产业技术领域累计申请发明与实用新型专利申请 86 件，其中发明专利申请 50 件，实用新型专利申请 36 件，发明与实用新型数量比为 1.39∶1，累计专利申请量较低。

（二）累计专利申请占全国比例

1985—2007 年期间，云南在造纸产业技术领域累计发明与实用新型专利申请总量仅占国内专利申请的 1.05%，发明专利申请量占全国的 0.81%，实用新型专利申请量占全国的 1.79%。在此期间，全国省（区、市）平均发明与实用新型专利申请量为 160 件，云南的累计专利申请量占全国省（区、市）平均的 56.29%。

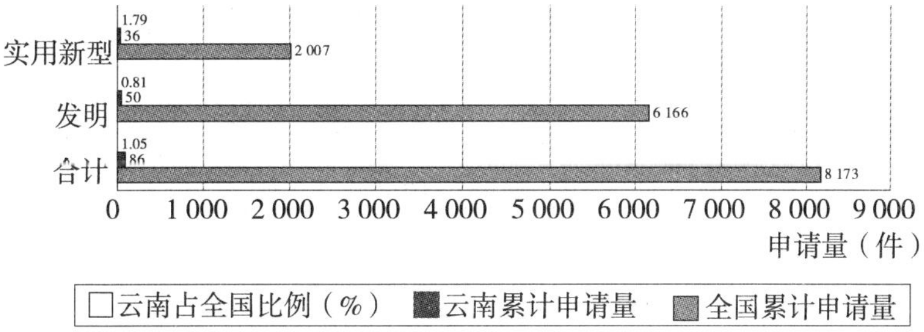

图 3－103　1985—2007 年造纸领域全国与云南发明、实用新型专利累计申请量及云南占全国比例

数据表明，云南在造纸产业技术领域的整体研发水平和专利创造能力较低，距全国省（区、市）平均水平还有一定差距。

（三）占国内年专利申请量比例

1985—2007年期间，云南在造纸产业技术领域发明与实用新型专利申请量占国内专利申请量比例大幅波动，且都低于全国省（区、市）平均水平。

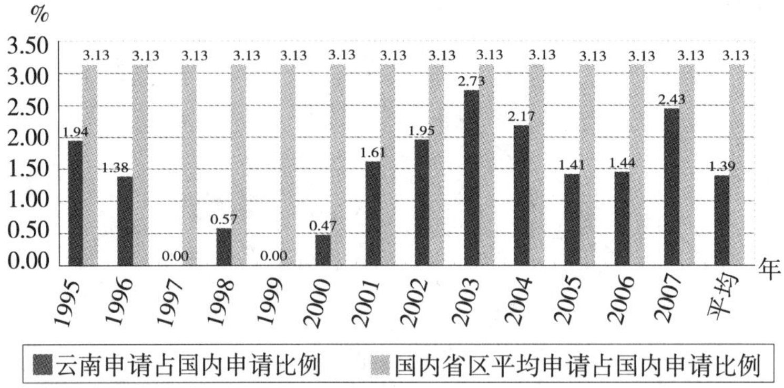

图3－104　1995—2007年造纸领域云南申请占国内申请比例与国内省（区、市）平均占国内申请比例

云南在该技术领域发明与实用新型专利申请量占国内专利申请量的比例从1996年前的1.9%左右大幅下降到1997、1999年的0.0%（当年无专利申请），之后又逐步增长到2003年的2.73%，2004年再度下降，到2005、2006年只有1.4%左右，2007年才又出现恢复性增长；1996—2006年间，年专利申请量占国内专利申请量比例下降了约0.5个百分点。此外，云南在该技术领域的年专利申请量在1995年之前高于全国平均水平，但之后出现了低于与高于全国平均水平的反复波动现象，近年来总体表现出低于全国平均水平的状态。

这些情况表明，云南在造纸产业技术领域不仅创新能力和专利创造能力不足，而且极不稳定，年专利申请量曾一度为0，后接近全国省（区、市）平均水平，但近年来又逐步靠后于全国省（区、市）平均水平。

（四）占年全部专利申请量比例

与占国内年专利申请量的情况一样，在造纸产业技术领域，云南的发明与实用新型专利申请量占全部中国专利申请量的比例不仅偏低，而且大幅波动。从1995年的0.9%一路下滑到1997、1999年的0.00%的低谷，之后经一定恢复后又下降，到2006年才再度恢复增长态势，2007年达到了1.91%。

值得注意的是，云南的专利申请量波动很大，特别是实用新型专利申请量占全国比例波动更大，出现大起大落的现象，表明云南在造纸设备、装置方面的技术创新活动缺乏稳定的研发基础。

上述情况表明，云南在造纸产业技术领域不仅研发基础与产出能力差，而且缺乏发展的稳定性与可持续性。

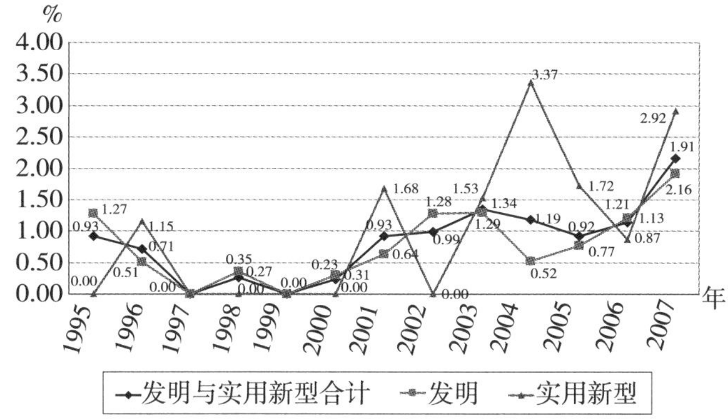

图 3-105　云南造纸领域发明与实用新型专利申请占全部申请比例走势图

（五）整体申请质量

在造纸产业技术领域，云南的发明与实用新型专利申请数量之比为 1.39∶1，低于全国 3.07∶1 的整体水平。数据表明，云南在造纸技术领域的专利申请虽主要以发明为主，但发明与实用新型专利申请数量之比明显低于全国整体水平，在该技术领域的技术开发能力和专利质量与全国整体水平有较大差距。

三、云南造纸产业技术领域年度专利申请状况

单纯从年度申请量的变化情况来看，2000 年前云南在造纸产业技术领域的专利申请量很低，一直在 0~2 件之间徘徊；2001 年后才开始出现持续增长的态势；2006 年申请量达到了 12 件的历史最高水平，年专利申请量较 1996 年增长了 500%，较全国 275.18% 的总体增长水平高。

这些情况表明，云南在造纸产业技术领域技术创新能力总体上在增强，但与全国平均增长水平还有差距，年申请基数严重偏少，整体技术基础和创新能力提升缓慢，很难为产业发展提供强有力的技术支撑。

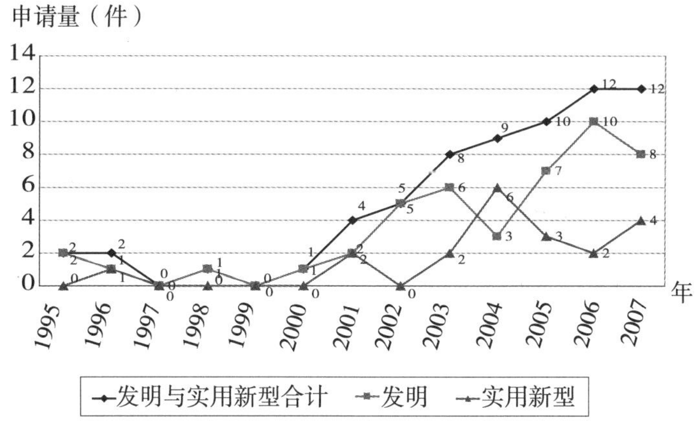

图 3-106　云南造纸领域发明与实用新型专利申请量走势图

四、云南造纸产业技术领域专利申请国内与西部地区排位

（一）国内累计申请排位

1985—2008 年 8 月期间，在造纸产业技术领域，累计发明与实用新型专利申请国内排名前 10 位的分别是广东、山东、北京、江苏、浙江、上海、辽宁、河南、四川、河北。云南在造纸产业技术领域累计申请发明与实用新型专利申请 90 件，排名全国省（区、市）第 17 位，处于中下水平。其累计申请量较排名在前的省（区、市）严重偏少，仅为广东（排名第 1 位）累计 945 件的 9.52%、浙江（排名第 5 位）累计 288 件的 31.25%、河北（排名第 10 位）累计 174 件的 57.12%、黑龙江（排名第 15 位）累计 98 件的 91.84%。

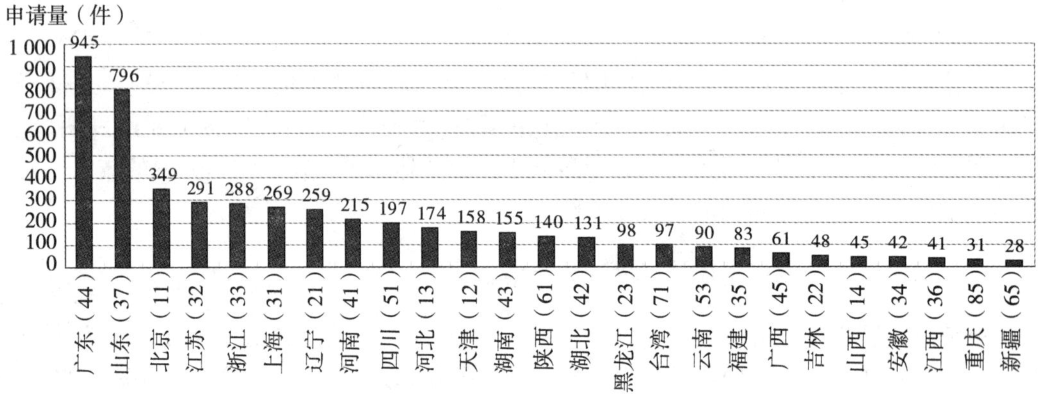

图 3－107　1985—2008 年 8 月国内各省（区、市）造纸领域发明与实用新型专利累计申请量排序

从专利申请排位来看，云南在造纸产业技术领域的自主创新和专利创造能力处于全国中下水平，表明云南在这一技术领域的创新基础和能力都较差。

（二）国内年度申请排位

1996—2007 年期间，云南在造纸产业技术领域的年度发明与实用新型专利申请量在全国省（区、市）排位在 13～27 位之间波动，2007 年前处于全国靠后位置，2001 年后上升到 11～17 位。

这表明，2001 年前云南在该技术领域的专利申请量年度排位处于全国靠后位置，而 2001 年后造纸产业技术领域的自主创新和专利创造能力有所提高，处于全国省（区、市）中等水平。

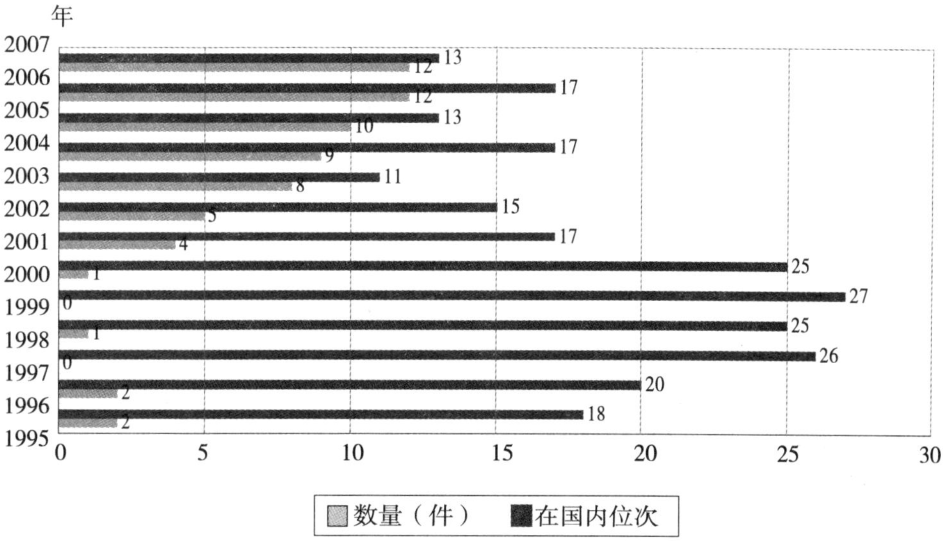

图 3－108　1995—2007 年云南造纸领域专利申请量与国内排位

（三）西部地区排位

在西部地区，云南在造纸产业技术领域的专利申请量位列第 3 的较高水平，仅次于四川、陕西。

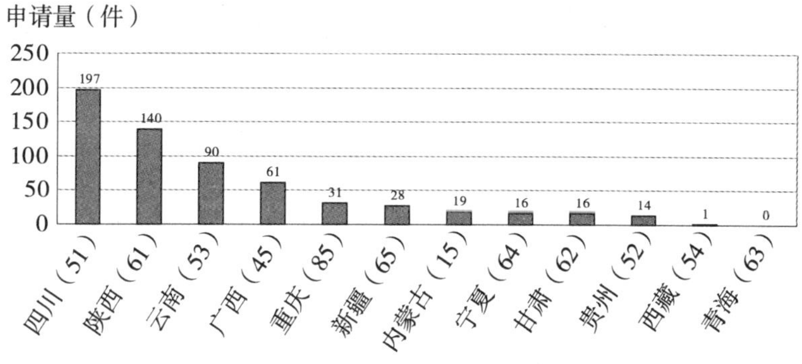

图 3－109　1985—2008 年 8 月造纸领域西部地区发明与实用新型专利申请量排名

情况表明，在造纸整体技术水平不发达的西部地区，云南占有一定地位；该技术领域的整体技术创新和专利创造能力优于西部绝大多数省（区、市），有一定区域技术竞争力。

五、云南造纸产业技术领域重大共性和关键技术专利申请情况

《云南省“十一五”科学和技术发展规划》提出了云南在造纸产业技术领域的重大共性和关键技术内容，主要涉及林纸浆技术、高得率制浆技术与设备、废纸资源开发利用技术等造纸新技术领域。

通过关键词检索，1985—2007 年期间，在上述重大共性和关键技术领域，全国共申请发明和实用新型专利申请 160 件，其中发明专利申请 104 件，实用新型专利申请 56 件，发明与实用

新型专利申请量之比为1.86:1；而云南共申请发明和实用新型专利申请3件，均为发明专利申请；云南的发明和实用新型专利申请总量与发明专利申请量分别占全国的1.9%和2.9%。

这些情况表明，即使是在自身确定的造纸重大共性和关键技术领域，云南的专利申请数量及其占全国的专利申请比例也很低，但发明专利申请量比例高于全国总体水平。

六、云南造纸产业技术领域专利申请技术分布

就专利技术分布结构而言，在造纸产业技术领域中，纤维素生产技术专利申请占36%的比例，纤维原料技术占20%，造纸设备技术产业18%，蒸煮原料处理技术产业15%，浆料或纸浆组合物技术占11%。

专利技术分布结构反映了云南的造纸产业技术创新集中于纤维素技术、造纸设备、蒸煮原料处理技术方向，但在废纸资源开发利用等领域技术实力相对较弱，存在发展不均衡的现象。

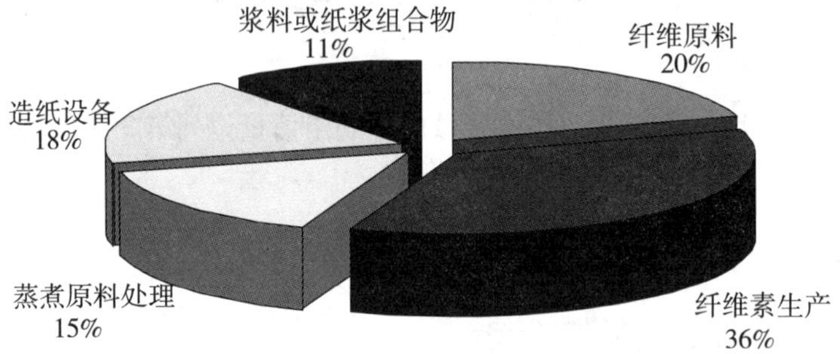

图3-110　1985—2008年8月云南造纸领域专利申请技术分布结构图

七、云南造纸产业领域专利技术创新能力评价

云南在造纸产业技术领域的累计专利申请量以及自身确定的造纸重大共性和关键技术的专利申请量偏低，仅占全国的1.05%，距全国省（区、市）平均水平有相当差距。云南发明与实用新型专利申请数量之比也不理想，研发活动中专利创造能力不足，年申请数量严重偏少，专利质量不高，整体技术基础和创新能力提升缓慢，很难为产业发展提供强有力的技术支撑。

近年来云南的专利申请量在逐年提高，总体增长幅度也高于全国整体增长水平，年度专利申请量在全国排位总体处于中等位置，在西部地区处于靠前位置。这表明云南在该技术领域具备一定的技术基础和创新条件，加之自身丰富而特有的纸浆资源优势，完全具备在国内技术领先的可能性。应当充分发挥云南的林木资源优势，加大产业科技创新力度，加强对核心关键技术研发的支持和布局，促进云南造纸产业的持续、健康发展。

第十二节　云南十大重点产业专利技术创新能力综合评价

一、云南十大重点产业相关技术领域整体专利技术创新能力

（一）整体专利创造与自主创新水平

1985—2007年期间，全国在烟草及其配套、能源、冶金、化工、机械、信息、建材、医药、农特产品加工和造纸产业相关技术领域共申请发明与实用新型专利申请1 635 870件（已公开），其中，发明专利申请1 083 125件，实用新型专利申请552 745件，发明与实用新型专利申请数量之比为1.96∶1。云南在这十大重点产业相关技术领域共申请发明与实用新型专利申请11 513件（已公开），占全国的0.7%。其中，发明专利申请6 164件，占全国的0.57%；实用新型专利申请5 349件，占全国的0.97%；发明与实用新型专利申请数量之比为1.15∶1。

表3－1　云南十大重点产业专利申请量与全国对比情况

序　号	重点产业	专利申请量			发明申请量		
		全国（件）	云南（件）	所占比例（%）	全国（件）	云南（件）	所占比例（%）
1	烟草及其配套	6 797	523	7.69	2 863	217	7.58
2	能源	172 632	1 423	0.82	79 129	273	0.35
3	冶金	52 953	733	1.38	42 416	584	1.38
4	化工	219 066	1 617	0.74	208 999	1 465	0.70
5	机械	387 112	2 698	0.70	146 916	502	0.34
6	医药	242 952	2 311	0.95	160 424	1 703	1.06
7	信息	436 168	672	0.15	347 456	242	0.07
8	建材	49 532	371	0.75	35 586	219	0.62
9	农特产品加工	60 485	1 079	1.78	53 170	909	1.71
10	造纸	8 173	86	1.05	6 166	50	0.81
	合计	1 635 870	11 513	0.70	1 083 125	6 164	0.57

云南重点发展的十大产业的累计专利申请量和发明专利申请量仅占全国的0.7%和0.57%，整体所占比重严重偏低。在上述技术领域中，仅有烟草及其配套产业相关技术领域的专利申请量在全国占有较高比例，而申请量占全国比例达到1%～2%的也只有冶金、农特产品加工和造纸三个产业相关技术领域，能源、化工、机械、医药、建材、信息六个产业相关技术领域的申请量占全国比例都不及1%，特别是信息产业相关技术领域的专利

申请量占全国比例仅有0.15%。

由于专利数量与质量是国内外反映自主创新能力的重要指标，专利申请量基本反映了某一地区或行业、单位、产业的创新活动繁荣程度和创新能力的高低，而云南十大重点产业的专利申请量普遍偏低，直接反映出支撑专利创造的各产业自主创新能力的严重不足。从上述数据可以看出，除烟草及其配套产业以外，云南十大重点产业中的九个重点产业的专利申请量都严重偏少，占全国比例大多都在1%以下，技术创新能力和专利创造水平都较差，与全国整体水平相比都有很大差距。这也是目前云南多数产业过多依赖资源消耗、更多地停留在粗放型和低附加值产品生产阶段、产业结构不合理的客观反映。自主创新还没有对云南产业发展形成支撑作用，技术依赖和低水平运行是目前云南产业的主要形态。

发明专利申请数量，是反映自主创新质量和水平高低的重要指标。云南的发明专利申请数量占全国比例较总体专利申请占全国的比例更低，说明在除烟草以外的其他各产业技术领域中，云南研发的科技成果的整体技术水平还不高，技术创新成果的质量和层次与全国整体水平还有较大差距，目前多数产业的自主创新活动还处于低层次、低水平阶段。

（二）云南重大和关键技术领域的自主创新能力

1985—2007年期间，在云南十大重点产业的重大和关键技术领域中（云南科技发展“十一五”规划中确定的重大关键技术方向），国内的专利申请总量为127 607件（已公开），其中发明专利申请68 010件，实用新型专利申请59 597件，发明与实用新型专利申请数量比为1.14:1。云南则共申请发明与实用新型专利申请2 149件（已公开），占全国的1.68%；其中发明专利申请1 353件、仅占全国的1.99%，实用新型专利申请796件、仅占全国的1.34%，发明与实用新型专利申请数量比为1.7:1。

表3-2 云南十大重点产业重大关键技术领域专利申请量与全国对比情况

序号	重点产业	专利申请量			发明申请量		
		全国（件）	云南（件）	所占比例（%）	全国（件）	云南（件）	所占比例（%）
1	烟草及其配套	450	79	17.56	290	41	14.14
2	能源	14 346	242	1.69	6 718	155	2.31
3	冶金	60 877	724	1.19	28 754	366	1.27
4	化工	1 654	21	1.27	1 470	19	1.29
5	机械	4 998	47	0.94	147	12	8.16
6	医药	9 460	391	4.13	8 541	326	3.82
7	信息	9 827	51	0.52	8 058	22	0.27
8	建材	5 164	78	1.51	897	10	1.11
9	农特产品加工	20 671	513	2.48	13 031	399	3.06
10	造纸	160	3	1.88	104	3	2.88
	合计	127 607	2 149	1.68	68 010	1 353	1.99

数据表明，除了各产业专利申请占全国比例略有提高外，云南在重大关键技术领域的专利申请情况与前述整体情况基本一致。仅有烟草及其配套技术领域的专利申请量在全国占到17.56%的较高比例，申请量占全国比例达到2%~5%的只有医药、农特产品加工两个技术领域，而能源、冶金、化工、机械、信息、建材、造纸六个技术领域申请量占全国比例都不及2%，特别是信息技术申请量仅占全国的0.52%。

可见，除烟草及其配套外，在能源、冶金、化工、机械、信息、建材、医药、农特产品加工和造纸九大产业技术领域的重大和关键技术方向中，云南的整体发明与实用新型专利申请技术产出水平都很低。这说明，即使是在自己确定的重大关键技术方向，云南多数产业的专利创造能力也明显不足，支撑产业发展的核心关键技术自主知识产权严重缺乏。除烟草及其配套产业以外，无论是在整体产业技术领域还是自身确定的优势技术方向，云南的专利创造水平和自主创新水平都明显偏低。

二、专利申请产业分布

（一）云南整体专利申请产业分布

在云南十大重点产业相关技术领域已公开的11 513件专利申请中，机械制造产业技术领域的申请量最多，占了总量的23.4%，其余产业相关技术领域专利申请所占比例依次为：医药（20.07%）、化工（14.04%）、能源（12.36%）、农特产品（9.37%）、冶金（6.37%）、信息（5.84%）、烟草及其配套（4.54%）、建材（3.22%）、造纸（0.75%）。

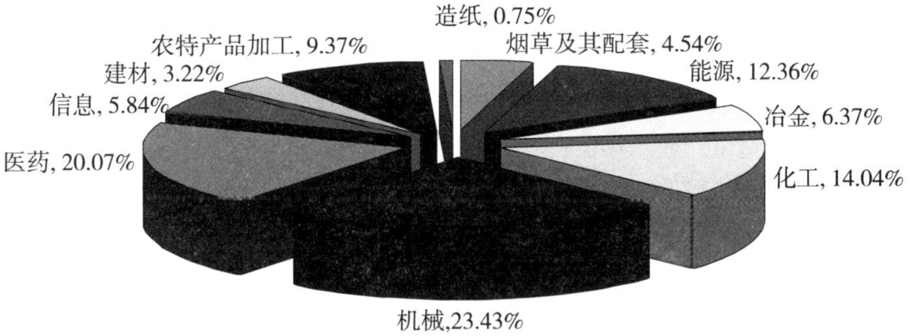

图3-111　1985—2007年云南十大重点产业相关技术领域累计专利申请分布图

上述数据反映了云南十大重点产业的专利申请分布以及自主创新能力分布的严重不均衡。机械制造、医药、化工、能源四个产业专利申请所占比例都在10%以上，而烟草及其配套、建材、造纸三个产业专利申请所占比例都在5%以下，特别是造纸产业还没占到1%。

（二）云南重点和关键技术方向专利申请产业分布

在自己确定的重大关键技术方向，云南十大重点产业的专利申请和自主创新能力也存在分布不均衡的现象。

在已公开的云南十大重点产业重大关键技术方向2 149件专利申请中，冶金产业申请量最多，占了总量的33.69%，其余产业技术领域专利申请所占比例由高到低依次为：农特产品加工（23.87%）、医药（18.19%）、能源（11.26%）、烟草及配套（3.68%）、建材（3.63%）、信息（2.37%）、机械（2.19%）、化工（0.98%）、造纸（0.14%）。

冶金、农特产品加工、医药、能源四个产业所占比例都在10%以上，而其他六个产业所占比例都在4%以下，特别是造纸和化工所占比例还不到1%，表现出专利申请分布的严重不均衡现象。

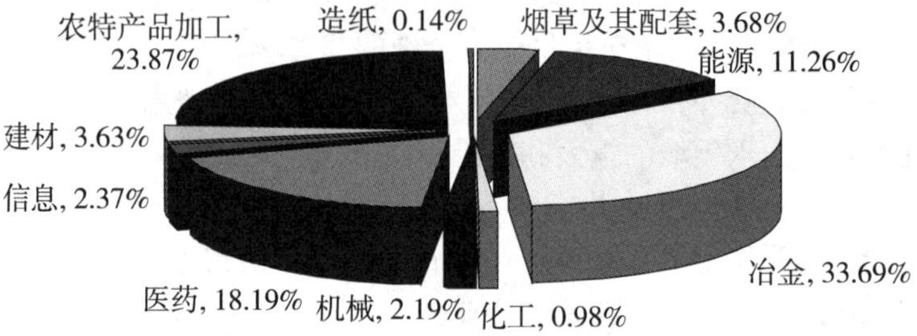

图3-112　1985—2007年云南十大重点产业重大关键技术方向累计专利申请分布图

与整体专利申请和创新能力分布不相似的是，冶金、医药、农特产品加工、能源产业在结合云南自身特点、开展重大关键技术自主创新方面做得较好，专利技术产出量相对较多，而其他产业相对较差。

三、云南十大重点产业专利技术创新在全国的地位

云南十大重点产业发明与实用新型专利申请量在国内省（区、市）的总体排位情况较差。1985—2008年8月，除烟草及其配套产业以外，云南其他九大重点产业的发明与实用新型专利申请累计申请量都不高，整体排位情况较差。除烟草及其配套产业以绝对优势排第1位，农特产品加工和冶金产业以相对优势排第13和15位的中等位置以外，其他七个产业均处于全国靠后位置。而且，云南十大重点产业年度排位多数呈下降趋势或基本不变，只有烟草、农特产品加工、造纸产业的排位在上升。这些情况表明，云南多数产业的专利创造和自主创新能力在全国的地位较低，而且有下降的趋势，与全国的差距在不断扩大。

表3-3　云南累计专利申请量在全国及西部地区排位

序　号	产　业	全国排位	西部排位	全国排位变化趋势
1	烟草及其配套	1	1	↑
2	农特产品加工	13	2	↑
3	冶金	15	3	↓
4	造纸	17	3	↑
5	化工	19	3	↓
6	医药	21	3	→
7	能源	23	5	↓
8	机械	24	5	→
9	建材	24	5	↓
10	信息	24	5	↓

造成这一状况的原因是多方面的。如整体工业和科技基础薄弱，科研平台条件和人才队伍建设不足，科技人员创新意识不强，缺乏产业或企业专利统计和考核制度，政府的科技产业政策导向不够，缺乏对产业科技创新能力的评价以及科技投入支持的创新活动水平不高，等等。需要从战略高度来认识专利制度与技术创新在支撑重点产业发展中的重要作用，确实改善和加强重点产业专利工作。

四、云南重点产业专利技术创新能力总体评价

除了云南的第一支柱产业烟草及其配套产业的专利申请量和发明专利申请量在全国所占比重较大外，能源、冶金、化工、机械、信息、建材、医药、农特产品加工和造纸产业的专利申请量和发明专利申请量所占比重都很小。在全国所占比重排在前四位的烟草及其配套产业、医药产业、农特产品加工产业和造纸产业，都是严重依赖云南独特的生物和农产品资源的产业；而能源、冶金、化工、机械、信息和建材等对工业技术依赖程度较高的产业，专利的产出水平都很低；尤其是几乎不依赖任何自然资源的机械和信息产业，专利的产出水平更低。总体上讲，除烟草及其配套产业外，云南的其他重点产业的整体技术创新能力都较差，技术竞争实力普遍较弱，产业的生存和发展过多地依赖于对自然资源的占有，因而加强产业自主创新、依靠科技进步优化产业结构、提升产业核心竞争力，是云南重点产业发展的必由之路。

云南的冶金（有色金属选冶）、农特产品、医药（天然药物）、能源（水电与生物源能）都属于云南自然资源丰富、企业数量集中的产业群，其在结合自身特点进行自主创新活动并产出相应的核心关键专利技术方面有显著的资源优势，具有巨大的发展潜力，在自主创新方面也有一定的基础，应进一步加大这些产业的科技创新力度，推动产品升级，使产业结构向更高层次发展。

云南的机械制造和化工产业在结合云南自身优势、开发产业重点关键技术方面做得并不理想。尽管云南机械产业总体上有较大的专利申请量，但更多的是大量的一般化实用新型专利申请，真正突出云南比较优势、技术含量高、能够支撑产业发展的自主创新成果却较少，致使产品缺乏竞争力、产业发展不景气，这也是云南机械产业从曾经辉煌逐步走向衰弱的重要原因之一。大力开展科技创新活动，依靠科技进步提升产业核心竞争力，是振兴云南机械制造产业的最有效途径。

云南化工产业具有丰富的磷、煤、盐、橡胶、天然气等优势资源，但在产业重大关键技术研发和增强自主创新能力方面却一直没有较好表现，在煤化工、磷化工、盐化工等方面，要么低水平生产，要么依赖技术引进，反映出对重大关键技术自主创新能力的严重不足。因此，提高资源利用效率，加速新产品开发，减少环境污染，依靠科技进步提升产业核心竞争力，是云南化工产业可持续发展的必然选择。

云南的建材、造纸产业虽然也具有较好的资源优势，但表现出产品层次不高、生产自动化程度低、环境保护与资源循环利用、新材料和新技术开发不够等问题，专利申请数量过少、占全国比例过低，在新产品开发、产业关键技术研发等方面做得还不够，需要大力推进科技创新，提高产业核心竞争力。

信息产业是云南的弱势产业之一，专利申请量严重不足。全国信息产业技术领域的专利申请是十大产业中最多的，反映了信息产业在当今社会的地位和作用，也表明全国信息

产业技术领域科技创新的活跃程度。而云南恰恰在这一领域的专利创造水平最低，这一方面反映了云南信息技术的落后，另一方面也反映了这一产业对自然资源的依赖程度较低，更多地需要依靠技术实力求发展。因此，云南的信息产业必须走依靠科技发展之路。如何在已有自动化物流技术、金融信息技术等的基础上，广泛开展自主创新活动，在制造业信息化关键技术、光电子技术等方向拓展发展空间，是云南信息产业发展面临的迫切任务。

烟草产业是云南的优势产业，专利申请占全国的比例明显较高，体现了云南在该产业技术领域的技术优势。但也应看到，云南的烟草专利技术总量还不多，自主创新活动与产业规模和产业链发展不协调，大型成套烟草机械依赖技术进口等。此外，一些省（区、市）产业技术创新与专利创造正在加速发展，国外烟草技术对云南烟草产业形成技术竞争压力，云南应当在烟草产业进一步加大自主创新力度，保持在这一领域的技术领先地位。

第四章 “十一五”以来云南重点产业专利技术创新能力分析

第一节 “十一五”以来烟草及其配套产业专利技术创新能力分析

烟草及其配套产业相关技术领域主要涉及国际专利分类A24所包含的范围，具体为：A24B | 吸烟或嚼烟的制造或制备，烟草，鼻烟；A24C | 制造雪茄烟或纸烟的机械；A24D | 雪茄烟，纸烟，烟油滤芯，雪茄烟或纸烟的烟嘴，烟油滤芯或烟嘴的制造；A24F | 吸烟者用品，火柴盒；A61K36/81 | 茄科，如烟草、龙葵、番茄、颠茄、辣椒或曼陀罗；A61P25/34 | 烟草滥用。通过上述分类号对截至2012年8月的中国专利申请信息数据进行检索和分析，反映“十一五”以来国内外和云南烟草及其配套产业技术领域的专利创造情况与技术创新能力。

一、全国烟草产业技术领域专利申请状况

（一）全国累计专利申请数量与结构

2006—2011年期间，全国烟草及其配套技术领域累计公开发明与实用新型专利申请6 922件，较2000—2005年期间的2 753件相比增长了151.43%；其中发明专利申请2 882件，实用新型专利申请4 040件，发明与实用新型专利申请数量比为0.71∶1，较2000—2005年期间的0.87∶1有所下降。

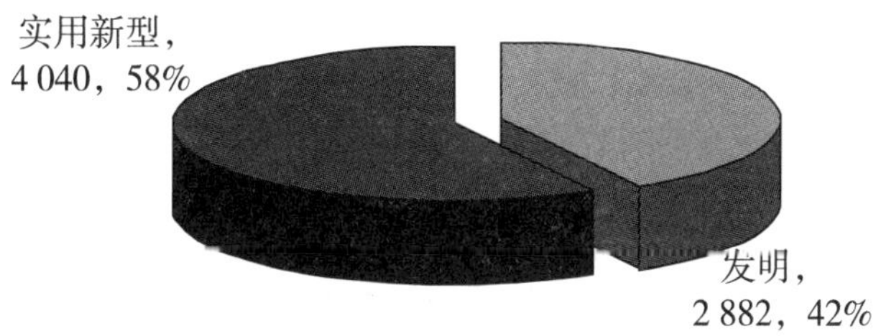

图4-1 全国烟草产业技术领域累计发明与实用新型专利申请比例

数据显示，“十一五”以来，全国烟草产业技术领域的发明与实用新型专利申请量增长较大，但专利申请中发明专利申请比例不大，发明与实用新型专利申请的数量比较前期有所下降，专利申请的总量不高且多以设备、装置和用具为主，专利申请的质量和产业技术创新的层次一般。

（二）国内外专利申请数量与比例

2006—2011年期间，外国在中国累计申请烟草产业技术领域的发明与实用新型专利共474件，约占该技术领域中国专利全部公开申请（7 396件）的6.41%，较2000—2005年期间的21.58%有约15%的下降；而国内该技术领域累计发明与实用新型专利申请公开6 922件，约占该技术领域中国专利全部公开申请的93.59%，较前期的78.42%相比有大幅度提高。

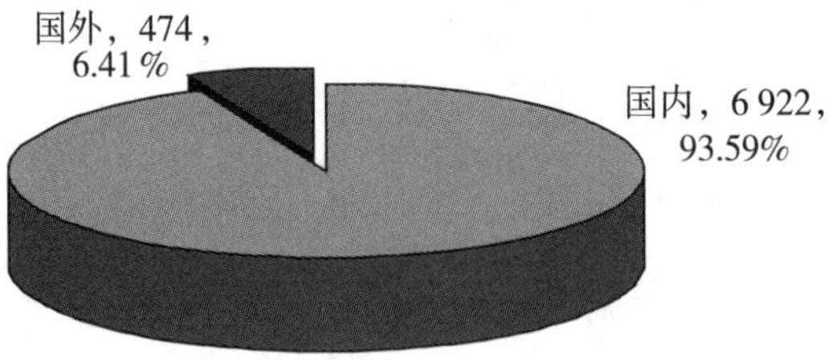

图4-2　烟草产业技术领域国内外累计中国发明与实用新型专利申请数量比例

数据显示，“十一五”以来，外国在中国申请的烟草技术专利的份额明显下降，而国内该领域的专利申请比例则大幅度提高，烟草产业技术领域的中国专利申请以国内的占绝对多数，表明这一时期国内烟草产业的技术创新和专利创造能力在前期的基础上得到了更大的提高。

（三）国内外专利申请比例年度变化

2006—2011年期间，在烟草产业技术领域，外国提出的中国专利申请占全部专利申请的比例在16.21%~2.33%之间变化，整体呈逐年快速下降趋势，从2006年的16%以上降至2010年的5.13%（因专利申请尚未全部公开，2011年的数据暂不作对比）；而与之相反的是，国内烟草产业技术领域的技术创新和专利创造活动日益活跃，年度专利申请所占比例正在快速提高。

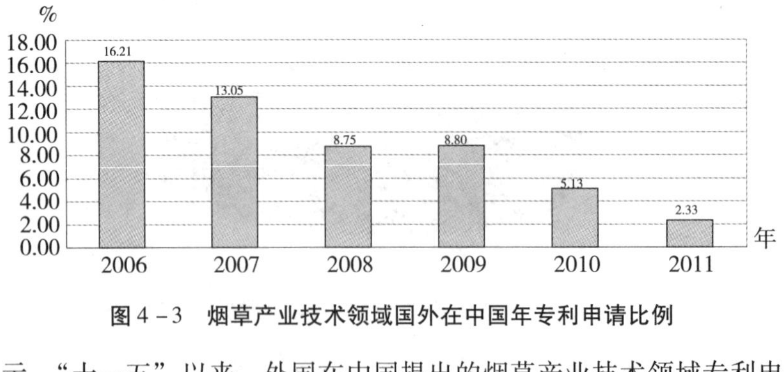

图4-3　烟草产业技术领域国外在中国年专利申请比例

数据显示，“十一五”以来，外国在中国提出的烟草产业技术领域专利申请所占比例逐年下降，而国内该领域的专利申请所占比例则在原有高基数的基础上持续增长了约11%，表明国内烟草产业技术领域的技术创新和专利创造能力在该时期得到了更进一步的提升，产业技术创新和专利创造的优势更加突出。

二、云南烟草产业技术领域专利申请状况

（一）累计专利申请数量与结构

2006—2011 年期间，云南在烟草及其配套技术领域累计申请发明与实用新型专利申请791 件，较 2000—2005 年期间的 248 件增长了 218.95%；其中，发明专利申请438 件，实用新型专利申请353 件，发明与实用新型专利申请数量比为 1.24:1，较 2000—2005 年期间的 0.55:1 有较大的提升。

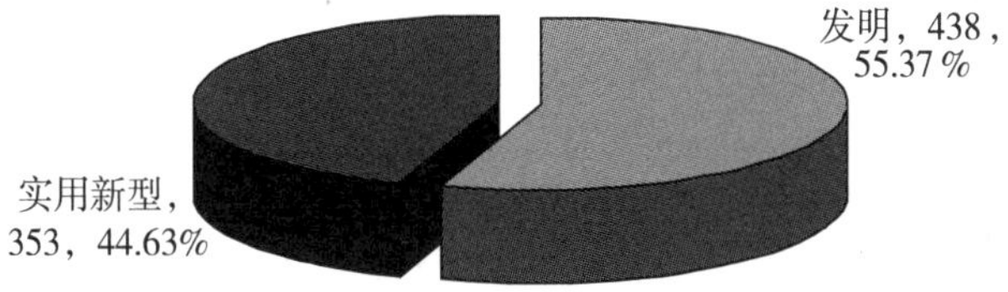

图 4-4 云南烟草产业技术领域累计发明与实用新型专利申请比例

数据显示，“十一五”以来，云南烟草产业技术领域的专利申请量快速增长，增幅高于全国整体水平，发明与实用新型专利申请的数量比高于全国整体水平且较前期有较大的提高，专利申请结构以工艺、配方和物流系统等发明居多，专利申请的质量较高，产业技术创新和专利创造的能力较前期有较大的提高。

（二）累计专利申请占全国比例

2006—2011 年期间，在烟草产业技术领域，云南累计发明与实用新型专利申请量占全国的 11.43%，较 2000—2005 年期间的 9.01% 有较大的提高；其中发明专利申请量占全国的 15.20%，实用新型专利申请量占全国的 8.74%，较 2000—2005 年期间的发明专利申请 6.87%，实用新型专利申请 10.87% 相比，发明专利申请所占比例有大幅度的提高，实用新型专利申请所占比例也有明显下降。该期间全国省（区、市）平均累计申请量为 198 件，云南 791 件的累计申请量为全国省（区、市）平均水平的 3.99 倍。

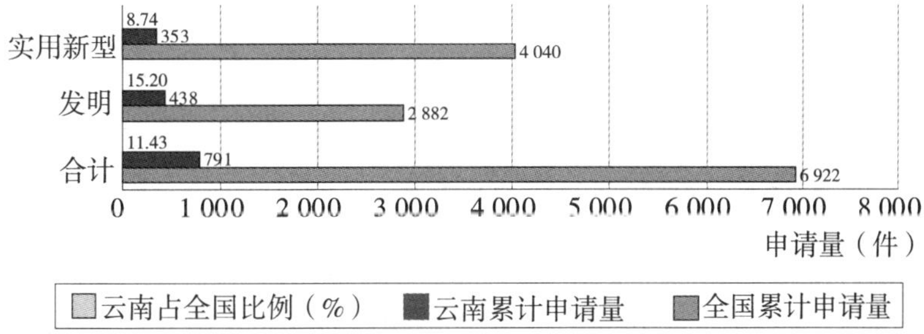

图 4-5 烟草产业技术领域全国与云南发明、实用新型专利累计申请量及云南占全国比例

数据显示，“十一五”以来，云南烟草及其配套技术领域的发明与实用新型专利申请占全国的比例较前期进一步提高，特别是发明申请的比例大幅度提高，累计申请量接近全国省（区、市）平均水平的 4 倍，产业技术创新和专利创造能力达到了全国领先水平。

（三）年度专利申请数量

2006—2011 年期间，云南烟草及其配套技术领域的年专利申请总体上呈逐年上升趋势，发明与实用新型专利申请从 2006 年的 91 件快速增长到 2011 年的 192 件，五年间增长了 110.99%，是全国同期申请量增幅 62.64% 的 1.77 倍。其中发明专利申请从 2006 年的 56 件增长到 2011 年的 122 件，年申请量净增了 66 件（因数据尚未完全公开，2011 年申请数据暂不作比较）。

数据显示，“十一五”以来，云南烟草及其配套技术领域的专利申请量总体上呈快速增长态势，2011 年的专利申请量突破了 190 件，较前期最高 62 件的年申请量大幅度提高，产业技术创新和专利创造能力得到了持续提升，同期增长幅度约为全国整体增幅的 2 倍。

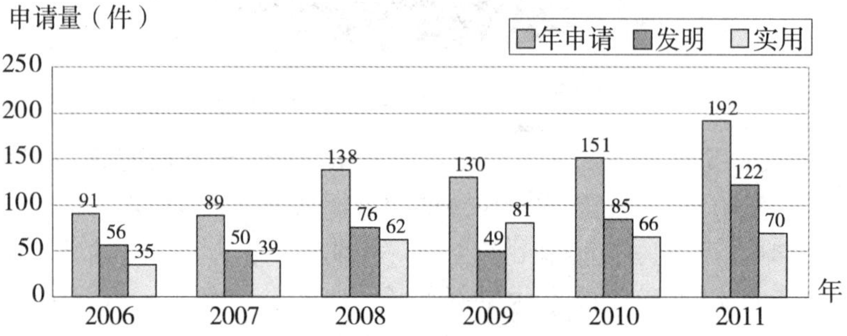

图 4－6　云南烟草产业技术领域年专利申请量与申请结构

（四）年度发明专利申请比例

2006—2011 年期间，云南烟草及其配套领域的发明专利申请所占比例在 37.69% ~ 63.54% 之间大幅波动，但除 2009 年外均保持在 55% 以上；较 2000—2005 年期间的 29.82% ~47.37% 相比，年度发明专利申请所占比例有明显的提高。

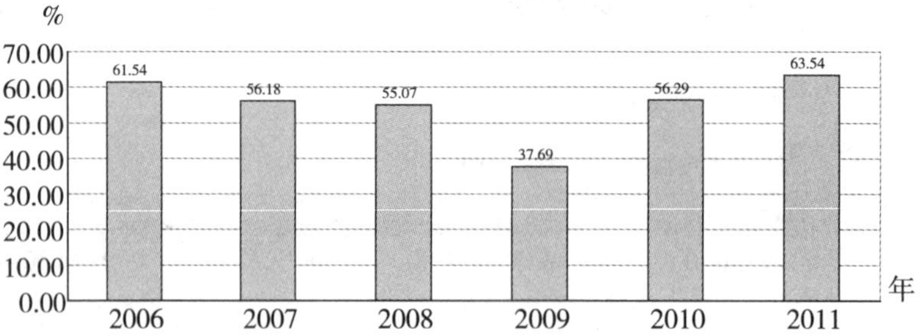

图 4－7　云南烟草产业技术领域年发明专利申请比例

数据显示，“十一五”以来，云南烟草及其配套技术领域的年度发明专利申请所占比例有较大的提高且保持在 55% 以上，整体专利申请的质量有了较大的改善，产业技术创新和专利创造的层次明显提高。

（五）年度专利申请占全国比例

2006—2011 年期间，在烟草及其配套技术领域，云南的发明与实用新型专利申请量占国内申请的比例保持在 9.60% ~13.89% 之间的高比例，较 2000—2005 年期间的 6.51% ~11.59% 相比，年度专利申请所占比例有较大的提高。

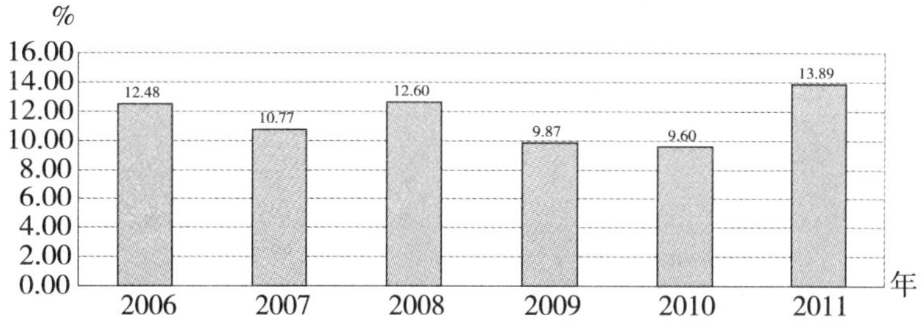

图 4 -8 云南烟草产业技术领域年发明与实用新型专利申请占全国比例

数据显示，“十一五”以来，云南烟草及其配套技术领域的年度发明与实用新型专利申请量占国内专利申请量的比例有较大的提高，而且远远高于 3% 的全国省（区、市）平均水平，反映了产业技术创新和专利创造活动在全国的地位得到了持续的提高。

三、云南烟草产业技术领域专利申请量排位

（一）国内累计专利申请排位

2006—2011 年期间，烟草及其配套技术领域累计发明与实用新型专利申请国内排名前 10 位的分别是云南、河南、江苏、浙江、湖南、安徽、上海、广东、北京、山东。云南以累计 791 件的申请量位居全国内地省（区、市）发明与实用新型专利申请第 1 位，较排名第 2 位的河南的 539 件申请量高出 252 件，较排名第 3 位的江苏的 396 件申请量高出 395 件，表明云南在烟草及其配套技术领域的自主创新和专利创造能力已处于全国先进行列。

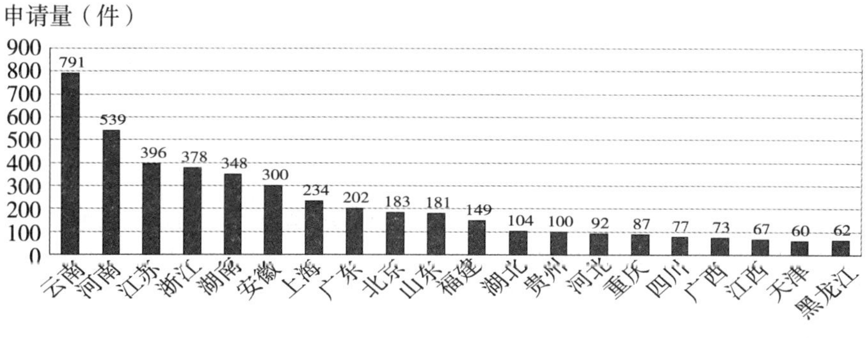

图 4 -9 全国省（区、市）烟草产业技术领域发明与实用新型专利累计申请量排位

数据显示，“十一五”以来，云南烟草及其配套技术领域累计发明与实用新型专利申请的国内排名继续保持了“十一五”前的第 1 位，且领先其他省（区、市）的程度更大，体现了云南烟草及其配套产业的技术创新和专利创造能力在全国的领先实力。

（二）国内年度专利申请排位

2006—2011 年期间，在烟草及其配套技术领域，云南的累计发明与实用新型专利申

请量保持高增长的同时，还延续了2000—2005年期间的情况，一直保持了累计申请量全国省（区、市）排名第1。

数据显示，“十一五”以来，云南烟草及其配套技术领域的年度发明与实用新型专利申请量在全国省（区、市）的排位持续保持第1位，产业技术创新和专利创造能力优势显著。

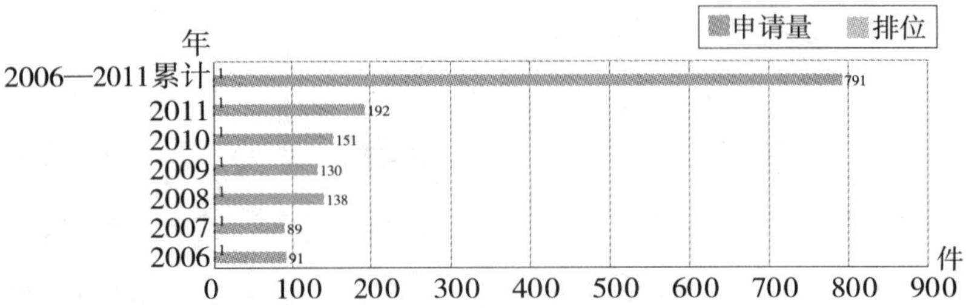

图4－10　云南烟草产业技术领域专利申请量与国内排位

（三）西部地区专利申请排位

2006—2011年期间，云南在烟草及其配套技术领域的发明与实用新型专利申请量位列西部省（区、市）第1，继续保持了2000—2005年期间的位次，其后依次是贵州、重庆、四川、广西、陕西、甘肃、内蒙古、新疆、青海、宁夏、西藏。但西部12省（区、市）在烟草及其配套技术领域的累计平均申请量为103件，仅为全国平均203件的50.59%。

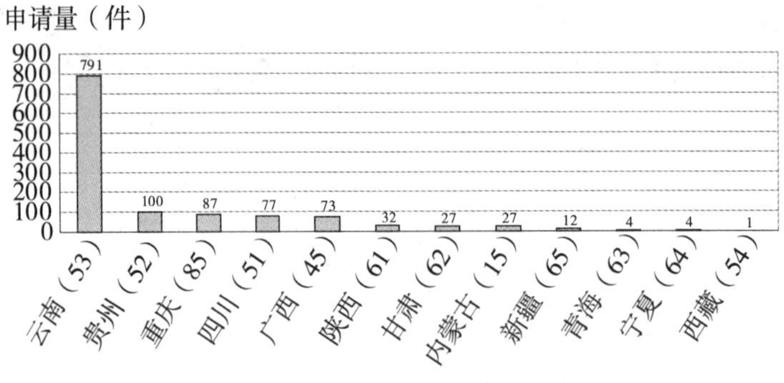

图4－11　烟草产业技术领域西部省（区、市）发明与实用新型专利申请量排位

数据显示，“十一五”以来，云南在烟草及其配套技术领域的发明与实用新型专利申请量继续保持西部省（区、市）第1位的领先优势，而西部地区该技术领域的整体技术创新和专利创造活动却处于全国较后地位。

四、“十一五”以来云南烟草产业技术领域专利申请与技术创新状况整体评价

“十一五”以来，云南在烟草及其配套产业相关技术领域的专利申请数量和质量都有大幅提升。无论是在全国还是在西部地区，云南烟草产业技术领域的专利申请数量、年度排位、发明专利申请比例等均保持了绝对的领先优势，表明云南在该技术领域已拥有很高的技术创新和专利创造能力。

表 4-1 “十一五”前后云南烟草产业技术领域专利申请状况对比表

时 期	全 国		云 南					
	申请量（件）	发明与实用新型数量比	申请量（件）	发明与实用新型数量比	发明与实用新型占全国比例（%）	年度最高申请量（件）	申请量国内排位	申请量西部排位
2006—2011 年期间	6 922	0. 71∶1	791	1. 24∶1	11. 43	192	1	1
2000—2005 年期间	2 753	0. 87∶1	248	0. 55∶1	9. 01	62	1	1

第二节 “十一五”以来能源产业专利技术创新能力分析

能源产业相关技术领域主要涉及国际专利分类 B29L31/20、C10、C11C、F03D、F24、G21C、H01F、H01L31/00、H01M、H02 所属范围，通过上述分类号对截至 2012 年 8 月已公开的中国专利申请信息数据进行检索和分析，反映“十一五”以来国内外和云南能源产业技术领域的专利创造情况与技术创新能力。

一、全国能源产业技术领域专利申请状况

（一）全国累计专利申请数量与结构

2006—2011 年期间，全国能源技术领域累计公开发明与实用新型专利申请 202 459 件，较 2000—2005 年期间的 79 392 件相比增长了 155. 01%；其中发明专利申请 80 264 件，实用新型专利申请 12 295 件，发明与实用新型专利申请数量比为 0. 66∶1，较 2000—2005 年期间的 1. 07∶1 有较大的下降。

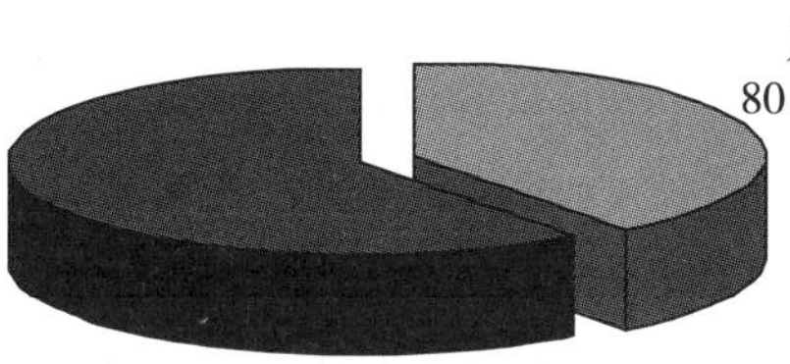

图 4-12 全国能源技术领域累计发明与实用新型专利申请比例

数据显示，“十一五”以来，全国能源产业技术领域的发明与实用新型专利申请量大幅度增长，但发明与实用新型专利申请数量比较前期有明显的下降，且发明专利申请所占比例较低，产业技术创新和专利创造的层次较低。

（二）国内外专利申请数量与比例

2006—2011 年期间，外国在中国累计申请冶金能源产业技术领域的发明与实用新型专利申请共 38 406 件，约占该技术领域全部中国专利申请（240 865 件）的 15. 95%，较 2000—2005 年期间的 28. 98% 有近 13% 的下降；而国内该技术领域累计发明与实用新型专利申请公开 202 459 件，约占该技术领域全部中国专利申请的 84. 05%，较前期的 71. 02% 相比有大幅度提高。

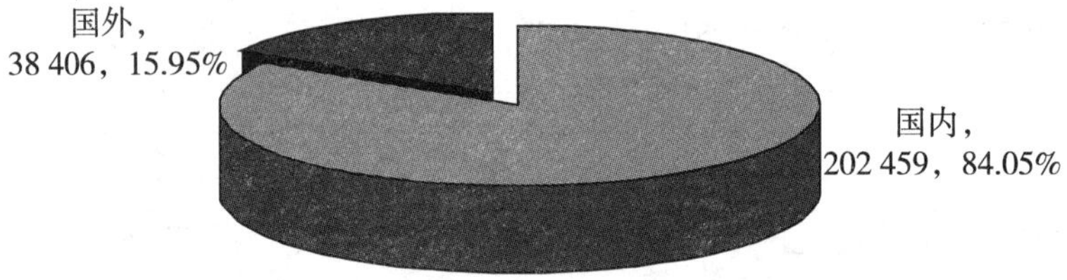

图 4 – 13 能源技术领域国内外累计中国发明与实用新型专利申请数量比例

数据显示，“十一五”以来，外国在中国申请的能源类专利的份额明显下降，而国内能源技术领域的专利申请比例则较前期大幅提高，能源技术领域的中国专利申请以国内为主，表明这一时期国内能源产业的技术创新和专利创造能力得到了明显的提高。

（三）国内外专利申请比例年度变化

2006—2011 年期间，在能源技术领域，外国提出的中国专利申请占全部申请的比例在 25. 80% ~8. 97% 之间变化，整体呈逐年下降趋势，从 2006 年的约 26% 降至 2010 年的约 12%（因专利申请尚未全部公开，2011 年的数据暂不作对比）；而与之相反的是，国内能源技术领域的专利创造活动却日趋活跃，国内专利申请量所占比例得到了快速的提升。

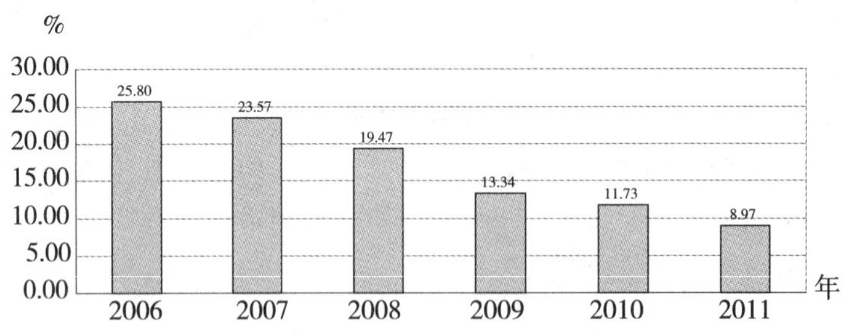

图 4 – 14 能源技术领域国外在中国年专利申请比例

数据显示，“十一五”以来，外国在中国提出的能源类专利申请所占比例逐年下降，而国内该领域的专利申请所占比例则持续增长了约 14%，表明国内能源产业领域的技术创新和专利创造能力在该时期得到了逐年提升，产业核心竞争力持续提高并已占据主导地位。

二、云南能源产业技术领域专利申请状况

（一）累计专利申请数量与结构

2006—2011 年期间，云南在能源技术领域累计申请发明与实用新型专利申请 1 352 件，较 2000—2005 年期间的 471 件增长了 187.05%；其中发明专利申请 460 件，实用新型专利申请 892 件，发明与实用新型专利申请数量比为 0.52∶1，较 2000—2005 年期间的 0.27∶1 有一定的提升。

数据显示，“十一五”以来，云南能源产业技术领域的专利申请量大幅度增长，增幅高于全国整体水平，发明与实用新型专利申请的数量比较前期有一定的提高，但专利申请中以实用新型专利申请为主，发明与实用新型专利申请的数量比也略低于全国整体水平，产业技术创新和专利创造的能力较前期有较大的提高，但却存在创新层次不高的问题。

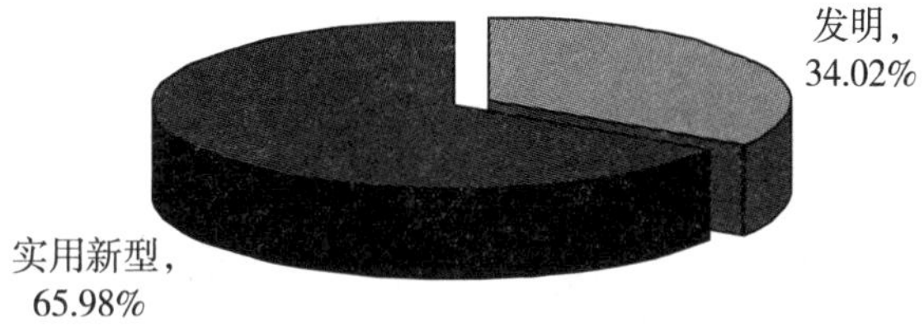

图 4-15　云南能源产业技术领域累计发明与实用新型专利申请比例

（二）累计专利申请占全国比例

2006—2011 年期间，在能源技术领域，云南累计发明与实用新型专利申请量占全国的 0.67%，较 2000—2005 年期间的 0.59% 有一定的提高；其中发明专利申请量占全国的 0.57%，实用新型专利申请量占全国的 0.73%，较 2000—2005 年期间的发明专利申请 0.25%，实用新型专利申请 0.96% 相比，发明专利申请所占比例有较大的提高。而该期间全国省（区、市）平均累计申请量为 5 955 件，云南的专利累计申请量仅为全国省（区、市）平均水平的 22.70%。

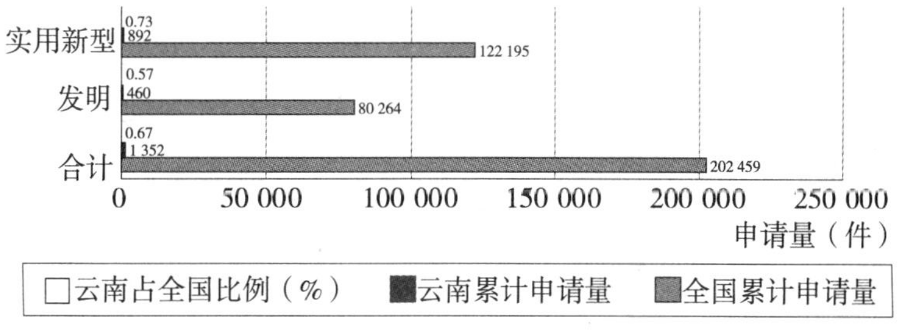

图 4-16　能源技术领域全国与云南发明、实用新型专利累计申请量及云南占全国比例

数据显示，“十一五”以来，云南能源产业技术领域的发明与实用新型专利申请占全国的比例较前期有一定的提高，主要是发明申请的比例有较大提高，反映了云南在该领域的技术创新和专利创造活动在全国的地位较前期有所提高。但从总体上来看，本时期云南能源产业技术领域的累计专利申请量还达不到全国省（区、市）平均水平的 1/4，产业技术创新和专利创造的能力远不及全国平均水平。

（三）年度专利申请数量

2006—2011年期间，云南能源产业技术领域的专利申请呈逐年上升趋势，发明与实用新型专利申请从2006年的155件快速增长到2010年的405件，五年间增长了161.29%，是全国同期申请量增幅181.68%的0.89倍。其中发明专利申请从2006年的59件增长到2010年的135件，年申请量净增了76件（因数据尚未公开，2011年申请数据暂不作比较）。

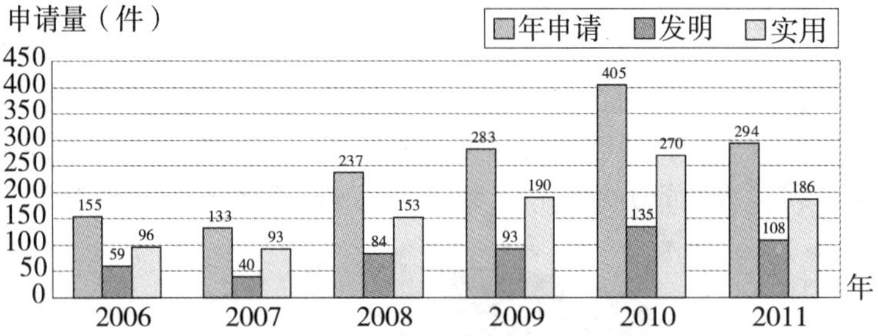

图4－17　云南能源产业技术领域年专利申请量与申请结构

数据显示，“十一五”以来，云南能源产业技术领域的专利申请量持续增长，2010年的专利申请量突破了405件，较前期最高94件的年申请量大幅度提高，产业技术创新和专利创造能力得到了持续和快速的提升，但同期增长幅度低于全国整体增幅，发展速度赶不上全国整体水平。

（四）年度发明专利申请比例

2006—2011年期间，云南能源产业技术领域的发明专利申请量所占比例在30.08%～38.06%之间波动，较2000—2005年期间的9.09%～31.76%相比，年度发明专利申请所占比例有一定的提高，且年度波动幅度有所减小。

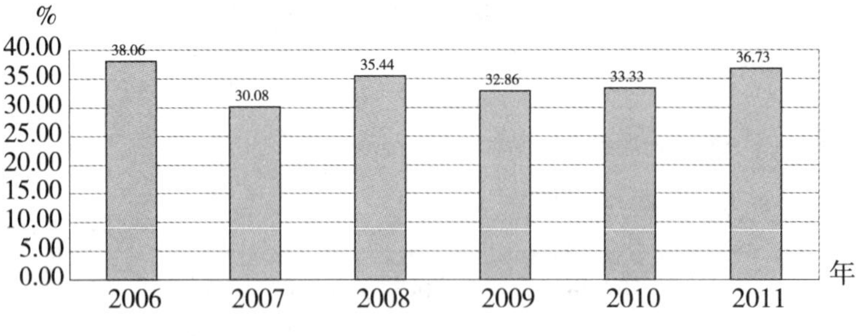

图4－18　云南能源产业技术领域年发明专利申请比例

数据显示，“十一五”以来，云南能源产业技术领域的年度发明专利申请所占比例有一定的提高且基本稳定在33%左右，整体专利申请的质量搭配有了一定的改善。但专利申请长期以实用新型专利为主，产业技术创新和专利创造的层次有待进一步提高。

（五）年度专利申请占全国比例

2006—2011年期间，在能源技术领域，云南的发明与实用新型专利申请量占国内专利申请量的比例保持在0.62%～0.88%之间，较2000—2005年期间的0.42%～0.71%相比，年度专利申请所占比例有一定程度的提高。

数据显示，“十一五”以来，云南能源产业技术领域的年度专利申请量较前期有明显的增长，发明与实用新型专利申请量占国内专利申请量的比例有所提高，反映了产业技术创新和专利创造活动在全国的地位有一定程度的提高。但较3%的全国省（区、市）平均比例相比，云南在能源产业技术领域的专利申请占全国的比例一直都较低，产业技术创新能力尚未达到全国平均水平。

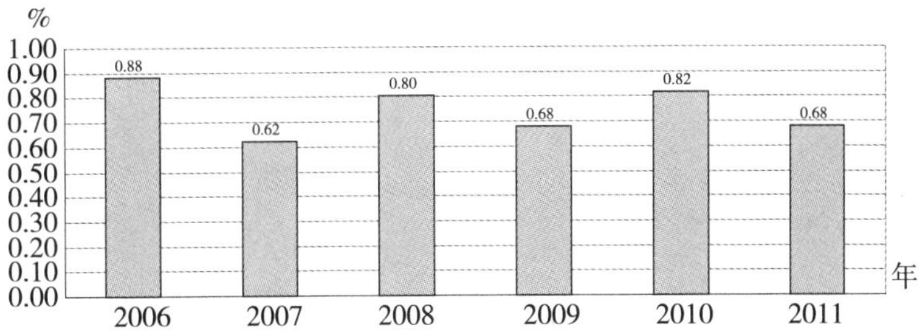

图4－19 云南能源产业技术领域年发明与实用新型专利申请占全国比例

三、云南能源产业技术领域专利申请量排位

（一）国内累计专利申请量排位

2006—2011年期间，能源技术领域累计发明与实用新型专利申请国内排名前10位的分别是江苏、北京、上海、广东、浙江、山东、河南、安徽、天津、湖南，云南以累计1 352件的申请量位居全国省（区、市）发明与实用新型专利申请量第19位，较排名第5位的浙江的13 323件申请量少了11 971件，较排名第10位的湖南的4 871件申请量少了3 519件，较排名第15位的山西的2 495件申请量少了1 143件。

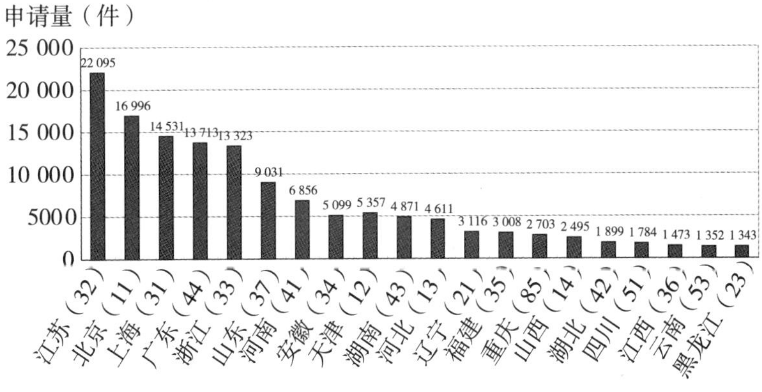

图4－20 全国省（区、市）能源技术领域发明与实用新型专利累计申请量排位

数据显示，“十一五”以来，云南能源产业技术领域累计发明与实用新型专利申请的国内排名较“十一五”前的第23位提高了4位，在国内的排位取得了明显的进步。但仍然处于全国省（区、市）中下位置，且与排名在前的省份有较大的差距，反映了云南能源产业的技术创新和专利创造能力总体上仍处于全国相对落后地位。

（二）国内年度专利申请排位

2006—2011 年期间，云南在能源技术领域的累计发明与实用新型专利申请量在全国的排名处于 18 ~ 22 位之间，近年来基本稳定在第 19 位；而 2000—2005 年期间，云南该领域的专利申请量在全国排名处于 18 ~ 22 位之间，多数年份为第 25 位左右。

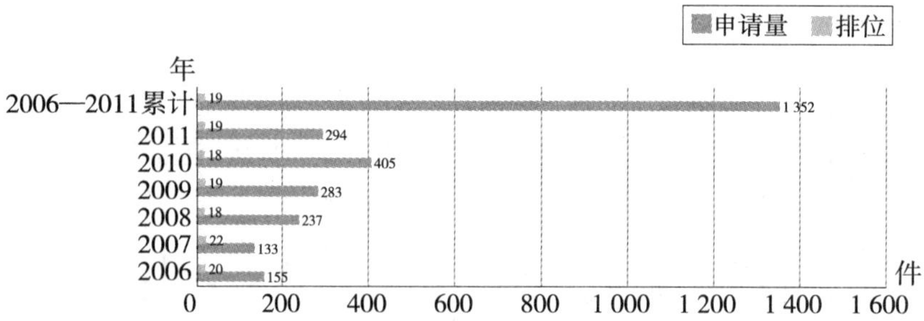

图 4 - 21　云南能源产业技术领域专利申请量与国内排位

数据显示，“十一五”以来，云南能源产业技术领域的年度发明与实用新型专利申请量在全国省（区、市）的排位较前期有较大的提高，近年来已基本稳定在全国第 19 位，但总体上仍处于全国中下水平。

（三）西部地区专利申请排位

2006—2011 年期间，云南能源产业技术领域的发明与实用新型专利申请量在重庆和四川之后，位列西部省（区、市）第 3 位，较“十一五”前的第 5 位提高了 2 位，其后依次是贵州、广西、新疆、甘肃、内蒙古、陕西、宁夏、青海、西藏。而西部 12 省（区、市）该技术领域此期间的平均专利申请量为 1 033 件，为全国平均 5 955 件的 17.34%。

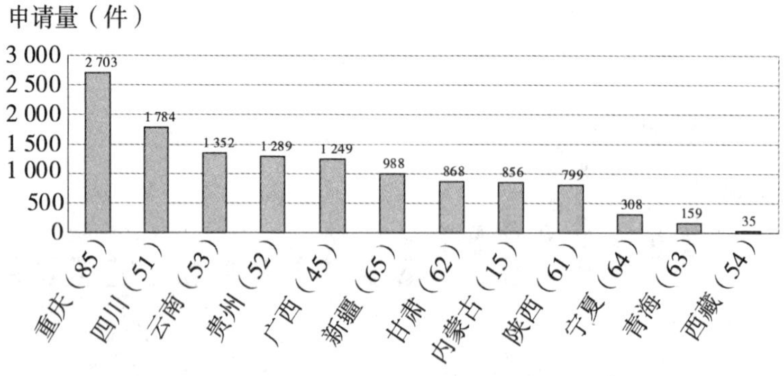

图 4 - 22　能源技术领域西部省（区、市）发明与实用新型专利申请量排位

数据显示，“十一五”以来，云南能源产业技术领域的发明与实用新型专利申请量快速增长，累计申请量在西部地区的排名较前期也有较大提高，但西部地区冶金产业技术领域的整体技术创新和专利创造活动仍处于全国较落后地位。

四、“十一五”以来云南能源产业相关技术领域专利申请与技术创新状况整体评价

“十一五”以来，云南在能源产业相关技术领域的专利申请量有较大增长，累计专利申请量的增长幅度高于全国整体水平，年申请量从前期的最高94件提高到目前的405件，发明与实用新型专利申请占全国的比例有所提升，发明与实用新型专利申请的数量比较前期有一定的提高，专利申请量在全国和西部地区的排位都较前期有明显的提升，产业技术创新和专利创造能力得到了较大的提高。

但同时，云南能源产业技术领域的累计专利申请量不及全国省（区、市）平均水平的23%，专利申请中以实用新型专利为主，专利申请的层次不高，发明与实用新型专利申请的数量比也达不到全国整体水平，专利申请量在全国的排位处于中下位置，产业技术创新和专利创造活动总体上处于全国较落后水平。

表4-2 “十一五”前后云南能源产业技术领域专利申请状况对比表

时期	全国		云南					
	申请量（件）	发明与实用新型数量比	申请量（件）	发明与实用新型数量比	发明与实用新型占全国比例（%）	年度最高申请量（件）	申请量国内排位	申请量西部排位
2006—2011年期间	202 459	0.66:1	1 352	0.52:1	0.67	405	19	3
2000—2005年期间	79 392	1.07:1	471	0.27:1	0.59	94	23	5

第三节 “十一五”以来冶金产业专利技术创新能力分析

冶金产业相关技术领域主要涉及国际专利分类号B22、B24C1/10、C02F103/16、C04B18/14、C04B5/00、C04B33/138、C04B7/147、C21、C22、C23、C25、C30所包含的范围，通过上述分类号对截至2012年8月已公开的中国专利申请信息数据进行检索和分析，反映“十一五”以来国内外和云南冶金产业技术领域的专利创造情况与技术创新能力。

一、全国冶金产业技术领域专利申请状况

（一）全国累计专利申请数量与结构

2006—2011年期间，全国冶金产业技术领域累计公开发明与实用新型专利申请69 880件，较2000—2005年期间的24 613件相比增长了183.92%；其中发明专利申请

47 059件，实用新型专利申请22 821件，发明与实用新型专利申请数量比为2.06∶1，较2000—2005年期间的4.35∶1有较大的下降。

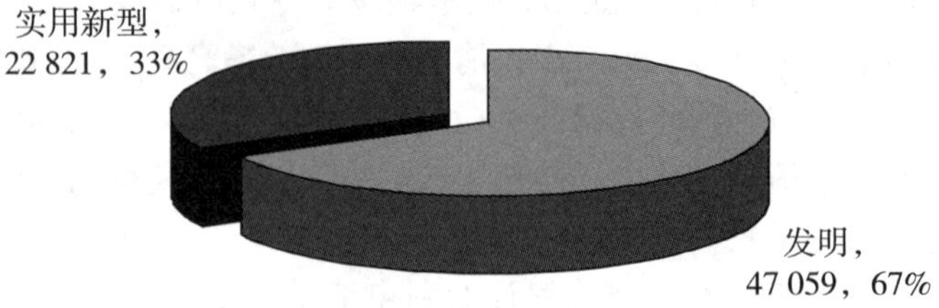

图4－23　全国冶金产业技术领域累计发明与实用新型专利申请比例

数据显示，“十一五”以来，全国冶金产业技术领域的发明与实用新型专利申请量大幅度增长，且发明专利申请所占比例较高，产业技术创新和专利创造的层次较高，但发明与实用新型专利申请的数量比不及前期，专利申请的整体质量较前期有较大下降。

（二）国内外专利申请数量与比例

2006—2011年期间，外国在中国累计申请冶金产业技术领域的发明与实用新型专利申请共12 828件，约占该技术领域全部中国专利申请（82 708件）的15.51%，较2000—2005年期间的40.45%有近25%的下降；而国内该技术领域累计发明与实用新型专利申请公开69 880件，约占该技术领域全部中国专利申请的84.49%，较前期的59.55%相比大幅度提高。

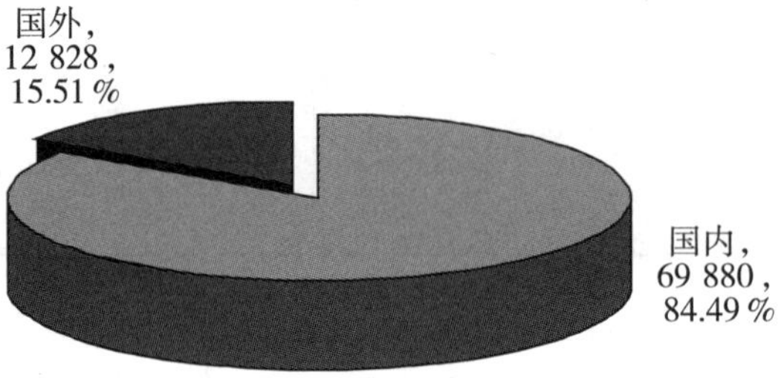

图4－24　冶金产业技术领域国内外累计中国发明与实用新型专利申请数量比例

数据显示，“十一五”以来，外国在中国申请的冶金类专利的份额大幅下降，而国内冶金技术领域的专利申请比例则较前期大幅提高，冶金产业技术领域的中国专利申请以国内为主，表明这一时期国内冶金产业的技术创新和专利创造能力得到了明显的提高。

（三）国内外专利申请比例年度变化

2006—2011年期间，在冶金产业技术领域，外国提出的中国专利申请占全部申请的比例在31.60%～3.52%之间变化，从2006年的31%以上降至2010年的10.54%（因专利申请尚未全部公开，2011年的数据暂不作对比），整体呈逐年下降趋势；而与之相反的是，国内冶金产业技术领域的专利申请量占全部中国专利申请的比例则大幅提升。

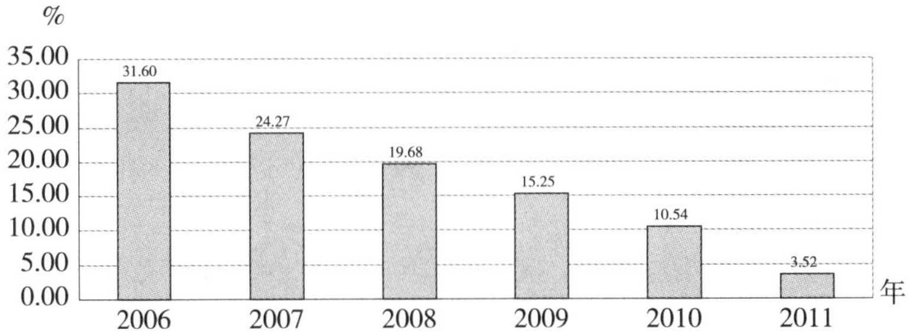

图4－25 冶金产业技术领域国外在中国年专利申请比例

数据显示，“十一五”以来，外国在中国提出的冶金类专利申请所占比例逐年下降，而国内该领域的专利申请所占比例则在五年间持续上升了约25%，表明国内冶金产业技术领域的技术创新和专利创造能力在该期间得到了持续的提升，产业核心竞争力持续提高并已占据主导地位。

二、云南冶金产业技术领域专利申请状况

（一）累计专利申请数量与结构

2006—2011年期间，云南在冶金产业技术领域累计申请发明与实用新型专利申请1 203件，较2000—2005年期间的256件增长了369.92%；其中发明专利申请926件，实用新型专利申请277件，发明与实用新型专利申请数量比为3.34∶1，较2000—2005年期间的4.12∶1有一定的下降。

数据表明，“十一五”以来，云南冶金产业技术领域的专利申请量大幅度增长，增幅远远高于全国整体水平，专利申请中以发明为主且所占比例高于全国整体水平，产业专利申请的质量和技术创新的层次较高。

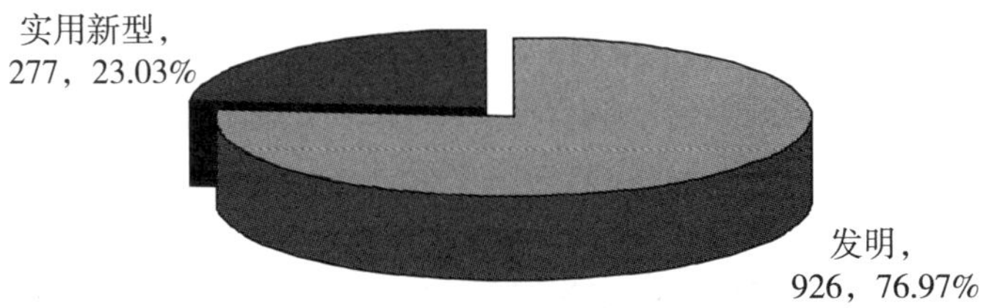

图4－26 云南冶金产业技术领域累计发明与实用新型专利申请比例

（二）累计专利申请占全国比例

2006—2011年期间，在冶金产业技术领域，云南累计发明与实用新型专利申请量占全国的1.72%，较2000—2005年期间的1.04%有明显的提高；其中发明专利申请量占全国的1.97%，实用新型专利申请量占全国的1.21%，较2000—2005年期间的发明专利申请量1.03%，实用新型专利申请量1.09%相比，发明专利申请占全国的比例有较大的提高。而该期间全国省（区、市）平均累计申请量为2 055件，云南的累计申请量仅为全国省（区、市）平均水平的58.53%。

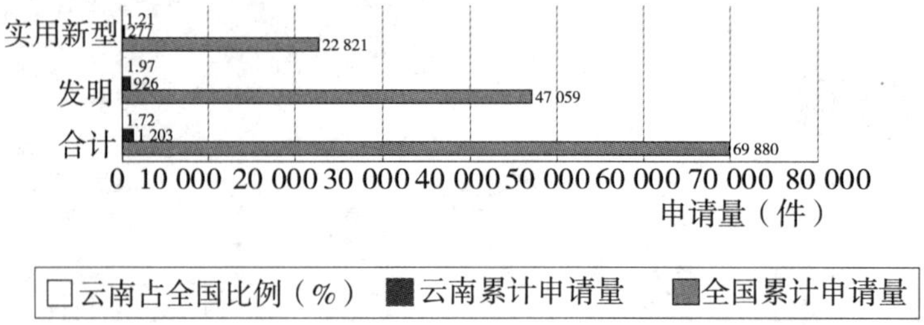

图4-27 冶金产业技术领域全国与云南发明、实用新型专利累计申请量及云南占全国比例

数据显示，“十一五”以来，云南冶金产业技术领域的发明与实用新型专利申请占全国的比例较前期有明显的提高，主要是发明申请的比例有较大提高，反映了云南在该领域的技术创新和专利创造活动在全国的地位较前期有所提高；但从总体上来看，本时期云南冶金产业技术领域的累计专利申请量不及全国省（区、市）平均水平的3/5，产业技术创新和专利创造的能力不及全国平均水平。

（三）年度专利申请数量

2006—2011年期间，云南冶金产业技术领域的专利申请呈逐年上升趋势，发明与实用新型专利申请从2006年的78件快速增长到2010年的291件，五年间增长了273.07%，是全国同期申请量增幅181.84%的1.5倍。其中发明专利申请从2006年的66件增长到2010年的219件，年申请量净增了153件（因数据尚未公开，2011年申请数据暂不作比较）。

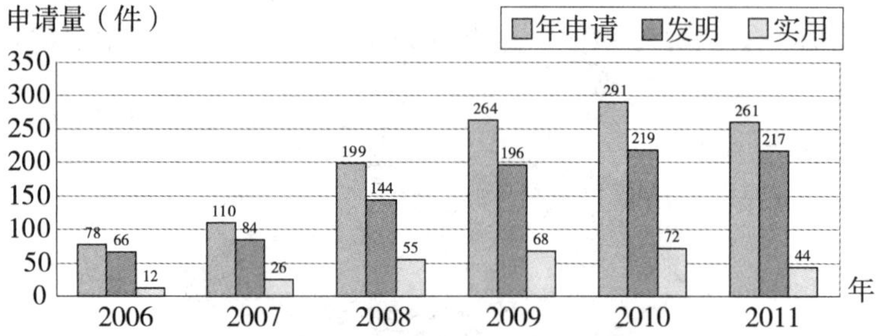

图4-28 云南冶金产业技术领域年专利申请量与申请结构

数据显示，“十一五”以来，云南冶金产业技术领域的专利申请量持续增长，同期增长幅度远远高于全国整体水平，2010年的专利申请量突破了290件，较前期最高76件的年申请量大幅度提高，产业技术创新和专利创造能力得到了持续和快速的提高。

（四）年度发明专利申请比例

2006—2011年期间，云南冶金产业技术领域的发明专利申请量所占比例在72.36%~84.62%的较高数值之间变化，虽所占比例每年都保持在72%以上，但较2000—2005年期间的76.32%~85.71%相比，年度发明专利申请所占比例有一定的下降。

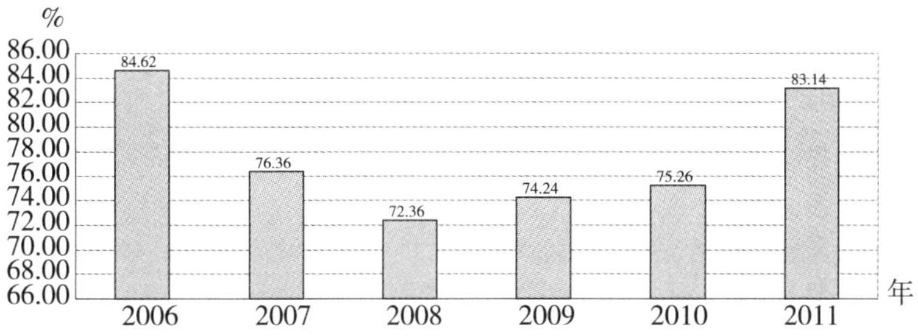

图 4－29 云南冶金产业技术领域年发明专利申请比例

数据显示，“十一五”以来，云南冶金产业技术领域的专利申请一直以发明为主，专利申请的层次和技术含量较高，申请的质量持续保持了较高水平，但较前期的申请结构相比，年度专利申请的质量还是有所下降。

（五）年度专利申请占全国比例

2006—2011 年期间，在冶金产业技术领域，云南的发明与实用新型专利申请量占国内专利申请量的比例保持在 1.34% ~ 1.87% 之间，较 2000—2005 年期间的 0.94% ~ 1.14% 相比，年度专利申请所占比例均有一定的提高。

数据显示，“十一五”以来，云南冶金产业技术领域的年度专利申请量较前期有明显的增长，产业技术创新和专利创造活动在全国的地位有较大的提高，但较全国省（区、市）平均 3% 的比例相比，还是长期处于全国较落后的地位。

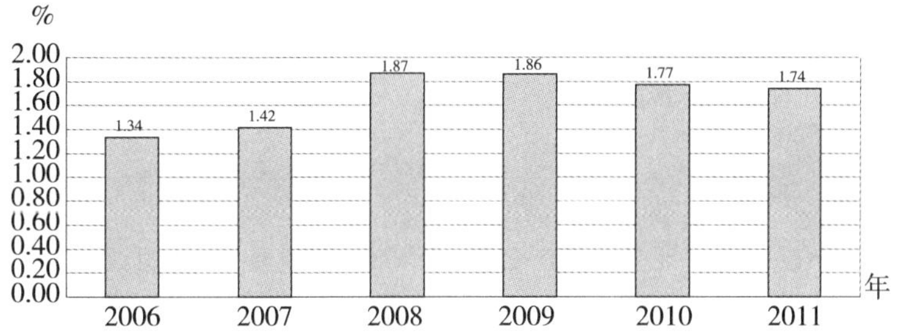

图 4－30 云南冶金产业技术领域年发明与实用新型专利申请占全国比例

三、云南冶金产业技术领域专利申请量排位

（一）国内累计专利申请排位

2006—2011 年期间，冶金产业技术领域累计发明与实用新型专利申请国内排名前 10 位的分别是江苏、北京、上海、河南、湖南、浙江、山东、辽宁、安徽、广东。云南以累计 1 203 件的申请量位居全国内地省（区、市）发明与实用新型专利申请第 15 位，较排名第 5 位的湖南的 2 708 件申请量少了 1 505 件，较排名第 10 位的广东的 1 852 件申请量少了 649 件。

数据显示，“十一五”以来，云南冶金产业技术领域累计发明与实用新型专利申请的国内排名与“十一五”前的第 15 位保持一致，处于全国省（区、市）中等位置，但与排名在前的省份仍有较大的差距，反映了云南冶金产业的技术创新和专利创造能力在全国处于中等水平。

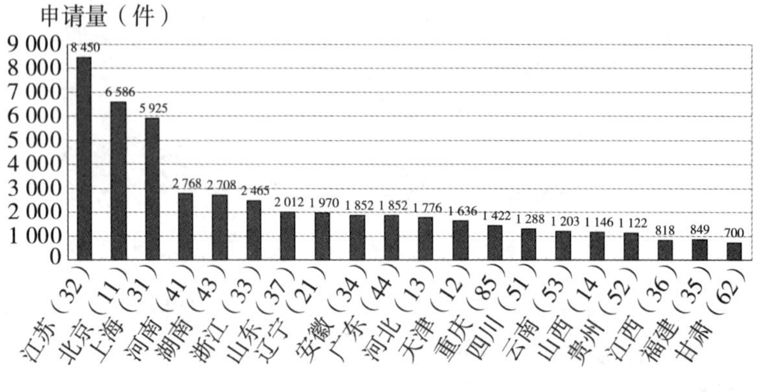

图 4－31　全国省（区、市）冶金产业技术领域发明与实用新型专利累计申请量排位

（二）国内年度专利申请排位

2006—2011 年期间，云南在冶金产业技术领域的累计发明与实用新型专利申请量在全国的排名处于 15～18 位之间，近年来基本稳定在第 15 位；与 2000—2005 年期间的 16～22 位相比，云南冶金产业技术领域的累计专利申请量在国内的年度排位有所上升。

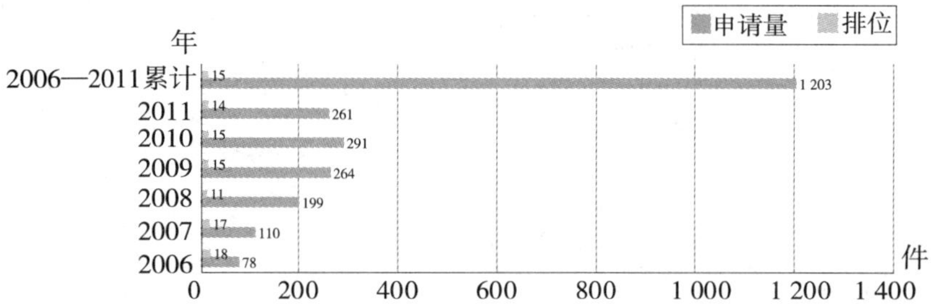

图 4－32　云南冶金产业技术领域专利申请量与国内排位

数据显示，“十一五”以来，云南冶金产业技术领域的年度发明与实用新型专利申请量在全国省（区、市）的排位较前期有所提高，但总体上处于全国中等水平，产业技术创新和专利创造活动在全国的地位基本没有变化。

（三）西部地区专利申请排位

2006—2011 年期间，云南冶金产业技术领域的发明与实用新型专利申请量在重庆和四川之后，位列西部省（区、市）第 3 位，与“十一五”前保持一致，其后依次是贵州、甘肃、广西、内蒙古、陕西、新疆、宁夏、青海、西藏。而西部 12 省（区、市）该技术领域此期间的平均专利申请量为 633 件，为全国平均 2 055 件的 30.81%。

数据显示，“十一五”以来，云南冶金产业技术领域的发明与实用新型专利申请量快速增长，累计申请量在西部地区的排名与前期保持一致，而西部地区冶金产业技术领域的整体技术创新和专利创造活动处于全国较落后地位。

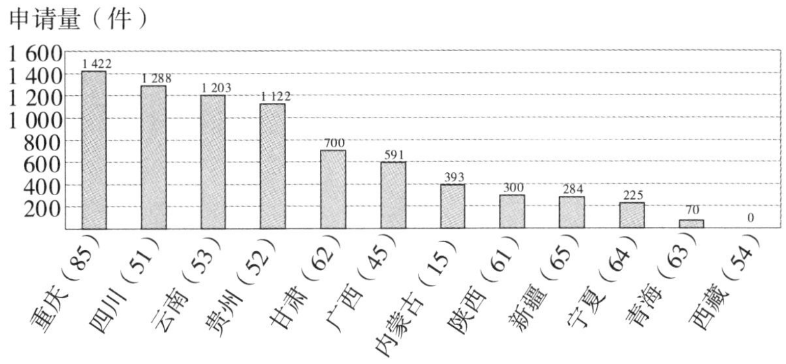

图4－33 冶金产业技术领域西部省（区、市）发明与实用新型专利申请量排位

四、“十一五”以来云南冶金产业技术领域专利申请与技术创新状况整体评价

“十一五”以来，云南冶金产业技术领域的专利申请量有较大的增长，累计申请量的增长幅度远远高于全国整体水平，年申请量从前期的最高76件提高到目前的291件，发明与实用新型专利申请占全国的比例有明显的提升，发明专利申请所占比例高于全国整体水平，专利申请的质量较高，产业技术创新和专利创造能力有所提高。

但同时，云南冶金产业技术领域的累计专利申请量不及全国省（区、市）平均水平的60%，在全国和西部地区的排位较前期没有得到提高，在全国的排位持续处于中等位置，产业技术创新和专利创造活动总体上属于全国中等水平。

表4－3 “十一五”前后云南冶金产业技术领域专利申请状况对比表

时期	全国		云南					
	申请量（件）	发明与实用新型数量比	申请量（件）	发明与实用新型数量比	发明与实用新型占全国比例（%）	年度最高申请量（件）	申请量国内排位	申请量西部排位
2006—2011年期间	69 880	2. 06∶1	1 203	3. 34∶1	1. 72	291	15	3
2000—2005年期间	24 613	4. 35∶1	256	4. 12∶1	1. 04	76	15	3

第四节 “十一五”以来化工产业专利技术创新能力分析

化工产业相关技术领域主要涉及国际专利分类 C01、C05、C07、C08、C09、C10、C11、C12、C14 所包含的范围，通过上述分类号对截至 2012 年 8 月已公开的中国专利申请信息数据进行检索和分析，反映“十一五”以来国内外和云南化工产业技术领域的专利创造情况和技术创新能力。

一、全国化工产业技术领域专利申请状况

（一）全国累计专利申请数量与结构

2006—2011 年期间，全国化工产业技术领域累计公开发明与实用新型专利申请 185 775 件，较 2000—2005 年期间的 110 010 件相比增长了 68.87%；其中发明专利申请 165 694 件，实用新型专利申请 20 081 件，发明与实用新型专利申请数量比为 8.25∶1，较 2000—2005 年期间的 25.27∶1 有大幅度的下降。

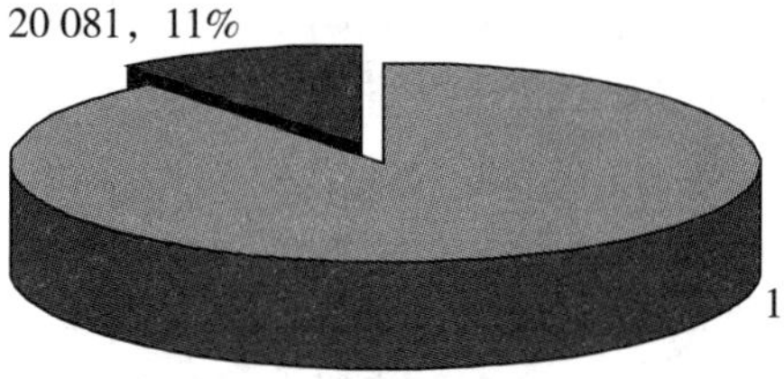

图 4－34　全国化工产业技术领域累计发明与实用新型专利申请比例

数据显示，“十一五”以来，全国化工产业技术领域的发明与实用新型专利申请量有较大幅度的增长，且发明专利申请比例很高，专利申请中发明占了绝对多数，产业技术创新和专利创造的层次较高，但专利申请的整体质量较前期有较大下降。

（二）国内外专利申请数量与比例

2006—2011 年期间，外国在中国累计申请化工产业技术领域的发明与实用新型专利申请共 61 979 件，约占该技术领域全部中国专利申请（247 754 件）的 25.02%，较 2000—2005 年期间的 49.31% 有近一半的下降；而国内该技术领域累计发明与实用新型专利申请公开 185 775 件，约占该技术领域中国专利全部公开申请的 74.98%，较前期的 50.69% 相比大幅度提高。

数据显示，“十一五”以来，外国在中国申请的化工类专利的份额大幅下降，而国内化工产业技术领域的专利申请比例则较前期大幅度提高，化工产业技术领域的中国专利申请以国内为主，表明这一时期国内化工产业的技术创新和专利创造能力得到了明显的提高。

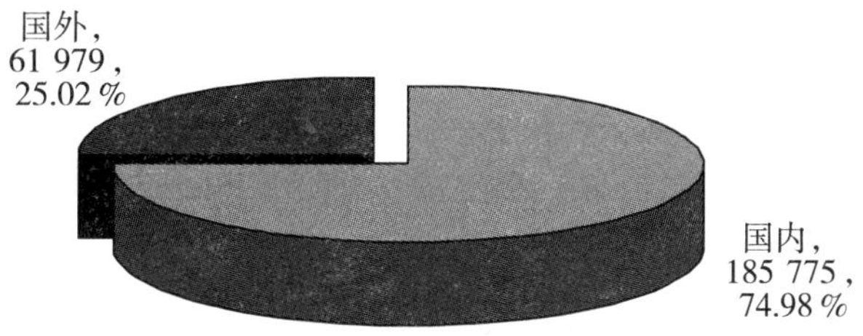

图 4-35 化工产业技术领域国内外累计中国发明与实用新型专利申请数量比例

（三）国内外专利申请比例年度变化

2006—2011 年期间，在化工产业技术领域，外国提出的中国专利申请占全部申请的比例在 41.14%～8.21% 之间变化，从 2006 年的约 41% 降至 2010 年的约 15%（因专利申请尚未全部公开，2011 年的数据暂不作对比），总体呈逐年快速下降态势；而与之相反的是，国内化工产业技术领域的专利申请量占全部中国专利申请量的比例则大幅提升。

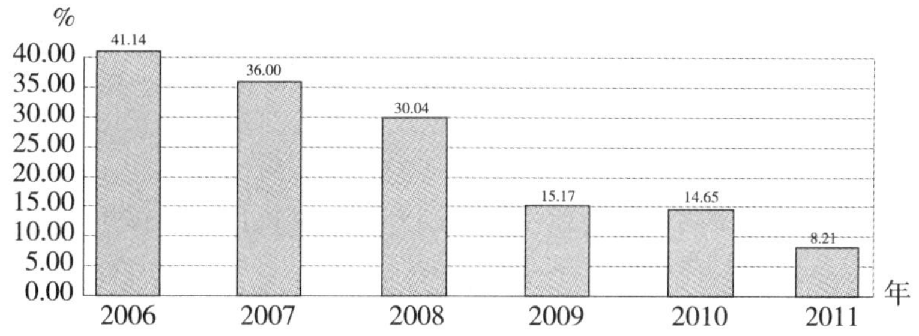

图 4-36 化工产业技术领域国外在中国年专利申请比例

数据显示，“十一五”以来，外国在中国提出的化工类专利申请所占比例逐年下降，而国内该领域的专利申请所占比例则在五年间快速上升了约 26%，表明国内化工产业技术领域的技术创新和专利创造能力在该期间得到了持续的提升，产业核心竞争力持续提高并已占据主导地位。

二、云南化工产业技术领域专利申请状况

（一）累计专利申请数量与结构

2006—2011 年期间，云南在化工产业技术领域累计申请发明与实用新型专利申请 2 384 件，较 2000—2005 年期间的 713 件增长了 234.36%；其中发明专利申请 2 104 件，实用新型专利申请 280 件，发明与实用新型专利申请数量比为 7.51∶1，较 2000—2005 年期间的 11.96∶1 有较大的下降。

数据表明，“十一五”以来，云南化工产业技术领域的中国专利申请量大幅度增长，且增幅远高于全国整体水平，虽发明专利申请所占比例略低于全国整体水平，但发明专利申请仍然占到了约 88% 的很高比例，产业专利申请的质量和技术创新的层次达到了较高的水平。

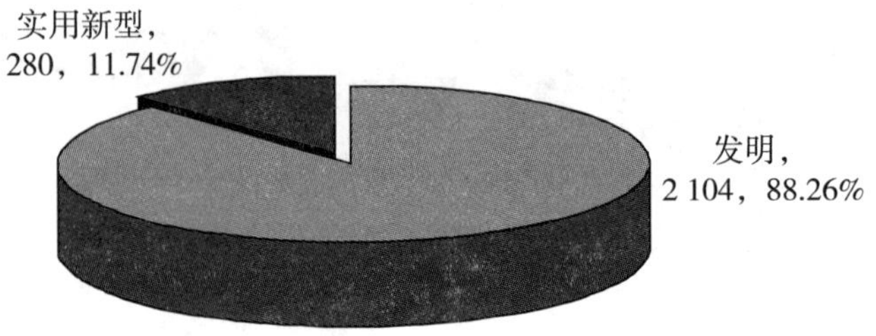

图 4-37　云南化工产业技术领域累计发明与实用新型专利申请比例

（二）累计专利申请占全国比例

2006—2011 年期间，在化工产业技术领域，云南累计发明与实用新型专利申请量占全国的 1.28%，较 2000—2005 年期间的 0.65% 有明显的提高。其中发明专利申请量占全国的 1.27%，实用新型专利申请量占全国的 1.39%，较 2000—2005 年期间的发明专利申请量 0.62%，实用新型专利申请量 1.31% 相比，发明专利申请占全国的比例有较大的提高。而该期间全国省（区、市）平均累计申请量为 5 464 件，云南的累计申请量仅为全国各省（区、市）平均水平的 43.63%。

数据显示，"十一五" 以来，云南化工产业技术领域的发明与实用新型专利申请占全国的比例较前期有明显的提高，主要是发明申请的比例有较大提高，反映了云南在该领域的技术创新和专利创造活动在全国的地位较前期有所提高；但从总体上来看，本时期云南化工产业技术领域的累计专利申请量不及全国省（区、市）平均水平的 1/2，产业技术创新和专利创造的能力仍达不到全国平均水平。

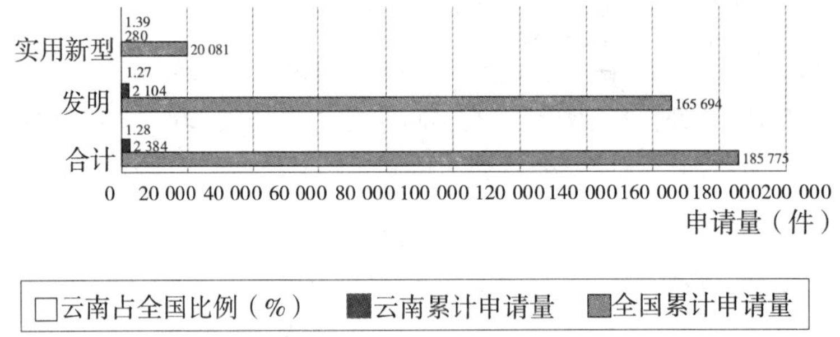

图 4-38　化工产业技术领域全国与云南发明、实用新型专利累计申请量及云南占全国比例

（三）年度专利申请数量

2006—2011 年期间，云南化工产业技术领域的专利申请呈逐年上升趋势，发明与实用新型专利申请从 2006 年的 256 件快速增长到 2010 年的 550 件，五年间增长了 114.84%，是全国同期申请量增幅 126.73% 的 0.91 倍。其中发明专利申请从 2006 年的 225 件增长到 2010 年的 482 件，年申请量净增了 257 件（因数据尚未公开，2011 年的申请数据暂不作比较）。

数据显示，"十一五" 以来，云南化工产业技术领域的专利申请量持续增长，同期增长幅度接近全国整体水平，2010 年的专利申请量突破了 550 件，较前期最高 168 件的年申请量大幅度提高，产业技术创新和专利创造能力得到了持续的改善。

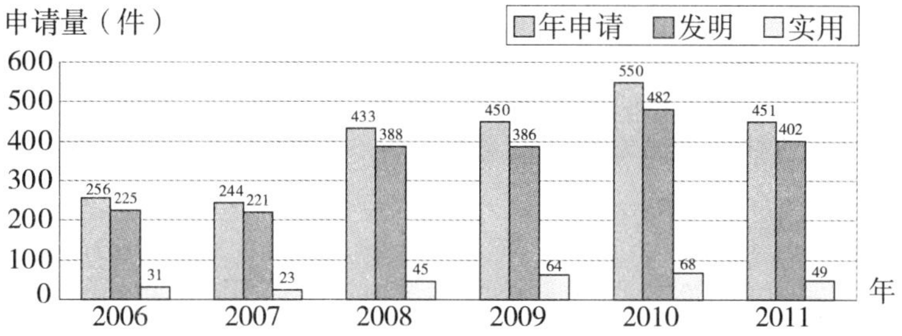

图 4－39 云南化工产业技术领域年专利申请量与申请结构

（四）年度发明专利申请比例

2006—2011 年期间，云南化工产业技术领域的发明专利申请量所占比例在 85.78%～90.57%之间波动，虽所占比例每年都保持在 85%以上，但较 2000—2005 年期间的 87.40%～94.53%相比，年度发明专利申请所占比例还是有所下降。

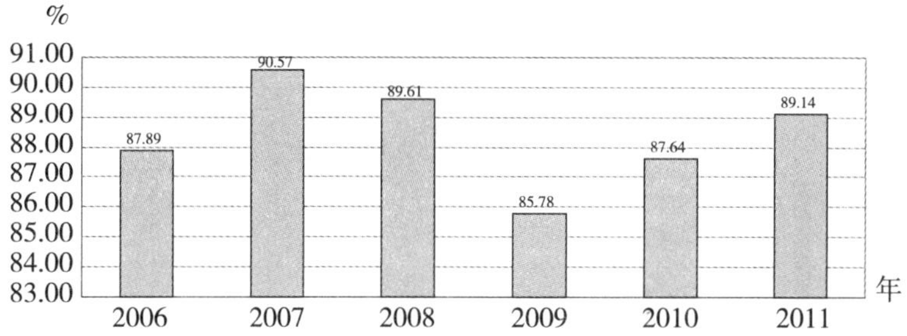

图 4－40 云南化工产业技术领域年发明专利申请比例

数据显示，“十一五”以来，云南化工产业技术领域的发明专利申请一直占主导地位，专利申请的层次和技术含量较高，但较前期的申请结构相比，年度专利申请的质量还是有一定的下降。

（五）年度专利申请占全国比例

2006—2011 年期间，在化工产业技术领域，云南的发明与实用新型专利申请量占全国的比例在 1.07%～1.47%之间小幅波动，与 2000—2005 年期间的 0.51%～0.81%相比，年度专利申请所占比例均有较大的提高。

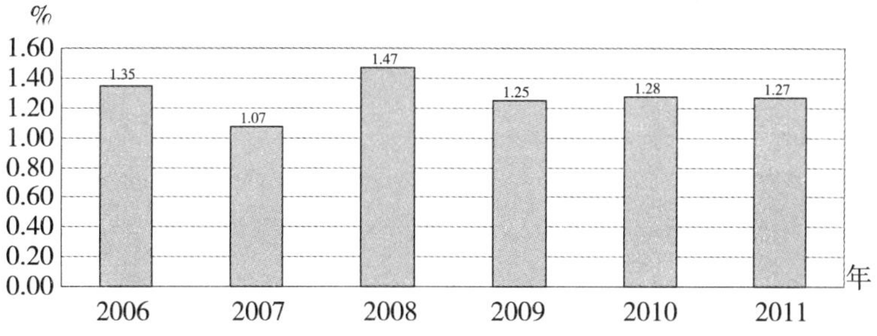

图 4－41 云南化工产业技术领域年发明与实用新型专利申请占全国比例

数据显示，“十一五”以来，云南化工产业技术领域的年度专利申请量在 1.2%左右波动且较前期有明显的增长，产业技术创新和专利创造活动在全国的地位有明显的提高，但较全国省（区、市）平均3%的比例相比，还是一直处于相对偏低的水平。

三、云南化工产业技术领域专利申请量排位

（一）国内累计专利申请排位

2006—2011年期间，化工产业技术领域累计发明与实用新型专利申请量国内排名前10位的分别是北京、江苏、上海、山东、天津、广东、浙江、河南、安徽、湖南，云南以累计2 384件的申请量位居全国省（区、市）发明与实用新型专利申请第14位，较排名第5位的天津的7 390件申请量少了5 006件，较排名第10位的湖南的4 089件申请量少了1 705件。

数据显示，“十一五”以来，云南化工产业技术领域累计发明与实用新型专利申请的国内排名较“十一五”前的第18位有明显的提升，处于全国省（区、市）中等位置，但与排名在前的省（区、市）还是有一定的差距，反映了云南化工产业技术创新和专利创造能力在全国处于中等水平。

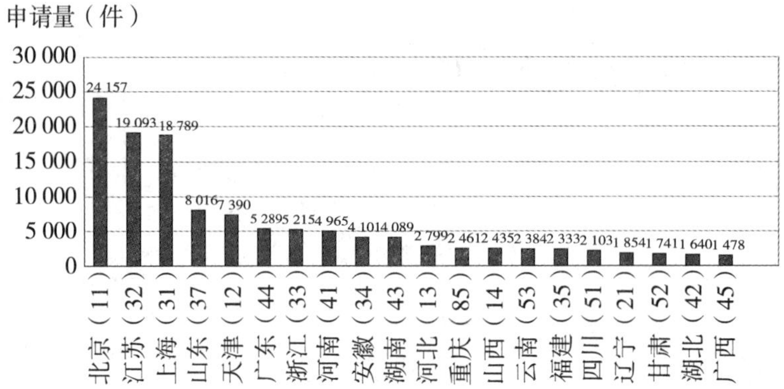

图4－42　全国省（区、市）化工产业技术领域发明与实用新型专利累计申请量排位

（二）国内年度专利申请排位

2006—2011年期间，云南在化工产业技术领域的累计发明与实用新型专利申请量在全国的排名处于10～15位之间，年度排位变化较大，但总体上处于中等位置；与2000—2005年期间的18～20位相比，年度排位呈现明显的上升趋势。

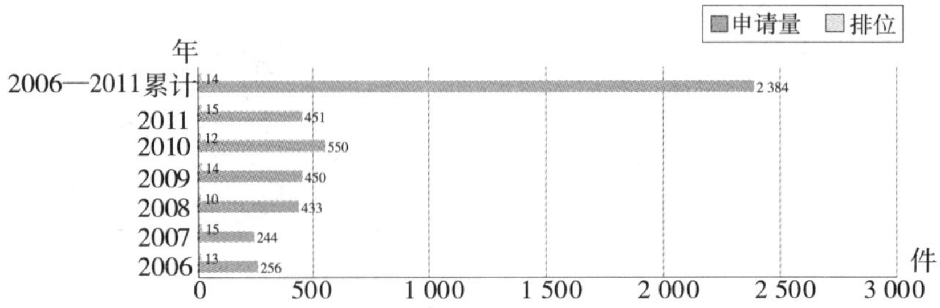

图4－43　云南化工产业技术领域专利申请量与国内排位

数据显示，“十一五”以来，云南化工产业技术领域的年度发明与实用新型专利申请量在全国省（区、市）的排位呈上升趋势，从前期的中下水平提高到本时期的中上水平，产业技术创新和专利创造活动在全国的地位得到了较大的提高。

（三）西部地区专利申请排位

2006—2011 年期间，云南化工产业技术领域的发明与实用新型专利申请量在重庆之后，位列西部省（区、市）第 2 位，较“十一五”前的第 3 位提高了 1 位，其后依次是四川、甘肃、广西、贵州、新疆、内蒙古、陕西、宁夏、青海、西藏。而西部 12 省（区、市）该技术领域此期间的平均专利申请量为 1 249 件，仅为全国平均 5 464 件的 22.86%，反映了西部地区化工产业技术领域的整体技术创新和专利保护水平处于落后地位。

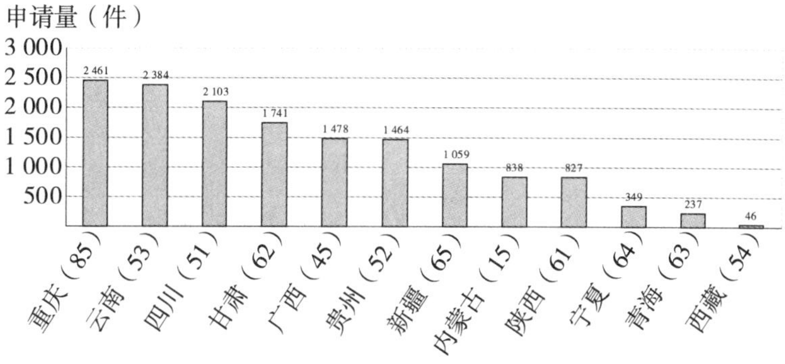

图 4－44 化工产业技术领域西部省（区、市）发明与实用新型专利申请量排位

数据显示，“十一五”以来，云南化工产业技术领域的发明与实用新型专利申请量快速增长，累计申请量在西部地区的排名较前期有所提高，在西部地区处于重庆之后的第 2 位，但西部地区化工产业技术领域的整体技术创新和专利创造活动却处于全国较落后地位。

四、“十一五”以来云南化工产业技术领域专利申请与技术创新状况整体评价

“十一五”以来，云南在化工产业相关技术领域的专利申请量大幅度增长，年申请量从之前的约 210 件提高到目前的 550 件，发明与实用新型专利申请占全国的比例有明显的提升，发明专利申请所占比例和专利申请的质量较高，累计专利申请量在全国省（区、市）的排位较前期提高了 4 位，在西部地区排名从之前的第 3 位提高到了第 2 位。

但同时，云南化工产业技术领域的累计专利申请量只达到全国省（区、市）平均水平的 43.63%，发明专利申请所占比例也低于全国整体水平，专利申请量在全国的排位处于中等位置，产业技术创新和专利创造活动总体上处于全国中等水平。

表4-4 “十一五”前后云南化工产业技术领域专利申请状况对比表

时期	全国		云南					
	申请量(件)	发明与实用新型数量比	申请量(件)	发明与实用新型数量比	发明与实用新型占全国比例(%)	年度最高申请量(件)	申请量国内排位	申请量西部排位
2006—2011年期间	185 775	8.25∶1	2 384	7.51∶1	1.28	550	14	2
2000—2005年期间	110 010	25.27∶1	713	11.96∶1	0.65	180	18	3

第五节 “十一五”以来机械制造产业专利技术创新能力分析

机械制造产业相关技术领域主要涉及国际专利分类 A01B、A01D、A21B、A21C、A23N、A24B5/14、A24C、A41G1/02、A41G11/02、A43D、A46D3/02、A46D3/04、A46D3/06、A46D3/08、A61B18/00、A62C37/42、A63C19/08、B21、B22C、B22D、B23、B24B、B26、B27B、B27C、B30、B41B、B41D、B41F、B41G、B60、B61C9/00、B62D、B65B、B65C、B65G、B66B、B66F3/00、C03B9/40、C21D、C23F、E05、F01、F02、F03、F04、F15、F16、F17、G05B 所包含的范围，通过上述分类号对截至2012年8月已公开的中国专利申请信息数据进行检索和分析，反映“十一五”以来国内外和云南机械制造产业技术领域的专利创造情况与技术创新能力。

一、全国机械制造产业技术领域专利申请状况

（一）全国累计专利申请数量与结构

2006—2011年期间，全国机械制造产业技术领域累计公开发明与实用新型专利申请488 579件，较2000—2005年期间的172 604件相比，大幅增长了183%；其中发明专利申请150 751件，实用新型专利申请337 828件，发明与实用新型专利申请数量比为0.45∶1，较2000—2005年期间的0.72∶1有一定的下降。

数据显示，“十一五”以来，全国机械制造产业技术领域的发明与实用新型专利申请量有大幅度的增长，但发明与实用新型专利申请的数量比较低，实用新型专利申请占到了约70%，专利申请的质量较之前有所下降，产业技术创新和专利创造的层次不高。

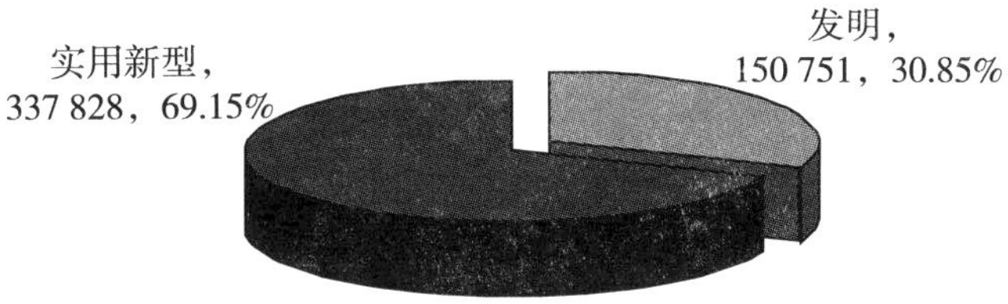

图 4－45 全国机械制造产业技术领域累计发明与实用新型专利申请比例

（二）国内外专利申请数量与比例

2006—2011 年期间，外国在中国累计申请机械制造产业技术领域的发明与实用新型专利申请共 90 216 件，约占该技术领域全部中国专利申请（578 795 件）的 15. 59%，较 2000—2005 年期间的 29. 48% 有大幅度的下降；而国内该技术领域累计发明与实用新型专利申请公开 488 579 件，约占该技术领域中国专利全部公开申请的 84. 41%，较前期的 70. 52% 相比有较大的提高。

数据显示，“十一五”以来，外国在中国申请的机械制造类专利的份额下降明显，而国内机械制造产业技术领域的专利申请比例则较前期进一步提高，机械制造产业技术领域的中国专利申请以国内为主，表明国内在机械制造产业技术领域具备了较强的创新能力。

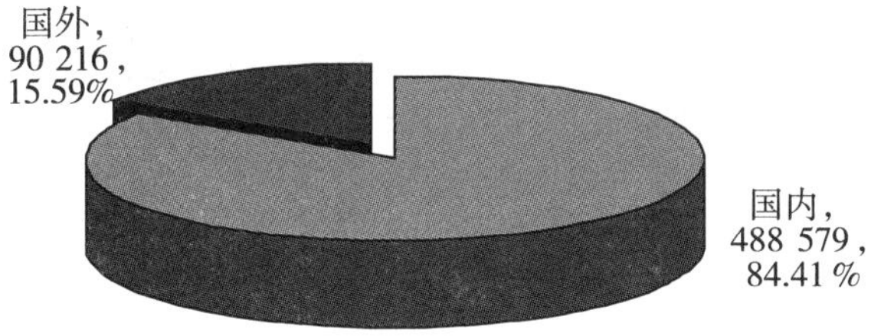

图 4－46 机械制造产业技术领域国内外累计中国发明与实用新型专利申请数量比例

（三）国内外专利申请比例年度变化

2006—2011 年期间，在机械制造产业技术领域，外国提出的中国专利申请占全部申请的比例在 26. 61% ~8. 12% 之间变化，呈逐年快速下降趋势，从 2006 年的约 27% 降至 2010 年的约 11%（因专利申请尚未公布，2011 年的数据暂不作对比）；与 2000—2005 年期间外国专利申请占 22. 61% ~34. 90% 的比例相比，“十一五”时期外国提出的中国专利申请所占比例有较大幅度的下降。

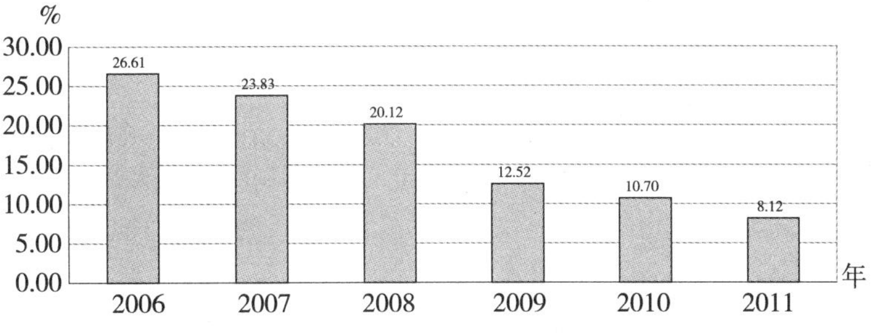

图 4－47 机械制造产业技术领域外国在中国年专利申请比例

数据显示，“十一五”以来，外国在中国提出的机制制造类专利申请所占比例逐年下降，而国内该领域的专利申请所占比例则在五年间连续上升了约16%，表明国内机械制造产业技术领域的技术创新和专利创造能力在“十一五”期间得到了持续的提升。

二、云南机械制造产业技术领域专利申请状况

（一）累计专利申请数量与结构

2006—2011年期间，云南在机械制造产业技术领域累计申请发明与实用新型专利申请3 122件，较2000—2005年期间的1 027件增长了203.99%；其中，发明专利申请945件，实用新型专利申请2 177件，发明与实用新型专利申请数量比为0.43∶1，较2000—2005年期间的0.21∶1有较大的提高。

数据表明，“十一五”以来，云南机械制造产业技术领域的中国专利申请量大幅度增长，发明与实用新型专利申请数量比也有较大提高，但发明专利申请所占比例相对较低，且较全国整体水平有较大差距，专利申请主要以实用新型专利为主，产业技术创新和专利创造的层次较低。

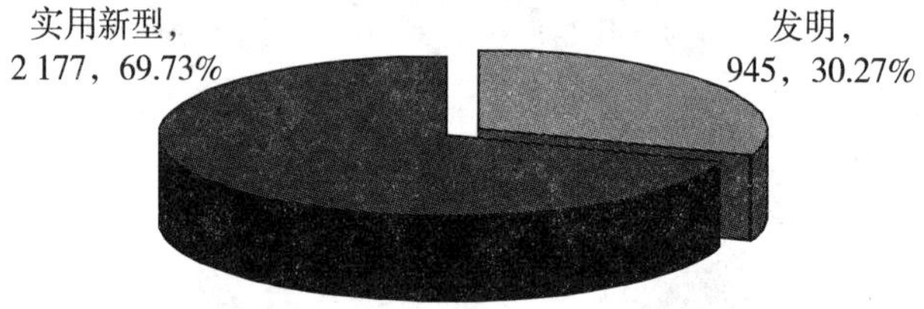

图4－48　云南机械制造产业技术领域累计发明与实用新型专利申请比例

（二）累计专利申请占全国比例

2006—2011年期间，在机械制造产业技术领域，云南累计发明与实用新型专利申请量占全国的0.64%，较2000—2005年期间的0.59%有所提高。其中，发明专利申请量占全国的0.63%，实用新型专利申请量占全国的0.64%，较2000—2005年期间的发明专利申请量0.25%，实用新型专利申请量0.85%相比，发明专利申请比例有较大提高，而实用新型专利申请的比例有一定下降。同时，该领域同期的全国省（区、市）平均累计专利申请量为14 370件，云南的累计申请量仅为全国省（区、市）平均水平的21.73%。

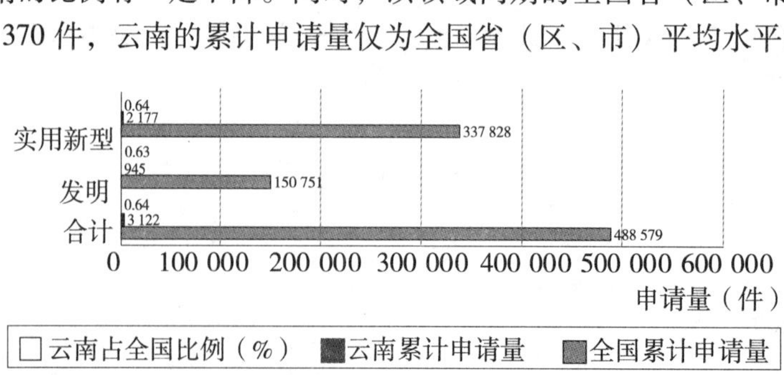

图4－49　机械制造产业技术领域全国与云南发明、实用新型专利累计申请量及云南占全国比例

数据显示，“十一五”以来，云南机械制造产业技术领域的发明与实用新型专利申请占全国的比例较前期有一定的提高，发明专利申请的比例有较大提高，而实用新型专利申请的比例则有所下降，专利创造与申请活动在全国的地位有一定的提高。但云南在本时期机械制造产业技术领域的累计申请量不及全国省（区、市）平均水平的22%，产业技术创新和专利创造的能力较全国整体水平还有很大差距。

（三）年度专利申请数量

2006—2011 年期间，云南机械制造产业技术领域的专利申请呈逐年增长趋势，发明与实用新型专利申请量从 2006 年的 275 件快速增长到 2010 年的 764 件，五年间增长了 177.82%，是全国同期申请量增幅 173.82% 的 1.02 倍。其中发明专利申请从 2006 年的 90 件增长到 2010 年的 229 件，年申请量净增了 139 件（因数据尚未公布，2011 年的申请数据暂不作比较）。

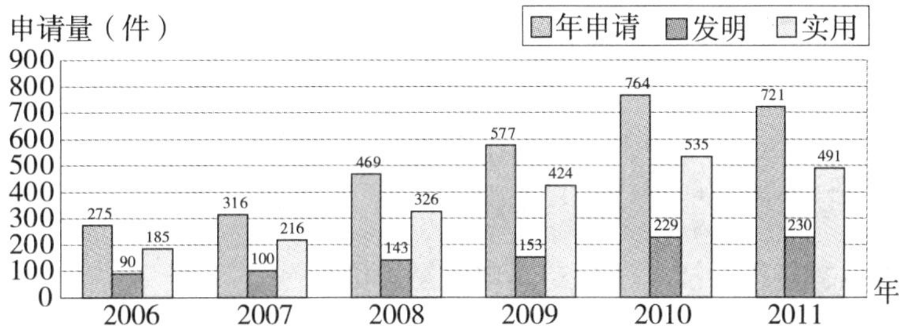

图 4－50 云南机械制造产业技术领域年专利申请量与申请结构

数据显示，“十一五”以来，云南机械制造产业技术领域的专利申请保持了持续的高增长，近三年来的年专利申请量均已超过 550 件，2010 年更是突破了 760 件，较前期最高 213 件的年申请量大幅度提高，产业技术创新和专利创造能力不断增强。

（四）年度发明专利申请比例

2006—2011 年期间，云南机械制造产业技术领域的发明专利申请所占比例在 26.52% ～32.73% 之间波动，虽所占比例最高也不及 33%，但与 2000—2005 年期间的 7.88% ～23.89% 相比，发明专利申请所占比例还是有了明显的提高。

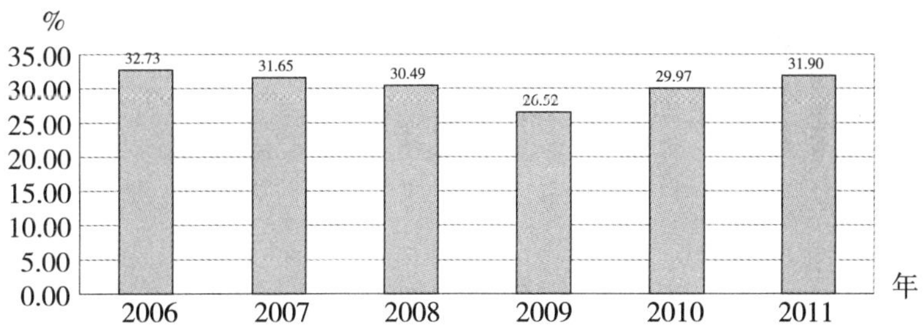

图 4－51 云南机械制造产业技术领域年发明专利申请比例

数据显示，“十一五”以来，云南机械制造产业技术领域的专利申请以实用新型专利为主，年度发明专利申请的比例一直都不高，专利申请多为一般的装置和用具，但发明专利申请所占比例较前期有明显的提高，产业技术创新的层次有所提高。

（五）年度专利申请占全国比例

2006—2011 年期间，在机械制造产业技术领域，云南的发明与实用新型专利申请量占全国的比例在 0.60% ~0.66% 之间小幅波动，与 2000—2005 年期间的 0.47% ~0.82% 相比，所占比例总体上没有太大的变化。

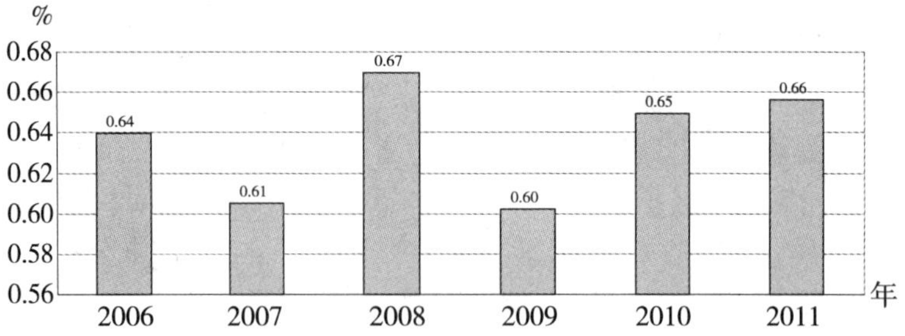

图 4－52　云南机械制造产业技术领域年发明与实用新型专利申请占全国比例

数据显示，“十一五”以来，云南机械制造产业技术领域的年度专利申请量虽有较大增长，但与全国省（区、市）平均 3% 的比例相比却长期处于低水平的状态，产业技术创新和专利创造活动在全国的地位较低且变化不大。

三、云南机械制造产业技术领域专利申请量排位

（一）国内累计专利申请排位

2006—2011 年期间，机械制造产业技术领域累计发明与实用新型专利申请国内排名前 10 位的分别是江苏、浙江、上海、广东、山东、北京、安徽、河南、重庆、天津，云南以累计 3 122 件的申请量位居全国省（区、市）发明与实用新型专利申请第 21 位，较排名第 10 位的天津的 13 081 件申请量少了 9 959 件，较排名第 15 位的湖北的 6 669 件申请量少了 3 547 件。

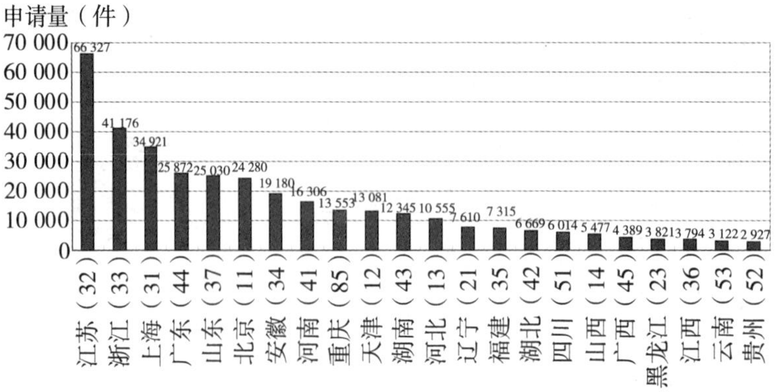

图 4－53　全国省（区、市）机械制造产业技术领域发明与实用新型专利累计申请量排位

数据显示，“十一五”以来，云南机械制造产业技术领域累计发明与实用新型专利申请的国内排名较“十一五”前的第 24 位有明显的提升，但仍然处于全国省（区、市）中间靠后位置，且与其他省（区、市）之间的差距巨大，产业技术创新和专利创造活动在

全国仍然处于落后状态。

（二）国内年度专利申请排位

2006—2011 年期间，云南在机械制造产业技术领域的累计发明与实用新型专利申请量在全国的排名在 20～22 位之间波动，年度申请量的排位变化不大；与 2000—2005 年期间的 23～25 位相比，年度排位总体上呈现上升趋势。

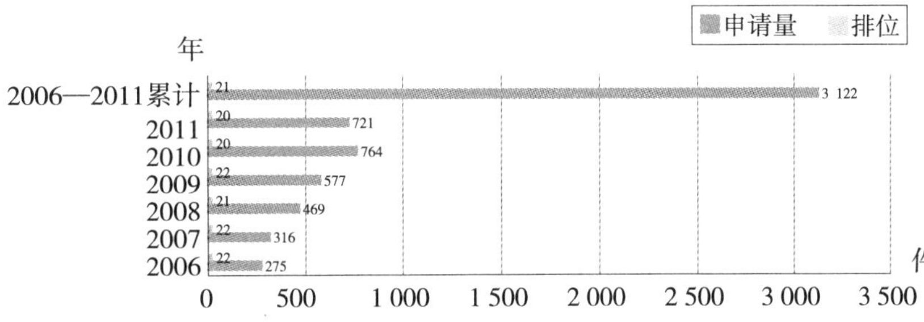

图 4－54　云南机械制造产业技术领域专利申请量与国内排位

数据显示，“十一五”以来，云南机械制造产业技术领域的年度发明与实用新型专利申请量在全国省（区、市）的排位呈上升趋势，且较前期相比有明显的进步，产业技术创新和专利创造活动在全国的地位得到了稳步的提高，但总体上还是在全国中等靠后位置上寻求发展。

（三）西部地区专利申请排位

2006—2011 年期间，云南机械制造产业技术领域的发明与实用新型专利申请量在重庆、四川、广西之后，位列西部省（区、市）第 4，较“十一五”前的第 5 位提高了 1 位，其后依次是贵州、新疆、内蒙古、甘肃、陕西、宁夏、青海、西藏。而西部 12 省（区、市）该技术领域的此期间的平均专利申请量为 3 292 件，仅为全国平均 14 370 件的 22.91%。

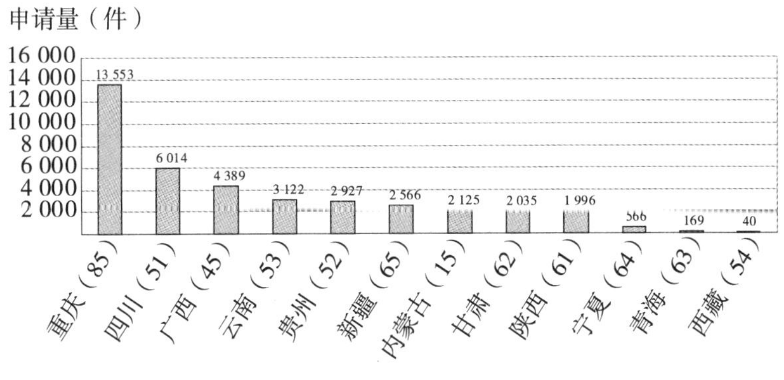

图 4－55　机械制造产业技术领域西部省（区、市）发明与实用新型专利申请量排位

数据显示，“十一五”以来，云南机械制造产业技术领域的发明与实用新型专利申请量快速增长，累计申请量在西部地区的排名较前期有所提高，在西部地区处于中上地位，但西部地区机械制造产业技术领域的整体技术创新和专利创造活动仍然处于全国较落后地位。

四、"十一五"以来云南机械制造产业技术领域专利申请与技术创新状况整体评价

"十一五"以来，云南在机械制造产业相关技术领域的专利申请量大幅度增长，年申请量从之前的约210件提高到目前的760件以上，发明专利申请占全国的比例也有明显的提高，专利申请的质量有所改善，累计专利申请量在全国省（区、市）的排位提高了3位，在西部地区排名从之前的第5位提高到了第4位。

但同时，云南机械制造产业技术领域的累计专利申请量仅为全国省（区、市）平均水平的21.73%，发明专利申请所占比例明显偏低，专利申请量在全国和西部地区的排位都不高，产业技术创新和专利创造活动的水平一般。

表4-5　"十一五"前后云南机械制造产业技术领域专利申请状况对比表

时期	全国		云南					
	申请量（件）	发明与实用新型数量比	申请量（件）	发明与实用新型数量比	发明与实用新型占全国比例（%）	年度最高申请量（件）	申请量国内排位	申请量西部排位
2006—2011年期间	488 579	0.45∶1	3 122	0.43∶1	0.64	764	21	4
2000—2005年期间	172 640	0.72∶1	1 027	0.21∶1	0.59	213	24	5

第六节　"十一五"以来医药产业专利技术创新能力分析

医药产业相关技术领域主要涉及国际专利分类A61（A61B、A61C、A61F、A61G、A61H、A61J、A61K、A61L、A61M、A61N、A61P）所包含的范围，通过上述分类号对截至2012年8月已公开的中国专利信息数据进行检索和分析，反映"十一五"以来国内外和云南医药产业技术领域的专利创造情况与技术创新能力。

一、全国医药产业技术领域专利申请状况

（一）全国累计专利申请数量与结构

2006—2011年期间，全国医药产业技术领域累计公开发明与实用新型专利申请199 035件，较2000—2005年期间的119 458件相比，增长了66.62%；其中发明专利申请105 894件，实用新型专利申请93 141件，发明与实用新型专利申请数量比为1.14∶1，较2000—2005年期间的2.47∶1有明显的降低。

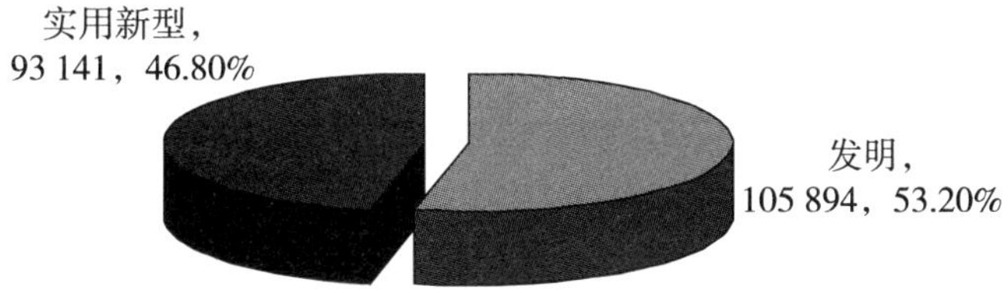

图 4－56 全国医药产业技术领域累计发明与实用新型专利申请比例

数据显示，“十一五”以来，全国医药产业技术领域的发明与实用新型专利申请量有明显的增长，但发明与实用新型专利申请的数量比下降较大，发明专利申请量占 53%，仅略高于实用新型专利申请，专利申请的结构较之前变差，申请的质量有明显下降。

（二）国内外专利申请数量与比例

2006—2011 年期间，在医药产业技术领域，外国累计申请的发明与实用新型专利申请共有 45 127 件，约占该技术领域中国专利全部公开申请（244 162 件）的 18. 48%，较 2000—2005 年期间的 31. 46% 有大幅度的下降；而国内该技术领域累计发明与实用新型专利申请公开 199 035 件，约占该技术领域中国专利全部公开申请的 81. 52%，较前期的 68. 54% 相比大幅上升。

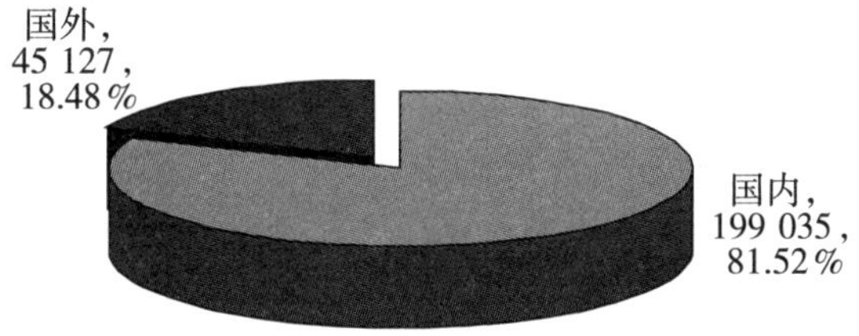

图 4－57 医药产业技术领域国内外累计中国发明与实用新型专利申请数量比例

数据显示，“十一五”以来，外国在中国申请的医药类专利的份额有较大下降，而国内医药产业技术领域的专利申请比例则大幅度提高，医药产业技术领域的中国专利申请以国内为主，表现出国内医药产业技术领域的技术创新已经具备较强的实力。

（三）国内外专利申请比例年度变化

2006—2011 年期间，在医药产业技术领域，外国提出的中国专利申请所占比例在 28. 84% ~2. 5% 之间变化，呈逐年下降趋势，从 2006 年的约 29% 降至 2010 年的约 11%（因专利申请尚未全部公开，2011 年的数据暂不作对比）。与 2000—2005 年期间外国专利申请占 29% 的比例相比，“十一五”时期外国在中国申请的专利所占比例有大幅度的下降。

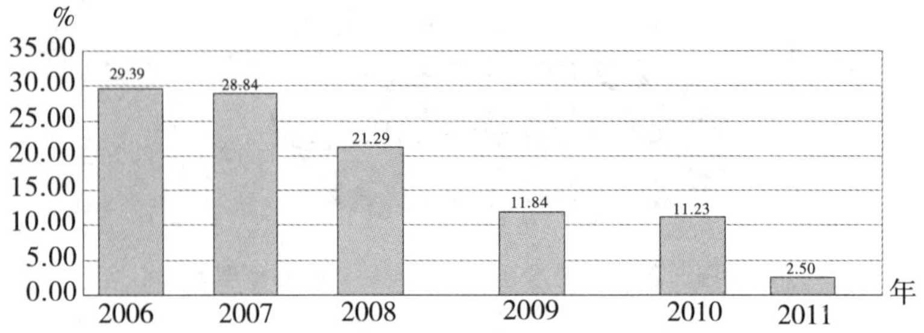

图 4－58　医药产业技术领域国外在中国年专利申请比例

数据显示，“十一五”以来，外国在中国的医药技术专利申请所占比例逐年下降，而国内该领域的专利申请所占比例则连续上升了约 18%，表明国内医药产业技术领域的技术创新和专利创造实力在此期间得到了持续的提升。

二、云南医药产业技术领域专利申请状况

（一）累计专利申请数量与结构

2006—2011 年期间，云南在医药产业技术领域累计申请发明与实用新型专利申请 1 788 件，较 2000—2005 年期间的 1 142 件增长了 56. 57%；其中，发明专利申请 1 525 件，实用新型专利申请 263 件，发明与实用新型专利申请数量比为 5. 8∶1，较 2000—2005 年期间的 4. 03∶1 有明显的提高。

数据显示，“十一五”以来，云南医药技术的专利申请量明显增长，发明专利申请所占比例也大幅提高，专利申请的数量和质量都得到了明显的改善，创新成果主要以新药产品和工艺等发明为主。

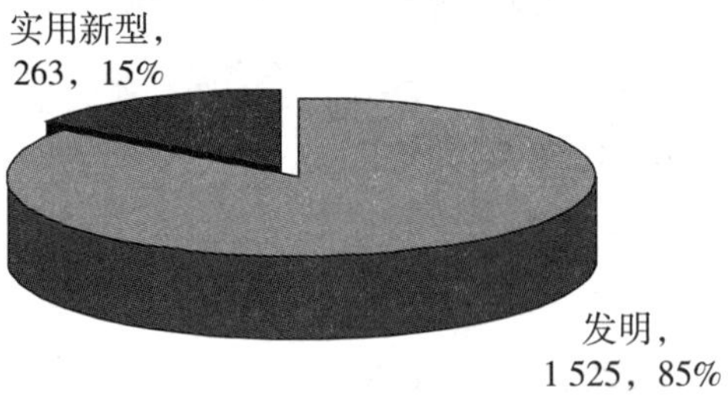

图 4－59　云南医药产业技术领域累计发明与实用新型专利申请比例

（二）累计专利申请占全国比例

2006—2011 年期间，在医药产业技术领域，云南累计发明与实用新型专利申请量占全国的 0. 90%，较 2000—2005 年期间的 0. 96% 有所下降。其中，发明专利申请量占全国的 1. 44%，实用新型专利申请量占全国的 0. 28%；与 2000—2005 年期间的发明专利申请量 1. 08%，实用新型专利申请量 0. 66% 相比，发明专利申请比例有一定的提高，而实用新型专利申请的比例有一定下降。同时，该领域同期的全国省（区、市）平均累计专利申请量为 5 854 件，云南的累计申请量仅为全国省（区、市）平均水平的 19. 18%。

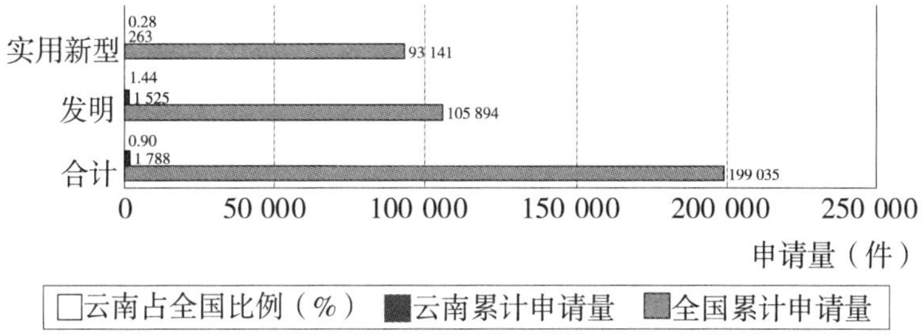

图 4－60　医药产业技术领域全国与云南发明、实用新型专利累计申请量及云南占全国比例

数据显示，“十一五”以来，云南医药产业技术领域的发明与实用新型专利申请占全国的比例较前期有所下降，累计申请量不及全国省（区、市）平均水平的 20%，医药技术创新与专利创造活动在全国处于相对落后的地位，但该时期云南医药产业技术领域高技术含量的发明专利申请比例有一定提高，而高技术含量相对较低的实用新型专利申请的比例则明显下降，产业技术创新的层次明显有所改善。

（三）年度专利申请数量

2006—2011 年期间，云南医药产业技术领域的发明与实用新型专利申请量从 2006 年的 268 件，增长到 2010 年的 424 件，五年间增长了 58.21%，是全国同期申请量增幅 76.27% 的 0.76 倍，较 2000—2005 年期间的最高 251 件的年申请量有大幅度的提高。其中发明专利申请从 2006 年的 233 件增长到 2010 年的 360 件，年申请量净增了 147 件（因数据尚未公开完全，2011 年的数据暂不作比较）。

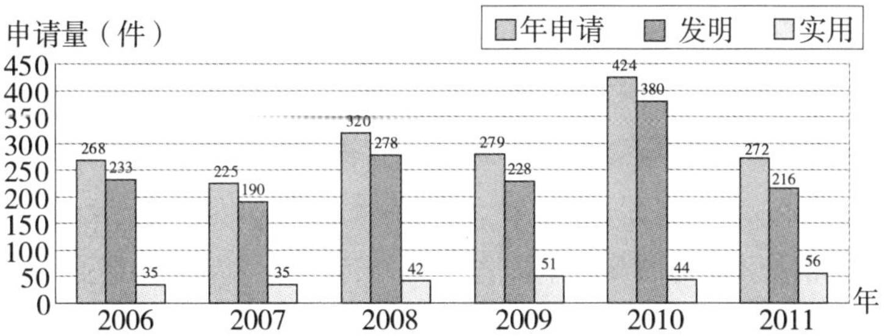

图 4－61　云南医药产业技术领域年专利申请量与申请结构

数据显示，“十一五”以来，云南医药产业技术领域专利申请的增长率虽低于全国整体水平，但总体保持了平稳增长的态势，2010 年的年申请量已超过 420 件，较前期最高 251 件的年申请量有大幅度的提高，产业自主创新和专利创造能力得到了较大的提升。

（四）年度发明专利申请比例

2006—2011 年期间，云南医药产业技术领域的发明专利申请比例在 79.41% ～ 89.62% 之间波动，多数年份的比例均在 80% 以上，与 2000—2005 年期间的 72.92% ～ 83.87% 相比，发明专利申请所占比例有明显的提高。

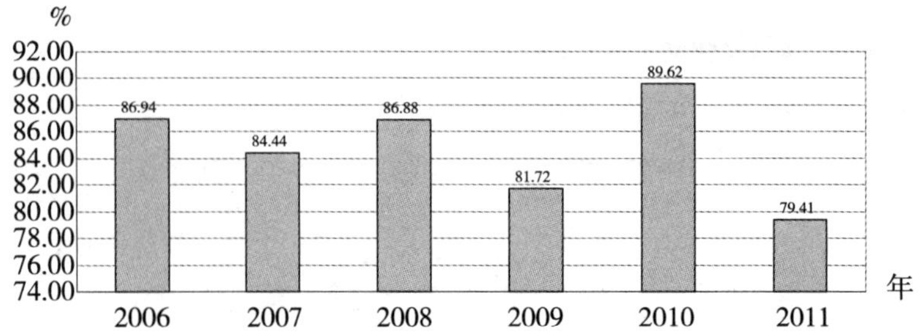

图 4－62　云南医药产业技术领域年发明专利申请比例

数据显示，“十一五”以来，云南医药产业技术领域的专利申请以发明为主，年度发明专利申请持续保持在较高的比例，专利申请以云南植物资源和传统医药知识为基础的新药技术为主，产业技术创新和专利创造活动在保持较高层次的同时得到了稳步的提高。

（五）年度专利申请占全国比例

2006—2011 年期间，在医药产业技术领域，云南的发明与实用新型专利申请量占全国的比例在 0.74%～1.10% 之间小幅波动；与 2000—2005 年期间的 0.79%～1.11% 相比，总体上变化不大。

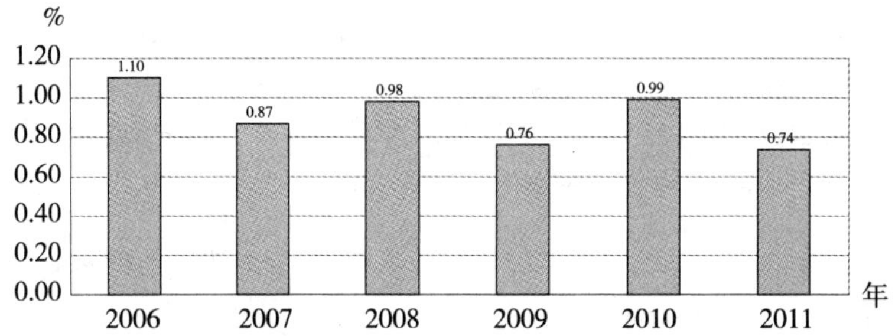

图 4－63　云南医药产业技术领域年发明与实用新型专利申请占全国比例

数据显示，“十一五”以来，云南医药产业技术领域的年度专利申请量虽有较大增长，但占全国的比例长期低于 3% 的全国省（区、市）平均水平，产业技术创新和专利创造工作在全国的地位较低。

三、云南医药产业技术领域专利申请量排位

（一）国内累计专利申请排位

2006—2011 年期间，医药产业技术领域累计发明与实用新型专利申请国内排名前 10 位的分别是山东、北京、江苏、上海、浙江、天津、广东、河南、重庆、湖南，云南以累计 1 788 件的申请量位居全国省（区、市）发明与实用新型专利申请第 18 位，较排名第 5 位的浙江的 7 720 件申请量少了 5 932 件，较排名第 10 位的湖南的 3 611 件申请量少了 1 823 件，较排名第 15 位的黑龙江的 1 945 件申请量少了 157 件。

数据显示，“十一五”以来，云南医药产业技术领域累计发明与实用新型专利申请的国内排名较前期的第 21 位有明显的提升，但仍然处于全国省（区、市）中间靠后位置，反映了云南在医药产业技术领域的自主创新和专利创造能力与其他省（区、市）之间的

巨大差距。

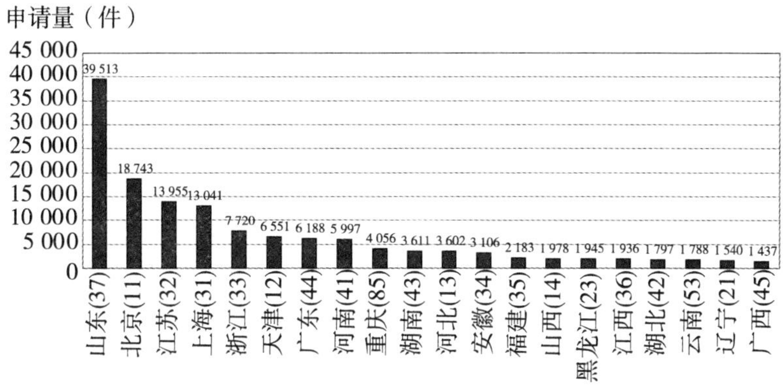

图4－64　全国省（区、市）医药产业技术领域发明与实用新型专利累计申请量排位

（二）国内年度专利申请排位

2006—2011年期间，云南医药产业技术领域的年度发明与实用新型专利申请量在全国的排名处于13～19位之间，年度申请量的排位波动较大；与2000—2005年期间的15～22位相比，年度排位总体呈上升趋势。

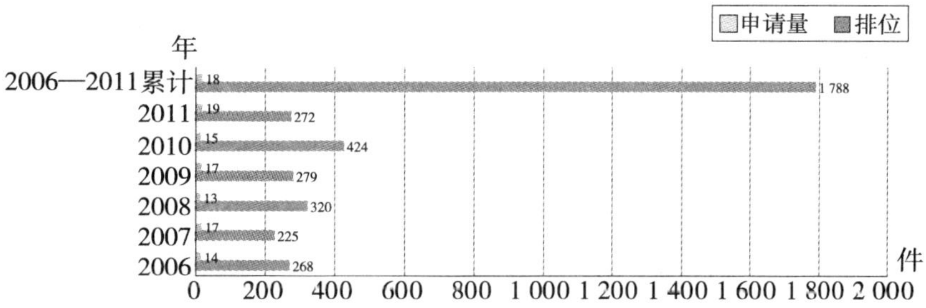

图4－65　云南医药产业技术领域专利申请量与国内排位

数据显示，“十一五”以来，云南医药产业技术领域的年度发明与实用新型专利申请量虽有波动，但在全国省（区、市）的年度排位呈上升趋势，专利申请量较前期相比有较大的进步，已逐步上升到全国中等水平，产业技术创新和专利创造活动在调整中稳步发展。

（三）西部地区专利申请排位

2006—2011年期间，云南医药产业技术领域的发明与实用新型专利申请量在重庆之后，位居西部省（区、市）第2位，较“十一五”前的第3位提高了1位，其后依次是广西、四川、贵州、甘肃、陕西、新疆、内蒙古、宁夏、青海、西藏。而西部12省（区、市）该期间医药产业技术领域的平均专利申请量为1 123件，仅为全国平均5 854件的19.18%。

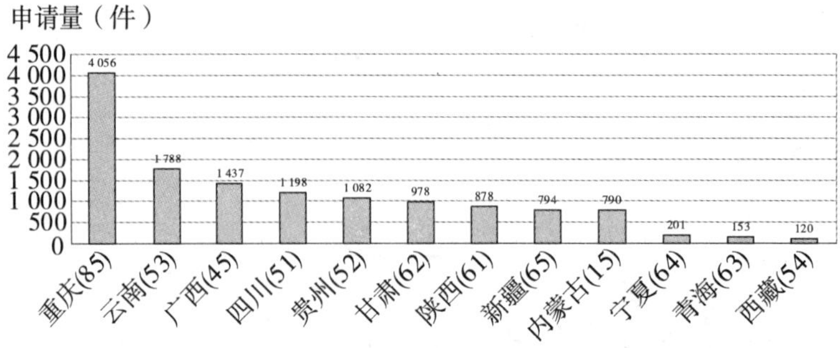

图 4－66　医药产业技术领域西部省（区、市）发明与实用新型专利申请量排位

数据显示，“十一五”以来，云南医药产业技术领域的发明与实用新型专利申请量快速增长，累计申请量在西部地区排名第 1 位，但云南和西部地区医药产业技术领域的整体技术创新和专利申请活动仍然属于全国滞后水平。

四、“十一五”以来云南医药产业技术领域专利申请与技术创新状况整体评价

“十一五”以来，云南医药产业相关技术领域的专利申请量快速增长，年申请量从之前的 208 件提升到目前的 420 多件，发明与实用新型专利申请数量比达到 5. 80∶1 的高比例，发明专利申请占全国的比例较前期有所提高，专利申请的质量有明显的改善，累计专利申请量在全国省（区、市）的排位提高了 3 位，在西部地区排名从之前的第 3 位提升到第 1 位。

但同时，云南医药产业技术领域专利申请的增长率低于全国整体水平，专利申请量仅为全国省（区、市）平均水平的 19. 18%，累计专利申请量处于全国省（区、市）中等靠后位置，产业技术创新和专利创造能力仍属于国内一般水平。

表 4－6　“十一五”前后云南医药产业技术领域专利申请状况对比表

时　期	全　国		云　南					
	申请量（件）	发明与实用新型数量比	申请量（件）	发明与实用新型数量比	发明与实用新型占全国比例（%）	年度最高申请量（件）	申请量国内排位	申请量西部排位
2006—2011 年期间	244 162	1. 14∶1	1 788	5. 80∶1	0. 90	424	18	1
2000—2005 年期间	119 458	2. 47∶1	1 142	4. 03∶1	0. 96	208	21	3

第七节　“十一五”以来信息产业专利技术创新能力分析

信息产业相关技术领域主要涉及国际专利分类 G01S、G02F、G04F5/00、G05B21/00、G05D25/00、G05F、G06C、G06E、G06F、G06G、G06J、G06K、G06M、G06N、G06Q、G06T、G07G1/12、G08B、G09G、G10L、G11B、G11C、H01H、H01L、H03C、H03D、H03K19/00、H03M、H04、H05K 所覆盖的范围，通过上述分类号对截至 2012 年 8 月已公开的中国专利申请信息数据进行检索和分析，反映“十一五”以来国内外和云南信息产业技术领域的专利创造情况与技术创新能力。

一、全国信息产业技术领域专利申请状况

（一）全国累计专利申请数量与结构

2006—2011 年期间，全国信息产业技术领域累计公开发明与实用新型专利申请 392 884 件，较 2000—2005 年期间的 242 318 件增长了 62.14%。其中发明专利申请 267 456 件，实用新型专利申请 125 428 件，发明与实用新型专利申请数量比为 2.13∶1，较 2000—2005 年期间的 4.50∶1 相比有明显下降。

数据表明，“十一五”以来，全国信息产业技术领域的发明与实用新型专利申请量较前期有较大增长，发明专利申请量高于实用新型，专利申请结构中发明较多，但发明与实用新型专利申请的数量比有较大下降，专利申请的整体质量不及前期水平。

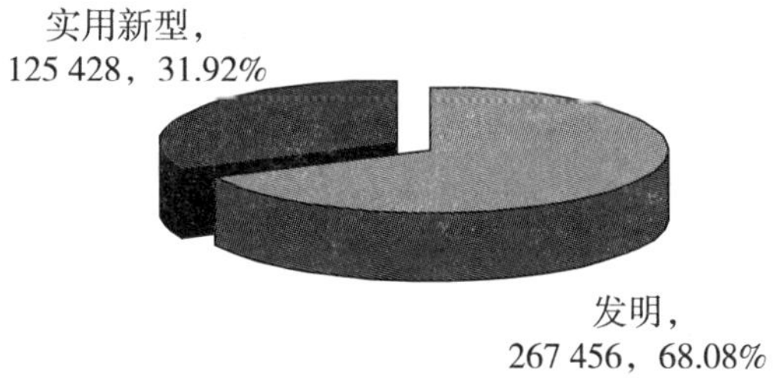

图 4－67　全国信息产业技术领域累计发明与实用新型专利申请比例

（二）国内外申请数量与比例

2006—2011 年期间，外国在信息产业技术领域的中国发明与实用新型专利申请共有 166 371 件，约占该技术领域全部中国专利申请（559 255 件）的 29.75%，较 2000—2005 年期间 62.39% 的比例下降了约 32%；而国内信息产业技术领域的发明与实用新型专利申请共有 392 884 件，约占该技术领域全部中国专利申请的 70.25%，较前期所占比例大幅度提高。

数据表明，“十一五”以来，在信息产业技术领域，国外在中国申请的专利份额大幅度下降，而国内的专利申请比例则大幅升高，从前期的国外高而国内低，转变为国内高而国外低的格局，反映了国内信息技术高速发展的良好现象。

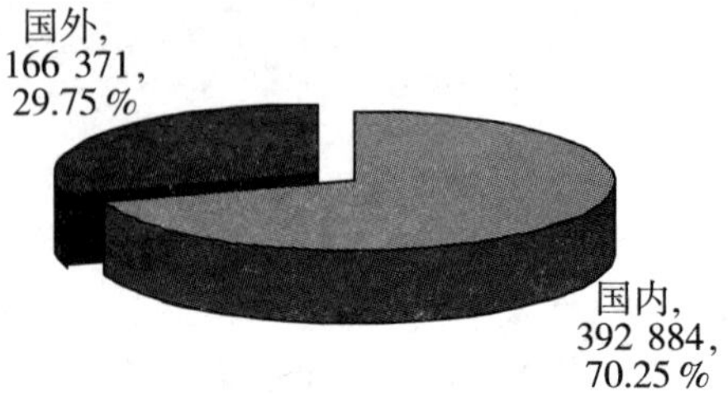

图4－68　信息产业技术领域国内外累计中国发明与实用新型专利申请数量比例

（三）国内外专利申请比例年度变化

2006—2011年期间，在信息产业技术领域的中国专利申请中，外国所占比例在44. 52% ~17. 47%之间变化，呈逐年快速下降趋势，从2006年的约45%逐年降至2010年的约21%（因专利申请尚未全部公布，2011年的数据暂不作对比）；而国内该领域的专利申请量占全部专利申请的比例则持续增加，五年间上升了约24%。

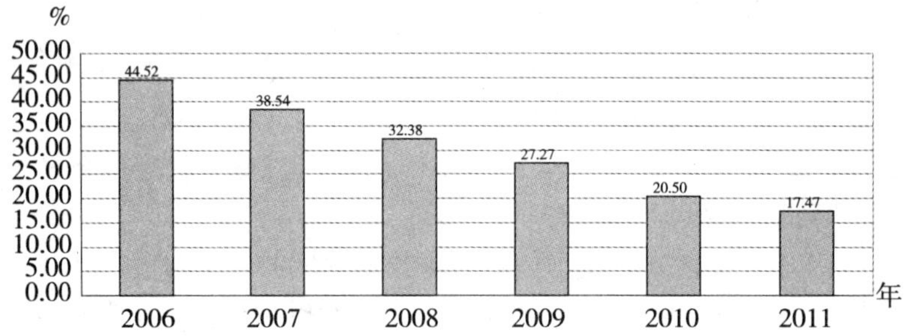

图4－69　信息产业技术领域国外在中国年专利申请比例

数据表明，“十一五”以来，在信息产业技术领域的中国专利申请中，国外专利申请的比例快速下降，而国内专利申请的比例却持续提高；与2000—2005年期间的56. 13% ~69. 75%相比，国外在中国的专利申请份额呈现长期的持续下降态势。经过近10年的发展，国内在信息产业技术领域逐步具备了相当的创新实力。

二、云南信息产业技术领域专利申请状况

（一）累计专利申请数量与结构

2006—2011年期间，云南在信息产业技术领域累计申请发明与实用新型专利申请677件，其中，发明专利申请319件，实用新型专利申请358件，发明与实用新型专利申请数量比为0. 89∶1；与2000—2005年期间相比，申请量较前期的249件增加了171. 89%，发明与实用新型专利申请数量比略高于前期的0. 71∶1。

数据表明，“十一五”以来，云南信息产业技术领域的专利申请量有大幅增长，发明与实用新型专利申请的数量比较前期有所提高，但专利申请的基数并不大，创新成果中技术含量一般的实用新型专利申请较多，而发明专利申请相对较少，发明与实用新型专利申请数量比不及全国整体水平的1/2，产业技术创新的层次不高。

图 4-70　云南信息产业技术领域累计发明与实用新型专利申请比

（二）累计专利申请占全国比例

2006—2011 年期间，在信息产业技术领域，云南累计发明与实用新型专利申请量占全国的 0.17%，较 2000—2005 年期间的 0.1% 相比有一定的提高。其中发明专利申请量占全国的 0.12%，实用新型专利申请量占全国的 0.29%，与 2000—2005 年期间的发明专利申请量 0.05%，实用新型专利申请量 0.33% 相比，发明专利申请比例有一定的提高。同时，该期间信息产业技术领域全国省（区、市）平均专利申请量为 11 555 件，云南的申请量仅为全国省（区、市）平均水平的 5.86%。

数据表明，“十一五”以来，在信息产业技术领域，云南的专利申请量占全国的比例有一定的提高，但在国内的份额仍然很低，申请量还不及全国省（区、市）平均水平的 6%，整体专利创造能力与全国有很大差距。不过，云南发明专利申请占全国的比例较之前有一定的提高，体现了在国内高技术含量的信息技术创新活动中，云南的地位有所加强。

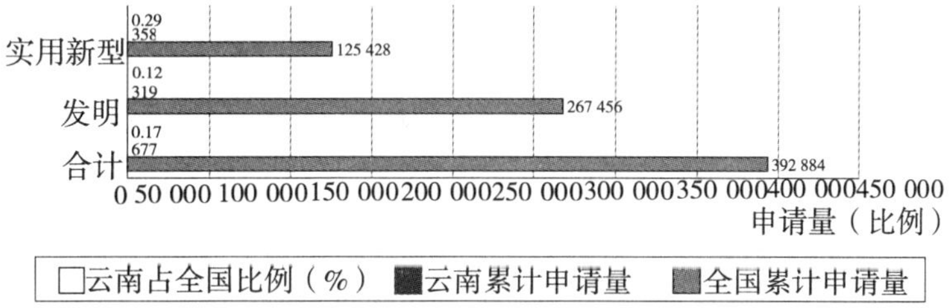

图 4-71　信息产业技术领域全国与云南发明、实用新型专利累计申请量及云南占全国比例

（三）年度专利申请数量

2006—2011 年期间，云南信息产业技术领域的专利申请保持了逐年增长的态势，发明与实用新型专利申请量从 2006 年的 59 件增长到 2010 年的 173 件，五年间增长了 193.22%，是全国同期申请量增幅 88.54% 的 2.18 倍。其中发明专利申请从 2006 年的 33 件增长到 2010 年的 88 件（因数据尚未公开，2011 年的申请尚低于实际量），年申请量净增了 55 件，增幅达 166.67%，是全国同期发明专利申请量增幅 68.94% 的 2.42 倍。

数据表明，“十一五”以来，尽管年专利申请的基数不大，但云南信息产业技术领域的专利申请总体上呈现了逐年增长的良好态势，专利申请增长率特别是发明专利申请增长率明显高于全国整体水平，年专利申请量目前已超过 170 件，较“十一五”前最高 50 件的年申请量相比有了很大的发展，产业自主创新和专利创造的能力正在稳步提升。

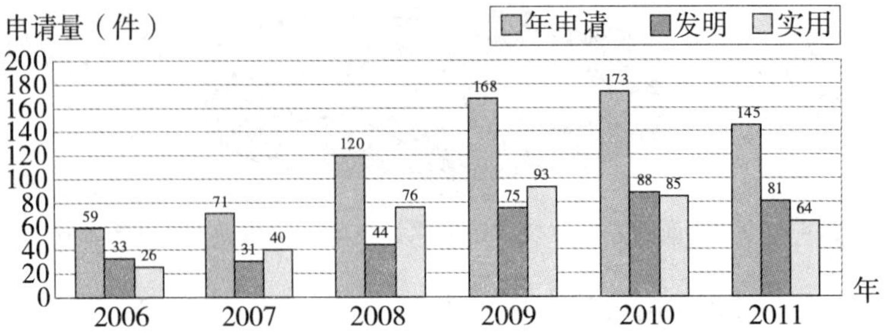

图4－72　云南信息产业技术领域年专利申请量与申请结构

（四）年度发明专利申请比例

2006—2011年期间，云南信息产业技术领域的年度发明专利申请比例在55.93%～36.67%之间波动，与2000—2005年期间的50%～28.95%相比，年度发明专利申请的比例总体上变化不大，而且波动较大、发展不稳定。

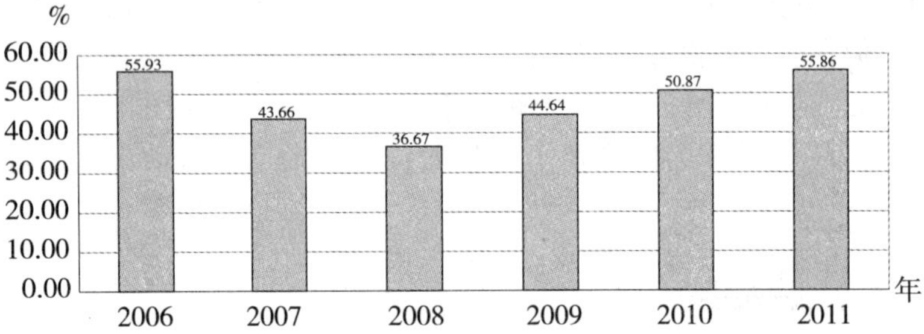

图4－73　云南信息产业技术领域年发明专利申请比例

数据表明，“十一五”以来，云南信息产业技术领域的年专利申请结构较之前有所改善，但发明专利申请的比例总体上变化不大，多数年份中实用新型专利申请居多，产业技术创新活动与专利申请的层次一般。

（五）年度专利申请占全国比例

2006—2011年期间，在信息产业技术领域，云南的发明与实用新型专利申请量占全国的比例在0.13%～0.22%之间小幅度波动，与2000—2005年期间的0.07%～0.21%相比总体上略有提高，但最高年份仍不足全国省（区、市）平均水平的1/10。

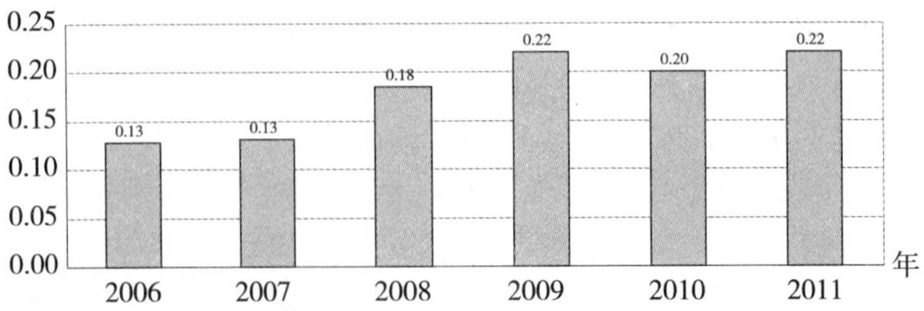

图4－74　云南信息产业技术领域年发明与实用新型专利申请占全国比例

数据表明，虽然近年来云南信息产业技术领域的专利申请数量较之前有较大增长，但占全国的比例长期处于低水平状态，产业技术创新和专利创造活动在国内的地位较低且变化不大。

三、云南信息产业技术领域专利申请量排位

（一）国内累计专利申请排位

2006—2011 年期间，信息产业技术领域发明与实用新型专利申请国内排名前 10 位的分别是北京、上海、江苏、广东、浙江、天津、福建、山东、河南、湖南，云南以累计 677 件的申请量位居全国省（区、市）排名第 22 位，较“十一五”前的第 24 位提高了 2 位。

数据表明，云南在信息产业技术领域的专利申请基数明显偏低，较排名第 5 位的浙江的 8 840 件申请量少了 8 163 件，较排名第 10 位的湖南的 3 452 件申请量少了 2 775 件，较排名第 15 位的江西的 1 398 件申请量少了 721 件，反映了云南在信息产业技术领域的自主创新和专利创造能力与其他省（区、市）之间的巨大差距。

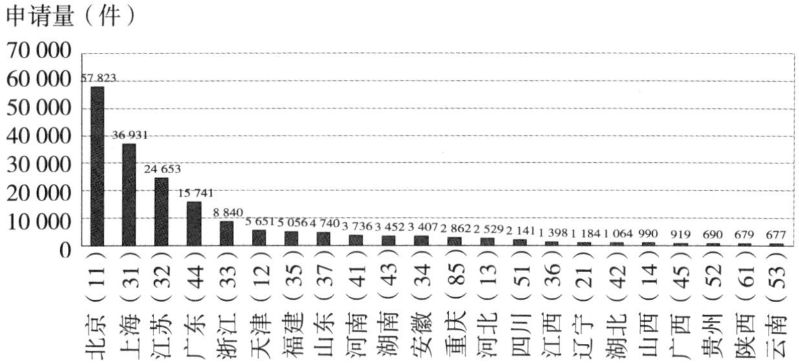

图 4－75　全国省（区、市）信息产业技术领域发明与实用新型专利累计申请量排位

（二）国内年度专利申请排位

2006—2011 年期间，云南在信息产业技术领域的累计发明与实用新型专利申请量在全国的排名处于 17～22 位之间，年度申请量的排位有一定波动，但多数年份在第 21 位，较 2000—2005 年期间的 23～26 位相比有较大的进步。

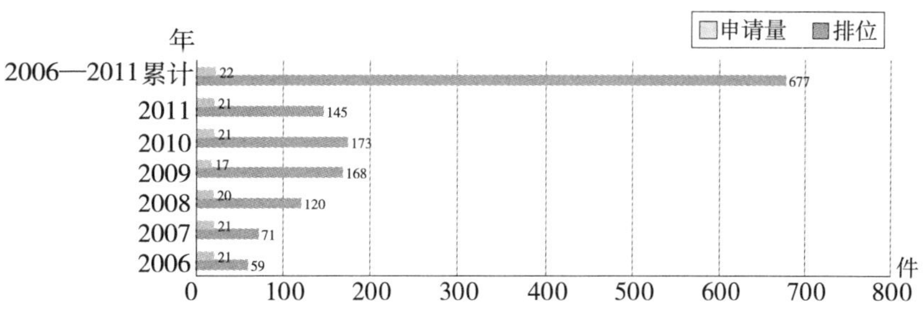

图 4－76　云南信息产业技术领域专利申请量与国内排位

数据表明，“十一五”以来，云南在信息产业技术领域的年度专利申请排位较“十五”期间有明显的提高，但多数年份保持在第21位，但与全国其他省（区、市）相比，仍然只处于中间靠后位置。

（三）西部地区专利申请排位

2006—2011年期间，云南信息产业技术领域的发明与实用新型专利申请量在重庆、四川、广西、贵州、陕西之后，位居西部省（区、市）第6位，其后依次是甘肃、内蒙古、新疆、宁夏、青海、西藏，与“十一五”前相比，区域排名从之前的第5位下降了1位。而西部12省（区、市）该期间信息产业技术领域的平均专利申请为778件，仅为全国平均11 555件的6.73%。

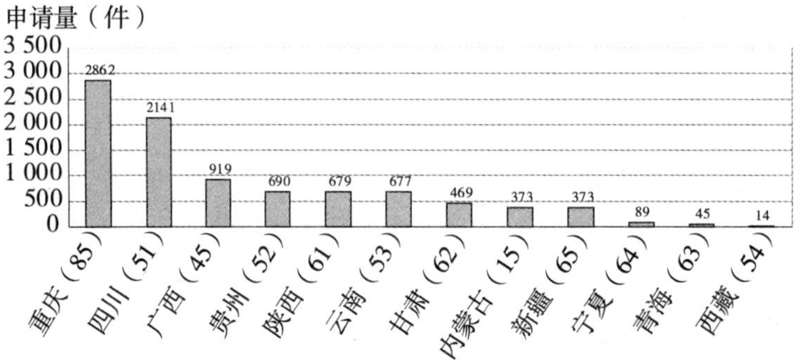

图4-77 信息产业技术领域西部省（区、市）发明与实用新型专利申请量排位

数据表明，“十一五”以来，云南信息产业技术领域的发明与实用新型专利申请量仅处于西部地区中等地位，而且排位较前期还有所下降，云南和西部地区信息产业技术领域的技术创新和专利创造能力均处于全国滞后水平。

四、“十一五”以来云南信息产业技术领域专利申请与技术创新状况整体评价

“十一五”以来，云南在信息产业技术领域的专利申请量有明显增长，累计专利申请量是“十一五”前的1.21倍，年专利申请量从前期的最高50件提升到目前的170件以上，发明与实用新型专利申请数量比从2000—2005年期间的0.71:1提高到0.89:1，累计发明与实用新型专利申请从全国省（区、市）第24位提高到第22位，产业技术创新和专利创造能力有较大的提升。

但同时，云南在信息产业技术领域的专利申请基数并不大，创新成果以技术含量一般的实用新型专利申请居多，发明与实用新型专利申请量仅占全国的0.17%，累计专利申请量在全国省（区、市）排名和西部地区排名靠后，整体技术创新和专利创造能力与全国整体水平相比仍有较大差距。

表4-7 “十一五”前后云南信息产业技术领域专利申请状况对比表

时期	全国		云南					
	申请量（件）	发明与实用新型数量比	申请量（件）	发明与实用新型数量比	发明与实用新型占全国比例（%）	年度最高申请量（件）	申请量国内排位	申请量西部排位
2006—2011年期间	392 884	2.13∶1	677	0.89∶1	0.17	173	22	6
2000—2005年期间	242 318	4.50∶1	249	0.71∶1	0.10	50	24	5

第八节 “十一五”以来建材产业专利技术创新能力分析

建材产业相关技术领域主要涉及国际专利分类号B28、C04、C09D、E01C5/06、E04C、E04G、F27D1/06所覆盖的范围，通过上述分类号对截至2012年8月底已公开的中国专利申请数据进行检索和分析，反映了“十一五”以来国内外和云南建材产业技术领域的专利创造情况和技术创新能力。

一、全国建材产业技术领域专利申请状况

（一）全国累计专利申请数量与结构

2006—2011年期间，全国建材产业技术领域累计公开发明与实用新型专利申请55 460件，较2000—2005年期间的23 260件增长了238.55%。其中发明专利申请35 905件，实用新型专利申请19 555件，发明与实用新型专利申请数量比为1.84∶1，较2000—2005年期间的2.93∶1相比有明显的下降。

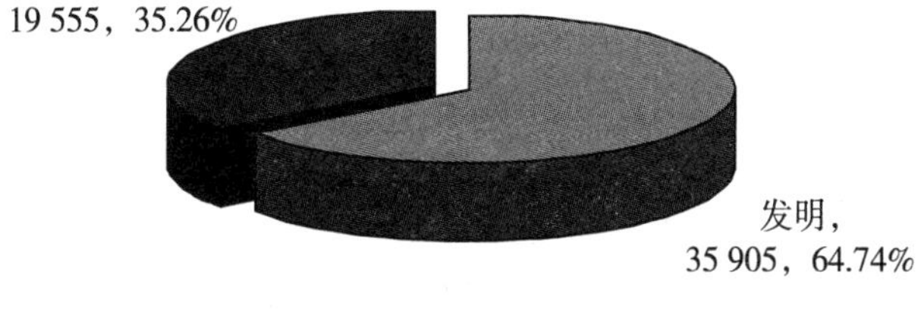

图4-78 全国建材产业技术领域累计发明与实用新型专利申请比例

数据表明，“十一五”以来，全国建材产业技术领域的发明与实用新型专利申请量较前期有大幅度的增长，专利申请结构中发明的数量高于实用新型，但较前期相比，发明与

实用新型专利申请的数量比有较大的下降，实用新型专利申请的增长量高于发明，专利申请的整体质量有所降低。

（二）国内外专利申请数量与比例

2006—2011 年期间，外国在中国建材产业技术领域累计公开发明与实用新型专利申请 9 230 件，约占该技术领域中国专利全部公开申请（64 690 件）的 14.27%，所占比例低于 2000—2005 年期间的 28.46%；而国内该技术领域累计发明与实用新型专利申请公开 55 460 件，约占该技术领域中国专利全部公开申请的 85.73%。

数据表明，“十一五”以来，在建材产业技术领域，外国在中国累计申请专利的份额大幅下降至 15% 以下，下降幅度达到约 15%，而国内的累计专利申请比例则快速提升至 85% 以上，产业技术领域的发明与实用新型专利申请主要由国内单位和个人提出。

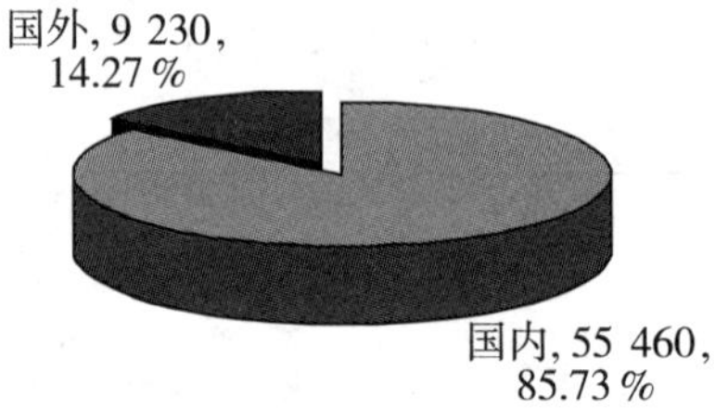

图 4－79　建材产业技术领域国内外累计中国发明与实用新型专利申请数量比例

（三）国内外专利申请比例年度变化

2006—2011 年期间，在建材产业技术领域外国的中国专利申请量占全部中国专利申请比例在 23.19%～8.22% 之间变化，呈逐年快速下降趋势，从 2006 年的约 23% 降至 2010 年的约 8%（因专利申请尚未全部公开，2011 年的数据暂不作对比）；与 2000—2005 年期间的 25.37%～34.57% 相比，整体表现出持续的逐年下降态势，而国内专利申请量占全部专利申请的比例则持续上升。

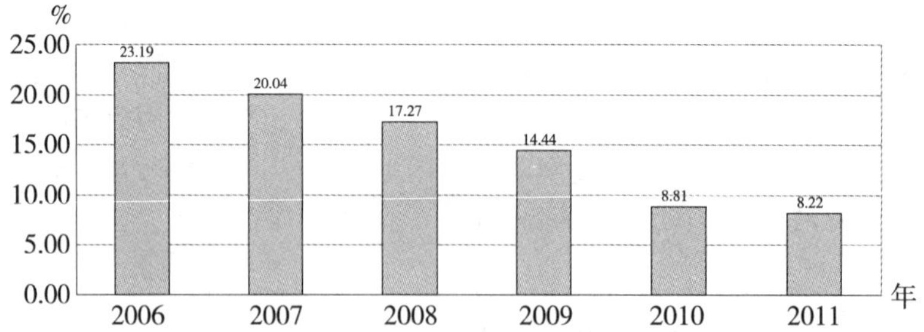

图 4－80　建材产业技术领域外国在中国专利申请比例

数据表明，与“十一五”以来，在建材产业技术领域，外国的中国专利申请占全部中国专利申请的比例逐年快速下降，而国内的专利申请量则快速增长，整体上呈现国内趋高、国外趋低的发展态势，国内的产业技术创新和专利创造能力较之前有了大幅提升。

二、云南建材产业技术领域专利申请状况

（一）累计专利申请数量与结构

2006—2011 年期间，云南在建材产业技术领域累计申请发明与实用新型专利申请 442 件，其中，发明专利申请 283 件，实用新型专利申请 159 件，发明与实用新型专利申请数量比为 1.78:1。与 2000—2005 年期间相比，本时期云南建材产业技术领域的累计专利申请量较前期的 145 件增加了 304.83%，发明与实用新型专利申请的数量比也较前期的 1.69:1 有所提高。

数据表明，“十一五”以来，云南建材产业技术领域的累计中国专利申请量有大幅增长，专利增长的速度高于全国水平，专利申请以发明居多，发明与实用新型专利申请数量比较前期有所提高，但发明与实用新型专利申请的数量比低于全国水平，专利申请的基数仍然较小，产业技术创新的层次和自主知识产权的创造能力一般。

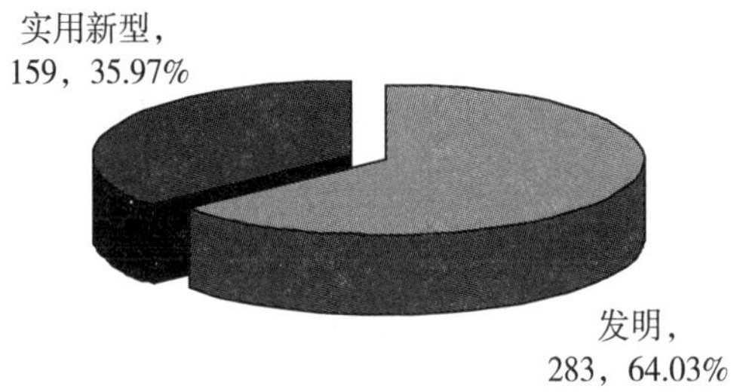

图 4－81 云南建材产业技术领域累计发明与实用新型专利申请比例

（二）累计专利申请占全国比例

2006—2011 年期间，在建材产业技术领域，云南累计发明与实用新型专利申请量占全国的 0.80%，其中发明专利申请量占全国的 0.79%，实用新型专利申请量占全国的 0.81%；而该期间建材产业技术领域的全国省（区、市）平均累计专利申请量为 1 631 件，云南的专利累计申请量仅为全国省（区、市）平均水平的 27.10%。

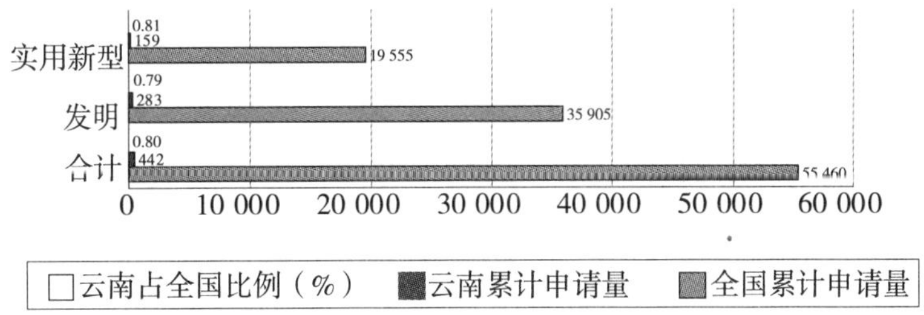

图 4－82 建材产业技术领域全国与云南发明、实用新型专利累计申请量及云南占全国比例

数据表明，“十一五”以来，云南建材产业技术领域的专利申请量占全国的比例较低且不及全国省（区、市）平均水平的 1/3，整体的专利创造能力与全国有较大差距，但申请量占全国的比例较前期的 0.62% 有一定的提高，发明专利申请的比例也从原来的 0.52% 提高到 0.81%，产业技术创新能力和创新成果的技术水平有一定的提升。

（三）年度专利申请数量

2006—2011年期间，云南建材产业技术领域的年专利申请量有一定的波动，但总体上呈现增长态势，发明与实用新型专利申请的年申请量从2006年的50件增长到2010年的104件，五年间增长了108.00%，是全国同期申请量增幅114.11%的0.95%。其中发明专利申请从2006年的31件增长到2010年的60件，年申请量净增了29件（因数据尚未公布，2011年的申请尚低于实际量），增幅达93.55%，高于全国同期87.54%的增幅。

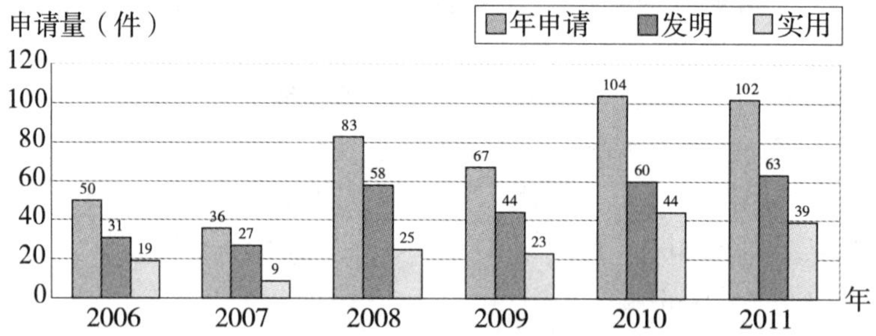

图4－83　云南建材产业技术领域年专利申请量与申请结构

数据表明，“十一五”以来，云南建材产业技术领域的专利申请总体上增长较快，整体增长率达到了全国水平，年专利申请量从“十五”末期的不足40件提高到目前的100件以上，但年专利申请量波动较大，反映了产业自主创新和专利创造能力在快速提升的同时还存在发展不稳定的现象。

（四）年度发明专利申请比例

2006—2011年期间，云南建材产业技术领域的年度发明专利申请比例在57.69%～75.00%之间波动，发明专利申请量一直高于实用新型专利申请量，且较2000—2005年期间的44.44%～72.22%相比整体上有所提高。

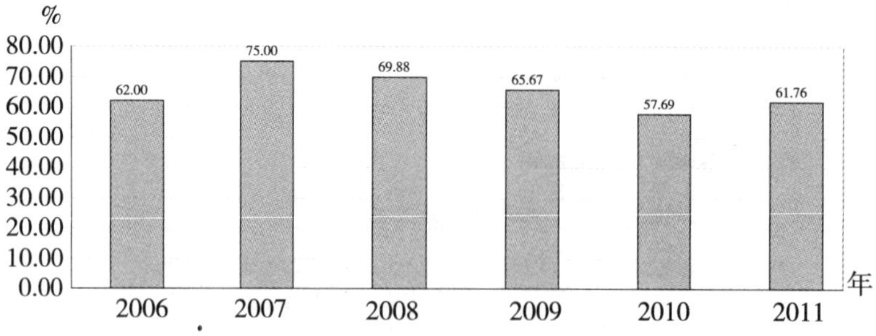

图4－84　云南建材产业技术领域年发明专利申请比例

数据表明，“十一五”以来，云南建材产业技术领域的专利申请一直以发明专利申请居多，但年专利申请的结构较前期相比没有明显的变化，产业技术创新与专利申请的技术水平长期处于一般层次。

（五）年度专利申请占全国比例

2006—2011年期间，在建材产业技术领域，云南的发明与实用新型专利申请量占全国的比例在0.66%～1.02%之间波动，较2000—2005年期间的0.43%～0.90%有一定的提高，但仍不足全国省（区、市）平均比例的1/3。

数据表明，虽然近年来云南建材产业技术领域的累计专利申请量较之前有明显增长，但年度专利申请量占全国的比例持续处于较低水平，产业技术创新和专利创造活动在国内长期处于落后地位。

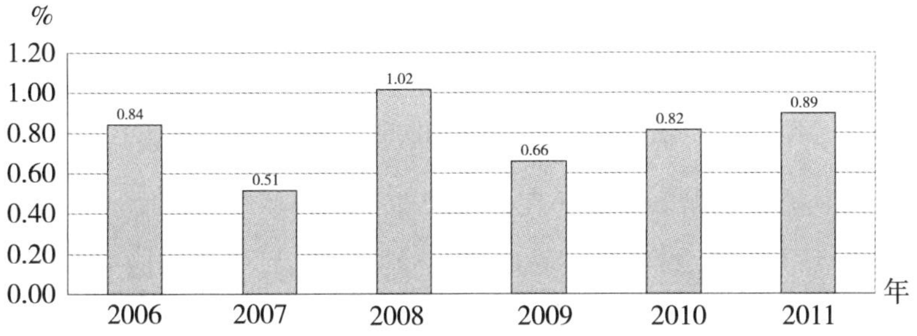

图4-85 云南建材产业技术领域年发明与实用新型专利申请占全国比例

三、云南建材产业技术领域专利申请量排位

（一）国内累计专利申请排位

2006—2011年期间，国内建材产业技术领域累计发明与实用新型专利申请排名前10的分别是江苏、北京、上海、山东、广东、湖南、河南、浙江、安徽、天津，云南以累计422件的申请量位居全国省（区、市）第20位，较“十一五”前的第24位提高了4位。

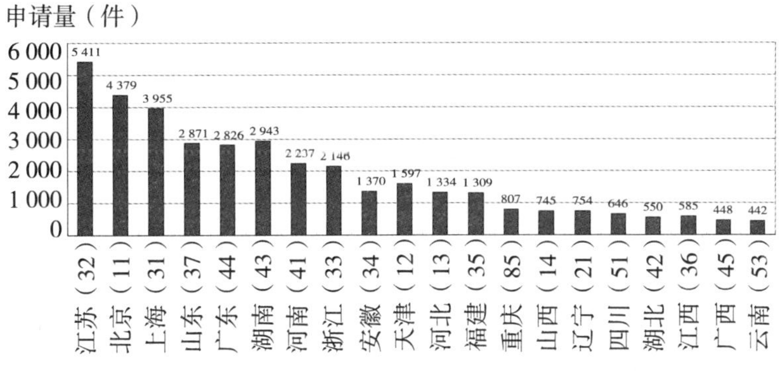

图4-86 国内建材产业技术领域省（区、市）累计发明与实用新型专利申请量排位

数据表明，“十一五”以来，云南在建材产业技术领域的累计专利申请数量并不高，较排名第5位的广东的2 826件申请量少了2 384件，较排名第10位的天津的1 597件申请量少了1 155件，较排名第15位的江西的754件申请量少了312件，反映了云南在该技术领域的自主创新和专利创造能力与其他省（区、市）之间的巨大差距。

（二）国内年度专利申请排位

2006—2011年期间，云南在建材产业技术领域的累计发明与实用新型专利申请量在全国的排名处于13～23位之间，年度申请量的排位有较大波动，但较2000—2005年期间的21～25位相比有一定的提高，近两年基本稳定在第20位。

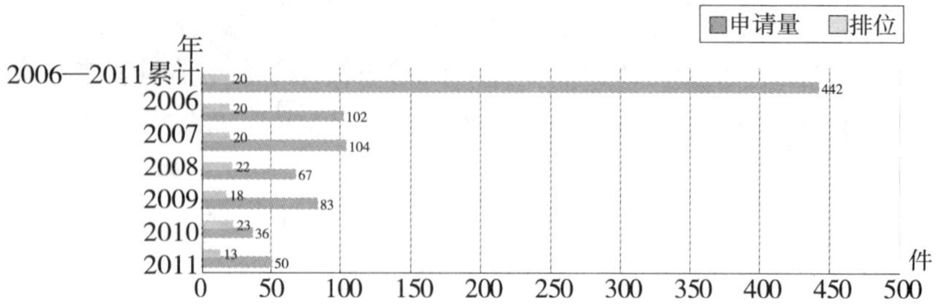

图4-87　云南建材产业技术领域专利申请量与国内排位

数据表明，“十一五”以来，云南在建材产业技术领域的年度专利申请排位较前期有所提高，多数年份处于第20位左右，与前期多处于第24位左右相比，总体上有较大的提高，但仍然处于全国省（区、市）中间靠后位置。

（三）西部地区专利申请排位

2006—2011年期间，云南建材产业技术领域的发明与实用新型专利申请量在重庆、四川和广西之后，排在西部省（区、市）第4位，较“十一五”前的第5位相比上升了1位，其后依次是贵州、甘肃、内蒙古、陕西、新疆、宁夏、青海、西藏。

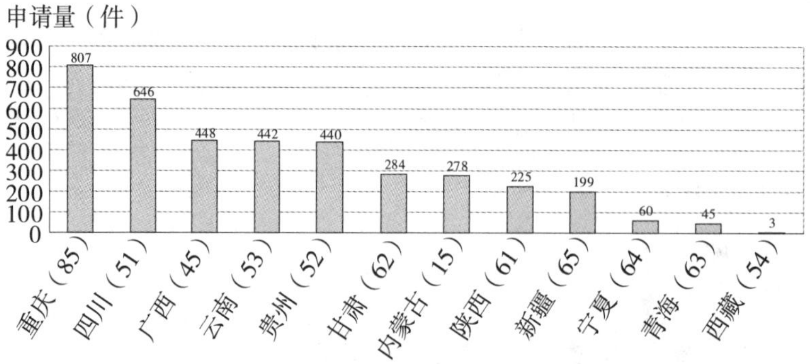

图4-88　建材产业技术领域西部省（区、市）发明与实用新型专利申请量排位

数据表明，云南建材产业技术领域的发明与实用新型专利申请量处于西部省（区、市）中上水平，而西部12省（区、市）建材产业技术领域的平均专利申请量为323件，仅为全国省（区、市）平均1 631件的19.81%，可见云南和西部地区建材产业技术领域的技术创新和专利创造能力均处于全国滞后水平。

四、“十一五”以来云南建材产业技术领域专利申请与技术创新状况整体评价

“十一五”以来，云南在建材产业技术领域的专利申请量有大幅增长，累计申请量是“十一五”前的3.05倍，年申请量从前期的不足40件提升到目前的100件以上，发明与实用新型专利申请的数量比从“十一五”前的1.69:1提高到1.78:1，累计发明与实用新型专利申请从全国省（区、市）第24位提高到第20位，从西部地区第5位提高到第4位，产业技术创新和专利创造能力有较大的提升。但同时，云南在建材产业技术领域的年专利申请数量还比较低，累计发明与实用新型专利申请量仅占全国的0.8%，专利申请量在全国省（区、市）排名中间靠后，发明专利申请所占比例提高不大，专利申请的质量

长期得不到明显的改善，产业技术创新和专利创造能力较全国整体水平还有较大差距。

表4－8 “十一五”前后云南建材产业技术领域专利申请情况对比表

时期	全国		云南					
	申请量（件）	发明与实用新型数量比	申请量（件）	发明与实用新型数量比	发明与实用新型占全国比例（%）	年度最高申请量（件）	申请量国内排位	申请量西部排位
2006—2011年期间	55 460	1.84∶1	442	1.78∶1	0.80	104	20	4
2000—2005年期间	23 260	2.93∶1	145	1.69∶1	0.62	36	24	5

第九节 “十一五”以来农特产品加工产业专利技术创新能力分析

农特产品加工产业相关技术领域主要涉及国际专利分类C12、C13、A01N3/00、A22、A23B、A23F、A23D、A23L1/221、A23L1/06、A23L1/212、A23L2/02、A23N、A47J31/00、B30B9/02、C11B、C12H所覆盖的范围，通过上述分类号对截至2012年8月已公开的中国专利申请数据进行检索和分析，反映“十一五”以来国内外和云南农特产品加工产业技术领域的专利创造情况和技术创新能力。

一、全国农特产业技术领域专利申请状况

（一）全国累计专利申请数量与结构

2006—2011年期间，全国农特产业技术领域累计公开发明与实用新型专利申请63 766件，较2000—2005年期间的31 914件增长了199.76%。其中发明专利申请52 352件，实用新型专利申请11 414件，发明与实用新型专利申请数量比为4.59∶1，较2000—2005年期间的9.47∶1相比下降较大。

数据表明，“十一五”以来，全国农特产业技术领域的发明与实用新型专利申请量较前期相比大幅度增长，专利申请结构中以发明为主（占82.14%），但发明与实用新型专利申请的数量比较前期有较大下降，实用新型专利申请的比例明显增加，专利申请的结构变差。

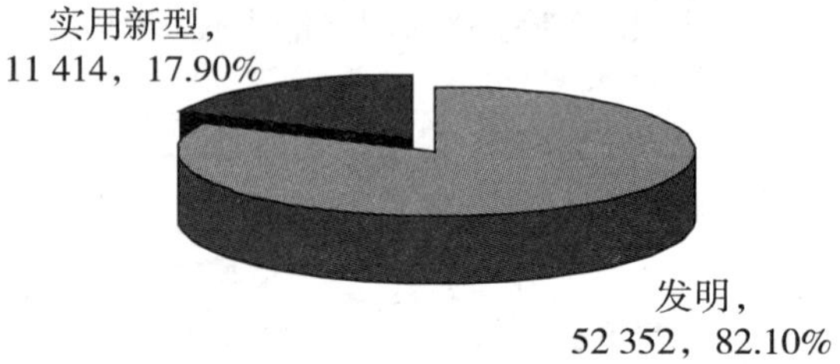

图 4－89　全国农特产业技术领域累计发明与实用新型专利申请比例

（二）国内外申请数量与比例

2006—2011 年期间，外国在农特产业技术领域的累计中国发明与实用新型专利申请共有 9 497 件，约占该技术领域 73 263 件全部中国专利申请的 12. 96%，较 2000—2005 年期间的 29. 22% 有大幅度的下降；而国内农特产业技术领域累计发明与实用新型专利申请共有 63 766 件，约占该技术领域全部中国专利申请的 87. 04%，较 2000—2005 年期间的 70. 78% 有大幅度的提升。

数据表明，“十一五”以来，国外农特产业技术领域的发明与实用新型专利申请量大幅下降，而国内农特产业技术领域的专利申请数量则快速增长，并已占到全部中国专利申请的 87% 以上，反映了国内在农特产业技术领域的技术创新优势。

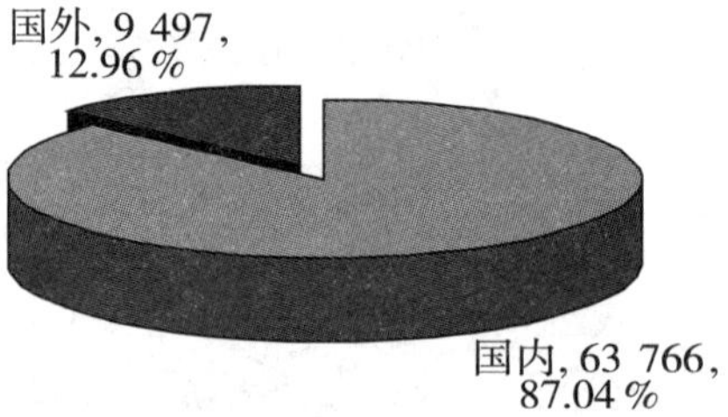

图 4－90　农特产业技术领域国内外累计中国发明与实用新型专利申请数量比例

（三）国内外专利申请比例年度变化

2006—2011 年期间，外国在农特产业技术领域的中国专利申请量占全部中国专利申请量的比例在 25. 33% ~8. 00% 之间变化，呈逐年快速下降趋势，从 2006 年的约 25% 降至 2010 年的约 8%（因专利申请尚未全部公开，2011 年的数据暂不作对比），与 2000—2005 年期间的 22. 13% ~32. 72% 相比，整体表现出持续的年度下降态势，而国内专利申请量占全部中国专利申请量的比例则持续上升。

数据表明，“十一五”以来，在农特产业技术领域，外国在中国的专利申请占全部中国专利申请的比例正以年均约 4% 的幅度快速下降，而国内的专利申请量则快速增长，整体上呈现国内高、国外低的发展趋势，国内的产业技术创新和专利创造能力较之前大大增强。

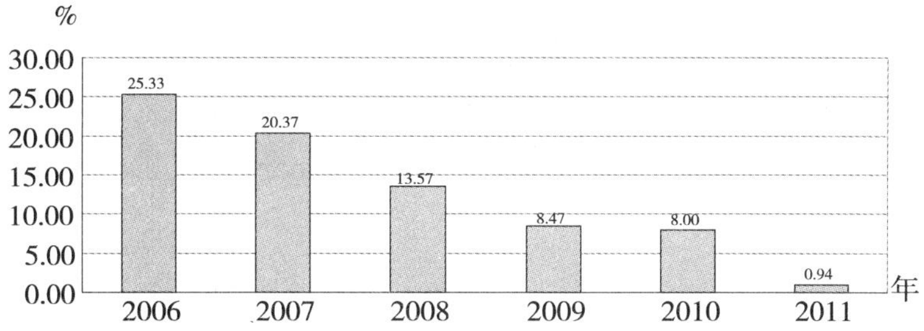

图 4－91 农特产业技术领域外国在中国年专利申请比例

二、云南农特产业技术领域专利申请状况

（一）累计专利申请数量与结构

2006—2011 年期间，云南在农特产业技术领域累计申请发明与实用新型专利申请 1 368 件，是 2000—2005 年期间 484 件的 2.83 倍。其中发明专利申请 1 156 件，实用新型专利申请 212 件，发明与实用新型专利申请数量比为 5.45∶1，较 2000—2005 年期间的 7.96∶1 有较大的下降。

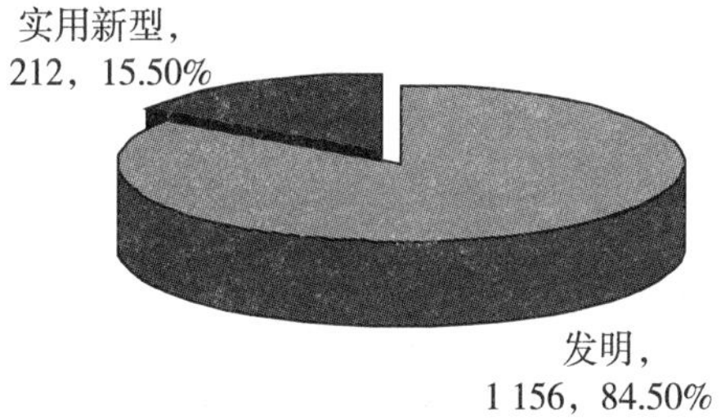

图 4－92 云南农特产业技术领域累计发明与实用新型专利申请比例

数据表明，“十一五”以来，云南农特产业技术领域的累计专利申请量较多，专利申请类型以发明为主，发明所占比例高于全国整体水平，体现了较高的产业技术创新层次，但发明专利申请比例较前期有明显下降，而实用新型专利申请的比例则快速上升，反映出产业创新活动的扩大集中于技术含量一般的实用技术领域。

（二）累计专利申请占全国比例

2006—2011 年期间，云南农特产业技术领域累计发明与实用新型专利申请量占全国的 2.15%。其中发明专利申请量占 2.21%，实用新型专利申请量占 1.86%，分别较前期的 1.49% 和 1.77% 均有所下降。该期间农特产业技术领域全国省（区、市）平均发明与实用新型专利申请量为 1 876 件，云南的申请量仅为全国省（区、市）平均水平的 72.94%。

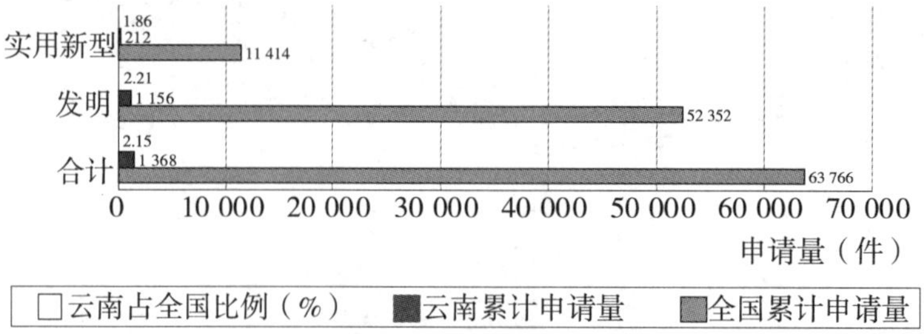

图4-93　农特产业技术领域全国与云南发明、实用新型专利累计申请量及云南占全国比例

数据表明，“十一五”以来，云南农特产业技术领域的发明与实用新型专利申请量占全国的比例较前期的1.52%有一定的提高，反映了云南在该技术领域的创新能力较前期相比有所提升，但仍不及全国省（区、市）平均水平。

（三）年度专利申请数量

2006—2011年期间，云南农特产业技术领域的专利申请呈逐年增长态势，发明与实用新型专利申请量从2006年的159件增长到2010年的296件，五年间增长了86.16%，是全国同期申请量增幅116.191%的0.74%。其中发明专利申请从2006年的136件增长到2010年的258件，年申请量净增了122件，增幅达89.71%，是全国同期发明专利申请量增幅110.28%的0.81%。

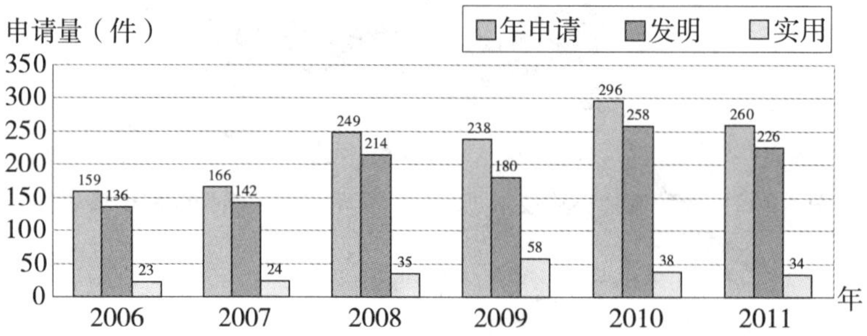

图4-94　云南农特产业技术领域年专利申请量与申请结构

数据表明，“十一五”以来，云南农特产业技术领域的年专利申请量增长较快，年申请量从“十五”末期的110件提高到2010年的296件，产业技术创新和专利创造的能力正在稳步提高，但却存在年度增长幅度低于全国整体水平、年专利申请的基数还不够高等问题。

（四）年度发明专利申请比例

2006—2011年期间，云南农特产业技术领域的年度发明专利申请比例在75.63%～87.16%之间波动，年度专利申请以发明专利申请为主，但较2000—2005年期间的82.50%～92.73%略有下降。

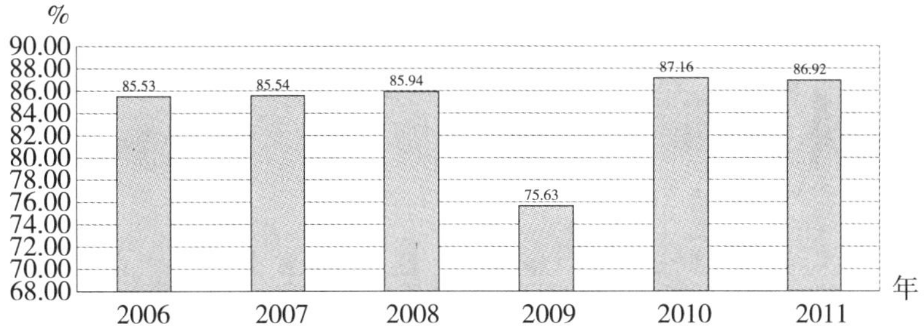

图 4-95 云南农特产业技术领域年发明专利申请比例

数据表明，“十一五”以来，云南农特产业技术领域的年度专利申请中发明专利申请量一直占到75%以上，但发明专利申请所占比例较前期有一定的下降，产业技术创新活动与专利申请的技术层次较前期有所下降。

（五）年度专利申请占全国比例

2006—2011 年期间，云南农特产业技术领域的发明与实用新型专利申请量占全国的比例在 2.00% ~2.50% 之间波动，较 2000—2005 年时期的 0.99% ~2.03% 有一定的提高，但所占比例最高年份也仅达到全国省（区、市）平均水平的 2/3。

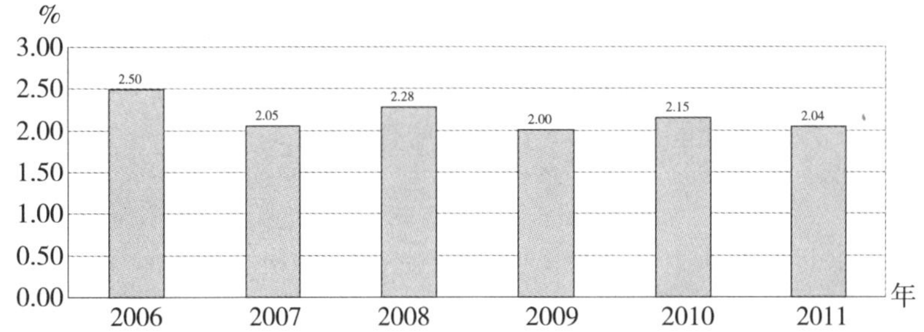

图 4-96 云南农特产业技术领域年发明与实用新型专利申请量占全国比例

数据表明，“十一五”以来，云南农特产业技术领域的年度发明与实用新型专利申请量占全国的份额较前期有所提高，但基本保持在 2% 左右，均没有达到全国省（区、市）平均水平。

三、云南农特产业技术领域专利申请量排位

（一）国内累计专利申请排位

2006—2011 年期间，农特产业技术领域累计发明与实用新型专利申请国内排名前 10 位的分别是北京、江苏、上海、山东、浙江、天津，广东、河南、安徽、云南，云南以累计 1 368 件的专利申请量位居全国省（区、市）发明与实用新型专利申请的第 10 位，较“十一五”前的第 13 位相比提高了 3 位。

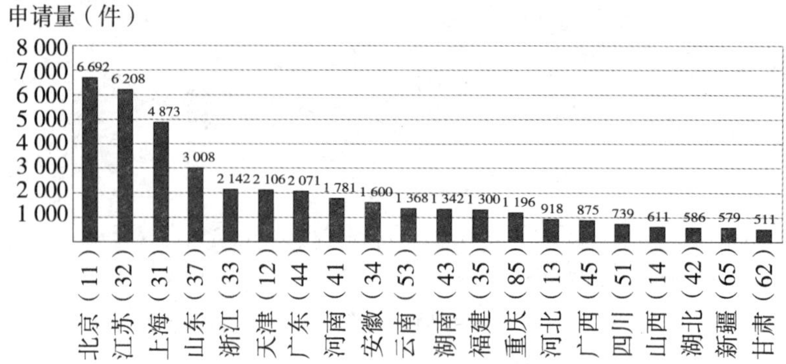

图 4－97　全国省（区、市）农特产业技术领域发明与实用新型专利累计申请量排位

数据表明，“十一五”以来，云南在农特产业技术领域的专利申请数量有较大增长，申请量在全国省（区、市）的排位有一定进步，但累计申请量较排名第 5 位的浙江的 2 142 件少了 774 件，反映了云南在农特产业技术领域的自主创新和专利创造能力与其他省（区、市）之间还存在较大差距。

（二）国内年度专利申请排位

2006—2011 年期间，云南在农特产业技术领域的累计发明与实用新型专利申请量在全国的排名处于 9 ~ 13 位之间，年度申请量的排位有较大波动，近 3 年基本稳定在第 12 位左右，与 2000—2005 年期间的 9 ~ 15 位相比略有提高。

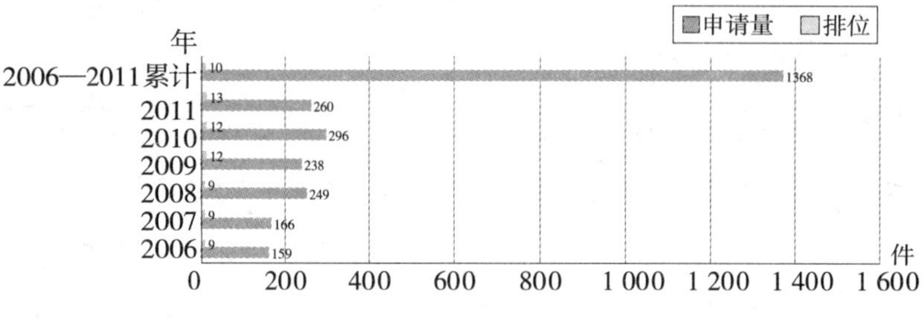

图 4－98　云南农特产业技术领域年度专利申请量与国内排位

数据表明，“十一五”以来，云南在农特产业技术领域的年度专利申请排位较前期有所提高，且大多年份都处于全国省（区、市）中上水平。

（三）西部地区专利申请排位

2006—2011 年期间，云南农特产业技术领域的发明与实用新型专利申请量在西部地区排名第 1 位，较“十一五”前的第 2 位相比上升了 1 位，其后依次是重庆、广西、四川、新疆、甘肃、贵州、内蒙古、陕西、宁夏、青海、西藏。

数据表明，西部 12 省（区、市）农特产业技术领域的省（区、市）平均专利申请量为 565 件，仅为全国平均 1 875 件的 30.14%，区域农特技术创新和专利创造能力处于全国滞后水平，但仅就西部地区而言，云南农特产业技术领域的专利创造能力处于领先地位，产业技术创新活动较“十一五”前有了更大的发展。

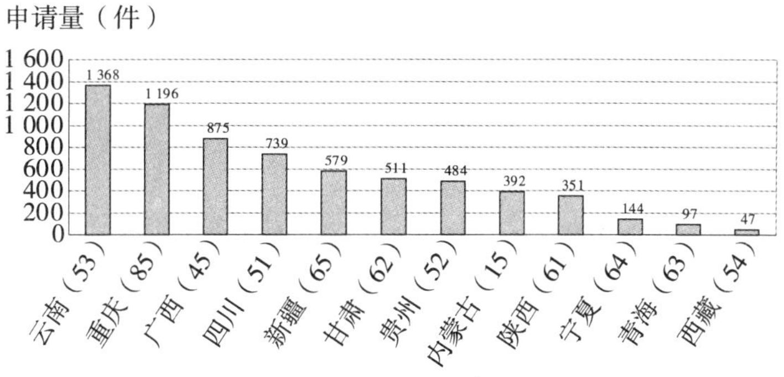

图4－99 农特产业技术领域西部省（区、市）发明与实用新型专利申请量排位

四、“十一五”以来云南农特产业技术领域专利申请与技术创新状况整体评价

“十一五”以来，云南农特产业技术领域的专利申请量有大幅增长，累计申请量是2000—2005年期间的2.83倍，年申请量从前期的约110件提升到目前的290件以上，发明与实用新型专利申请数量比从前期的1.71∶1提高到2.15∶1，累计发明与实用新型专利申请从全国省（区、市）第13位提高到第10位，从西部地区的第2位提高到第1位，农特产业的技术创新和专利创造能力有较大的提升。

但同时，云南在农特产业技术领域的总体专利申请数量还不多，发明与实用新型专利申请量仅为全国省（区、市）平均量的72.94%，累计专利申请量在全国省（区、市）排名中上，发明与实用新型专利申请数量比低于前期水平，产业创新活动的扩大集中于技术含量一般的实用技术领域。

表4－9 “十一五”前后云南农特产业技术领域专利申请状况对比表

时期	全国		云南					
	申请量（件）	发明与实用新型数量比	申请量（件）	发明与实用新型数量比	发明与实用新型占全国比例（%）	年度最高申请量（件）	申请量国内排位	申请量西部排位
2006—2011年期间	63 766	4.59∶1	1 368	5.45∶1	2.15%	296	10	1
2000—2005年期间	31 914	9.47∶1	484	7.69∶1	1.52%	110	13	2

第十节 “十一五”以来造纸产业专利技术创新能力分析

造纸产业相关技术领域主要涉及国际专利分类D21（D21B、D21C、D21D、D21F、

D21G、D21H、D21J）所覆盖的范围，通过上述分类号对截至2012年8月已公开的中国专利申请数据进行检索分析，反映“十一五”以来国内外和云南造纸产业技术领域的专利创造情况与技术创新能力。

一、全国造纸产业技术领域专利申请状况

（一）全国累计专利申请数量与结构

2006—2011年期间，全国造纸产业技术领域累计公开发明与实用新型专利申请6 409件，较2000—2005年期间的3 812件增长了68.13%。其中发明专利申请4 142件，实用新型专利申请2 267件，发明与实用新型专利申请数量比为1.83∶1，较2000—2005年期间的3.60∶1有较大下降。

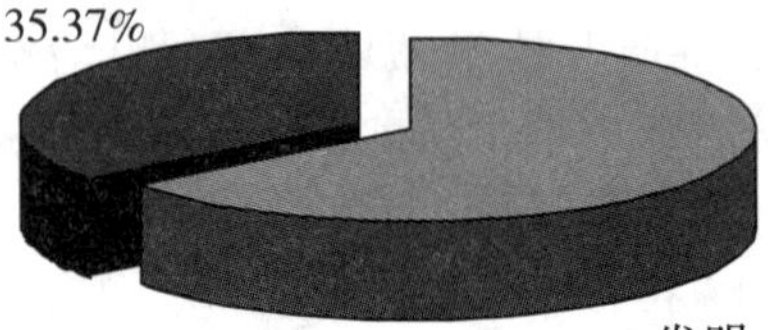

图4－100　全国造纸产业技术领域累计发明与实用新型专利申请比例

数据表明，“十一五”以来，全国造纸产业技术领域的发明与实用新型专利申请量与前期相比有较大幅度的增长，专利申请以发明居多，但发明所占比例较前期有较大下降，实用新型专利申请的比例明显增加，专利申请的结构变差。

（二）国内外申请数量与比例

2006—2011年期间，外国在造纸产业技术领域的中国发明与实用新型专利申请有1 669件，约占该技术领域全部中国专利申请（8 078件）的20.66%，较“十一五”前的26.88%有较大下降；而国内造纸产业技术领域累计发明与实用新型专利申请公开6 409件，约占该领域全部中国专利申请的79.34%。

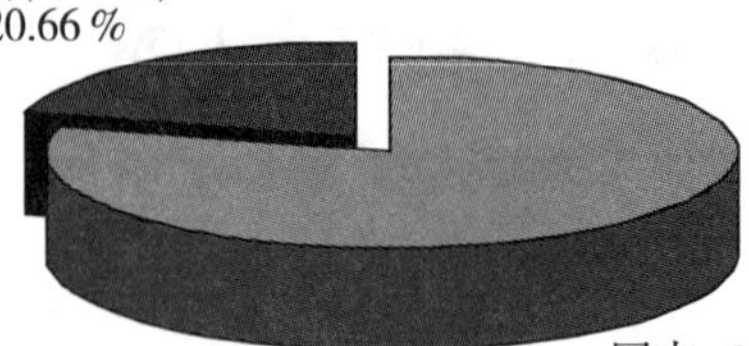

图4－101　造纸产业技术领域国内外累计中国发明与实用新型专利申请数量比例

数据表明，“十一五”以来，国外造纸产业技术在中国的专利申请份额有一定程度的下降，而国内造纸产业技术专利申请的比例则进一步提升。

（三）国内外专利申请比例年度变化

2006—2011年期间，在造纸产业技术领域外国的在中国专利申请量占全部中国专利申请比例在32.19%～3.40%之间变化，总体呈下降趋势，从2006年的约26%降至2010年的约15%（因专利申请尚未全部公开，2011年的数据暂不作对比），而国内专利申请量占全部中国专利申请的比例上升了约11%。

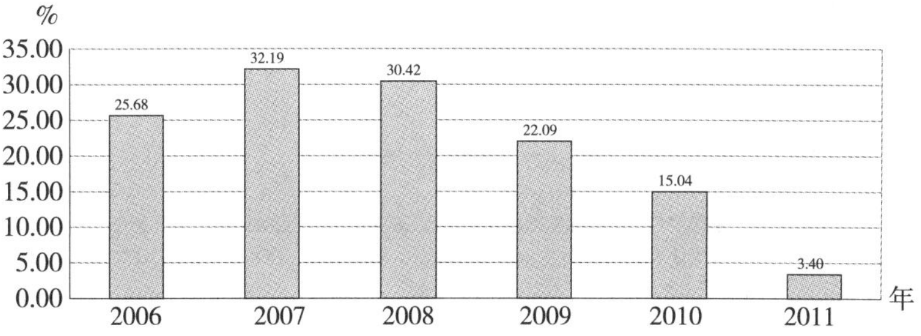

图4－102 造纸产业技术领域国外在中国专利申请比例

数据表明，“十一五”以来，外国在中国的造纸产业技术专利申请占该领域全部中国专利申请的比例下降较快，特别是近3年每年都以7%左右的速度加速下降，而国内造纸产业技术领域的专利申请量则迅速增长，产业技术创新和专利创造能力大幅提升。

二、云南造纸产业技术领域专利申请状况

（一）累计专利申请数量与结构

2006—2011年期间，云南在造纸产业技术领域累计申请发明与实用新型专利申请131件，其中，发明专利申请106件，实用新型专利申请25件，发明与实用新型专利申请数量比为4.24:1，大大高于全国1.83:1的比例；与2000—2005年期间相比，该时期的累计专利申请量是前期37件的3.54倍，发明与实用新型专利申请数量比远高于前期的1.85:1。

数据表明，“十一五”以来，云南造纸产业技术领域的专利申请数量有大幅度的增长，发明与实用新型专利申请的数量比远高于全国整体水平，80%以上的专利申请均为发明，体现了很高的产业技术创新层次，产业创新活动的扩大集中于高技术含量的新工艺、新方法、新产品领域。

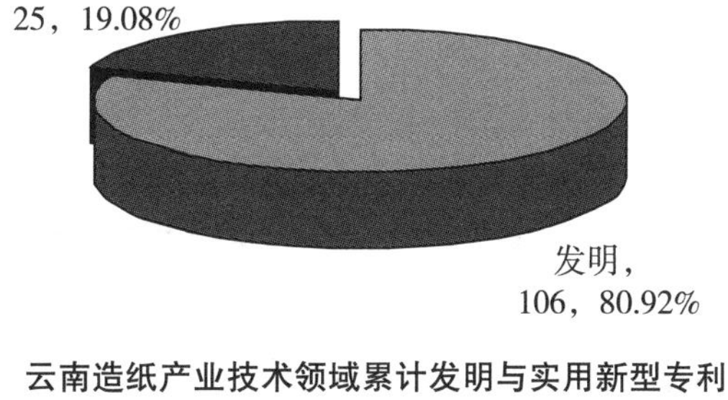

图4－103 云南造纸产业技术领域累计发明与实用新型专利申请比例

（二）累计专利申请占全国比例

2006—2011年期间，云南造纸产业技术领域累计发明与实用新型专利申请量占全国的2.04%，较2000—2005年期间的0.97%大幅提高。其中发明专利申请量占2.56%，较2000—2005年期间的0.80%大幅提高。实用新型专利申请量占1.10%，较2000—2005年期间的1.57%明显下降。该期间造纸产业技术领域全国省（区、市）平均发明与实用新型专利申请量为189件，云南的申请量仅为全国省（区、市）平均水平的69.50%。

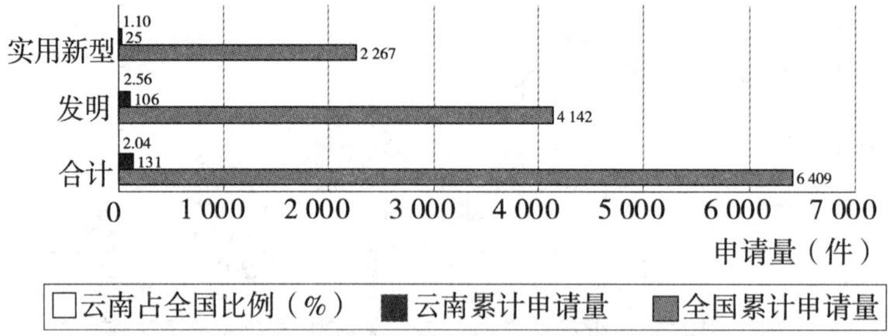

图4－104　造纸产业技术领域全国与云南发明、实用新型专利累计申请量及云南占全国比例

数据表明，“十一五”以来，云南造纸产业技术领域的专利申请量占全国的比例较之前相比大幅度提高，特别是发明专利申请的比例提高更大，但申请量不及全国省（区、市）平均水平的70%，反映了云南造纸产业技术领域的技术创新能力、创新的技术水平和专利申请量虽有大幅度的提升，但累计专利申请量占国内的份额还较低。

（三）年度专利申请数量

2006—2011年期间，云南造纸产业技术领域的年专利申请量总体呈增长态势，发明与实用新型专利申请量从2006年的12件增长到2010年的47件，五年间增长了291.67%，是全国同期申请量增幅30.69%的9.50倍。其中发明专利申请从2006年的10件增长到2010年的40件，年申请量净增了30件，增幅达300.00%，是全国同期发明专利申请量增幅30.69%的9.78倍。

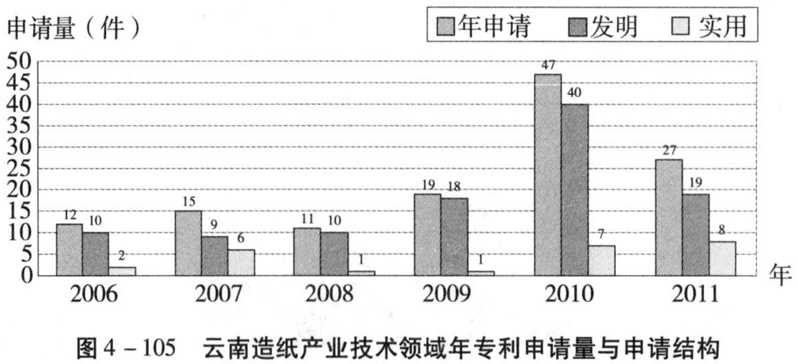

图4－105　云南造纸产业技术领域年专利申请量与申请结构

数据表明，“十一五”以来，云南造纸产业技术领域的年专利申请量有较快增长，且增长幅度远高于全国整体水平，特别是2009年后年专利申请量增长的幅度更大，产业技术创新和专利创造的能力逐年提升。

（四）年度发明专利申请比例

2006—2011年期间，云南造纸产业技术领域的年度发明专利申请比例在60.00%～94.74%之间波动（2007年后均高于83%），较2000—2005年期间的33.33%～100.00%（多数年份均低于75%）相比总体上呈上升态势。

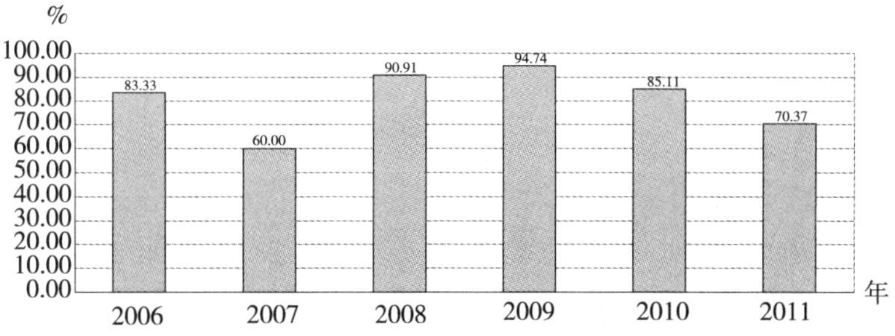

图4－106 云南造纸产业技术领域年发明专利申请比例

数据表明，“十一五”以来，云南造纸产业技术领域的年度专利申请以发明专利申请为主，且发明专利申请的比例逐年稳步增长，产业技术创新与专利申请的层次明显提高。

（五）年度专利申请占全国比例

2006—2011年期间，云南造纸产业技术领域的发明与实用新型专利申请量占全国的比例在1.16%～3.48%之间波动，较2000—2005年期间的0.23%～1.34%有大幅度的提高。

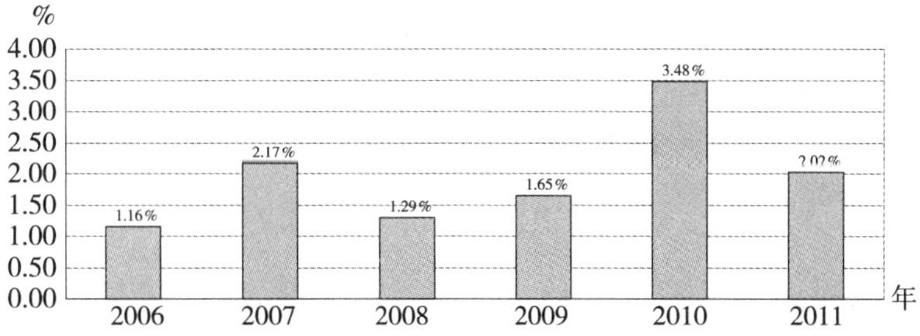

图4－107 云南造纸产业技术领域年发明与实用新型专利申请占全国比例

数据表明，“十一五”以来，云南造纸产业技术领域的年度发明与实用新型专利申请量占全国的份额较前期有明显提高，已逐步达到并超过全国省（区、市）平均水平，产业技术创新和专利创造能力有持续增长的趋势。

三、云南造纸产业技术领域专利申请量排位

（一）国内累计专利申请排位

2006—2011年期间，造纸产业技术领域累计发明与实用新型专利申请国内排名前10位的分别是山东、江苏、上海、广东、北京、浙江、湖南、河南、福建、天津，云南以累计131件的申请量位居全国省（区、市）发明与实用新型专利申请排名第12位，较“十一五”末期的第17位相比提高了5位。

数据表明，“十一五”以来，云南在造纸产业技术领域的累计专利申请量有较大增长，在全国省（区、市）的排位有大幅度的提高，但累计申请量较排名第5位的北京的269件少了138件，反映了云南在造纸产业技术领域的自主创新和专利创造能力与发达省（区、市）之间还存在一定差距。

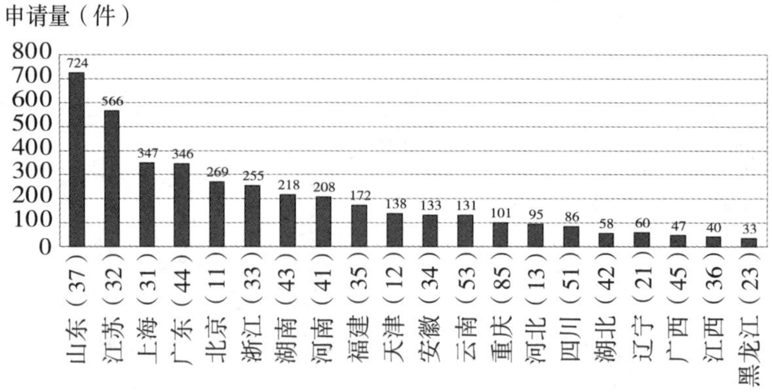

图4-108　全国省（区、市）造纸产业技术领域发明与实用新型专利累计申请量排位

（二）国内年度专利申请排位

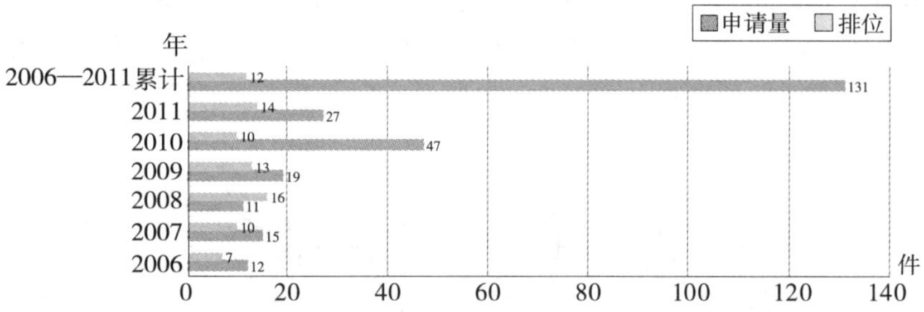

图4-109　云南造纸产业技术领域专利申请量与国内排位

2006—2011年期间，云南在造纸产业技术领域的年度发明与实用新型专利申请量在全国的排名处于7~16位之间，年度申请量的排位波动较大，但与2000—2005年期间的11~25位相比有较大的提高。

数据表明，“十一五”以来，云南在造纸产业技术领域的年度专利申请排位较前期有明显的提高、且波动幅度有所下降，表现出产业技术创新活动的不稳定性，但总体上全国省（区、市）的排位还是保持在中上位置。

（三）西部地区专利申请排位

2006—2011年期间，云南造纸产业技术领域的发明与实用新型专利申请量在西部地区排名第1位，较“十一五”前的第3位相比上升了2位，其后依次是重庆、四川、广西、陕西、贵州、宁夏、新疆、甘肃、内蒙古、青海、西藏。

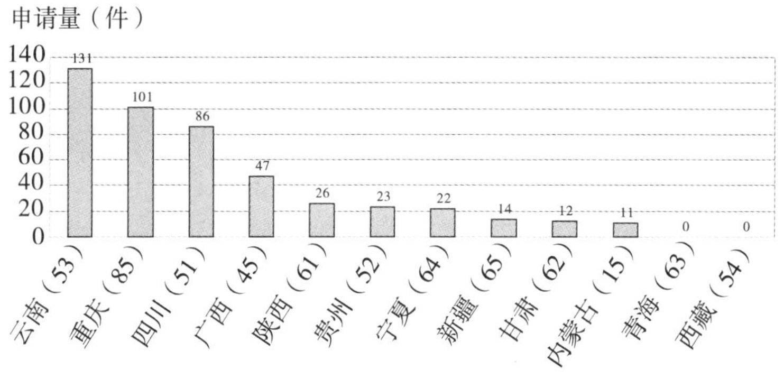

图 4－110　造纸产业技术领域西部省（区、市）发明与实用新型专利申请量排位

数据表明，西部 12 省（区、市）造纸产业技术领域的省（区、市）平均专利申请量为 39 件，仅为全国平均 189 件的 20.91%，造纸产业技术领域的区域技术创新和专利创造能力处于全国滞后水平，但仅就西部地区而言，云南造纸产业技术领域的专利创造能力处于领先地位，产业技术创新活动较“十一五”前有很大的发展。

四、“十一五”以来云南造纸产业技术领域专利申请与技术创新状况整体评价

“十一五”以来，云南在造纸产业技术领域的专利申请量大幅增长，增长速度是全国同期增幅的 9.50 倍，累计申请量是 2000—2005 年期间的 3.54 倍，年申请量从 2005 年的 10 件提升到目前的 47 件，发明与实用新型专利申请数量比较前期大幅提高，发明与实用新型专利申请量占全国的比例明显增加，年专利申请量和发明申请比例稳步提高，累计专利申请量在西部地区的排位前移，产业技术创新和专利创造能力有较大的提升。

但同时，云南造纸产业技术领域的专利申请总量还不多，发明与实用新型专利申请量只占到全国的 2.04%，仅为全国省（区、市）平均水平的 69.50%，累计发明与实用新型专利申请量仅属全国中上水平，年度专利申请占全国的比例和排位波动较大，产业技术创新活动的发展不稳定，技术创新和专利创造能力有待进一步提高。

表 4－10　“十一五”前后云南造纸产业技术领域专利申请状况对比表

时　期	全　国		云　南					
	申请量（件）	发明与实用新型数量比	申请量（件）	发明与实用新型数量比	发明与实用新型占全国比例（%）	年度最高申请量（件）	申请量国内排位	申请量西部排位
2006—2011 年期间	6 409	1.83:1	131	4.24:1	2.04	296	12	1
2000—2005 年期间	3 812	3.60:1	37	1.85:1	0.97	110	17	3

第十一节 “十一五”以来十大产业领域专利技术创新能力综合评价

一、全国十大产业领域专利技术创新能力

（一）全国十大产业技术领域专利申请整体状况

2000—2005年期间，在烟草、能源、冶金、化工、机械、信息、建材、医药、农特产品加工、造纸十大产业技术领域，全国共申请中国发明与实用新型专利申请810 170件（已公开），其中发明专利申请572 924件，实用新型专利申请237 246件，发明与实用新型专利申请数量比为2.41∶1。2006—2011年期间，全国在这十大产业技术领域共申请中国发明与实用新型专利申请1 671 169件（已公开），其中发明专利申请912 399件，实用新型专利申请758 770件，发明与实用新型专利申请数量比为1.20∶1。

表4-11 “十一五”前后全国十大产业技术领域专利申请情况对比表

序号	产业类型	2000—2005期间			2006—2011期间			增长幅度(%)
		小计(件)	发明(件)	实用新型(件)	小计(件)	发明(件)	实用新型(件)	
1	烟草及其配套	2 753	1 281	1 472	6 922	2 882	4 040	151.43
2	能源	79 392	40 987	38 405	202 459	80 264	122 195	155.01
3	冶金	24 613	20 015	4 598	69 880	47 059	22 821	183.92
4	化工	110 010	105 822	4 188	185 775	165 694	20 081	68.87
5	机械	172 640	72 391	100 249	488 579	150 751	337 828	183.00
6	医药	119 458	84 989	34 469	199 035	105 894	93 141	66.62
7	信息	242 318	198 243	44 075	392 884	267 456	125 428	62.14
8	建材	23 260	17 348	5 912	55 460	35 905	19 555	138.44
9	农特产品加工	31 914	28 865	3 049	63 766	52 352	11 414	99.81
10	造纸	3 812	2 983	829	6 409	4 142	2 267	68.13
合计		810 170	572 924	237 246	1 671 169	912 399	758 770	106.27
发明∶实用新型		2.41∶1	—	—	1.20∶1	—	—	—

数据显示，“十一五”以来，在上述十大产业技术领域，全国的发明与实用新型专利申请量较前一时期大幅增长了106.27%，其中烟草、能源、冶金、机械、建材产业技术

领域的专利申请增长幅度均在1倍以上。但同时，上述十大产业技术领域的发明与实用新型专利申请的数量比出现了明显的下降现象，专利申请中实用新型专利申请的比例明显增大，产业的整体专利申请质量有较大的下降。

（二）全国十大产业技术领域专利申请分布状况

2006—2011年期间，全国烟草、能源、冶金、化工、机械、信息、建材、医药、农特产品加工、造纸十大产业相关技术领域已公开的1 671 169件专利申请中，机械制造产业技术领域的申请量最多，占了总量的29.24%，其次为信息产业技术领域的专利申请量，占了总量的23.51%，其余产业相关技术领域专利申请所占比例依次为：能源12.11%、医药11.91%、化工11.12%、冶金4.18%、农特产品3.82%、建材3.32%、烟草及其配套0.41%、造纸0.38%。

表4-12 “十一五”前后全国十大产业技术领域专利申请分布

序号	产业名称	2006—2011年		2000—2005年		比例变化
		申请量（件）	产业申请量比例（%）	申请量（件）	产业申请量比例（%）	
1	机械	488 579	29.24	172 640	21.31	↑
2	信息	392 884	23.51	242 318	29.91	↓
3	能源	202 459	12.11	79 392	9.80	↑
4	医药	199 035	11.91	119 458	14.74	↓
5	化工	185 775	11.12	110 010	13.58	↓
6	冶金	69 880	4.18	24 613	3.04	↑
7	农特产品加工	63 766	3.82	31 914	3.94	↓
8	建材	55 460	3.32	23 260	2.87	↑
9	烟草及其配套	6 922	0.41	2 753	0.34	↑
10	造纸	6 409	0.38	3 812	0.47	↓
合计		1 671 169	—	810 170	—	—

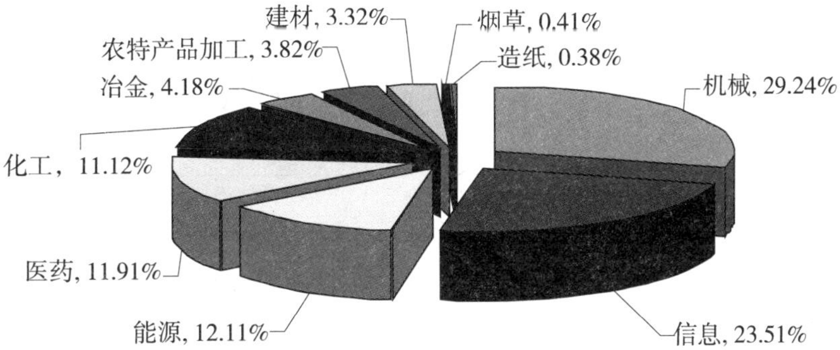

图4-111 全国十大产业相关技术领域专利申请产业分布

数据显示，“十一五”以来，在上述十大产业技术领域，全国的专利申请数量呈不均衡分布，机械制造、信息、能源、医药、化工四个产业专利申请所占比例都在10%以上，而其他五个产业技术领域专利申请所占比例都在5%以下，烟草和造纸产业的比例不足0.5%。

此外，各产业技术领域的专利申请分布较前期发生了较大的变化，信息、医药、化工、农特产品加工、造纸产业技术领域的专利申请在十大产业中所占比例不同程度的下降，而机械、能源、冶金、建材、烟草产业技术领域的专利申请所占比例不同程度的增加；其中，信息、医药产业技术领域的专利申请所占比例下降较大，而机械、能源产业技术领域的专利申请所占比例上升较大。

可见，在近年来的国内产业结构调整中，各产业的技术创新和专利创造能力也在发生变化，信息、医药产业的技术创新活动在各产业中的地位明显下降，而机械和能源产业的技术创新能力在各产业中的地位则显著提高。

二、云南十大产业技术领域专利申请状况

（一）云南十大产业技术领域专利申请整体状况

2000—2005年期间，在烟草、能源、冶金、化工、机械、信息、建材、医药、农特产品加工、造纸十大产业技术领域，云南共申请发明与实用新型专利4 772件（已公开）。其中发明专利申请2 794件，实用新型专利申请1 978件，发明与实用新型专利申请数量比为1.41∶1。2006—2011年期间，云南在这十大产业技术领域共申请发明与实用新型专利13 258件（已公开），其中发明专利申请8 262件，实用新型专利申请4 996件，发明与实用新型专利申请数量比为1.65∶1。

表4－13　“十一五”前后云南十大重点产业专利申请情况对比表

序　号	产业类型	2000—2005期间			2006—2011期间			增长幅度（%）
		小计（件）	发明（件）	实用新型（件）	小计（件）	发明（件）	实用新型（件）	
1	烟草及其配套	248	88	160	791	438	353	218.95
2	能源	471	101	370	1 352	460	892	187.05
3	冶金	256	206	50	1 203	926	277	369.92
4	化工	713	658	55	2 384	2 104	280	234.36
5	机械	1 027	178	849	3 122	945	2 177	203.99
6	医药	1 142	915	227	1 788	1 525	263	56.57
7	信息	249	103	146	677	319	358	171.89
8	建材	145	91	54	442	283	159	204.83
9	农特产品加工	484	430	54	1 368	1 156	212	182.64
10	造纸	37	24	13	131	106	25	254.05
合计		4 772	2 794	1 978	13 258	8 262	4 996	177.83
发明/实用新型		1.41∶1	—	—	1.65∶1	—	—	—

数据显示，“十一五”以来，在上述十大产业技术领域，云南的发明与实用新型专利申请量较前一时期大幅增长了177.83%，且增长幅度大大高于106.27%的全国整体水平，其中烟草、冶金、化工、机械、建材、造纸六个产业技术领域的专利申请增长幅度均在200%以上，冶金产业技术领域的专利申请增长幅度最大。此外，云南十大产业技术领域的发明与实用新型专利申请的数量比较前期也明显提高，且高于1.20:1的全国整体水平。可见，这一时期云南十大重点产业技术领域的专利申请的数量和质量都得到了较大程度的提高。

（二）云南十大产业技术领域专利申请占全国比例

2000—2005年期间，在烟草、能源、冶金、化工、机械、信息、建材、医药、农特产品加工、造纸十大产业技术领域，云南申请的发明与实用新型专利申请占全国的0.59%，其中发明专利申请占全国的0.49%，实用新型占全国的0.83%。2006—2011年期间，云南在这十大重点产业技术领域申请的发明与实用新型专利申请占全国的0.79%，其中发明专利申请占全国的0.91%，实用新型专利申请占全国的0.66%。

表4-14 “十一五”前后云南十大重点产业专利申请情况对比表

序号	产业类型	2000—2005期间			2006—2011期间			云南所占比例变化
		全国(件)	云南(件)	所占比例(%)	全国(件)	云南(件)	所占比例(%)	
1	烟草及其配套	2 753	248	9.01	6 922	791	11.43	↑
2	能源	79 392	471	0.59	202 459	1 352	0.67	↑
3	冶金	24 613	256	1.04	69 880	1 203	1.72	↑
4	化工	110 010	713	0.65	185 775	2 384	1.28	↑
5	机械	172 640	1 027	0.59	488 579	3 122	0.64	↑
6	医药	119 458	1 142	0.96	199 035	1 788	0.90	↓
7	信息	242 318	249	0.10	392 884	677	0.17	↑
8	建材	23 260	145	0.62	55 460	442	0.80	↑
9	农特产品加工	31 914	484	1.52	63 766	1 368	2.15	↑
10	造纸	3 812	37	0.97	6 409	131	2.04	↑
合计		810 170	4 772	0.59	167 116	13 258	0.79	↑

数据显示，“十一五”以来，在上述十大产业技术领域，云南的发明与实用新型专利申请占全国的比例较前一时期增长了0.20%，其中，发明专利申请所占比例增长了0.42%，实用新型专利所占比例下降了0.18%，专利申请量占全国的份额有较大的提高，且发明专利申请所占份额提高更大。但同时也应看到，云南十大重点产业的发明和实用新型专利申请量仅占到全国的0.79%，未达到全国省（区、市）平均水平的1/3，所占比重严重偏低。

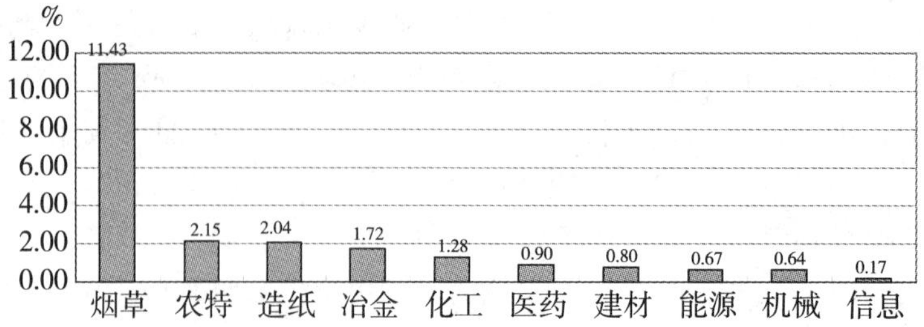

图 4-112 云南重点产业专利申请量占全国比例

上述产业技术领域中，仅有烟草及其配套领域的专利申请量在全国占有较高比例，而申请量占全国的比例达到1% ~2%的也只有冶金、化工、农特产品加工和造纸四个领域，能源、机械、医药、建材、信息五个领域的专利申请量占全国的比例都不及1%，特别是信息产业相关技术领域的专利申请量在全国的比例仅有0.17%。可见，除烟草及其配套产业以外，云南其他九个产业技术领域的专利申请量在全国的比例都低于全国省（区、市）平均水平，产业技术创新能力和专利创造的实力都较弱，与全国整体水平相比仍然有较大差距。

（三）云南十大产业技术领域专利申请产业分布

2006—2011年期间，在云南十大重点产业相关技术领域已公开的13 258件专利申请中，机械制造产业技术领域的申请量最多，占了总量的23.55%，其余产业相关技术领域专利申请所占比例依次为：化工17.98%、医药13.49%、农特产品10.32%、能源10.20%、冶金9.07%、烟草及其配套5.97%、信息5.11%、建材3.33%、造纸0.99%。

表 4-15 云南十大产业技术领域专利申请产业分布

序 号	产业名称	2006—2011年		2000—2005年		比例变化
		申请量（件）	产业申请量比例（%）	申请量（件）	产业申请量比例（%）	
1	机械	3 122	23.55	1 027	21.52	↑
2	化工	2 384	17.98	713	14.94	↑
3	医药	1 788	13.49	1 142	23.93	↓
4	农特产品加工	1 368	10.32	484	10.14	↑
5	能源	1 352	10.20	471	9.87	↑
6	冶金	1 203	9.07	256	5.36	↑
7	烟草及其配套	791	5.97	248	5.20	↑
8	信息	677	5.11	249	5.22	↓
9	建材	442	3.33	145	3.04	↑
10	造纸	131	0.99	37	0.78	↑
合计		13 258	—	4 772	—	—

数据显示，“十一五”以来，在烟草、能源、冶金、化工、机械、信息、建材、医药、农特产品加工、造纸十大产业技术领域，云南的专利申请数量呈不均衡分布，机械制造、化工、医药、农特产品加工、能源四个产业专利申请所占比例都在10%以上，而建材、造纸两个产业专利申请所占比例都在5%以下，尤其是造纸产业还没占到1%。此外，各产业的专利申请比例分布较前期也发生了较大的变化，医药和信息产业技术领域的专利申请在十大产业中所占比例有所下降，而其他八个产业技术领域的专利申请所占比例都有不同程度的增加，其中医药产业技术领域的专利申请所占比例下降较大，而机械和化工产业技术领域的专利申请所占比例上升较大。

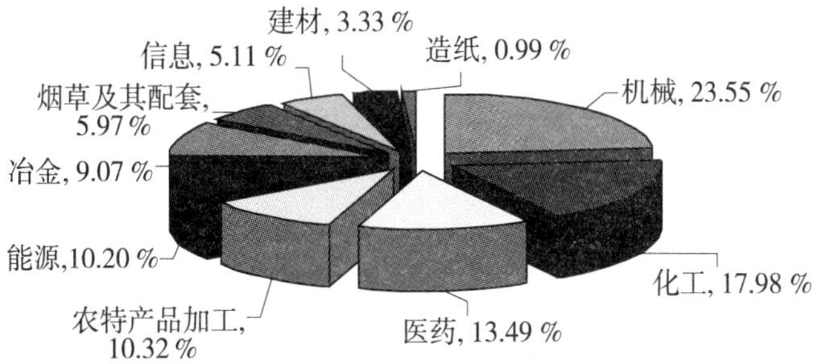

图4－113　云南十大重点产业相关技术领域专利申请产业分布

可见，近年来云南产业结构调整中，各产业的技术创新和专利创造能力也在发生变化。在十大产业的技术创新能力得到整体提高的同时，医药产业的技术创新活动在各产业中的地位明显下降，而机械和化工产业的技术创新活动在各产业中的地位则显著提高。与全国整体情况不同的是，在十大产业技术领域中，云南信息产业技术领域的专利申请所占份额大大低于全国整体水平，而烟草、农特产品加工、化工、冶金产业技术领域的专利申请所占份额明显高于全国整体水平，反映了云南产业技术创新的区域性特点，除了机械、医药产业外，烟草、农特产品加工、化工、冶金产业的创新活动相对活跃。

（四）云南十大重点产业专利创造在全国的地位

“十一五”以来，除烟草和冶金产业外，云南其他八个重点产业的发明与实用新型专利申请量在国内省（区、市）的排位均较前期有明显的提高，其中化工、造纸、能源、建材、机械、农特产品加工、医药产业技术领域的专利申请量的排位均提高了3位以上，反映了这一时期云南十大重点产业的技术创新实力得到了较大程度的提高。

同时，除烟草及其配套产业以绝对优势排第1位，农特产品加工、造纸、化工和冶金产业以相对优势排第10、12、14和15位的中上位置以外，其他五个产业均处于全国中下或落后位置，反映了近年来云南十大重点产业的技术创新和专利创造能力虽都有提高，但半数以上产业的技术创新和专利创造实力在国内省（区、市）中的地位只属于中下水平。

表 4－16　云南累计专利申请量在全国及西部地区排位

序　号	产　业	1985—2005 年		2006—2011 年		排位增减		全国排位变化趋势
		全国	西部	全国	西部	全国	西部	
1	烟草及其配套	1	1	1	1	0	0	→
2	农特产品加工	13	2	10	1	3	1	↑
3	造纸	17	3	12	1	5	2	↑
4	化工	19	3	14	2	5	1	↑
5	冶金	15	3	15	1	0	2	→
6	医药	21	3	18	2	3	1	↑
7	能源	23	5	19	3	4	2	↑
8	建材	24	5	20	4	4	1	↑
9	机械	24	5	21	4	3	1	↑
10	信息	24	5	22	6	2	－1	↑

（五）“十一五”以来云南重点产业专利创造和技术创新能力总体评价

2006 年以来，在烟草、能源、冶金、化工、机械、信息、建材、医药、农特产品加工、造纸十大重点产业技术领域，云南的发明和实用新型专利申请量大幅度增长，发明与实用新型专利申请的数量比得到了一定的提高，专利申请中发明专利申请居多，除烟草和冶金产业的专利申请量在全国的省（区、市）排位不变外，其他八个产业的专利申请量在全国省（区、市）的排位均有明显的提升，各产业技术领域的专利申请数量和质量均得到了较大的提高，十大重点产业的技术创新和专利创造实力显著增强。

同时，除烟草及其配套产业的发明和实用新型专利申请量在全国占有较大比重外，其他九个产业的专利申请量在全国的比重均低于全国省（区、市）平均水平，而且专利申请量占全国比重排前 4 位的烟草、农特产品加工、造纸、冶金产业都是严重依赖云南独特的生物和矿产资源的产业；对自然资源依赖程度低的机械和信息产业，专利的产出水平仍然很低。

从专利申请的产业分布来看，专利申请主要集中在机械、化工和医药三个产业技术领域，信息、建材和造纸产业技术领域的专利申请量所占比例都较低，这与“十一五”前期的情况基本一致，表现出专利申请和产业技术创新能力发展不均衡的现状，但专利申请量明显向机械、化工和冶金产业技术领域集中，而医药产业技术领域的专利申请比例下降明显。

烟草产业一直都是云南的优势产业，专利申请占全国的比例在“十一五”时期得到了进一步提高，产业技术创新实力持续增强，但在全省十大重点产业技术领域的专利申请总量中只占到 5.97% 的比例，技术创新活动与产业规模和行业地位仍不协调，需进一步增强产业自主创新能力，保持技术领先优势。

云南农特产业和造纸产业的前期技术基础虽较弱，但近年来依靠丰富的作物和林木资源优势，在茶叶、咖啡、果蔬和竹木、纸浆等新产品、新工艺的开发方面做了大量工作，专利申请量占全国的比例有较大的提高，产业技术创新和专利创造能力明显增强，但与全国整体水平相比仍有一定的差距，产业技术创新能力尚需进一步培养。

云南冶金和化工产业拥有优越的资源条件，随着有色冶金、磷化工和精细化工产业规模的扩大，技术创新在支撑产业发展中发挥了重要作用，产业专利申请量和占全国的比例都有较大的提高，但与全国整体水平相比仍有较大的差距，需进一步加大产业技术创新的力度。

云南医药、能源、建材产业虽有较好的资源环境，但由于新产品开发需要较强的技术和人才基础，尽管近年来产业技术领域的技术创新活动和专利申请量有了较大的发展，但占全国同领域专利申请量的比例仍不足1%，与全国整体水平相比差距还很大，产业技术创新的能力亟待加强。

云南机械加工产业虽有较大的专利申请量，但在高技术开发方面仍做得不够，大量专利申请是创造性一般的实用新型专利申请，产业核心竞争力并不高，如何在发挥原有烟草机械、加工机械技术优势的基础上，大力开展技术创新活动，依靠技术进步提升产业核心竞争力，发展好重型机械、冶金机械和铁路机械产业，是振兴云南机械制造产业的有效途径。

云南信息产业的技术创新能力虽有一定的发展，但仍然属于云南的技术弱势产业，相关技术领域的专利申请量占全国的比例仅有0.17%，而全国信息产业技术领域的专利申请量却是十大产业中最多的，这一方面反映了全国信息产业技术领域科技创新的活跃程度，另一方面也反映出云南在这一产业技术领域技术创新能力的落后现状。

第五章　云南生物质能产业专利战略

20世纪末以来，世界经济快速增长，全球能源消耗大幅增加，石油、煤和天然气等传统石化能源不但面临枯竭的危险，而且其燃烧造成温室气体等有害物质的大量排放，导致人类生存环境严重恶化，世界性的环境问题与能源短缺问题日益突出，因而加速与扩大可再生、无污染的新型清洁能源开发与利用，已是全球面临的迫切任务。

生物质能源具有可再生、清洁环保、经济的特点，是解决全球能源危机最理想的清洁新能源之一。作为一个经济高速发展的人口大国，能源与环境的双重压力一直困扰着中国，大力推进生物质能源的开发和利用，不仅是满足我国绿色环保的需要，更是缓解经济快速增长所带来的能源危机的需要。

随着知识经济和经济全球化深入发展，知识产权日益成为国家发展的战略性资源和国际竞争力的核心要素，成为建设创新型国家的重要支撑和掌握发展主动权的关键。云南具有丰富的生物质能源资源优势，在国内生物质能产业技术领域占有重要地位，制定与实施生物质能产业专利战略，对云南生物质能产业的健康发展具有重要的现实意义。

第一节　云南生物质能产业发展迫切需要实施专利战略

经过多年努力，云南的生物质能产业及其自主知识产权创造运用已具备了一定的基础。一是可用于发展生物质能源的原材料植物资源丰富、自然环境优越，有明显的生物质能源资源优势，有利于高产原料作物的筛选、培育、栽培及其相关专利技术的开发。二是在燃料乙醇、生物柴油、沼气利用领域已经形成一定的产业基础。确定了10户燃料乙醇定点生产企业和6家备选企业，小桐子原料林和年产量10万吨生物柴油加工厂正在建设中，沼气利用遍及广大农村地区。三是积累了一定的专利技术，截至2009年8月底累计公开的生物质能相关专利申请有175件，获得专利授权121件，其中发明专利申请76件，实用新型专利申请99件，占全部中国专利申请的3.20%、国内专利申请的3.51%，累计专利申请数量在国内排名第13位、在西部排名第2位，专利申请量在西部地区处于较领先地位。四是在生物质能相关技术领域形成了一定的创新能力与技术基础。一些企业和科研院所、院校在开展生物质能相关研究中积累了一定的研发基础，在沼气利用、秸秆气化应用、薯类与小桐子等能源作物的品种选育与栽培、燃料乙醇和生物柴油制备工艺等领域都有所作为。五是全省的专利环境不断改善。全省专利保护法制环境建设进一步加强，专利制度对促进科技创新发挥了重要作用，院所院校专利创造与保护和运用能力明显提高，专利工作体系不断健全，专利综合管理能力明显增强，专利信息化建设初见成效，专利保护政策法规不断健全。

尽管如此，云南的生物质能产业及其知识产权工作却存在诸多深层次问题、面临多方面的严峻挑战。一是产业处于发展初级阶段，产业整体科技创新水平偏低，专利创造与运用的基础薄弱，累计175件的专利申请基数较小，对产业发展的自主知识产权专利技术支撑严重不足。二是产业专利创造与申请水平较低，专利申请占全国的比例不高，年增长不稳定且增长率与全国差距较大，专利申请以实用新型专利申请为主，申请质量较差，科技创新的层次较低。三是缺乏对产业专利的规划布局与宏观管理，产业创新活动处于自发状态，低层次的沼气利用实用新型专利申请较多，重点领域和核心关键技术专利申请较少。四是专利运用能力不足，专利产业化水平较低。全省专利权平均维持期限只有3.3年，得到转化运用的专利技术还很少。五是企事业单位知识产权创造与保护意识不强。全省提出过生物质能相关专利申请的企业只有14家，产业专利管理与保护水平有待提高。六是产业年度专利申请的国内排位在后移，从1999年全国第1位下滑到2007年的全国第17位，产业科技创新和专利创造能力与国内整体水平的差距在变大，产业整体专利水平较低，核心竞争力不强。七是国内外发达地区生物质能产业技术研发加速，并形成了一批有实力的生物质能企业和研究机构，在科技创新和专利创造方面抢占了先机，限制了产业技术的发展空间，增加了云南生物质能产业科技创新与专利创造的难度。八是政策环境还不完善，产业宏观规划相对较多，而鼓励产业科技创新和社会投入的具体政策措施还较少，特别是与产业有关的专利政策和支持燃料乙醇、生物柴油等生物质能源消费的财政和税收补贴政策缺乏，产业发展与专利工作受到制约。九是生物质能产业内与产业外的竞争加剧，使云南生物质能产业的发展及其整体专利水平的提升面临严峻挑战。总的来说，云南在生物质能产业技术领域的科技创新和专利制度运用能力以及关键技术专利拥有量等方面还与发达地区有较大差距，导致产业关键技术自主知识产权缺乏，核心竞争力不足，严重影响了产业的快速发展。

专利是自主知识产权的核心，对自主知识产权的拥有程度是获得市场竞争主动权、保障产业可持续健康发展的重要条件。生物质能产业是云南近年来发展起来的新兴产业，在当前激烈的国际国内竞争环境中，制定与实施云南生物质能产业专利战略，充分发挥专利制度激励创新、支撑发展的作用，大力促进云南生物质能产业科技创新活动，掌握一批自主知识产权核心关键技术，走依靠科技进步和自主知识产权的产业发展道路，充分发挥比较优势，着力把握发展机遇，努力消除相对劣势，沉着应对各种挑战，是我们应对激烈的市场与技术竞争、解决能源短缺问题的重要手段，是提高云南生物质能产业知识产权创造、运用、保护和管理水平的重要途径，是提升生物质能产业自主创新能力和核心竞争力的重要举措，是当前云南生物质能产业发展面临的迫切任务。

第二节 云南生物质能产业专利战略的指导思想与目标

一、实施云南生物质能产业专利战略的指导思想

全面落实科学发展观，坚持激励创造、有效运用、合理保护、科学管理的专利发展方针，围绕云南“十一五”规划和全面建设小康社会的宏伟目标，结合创新型云南行动计划和生物产业振兴计划，以提高生物质能产业核心关键技术自主知识产权数量和核心竞争力为突破口，以提高产业自主创新能力和转变产业发展方式为目标，充分发挥专利制度对产业发展的促进与保障作用，围绕云南生物质能产业形成一批具有自主知识产权、核心竞

争力强的企业群，使专利战略成为推进云南生物质能产业发展的强大动力，促进云南经济社会又好又快发展。

二、实施云南生物质能产业专利战略的目标

通过专利战略的制定和实施，全面提高云南生物质能产业的专利创造、运用、保护与管理能力，不断增强产业核心竞争力，推动云南生物质能产业的快速发展。力争五年内，实现以下目标：

——生物质能领域专利申请和授权量在现有基础上增长两倍，产业核心和关键技术发明专利申请明显增长，国际专利申请取得突破；

——建立起比较完善的产业科技创新体系，培育一批产业专利优势企业和技术研发机构，产业专利创造能力与核心竞争力大幅度提升；

——创造和转化运用一批产业核心关键技术自主知识产权，支撑产业发展和优化升级，专利对产业发展的支撑和促进作用明显提高；

——重点企业专利制度普遍建立，创新主体专利创造和保护意识明显提高，产业整体专利水平不断提高。

第三节　云南生物质能产业专利战略的重点

一、提高生物质能产业专利创造和运用能力

以推动产业技术进步为出发点，以提升产业自主知识产权水平和核心竞争力为着力点，充分发挥专利制度对产业自主创新的促进与保障作用，围绕云南生物质能产业的重点领域和重大技术方向，制定推动产业自主创新的优惠政策和措施，加大对生物质能产业自主创新能力的培育力度，将形成专利技术作为政府科技计划和企业科技攻关的重要目标，加速对产业发展起支撑作用的核心、关键技术的研发，培育生物质能核心技术专利池，加强对引进技术的消化吸收和再创新，逐步降低对外技术的依存度，在重大和关键技术领域内形成一批自主知识产权，大幅提升产业自主知识产权创造能力，改变产业技术落后和依赖技术引进的被动局面，降低产品生产成本、提高产品市场竞争力，争取云南生物质能产业发展的主动权。

制定有利于云南生物质能产业发展的专利导向政策，加大对产业重大科技攻关活动与企业专利战略运用的引导与指导，培育企业和科研院所利用专利信息加速技术开发，保护开发成果知识产权，运用专利技术进行资本运营等的能力，以全面提高相关企业与科研院所的知识产权保护和运用水平。逐步建立以专利技术为支撑、以专利制度为保障、以专利运用为手段的具有核心竞争力的产业发展模式，推动云南生物质能产业发展向依靠科技进步转变，走创新能力强、资源消耗少、产出效率高、产品竞争力强的新型工业化道路，以实现云南生物质能产业的快速发展。

二、加强生物质能产业的专利布局和统筹规划

加大政府对生物质能产业专利布局的调控与管理力度，建立产业关键技术知识产权评

价、调配与预警机制，围绕生物质能源作物新品种培育与栽培、生物质能源制备与利用等主要技术方向，通过政府科技计划、产业化项目立项以及政策导向，依托培育生物质能优势企业和重点研发机构，对产业知识产权的重点领域、方向、数量与质量进行宏观调控，形成生物质能产业专利技术的合理布局，改善产业自主知识产权创造能力不足、核心关键技术领域专利缺乏、科技创新和专利技术层次不高的不利状况。

结合云南自然资源优势，重点加强生物质液体燃料与气化技术的开发，大幅提升相关领域自主知识产权的产出数量和质量。进一步加强对薯类、小桐子等生物质能源作物的品种选育、改良和育种技术的研发力度，重点支持普适性、短流程、高效率、低排放、低成本的燃料乙醇和生物柴油制备新工艺、新技术的深度开发，积极支持植物纤维燃料乙醇制备新技术的研发，鼓励养殖场沼气利用等大型沼气工程技术与生物质气化发电新技术的开发，在重点领域的自主知识产权规划布局和产出方面取得新的突破。

三、促进生物质能产业自主知识产权的转移与产业化

大力推进产学研结合，引导院所院校以市场为导向，积极面向企业，针对生物质能产业的重点技术领域开展科研活动，创造大批自主知识产权并在与企业生产实际结合的过程中加以转化实施。建立以科技项目为引导，以知识产权分享为纽带，以创新成果产业化为目标的产业技术联盟，着力解决生产实际急需的自主知识产权创造与转化问题，针对生产环节的重大和关键技术问题进行联合攻关，有针对性地开展自主创新活动，实现云南生物质能产业核心关键技术自主知识产权的重大突破与产业化应用。

加强对生物质能产业技术领域知识产权产业化与产品使用的政策导向，制定引导知识产权转移转化和产品使用的财政、金融和产业政策，落实知识产权税收配套优惠政策，建立知识产权流转机制，支持社会科研力量服务于生物质能生产实际需求，解决生物质能领域知识产权创造目标不明确、转化渠道不通畅与企业缺乏核心知识产权支撑的矛盾，大幅提高专利技术转化实施率，全面推动云南生物质能相关专利技术的产业化，形成依靠专利支撑产业发展、知识创造价值的产业发展新模式。

第四节　实施云南生物质能产业专利战略的对策与措施

一、加强宏观领导和综合协调，制定产业专利发展规划

各级政府和有关部门要从促进云南生物质能源开发、缓解能源危机、改善环境条件、建设绿色经济强省的战略高度出发，与产业结构调整、培育新经济增长点相结合，切实加强领导，推进生物质能产业专利战略的实施，创造良好的创新环境和制度环境，引导创新资源向生物质能产业聚集，促进云南生物质能产业的发展壮大。

加强对生物质能产业核心关键技术的专利布局与宏观规划，强化政府知识产权、科技、产业、经济等有关部门对生物质能产业发展的专利导向与协调力度，制定实施生物质能产业专利规划，在相关产业政策中有针对性地增加促进专利创造与实施的内容，确定重点发展的技术领域，统筹协调产业发展与拥有自主知识产权之间的关系以及产业发展机制与科技创新机制之间的关系，有计划地推进产业科技创新与专利的创造和运用，为产业发

展提供充足的专利技术，建立完善的知识产权保障体系。

加大政府对生物质能产业的专利宏观管理力度，及时研究解决产业发展中遇到的知识产权问题，帮助重点企业开发与运用自主知识产权、规避技术风险，提高企业参与国际国内市场竞争的能力，促进产业的可持续发展。

二、构建产业创新体系，提升产业专利创造能力与核心竞争力

结合云南生物质能各创新主体的实际，加快建立开放型生物质能产业技术创新体系，充分发挥科研院所、大专院校在科技创新方面的优势，积极培育相关企业的科技创新能力，建立产学研联合攻关机制，创造良好的社会环境，在政府宏观指导下，集合大专院校、科研机构、企业等多方研究力量，通过整体布局、资源整合、机制创新，建立体系完整、技术装备先进、人才结构合理、创新能力强、管理科学规范的生物质能产业创新体系，面向国际国内市场，构建共性创新平台，增强人才、知识、技术、信息、资金等资源和要素的整合质量与利用效率，全面提升生物质能产业专利创造能力和核心竞争力，推动产业技术与产品升级，转变产业发展方式，将资源优势变为产业优势。

加强以提高生物质能技术工程化能力为核心的产业技术创新体系建设，以大学、科研院所为依托，完善生物质能科研条件建设，形成高水平的生物质能研究平台。加强产学研结合，充分利用企业技术中心、科研院所和大专院校的创新资源，对产业共性、关键和前瞻性技术组织联合攻关。建立生物质能产业技术联盟，大力发展生物质能专利信息中心等服务机构，加强生物质能技术开发与产业发展之间的有机联系，建立创新目标明确、创新资源与创新成果高效利用、产学研结合、以知识产权为纽带的产业创新体系，促进科技成果的产业化。

优先加快高产、适应性强的油料作物和薯类、高糖作物新品种和栽培新技术的研发与推广；开展新型发酵酶、高效低耗短流程乙醇制备新工艺以及植物纤维制备乙醇技术的开发与应用；开发普适性、高效、低成本、低排放生物柴油提取技术；进行养殖场、生物垃圾大型沼气综合利用技术的产业化开发，重视农村沼气利用技术的优化研究。在一些重点技术领域和方向取得突破，掌握一批核心关键技术自主知识产权，突破制约云南生物质能产业发展的技术瓶颈，全面提升云南生物质能产业专利创造能力与核心竞争力。

三、进行企业专利试点示范，带动产业整体专利水平提升

深入落实国家知识产权战略和《云南省人民政府关于贯彻国家知识产权战略的实施意见》，将生物质能重点企业纳入企业专利试点工作的范围，作为深化企业专利试点工作的重要内容之一。通过开展生物质能企业的专利试点工作，带动产业专利创造、运用、保护和管理水平的提高。

选择一批生物柴油、燃料乙醇和沼气利用龙头企业，进行专利试点示范，建立和完善企业专利制度，将专利管理和保护贯穿于企业科研开发、生产和经营的全过程，推动龙头企业专利战略的制定与实施，带动产业内企业的专利制度建立，增强企业进行专利创造、运用、保护和管理的能力，形成生物质能产业自主创新的合力，全面提升产业整体专利水平。

四、开展产业专利信息化建设，加强对专利信息的有效利用

充分发挥专利信息在自主创新中的作用，探索建立生物质能领域重大科技与产业化项目的知识产权风险评价以及产业专利预警机制，引导骨干企业建立专利信息利用制度，通过专利预警、监控和应对机制的建立，及时把握国内外市场的发展方向，不断提升技术创新的起点和水平，实现云南生物质能产业的跨越式发展。

加强专利信息资源的开发利用，依托中国专利信息工程云南地方专利信息网的建设，建立生物质能专利信息专项数据库，为云南生物质能产业的技术创新和实施专利战略提供信息支撑。加强指导企业技术中心、产学研联合开发中心建立本企业主导产品和关键技术的专利信息数据库，进行技术经济动态跟踪管理，优化技术创新资源配置，提升企业技术创新效率与水平。

五、加强专利法制政策体系建设，创造良好的产业发展环境

完善生物质能投资和产品开发利用的优惠政策，支持一批生物质能源骨干企业的发展，提高生物质能源产品的生产与供给能力。对新创办的生物质能企业自获利年度起，给予企业所得税“两免三减半”的优惠政策；对投资于生物质能产业的风险投资给予税收优惠；对生物企业进口所需的自用设备以及按照合同随设备进口的配套件、备件，除列入《外商投资项目不予免税的进口商品目录》和《国内投资项目不予免税的进口商品目录》的商品外，享受关税和进口环节增值税的优惠。

制定实施鼓励薯类、小桐子等生物质能源作物栽培的产业政策，以及鼓励生物质能源产品开发和消费的价格补贴政策。对生物质能源作物种植和采收的农户和单位给予政策性补贴、信贷支持、税收优惠和技术指导，大幅提高生物质能源原料的产量和质量，降低生物质能源原料的生产成本。鼓励燃料乙醇和生物柴油等生物质能源的市场准入和消费，积极培育生物质能源产品消费市场，鼓励广大农村用户使用沼气等生物质能源产品。解决生物质能源原料产量低、价格高、产品消费市场未形成等长期困扰云南生物质能产业发展的瓶颈问题。

建立和完善政府科技计划的专利评价与产出政策导向机制，将专利管理与保护的有关规定，融入科技、经济等部门推动技术创新和科技进步的政策中。借助科技创新的专利政策导向，引导生物质能领域相关企业、科研院所、高校加强对有关技术、产品、产业的知识产权战略的研究，促进产业技术创新升级和产业结构的调整，增强产业核心竞争力。

做好《云南省专利纠纷行政处理办法》、《云南省专利保护条例》等现行规章和政策措施的修改工作，尽快出台《云南省生物质能产业专利促进条例》、《云南省生物质能产业专利中长期规划》等政策法规。逐步完善知识产权保护体系建设，强化执法手段，加大执法力度，切实有效地保护专利权人合法权益，创造良好的产业发展环境。

六、加大产业科技创新投入力度，推动产业快速发展

加大对生物质能产业专利创造的财政投入力度，建立生物质能产业专项基金，重点支持生物质能产业科技创新平台建设、重大自主知识产权专利技术研发与产业化、企业重大技术改造升级、产业专利池培育与转化运用，加大对原料作物品种筛选培育、丰产栽培技

术等方面的研究和投入，加快科技成果转化，全面提高生物质能产业发展的技术水平与专利水平，促进云南生物质能产业逐步走上持续、快速发展的轨道。

提高政府科技计划和产业化专项资金对生物质能研发和产业化项目的倾斜和资助力度，创造大批产业核心关键技术自主知识产权。完善生物质能产业风险投资机制，鼓励对生物质能产业的风险投资，引导社会资金投资生物质能产业。积极为生物质能技术企业在国内外上市融资创造条件，科技型中小企业创新基金要优先支持从事生物质能技术开发及其成果转化的中小型企业。协调国家和省级有关部门，积极引进社会投资，加大小桐子、木薯等原料基地投资力度，提高建设规模与标准，推动云南生物质能产业的快速发展。

第六章　云南生物质能产业专利战略研究

第一节　实施生物质能产业专利战略的必要性与紧迫性

随着经济、社会的发展，世界能源消费不断增长，世界性的环境恶化与能源短缺的问题也日益突出。在世界能源消费构成中，占能耗比重最大的是非可再生能源资源的石油、煤和天然气等化石能源，这些能源的燃烧不仅排出了大量的温室气体及其他有害物质，对环境产生了极大的污染，造成人类生存环境的严重恶化，而且由于不断增长的消耗而面临枯竭的严峻形势。

据预测，未来25年里世界能源消费将上升50%，2025年需求量将达到136.50亿吨油当量。而按目前石油储量的综合估算，可支配的化石能源的极限大约为1 180～1 510亿吨，以1995年世界石油的年开采量33.2亿吨计算，石油储量大约在2050年左右将宣告枯竭。天然气储备估计在131 800～152 900兆立方米，年开采量维持在2 300兆立方米，将在57～65年内枯竭。煤的储量约为5 600亿吨，按1995年33亿吨的煤炭开采量，仅可以供应169年。铀的年开采量目前为每年6万吨，根据1993年世界能源委员会的估计可维持到21世纪30年代中期，而核聚变到2050年还没有实现的希望。石化能源与原料链条的中断，必将导致世界经济危机和冲突的加剧，最终葬送现代市场经济。寻求替代能源，加速与扩大可再生、无污染的清洁能源的开发与利用，是全球面临的迫切任务。

尽管长期以来，人们不断探索水能、核能、太阳能、风能等各种替代能源，并已经取得了一定成效，但这些替代能源的开发利用存在诸多问题。水能利用需要建设大型水坝，所引起的生态环境变化问题无法得到彻底解决；核能的发展还不能完全摆脱放射性污染的阴影；太阳能的开发潜力很大，对环境影响最小，但还无法突破光电转换效率低的技术难题；潮汐能发电、波浪能发电、风能发电虽有进展，但因其不稳定性而难以大规模推广使用；甲醇污染重，氢能开发技术难度大。

生物质能源是植物通过光合作用将太阳能转变为化学能并固定或贮藏在生物体内的能量。通过生物质能转换技术可以高效地利用生物质能源，生产各种清洁燃料替代矿物燃料，减少人类对矿物能源的依赖，减轻矿物能源消费对环境造成的污染。生物质能以其可再生性、环保性和经济性，又能推动农业产业链的发展，已得到世界各国的重视和一定程度的开发利用，被认为是解决全球能源危机的最理想途径之一。到2015年，全球总能耗的40%将来自生物质能源。

生物质能源迅速发展，成为令人瞩目的崭新产业，许多国家将生物质能源产业作为国家战略推进。美国提出了“2525”和“3030”的生物质能源发展规划；到2025年，美国25%的汽油将用燃料乙醇代替；到2030年，30%的汽油将用燃料乙醇代替。届时，美国的燃料乙醇产量将达到2 271亿升。在2000年的时候，美国的燃料乙醇产量仅有60亿升，但到

2007 年的时候，美国的燃料乙醇产量达到了 300 亿升，短短 8 年时间增长了 5 倍。生物燃料产业已经成为美国新的经济增长点。巴西主要是用甘蔗来制造燃料乙醇。2005 年，巴西燃料乙醇产量达到 1 250 万吨，70% 的汽车约 1 900 万辆使用掺了燃料乙醇的汽油，巴西计划到 2025 年燃料乙醇的产量达到 7 200 万吨，远景规划为 3.2 亿吨。

中国作为一个经济高速发展的人口大国，一直伴随着能源与环境的双重压力。近年来，我国以石油为原料的能源、材料需求量激增。2004 年，我国石油消费量为 3.189 亿吨，其中进口量占 40% 以上；2005 年，我国石油消费飙升到了 3.278 亿吨，对外依存度达到了 50%。按照目前的速度发展，到 2020 年我国对原油进口的依赖将达到 60%，将面临严重的能源安全问题。大力发展和扩大生物质能源的开发和利用，不仅是满足绿色环保的需要，更是缓解经济快速增长所带来的能源危机的需要。

经过几年的努力，我国生物柴油产业得到了很大的发展，《中共中央关于制定国民经济和社会发展第十一个五年规划的建议》、《国家中长期科学和技术发展规划纲要(2006—2020 年)》等明确提出，要加强包括生物柴油产业在内的可再生能源的发展。《国家发改委办公厅关于组织实施生物质能工程高技术产业化专项的通知内容》（发改办高技〔2005〕2875 号）文，决定实施生物质工程高技术产业化专项，推进非粮原料生物能源、生物基材料 10 万吨以上的规模化工业生产工程，力争在“十一五”末期，形成替代 1 000 万吨石油和节省 500 万吨标准煤的生物质产业。未来 20 年我国生物柴油产业的发展将会突飞猛进。

云南以“植物王国”著称，有高等植物 17 000 多种，其中有利用价值的芳香油料植物种类就达 200 多种，生物质能源类农林作物种植广泛，可用于发展生物质能源的原材料植物资源丰富。此外，在利用油料作物特别是小桐子油生产生物柴油，利用薯类、糖类作物生产燃料乙醇，以及利用农作物秸秆产生沼气与合成气等方面，已具备一定技术和产业基础。云南以其在原料资源和开发利用技术方面的显著优势，将在国内外生物质能源开发利用领域中发挥重要作用。

专利是自主知识产权的核心，对自主知识产权的拥有程度，是获得市场竞争主动权、保障产业持续健康发展的重要条件。在生物质能产业掌握一批核心技术，拥有一批自主知识产权，关键就是要拥有一批自主知识产权专利技术。目前，云南在生物质能源产业技术领域的技术创新和专利制度运用能力以及关键技术专利拥有量等方面，都还与发达地区有较大差距，在当前激烈的国际国内竞争环境中，制定与实施生物质能产业专利战略，运用专利制度，促进云南生物质能技术创新，掌握自主知识产权核心关键技术，是我们应对激烈的市场与技术竞争、解决能源短缺问题的重要手段，是提高生物质能产业知识产权创造、运用、保护和管理水平的重要途径，是提升生物质能产业自主创新能力和核心竞争力的重要举措，是云南生物质能产业发展面临的迫切任务。

以云南为典型研究对象，对国内外生物质能源产业技术领域进行关键技术专利分布和发展趋势分析研究，提出云南乃至国内生物质能源产业发展专利战略，对寻求替代能源、培育区域经济新增长点、增强可持续发展能力具有重要意义。

第二节　国内与云南生物质能产业技术领域专利基本状况

一、全国生物质能相关技术领域专利申请状况

（一）国内生物质能相关技术领域专利申请基本状况

通过生物质能相关技术领域国际分类与相关关键词的组合检索，截至2009年8月底，生物质能相关技术领域已公开的全部中国专利申请累计共有5 466件。其中发明专利申请3 088件，占全部申请专利的56.49%；实用新型专利申请2 378件，占全部申请专利的43.51%；发明专利申请略多于实用新型专利申请，专利申请质量一般。2001年以来，国内生物质能产业技术领域年度专利申请量总体呈增长趋势，各年度的增长幅度都在15%以上，其中，2001—2006年期间增长迅速，2006年增幅最高，增长率达到了116.71%。

（二）国内生物质能相关技术领域专利申请的地区分布

检索结果显示，在生物质能相关技术领域，国内各地的技术创新活动和专利创造能力并不均衡，主要是集中于经济和技术实力相对发达的省（区、市），而自然生物资源丰富的省（区、市），在生物质能相关技术领域的专利创造能力相对较低。专利申请量居前10位的是北京、江苏、山东、辽宁、广东、河南、湖南、黑龙江、四川、浙江，占了国内专利申请量的62.35%，其中北京有514件，江苏有447件，占了大头。

表6－1　国内生物质能相关专利申请省（区、市）分布情况

序　号	地　区	申请量（件）	序号	地　区	申请量（件）	序　号	地　区	申请量（件）
1	北京(11)	514	12	湖北(42)	178	23	山西(14)	75
2	江苏(32)	447	13	云南(53)	175	24	天津(12)	71
3	山东(37)	381	14	河北(13)	156	25	内蒙古(15)	55
4	辽宁(21)	310	15	广西(45)	151	26	甘肃(62)	40
5	广东(44)	293	16	吉林(22)	150	27	新疆(65)	28
6	河南(41)	279	17	安徽(34)	133	28	宁夏(64)	13
7	湖南(43)	252	18	福建(35)	106	29	海南(66)	13
8	黑龙江(23)	237	19	贵州(52)	87	30	台湾(71)	12
9	四川(51)	204	20	陕西(61)	84	31	青海(63)	5
10	浙江(33)	195	21	重庆(85)	84	32	西藏	0
11	上海(31)	182	22	江西(36)	80			

从国内各区域专利申请情况来看，生物质能相关技术领域专利申请的地区分布也不均衡，

主要集中在北京、江苏、辽宁、山东、广东、浙江、河南、湖南、黑龙江、上海等东、中部地区。其中，东部地区的专利申请占国内专利申请的53.60%，中部地区的专利申请占国内专利申请的27.80%，西部地区的专利申请却只占国内专利申请的18.60%，专利申请量明显偏少。这表明，国内生物质能相关技术领域的专利申请区域分布也不均衡，东部地区申请量相对较集中，而中、西部地区专利申请量却相对偏少；尤其是西部地区省份最多、生物质能资源最丰富，但专利申请量却最少。

表6-2　国内生物质能相关专利申请区域分布情况

序　号	东部地区	申请量（件）	序号	中部地区	申请量（件）	序　号	西部地区	申请量（件）
1	北京(11)	514	1	河南(41)	279	1	四川(51)	204
2	江苏(32)	447	2	湖南(43)	252	2	云南(53)	175
3	山东(37)	381	3	黑龙江(23)	237	3	广西(45)	151
4	辽宁(21)	310	4	湖北(42)	178	4	贵州(52)	87
5	广东(44)	293	5	吉林(22)	150	5	陕西(61)	84
6	浙江(33)	195	6	安徽(34)	133	6	重庆(85)	84
7	上海(31)	182	7	江西(36)	80	7	内蒙古(15)	55
8	河北(13)	156	8	山西(14)	75	8	甘肃(62)	40
9	福建(35)	106	—	—	—	9	新疆(65)	28
10	天津	71	—	—	—	10	宁夏(64)	13
11	海南(66)	13	—	—	—	11	青海(63)	5
—	—	—	—	—	—	12	西藏	—
合计		2 668	—	—	1 384	—	—	926
所占比例(%)		53.60	—	—	27.80	—	—	18.60

由于专利申请量是反映一个地区科技创新水平和产业核心竞争力高低的主要指标，因此，从生物质能领域专利申请的区域分布来看，西部地区在生物质能产业技术领域的科技创新和专利创造能力较低，专利技术对区域生物质能产业发展的支撑不够。

（三）外国在中国的生物质能技术专利申请状况

截至2009年8月底，在生物质能相关技术领域，国内已公开的专利申请有4 990件，占全部申请的91.29%；外国在中国专利申请并公开的专利申请共有476件，占全部中国专利申请的8.71%；国内专利申请占主导地位。外国在中国申请的生物质能相关专利主要是发明专利申请，共有469件，占到了98.53%，说明其专利申请的质量很高，而实用新型专利申请很少，只有7件。

数据显示，在生物质能相关技术领域的中国专利申请中，国内申请占主体地位，国外在中国申请专利的数量并不多，但国外在中国的申请以发明专利为主体，申请质量很高。

如，美国、日本、德国在该技术领域的专利申请全部都是发明专利。

外国在中国申请的专利中，大多数申请都集中于少数几个主要国家，美国、日本、德国、韩国、英国、瑞士、荷兰在中国的专利申请占了78.78%，而仅美国和日本两个国家就占了47.69%，反映了这些国家在生物质能相关技术领域的创新活动和技术水平较高。

表6－3　国外在生物质能相关技术领域的中国专利申请情况

序　号	地　区	申请量（件）	序　号	地　区	申请量（件）	序　号	地　区	申请量（件）
1	美国(US)	114	13	巴西(BR)	6	25	朝鲜(KP)	1
2	日本(JP)	113	14	澳大利亚(AU)	6	26	马来西亚(MY)	1
3	德国(DE)	71	15	爱尔兰(IE)	5	27	新西兰(NZ)	1
4	韩国(KR)	26	16	丹麦(DK)	5	28	斯洛伐克(SK)	1
5	英国(GB)	18	17	意大利(IT)	5	29	荷属安的列斯(AN)	1
6	瑞士(CH)	18	18	南非(ZA)	4	30	瑞典(SE)	1
7	荷兰(NL)	15	19	挪威(NO)	3	31	比利时(BE)	1
8	加拿大(CA)	11	20	印度(IN)	3	32	泰国(TH)	1
9	台湾(TW)	11	21	以色列(IL)	3	33	津巴布韦(ZW)	1
10	法国(FR)	9	22	奥地利(AT)	2	34	乌克兰(UA)	1
11	香港(HK)	7	23	卢森堡(LU)	2			
12	芬兰(FI)	7	24	西班牙(ES)	2		合计	476

二、云南生物质能产业技术领域专利状况

（一）云南生物质能产业技术领域的专利申请状况

截至2009年8月底，在生物质能相关技术领域，云南累计公开的专利申请共有175件，占全部中国专利申请的3.20%，国内专利申请的3.51%。其中，发明专利申请76件，实用新型专利申请99件，发明专利申请占43.43%（低于全国56.49%的水平），累计专利申请数量排全国省（区、市）第13位、西部第2位。云南累计获得专利授权121件，其中发明专利申请23件，实用新型专利申请98件，发明专利申请的授权率仅为45.10%。

（二）云南生物质能产业技术领域专利申请的技术分布

云南生物质能产业技术领域的有关专利申请集中分布于生物质能源植物栽培技术、沼气制备与利用技术、生物质气化与利用技术、生物质液体燃料制备与利用技术、生物质固体燃料制备与利用技术五大领域，其所占比例分别为18.29%、37.71%、14.86%、12.00%和11.43%，共占到了全部申请量的约95%。

数据表明，云南的生物质液体燃料与生物质气化利用产业相对较发达，其技术创新和

专利申请活动也相对集中，而生物质固体燃料与发电技术领域的创新活动和专利申请相对偏少，产业发展也相对滞后。同时，生物质液体燃料产业的专利申请以发明专利申请为主，而生物质固体燃料和生物质气化产业技术领域的专利申请则以实用新型专利为主，反映出云南在生物质液体燃料技术领域的科技创新层次较高，而在生物质固体燃料和生物质气化技术领域的科技创新层次较低，尤其是生物质气化技术大量是面向农户的小型沼气池和炉灶等实用新型专利申请技术。

（三）云南生物质能领域专利申请的产业内分布

在生物质固体燃料与利用技术领域，云南共申请专利 20 件，占全国专利申请的 2.01%，其中发明专利申请6 件，实用新型专利申请 14 件，专利申请以实用新型专利为主。在生物质气化技术领域，云南共申请专利 92 件，占全国的 3.73%，其中发明专利申请 15 件，实用新型专利申请 77 件，专利申请以实用新型专利为主。在生物质液体燃料技术领域，云南共申请专利 53 件，占全国的 5.25%，其中发明专利申请 49 件，实用新型专利申请 4 件，专利申请以发明专利为主。在生物质发电技术领域，云南共申请专利 3 件，占全国的 1.41%，其中发明专利申请 1 件，实用新型专利申请 2 件，实用新型专利申请占多数。

从产业内技术分布来看，云南的专利申请主要集中于生物质气化和液体燃料产业技术领域，分别占了全省专利申请量的 52.57% 和 30.29% 的高比例，并分别占到了国内同类产业技术领域专利申请量的 3.73% 和 5.21% 的较高比例，而生物质固体燃料和生物质发电产业技术领域的专利申请量分别只占到全省专利申请量的 11.43% 和 1.71%，占国内同类产业技术领域专利申请量的比例都较低，均未达到 2%。生物质液体燃料技术申请量在国内排第 7 位，生物质气化技术、生物质发电技术、生物质固体燃料技术的全国排位处于第 13、14 和 17 位。

数据表明，云南生物质液体燃料技术相对较发达，专利申请量较高且以发明专利申请为主，技术创新和专利创造的层次较高，专利申请量高于全国平均水平；生物质气化技术的基础也较好，专利申请量达到全国平均水平，但专利申请则以实用新型专利为主；而生物质固体燃料和发电领域的技术创新和专利创造能力明显偏低，专利申请也以实用新型专利为主，技术创新的层次较低，产业发展相对滞后。

（四）云南生物质能领域创新主体专利申请情况

云南生物质能产业技术领域专利的职务申请有 90 件，占 51.43%，而非职务申请有 85 件，占 48.57%。其中，企业申请占 18.86%，大专院校占 16.57%，科研院所占 10.86%。职务发明数量仅略多于非职务发明，个人发明创造占有相当的比例，但个人发明创造仅占到 22.35%，企业发明只占 45.45%，而院所和院校的发明申请高达 79.17%。

数据表明，在云南生物质能产业技术领域，院所、院校的专利申请量占有较大份额，且以发明专利申请为主，技术创新的层次和专利申请的质量较高，在云南生物质能领域的技术创新活动中发挥着重要作用。而个人和企业的发明专利申请明显偏少，专利申请以实用新型专利为主，创新的层次较低；特别是企业的专利申请量所占比例不高，没有成为产业技术创新的主体。

（五）云南生物质能产业专利制度运用状况

经过多年的积累与发展，云南的生物质能已经形成一定的产业基础。近年来，云南沼气利用、燃料乙醇和生物柴油产业发展迅速，云南龙川江生物开发有限公司、云南西双版纳英茂糖业有限公司景真糖厂、永胜桃园糖业有限责任公司等确定为云南省10户燃料乙醇定点生产企业，云南神宇新能源有限公司、英国阳光科技集团、昆明植物纤维制炭机厂、云南正红环保节能公司、昆明电研新能源科技开发有限公司和云南电网公司、联邦国际生物燃料公司、云南农垦集团、云南邦尼石化有限公司、昆明希奥得有限公司等都是具备相对实力的生物质能企业。

通过专利检索发现，在10户燃料乙醇定点生产企业中只有2户申请过7项专利，其他申请过生物质能领域专利的企业只有9家。而在云南获得授权的121件生物质能专利技术中，目前有效的专利只有68件，有效率为56.20%，失效专利的平均寿命仅为3.3年。这些情况表明，云南在生物质能产业技术领域的专利申请数量较少，获得授权的专利更少，专利权维持的有效率也较低，专利权的维持和转化应用情况较差，相关企业有专利意识并申请专利的较少，运用专利制度的能力普遍缺乏。

第三节　云南生物质能产业的专利竞争态势

一、云南生物质能产业专利竞争的优势

云南在生物质能原料作物方面的资源优势，已经建立的产业与技术基础，以及已经制定的相关政策法规，为云南生物质能产业技术创新和专利培育创造了良好的环境，为制定和实施云南生物质能专利战略提供了有利条件。

（一）自然资源丰富，有利于原料作物栽培专利技术的开发

云南以动植物王国著称，生物质资源种类繁多，不但有丰富的薯类和小桐子等能源作物资源，而且有得天独厚的自然环境，特别适于薯类、小桐子、甘蔗等能源作物和其他林木的生长。此外，云南还有大量农作物和农业有机剩余物、林木和森林工业剩余物、农副产品的有机废物和废水、动物排泄物和城市污水及垃圾等，水生植物、藻类和能进行光合作用的微生物等都是可以开发利用的生物质能资源。云南发展生物质能产业有广阔的空间和显著的资源优势。

云南有荒山、荒地730万公顷，主要可以用来种植薯类的荒草地就有453万公顷。而在已查明的油料植物中，能够规模化培育利用的乔灌木树种有10多种。利用干热河谷地区和各地的荒山荒地种植小桐子或薯类等能源作物，建设生物质能源原料基地，既能较好地处理原料用地与粮经作物用地的关系，又能体现云南发展生物质能源产业的优势、特色和不可替代性。此外，越、老、缅三国境内还有1.9亿亩剩余耕地，其中至少有3 000万亩土地资源可供合作开发，通过加强国际合作，一方面可引进优良的薯类作物种植资源，另一方面可利用周边国家温热条件好、生产能力低、适合种植薯类作物等优势，在海外发展能源作物原料基地。

目前，云南已成为国内木薯的重要生产区，并被国家确定为生物能源生产基地和科技

创新基地。2006年，云南各类薯类作物种植面积已达260万亩，年产薯类近1 000万吨。[①]中国热带农业科学院与曼老江农业开发有限公司已联合在普洱市种植木薯2万亩，并带动周边农户种植1~2万亩，德宏州瑞丽市畹町木薯基地正在建设中。云南对未来薯类种植已经进行了规划，到2020年，将在楚雄、红河、临沧、普洱等地种植红薯400万亩、木薯560万亩。[②]

云南省适宜小桐子种植的地域资源丰富，主要分布在金沙江、元江、澜沧江、南盘江和怒江等河谷地带，全省有此类荒山、荒地6 000多万亩，最适宜种植小桐子的有1 000多万亩。英国阳光科技集团2005年在元阳种植成功4 000亩小桐子，2006年该集团又斥资600万元在元阳县种植3万亩小桐子。英国阳光科技集团计划5年内投资近3亿元在红河流域种植30万亩小桐子。2007年，云南在20个县进行了20万亩小桐子丰产栽培示范种植，国家林业局和中石油公司共同投资，在云南建设40万亩林油一体化小桐子原料林示范基地项目。2008年，云南省级财政调剂安排资金5 441.8万元，实施小桐子能源林建设项目，在全省81个县完成了50万亩的小桐子种植任务。[③] 目前，云南小桐子产业的投资力度和建设规模均已居全国首位。[④]

据统计，云南每年进口柴油都在200万吨以上，发展生物质能源产业将成为缓解云南乃至西南地区能源供应紧张状况的有效途径。云南省将以燃料乙醇和生物柴油作为今后生物质能源产业发展的重点和主要方向，并规划在今后10~15年新建生物柴油原料林小桐子基地1 000万亩，年产小桐子种子近200万吨、生物柴油100万吨，产能将位居全国第一。

目前，原料成本已经成为制约生物质能源特别是燃料乙醇和生物柴油大规模利用的瓶颈问题，在能源作物新品种培育、种植等技术领域取得突破，对于获得高产、速生、高品质能源作物，大大降低生物质能源原料的成本，从根本上消除使生物质能源与传统能源之间的价格劣势，为生物质能产业的发展提供原料保障，具有重要的现实意义。云南丰富的能源作物资源和自然条件，为能源作物的育种、栽培、原料作物综合利用等自主知识产权专利技术的研发与运用，创造了特有的优越条件。

（二）具备一定产业基础，有利于产业专利技术的开发与应用

云南的生物质能产业主要集中在燃料乙醇、生物柴油、沼气利用与生物质气化利用领域。早在20世纪八九十年代，云南的沼气和生物质炉灶产业就已经兴起，并在全省农村得到较好的推广应用。进入新世纪后，随着世界能源危机的不断升级，液态燃料短缺不断加剧、石油价格陡升，导致了对生物柴油和燃料乙醇需求量的剧增，云南的生物柴油和燃料乙醇产业也开始兴起和高速发展。

云南省发展燃料乙醇产业具有热区资源优势，以木薯、脱毒红薯为原料生产燃料乙醇的综合成本约为4 000元/吨，具有经济比较优势。云南是糖蜜乙醇生产大省，2006年，按照《云南省燃料乙醇产业发展规划》的布局要求，省政府在全省选择了以制糖企业为

① 《燃料乙醇：行业现状及相关上市公司分析》，平安证券，网易财经，2007-10-17。

② 胡金铭：《云南非粮乙醇2010年直指187亿元》，《云南电力报》、国际新能源网，2008-03-25。

③ 钟春燕：《云南打造小桐子生物柴油生产基地》，环球能源网，http://www.chinaev.org，2008-02-26。

④ 李国瑾、肖华：《云南小桐子产业规模全国最大》，产经网—中国绿色时报，http://www.sina.net，2008-01-7。

核心的10户燃料乙醇定点生产企业和6家备选企业，带动全省燃料乙醇产业的发展。到2007年底，全省已拥有普通乙醇生产企业420多户，燃料乙醇生产能力已达到60万吨。一批燃料乙醇项目还正在建设中，如有福（香港）国际投资有限公司已在大理漾濞投资20亿元建设万亩芭蕉芋基地和年产20万吨高纯度燃料乙醇项目。[①] “十一五”末，云南的燃料乙醇生产能力将达到年产100万吨，原料生产将达年产750万吨。[②]

生物柴油产业是云南近年来重点建设的生物质能产业之一，省政府和科技部签署了部省会商议定书，将“共同推进生物质能源产业化工程建设”作为重点内容，并将小桐子基地建设作为今后林业工作的重点之一，积极推动小桐子生物柴油产业的发展。云南神宇新能源有限公司是云南生物柴油产业的龙头企业，专门从事生物柴油和环保新能源研发、生产、经营，致力于小桐子生物能源产业化开发，包括原料高效生产基地建设及后续加工厂建设、生物柴油及其副产品的生产和销售，目前已在云南完成30万亩的小桐子原料林种植，并正在楚雄州建设年产量10万吨的生物柴油加工厂。该公司已被国家发改委列为生物质工程高技术产业化专项承担单位。另外，2006年，云南省林业厅与中国石油天然气股份有限公司共同投资建设4个小桐子良种繁育基地建设项目；2007年，国家林业局和中石油公司共同投资在云南启动2.7万公顷生物柴油能源林（小桐子）示范基地建设项目。到2007年底，云南省小桐子原料林基地建设面积已超过5.75万公顷，在大理的漾濞、永平、南涧、巍山等地的100万亩小桐子种植基地正在建设中。[③] 英国阳光科技集团等其他国内外企业也纷纷在云南开展小桐子基地培育、原料种子收购及加工等工作，为云南生物柴油产业化发展注入了新的活力。

云南的沼气产业快速发展，已从单纯为获得沼气发展成为处理废弃物及有机物质的多层次综合利用，并开始与养殖业、种植业进行结合，其规模已居全国前列。“九五”以来，云南省的农村沼气建设由示范推广进入加快普及阶段，沼气池建造、沼气施工队伍建设、沼气管理机构以及沼气配件配套等相应的产业化条件日趋完善，全省每年投入大量资金用于扶持农村沼气池的发展，仅2006年就安排支持农村沼气建设的国债资金超过25亿元，省级财政的投入也超过8 000万元。截至2007年，全省农村户用沼气池已累计超过180万户，年产沼气约8.3亿立方米。云南还在曲靖市、楚雄州和红河州等地建设了一批以处理畜禽粪便的大中型沼气试点示范工程，在昆明、玉溪等市建设了生活污水净化沼气池示范工程74处，总池容12 700立方米。此外，20世纪80年代初，云南就开始了生物质燃料节能灶的推广普及工作，众多的节能灶产品在云南广大农村地区得到了应用，形成了以昆明奥火节能环保有限公司、昆明正红环保节能有限公司等为代表的生物质气化节能产品企业群，高效节能环保气化炉灶产业已粗具规模。

这些已经形成的产业基础，为生物质能相关技术领域的科技创新和专利创造运用活动提供了良好的产业基础和市场环境，为开展生物质能产业核心关键技术的科技攻关、专利创造以及产业化应用创造了巨大的空间。

① 《云南发展燃料乙醇和生物柴油产业》，中国新能源信息网，http：//www.nengyuan.net，2009－06－16。

② 马龙：《云南积极推进首批10户燃料乙醇定点生产企业建设工作》，财讯网，http：//www.caixun.com，2007－03－01。

③ 《云南发展燃料乙醇和生物柴油产业》，中国新能源信息网，http：//www.nengyuan.net，2009－06－16。

（三）有一定创新能力与技术基础，有利于专利技术的深度开发

近年来，云南省的生物质能开发和生产企业、科研单位及高等院校在生物质能转换利用方面开展了大量研究工作，在沼气产品商品化生产、秸秆气化示范应用、生物质制取液体燃料，以及木薯、红薯、小桐子等能源作物和林木的品种选育、制取燃料乙醇和生物柴油工艺技术等领域已经取得了较大的进展，积累了一批科技成果和专利技术。

西南林学院、省农科院、省林科院、云南植物研究所、云南农业大学等进行了小桐子等树种资源的收集、筛选和培育，对小桐子的分布、生物学和生态学特点、良种繁育与高产栽培技术等进行了大量的研究工作，在勐海县、元阳县、元谋县、双江县等地已建成良种繁育基地，元阳县小桐子良种繁育基地已选育出抗逆性强、适应性广、产量高、含油率高的品种，制定出小桐子良种壮苗标准、丰产栽培技术规程等相关技术标准和规范性文件，开展了小桐子的修枝整形、施肥、抚育促进结果、不同密度造林等研究，每年可提供种子 4 万公斤、穗条 135 万株、小桐子苗 300 万株。①

云南大学运用统一栽培条件的方法，将云南省 50 个不同海拔、不同地质条件、不同温度地区采到的 90 个样本进行了栽培对照实验，排除环境影响因子，筛选出含油率大于 50% 的小桐子品种，并运用组织培养脱毒生产出小桐子脱毒种苗，解决了小桐子运用组织培养进行快速繁殖的问题，周期短，成本低，满足了小桐子大面积栽培的所需种苗的要求，为小桐子的人工繁殖、脱毒苗生产、培育优良品种提供了一种高效的途径。②

昆明理工大学在碱催化酯交换法基础上研发了“精馏分水连续气相酯化—酯交换—甲醇蒸气蒸馏工艺”、“高效无催化剂生物柴油亚临界—超临界流体制备技术”、“生物柴油成套化生产设备”等系列新工艺和设备，使小桐子油等原料的转化率达 95% 以上，精制的生物柴油纯度可达 98% 以上，生物柴油品质指标基本上达到美国的 ASTM 标准，并接近我国的 0#柴油标准，在生物柴油转化技术方面得到了突破。

云南省人民政府和科技部通过部省会商共同推进云南生物质能源产业化工程建设，由神宇公司、昆明理工大学和云南大学共同承担的“小桐子生物柴油产业化关键技术研究与示范”项目已经被列入国家支撑计划项目。云南神宇新能源有限公司在小桐子种植与种苗培育方面取得多项研究成果，拥有 2 项有关小桐子基因改造的专利使用权。

在利用甘蔗、玉米、高粱等含糖和淀粉的农作物为原料通过发酵工艺生产燃料乙醇方面，云南已拥有一批自主知识产权技术，并进行了规模化应用。有关单位正进行甘薯、木薯、芭蕉芋和甘蔗等燃料乙醇生产原料的引进、选育工作，已培育了适于在高海拔地区（1 200 ~ 1 930 米）种植、产量达到 1 500 吨/公顷以上、糖分达 14.7% ~ 15.9% 的甘蔗新品系。云南农业大学培育出了单产高、抗病强、易栽种的新型杂交脱毒红薯，其开发的发酵新菌种和新工艺使原料的转化率大大提高，达到了同类研究的国际先进水平。中国热带农业科学院与曼老江农业开发有限公司联合，在木薯优良新品种选育、综合栽培技术、木薯高效转化和深加工工艺等重大技术方面取得了进展。昆明理工大学在乙醇掺烧技术方面取得较大突破，研发了“不同海拔环境下乙醇/柴油混燃技术”、“含水乙醇混合燃料技

① 马骥：《云南小桐子良种繁育基地初步建成》，载《中国石油报》，http：//www. oilnews. com. cn/zgsyb/system，2008 - 04 - 08。

② 钟春燕：《云南打造小桐子生物柴油生产基地》，http：//www. chinaev. org/ZC/manager/xinwen，2008 - 2 - 26。

术”、“E20 含水乙醇汽油掺烧技术”，解决了高海拔地区乙醇掺烧的关键问题，乙醇掺烧比例高达 20%。此外，有关科研机构正在开展纤维素水解制取乙醇和将木糖经转基因酵母发酵生产乙醇技术的研究工作，力争在燃料乙醇技术领域保持领先地位。

在沼气利用技术研发方面，昆明市研究的“小型曲流布料沼气池”已经成为国家标准，云南师范大学等单位研制的“商品化户用玻璃钢沼气池”和“扁球形改性塑料沼气池”达到国际先进水平。商品化户用玻璃钢沼气池等新型沼气池已在国内的云南、四川、浙江、河北、江西等省份及国外的越南、缅甸等国家得到推广应用，市场前景很好。云南省拥有一批从事沼气技术开发的中小型企业，他们研制了高效便捷新型沼气池、新型玻璃钢沼气池、扁球形改性塑料沼气池、沼气灶具、沼气饭锅、沼气热水器等。

在生物质热解气化利用技术方面，有关单位开发了系列生物质气化节能炉灶技术，主要有马蹄形热水节能灶、玉龙－Ⅲ型高效节柴水箱灶、玉龙－Ⅱ型山区火塘灶、高效节能环保气化炉、新型多功能热水蒸气节能灶、“正红牌”ZL 系列节能炉灶和“巨红牌”高效节能环保气化炉等，其热效率均达到 40% 以上，在云南广大农村地区得到了大量推广应用。

云南在生物质能产业技术领域开展的研究开发工作已经取得的研究成果和专利技术以及初步培育的包括企业和一批研究院所、大专院校在内的研究力量，都为今后在更高层次上进行产业科技创新和专利创造奠定了良好的基础。

（四）政策环境良好，有利于产业发展与自主创新活动的开展

云南省委、省政府对发展生物质能源产业十分重视，早在“十五”末期，就决定重点发展以燃料乙醇为主的生物能源，把云南建成我国生物能源基地之一，并根据生物质能发展的国际化趋势及《中华人民共和国国民经济和社会发展第十一个五年规划纲要》、《可再生能源中长期发展规划》等我国能源战略有关生物质发展的规划要求，编制了《云南省燃料乙醇产业发展规划》，计划在“十一五”期间，全省燃料乙醇生产能力达到 100 万吨。

2006 年，云南省政府制定实施了《云南省生物产业发展规划纲要（2006—2020）》，将生物质能源作为发展重点，提出要着力解决生物质能源植物的规模化种植、低成本生产加工和综合利用中的关键技术问题，逐步降低生物能源产品的生产成本，促使非粮原料生物质能源实现规模化工业生产。以燃料乙醇为突破口，以发展薯类、马铃薯、糖蜜等非粮食为原料的生物质能源；以生物柴油为重点，发展小桐子、橡胶子等木本油料植物为原料的生物质能源。力争在“十一五”期间分别选育出 3～5 个适宜云南不同地区种植推广的高产油料植物品种和甘蔗、薯类作物新品种，形成 20～30 万吨燃料乙醇、5～10 万吨生物柴油示范生产线及其配套地的原料基地，初步建成全国重要的生物质能源试验示范基地和良种选育基地”。2007 年，云南省经贸委编制了《云南省“十一五”新型工业化生物重点产业发展规划》，将生物能源产业作为重点发展的产业，规划到“十一五”末期，全省燃料乙醇年加工能力达到 300 万吨，种植木薯 384 万亩、甘薯 112 万亩。2008 年，云南省工信委又颁布了《云南省重点生物产业发展五年行动计划》，再次将燃料乙醇列为重点发展的对象，提出：“从 2009 年开始启动燃料乙醇的添加工作，进一步扩大燃料乙醇产能达 140 万吨，启动以云维集团为龙头的燃料乙醇深加工项目。2012 年，境内外木薯基地达 490 万亩，脱毒甘薯基地达 220 万亩，非粮燃料乙醇生产能力达到 250 万吨。”

为保证相关规划和纲要的实施，有关部门还制定了促进云南生物质能产业发展和科技创新活动的相关配套政策与措施，编制了《云南省推广使用车用乙醇汽油工作整体方案》、《云南省推广使用车用乙醇汽油市场封闭运行实施方案》等9个配套文件。

这些规划、政策和措施的制定和实施，为云南生物产业的发展与科技创新活动的广泛开展创造了良好的政策环境，也为相关领域专利技术的创造与运用提供了政策保障。

（五）有一定专利创造与运用基础，有利于产业专利水平的升级

多年来，在政府科技和知识产权主管部门的支持下，云南在生物质能相关技术领域初步建立起了自己的研发体系，并已开发和掌握了一批自主知识产权技术，其中累计公开的专利申请已达175件，获得专利授权121件，拥有有效专利68件，拥有了一定数量的专利基础。

在专利申请量排位方面，云南在该技术领域的专利申请在国内省（区、市）排第13位，处于中上水平；而在西部地区，云南的申请数量在12个省（区、市）中排第2位，具有一定的区域比较优势；而且云南的年度专利申请量占国内总量的比例曾一度达到了7.70%。这些情况表明，云南在生物质能产业技术领域有一定的专利创造基础和潜力。

在支撑云南生物质能产业发展方面，自主知识产权的作用已初步显现。从产业内技术分布来看，在生物质气化和生物质液体燃料技术领域，云南的专利申请量分别占到了全省专利申请量的52.57%和30.29%的高比例，并分别占到了国内同类产业技术领域专利申请量的3.73%和5.21%的较高比例，而且物质液体燃料技术领域的发明专利申请比例占90%以上，国内排位也达到了第7位。这与现实产业发展的状况基本是一致的。

在专利制度的运用方面，一批科研院所、大专院校和重点企业已经积累了一定的经验。云南省农科院、云南农业大学、昆明理工大学、云南师范大学、云南神宇新能源有限公司等，在开展生物质能相关技术研发的同时，积极运用知识产权制度，保护研究成果知识产权，促进科技创新活动。

总之，基于已经形成的产业基础，在生物质能产业技术领域，云南已经具备一定的科技创新和专利创造能力，拥有一定数量的专利技术，全省近年来的专利申请数量总体呈增长态势。这些已经形成的专利创造与运用基础，为未来产业发展中的更高层次的专利创造与运用提供了良好的条件，有利于产业专利水平的进一步提升。

（六）整体专利环境不断改善，有利于产业专利战略的实施

多年来，云南坚持把"发展作为主题、结构调整作为主线、改革开放和科技进步作为动力、提高人民生活水平作为根本出发点"，积极推进以专利为核心的知识产权工作，有效发挥政府运用专利制度促进科技进步与创新的作用，大力实施专利战略，全省专利的创造、保护和运用能力不断提高，专利制度在促进科技进步和产业发展中的作用日益突出，围绕重点产业正在形成一批具有自主知识产权、核心竞争力强的企业和企业集团，专利制度在推动全省经济建设和社会发展方面取得明显成效，为实施云南生物质能产业专利战略提供了保障。

1. 全省专利保护法制环境建设进一步加强

地方法规、规章和政策逐步建立和完善。为营造有利于科技创新、经济发展的良好环境，适应市场经济体制和WTO的要求，1998年以来，结合云南地方性法规规章"立、改、废"工作部署，加快了地方知识产权法规政策的制定和法制体系建设，出台了《关

于进一步加强知识产权工作促进技术创新的若干意见》，组织完成了《云南省专利保护条例》（草案）的起草工作，并于2003年11月通过省人大常委会审议颁布实施。

为进一步规范政府知识产权行政执法部门依法行政行为，云南组织修订了《云南省专利纠纷行政处理办法》，起草了《云南省知识产权局行政执法责任制暂行办法》。围绕云南重点产业知识产权发展的政策需要，针对云南生物资源开发等重点创新领域，进行知识产权政策调研，推动了重点产业知识产权政策的研究制定。

专利执法力度得到加强，维护了正常的市场经济秩序。近年来，全省专利行政执法保护注重加强重点产业和高新技术产业技术领域的监控，着力推进具有自主知识产权的产业发展，提升企业专利保护和运用水平。截至2007年，全省专利行政管理机关累计受理各类专利纠纷案件155件、结案147件，查处假冒、冒充专利案件46件。专利司法保护也得到了加强。全省人民法院共受理审结一审专利纠纷案件274件，一批大案、要案得到了及时处理。专利司法和执法的全面加强，在一定程度上增强了全社会的知识产权保护和创新意识，有力地维护了公平竞争的市场经济秩序，维护了当事人的合法权益，为推进全省科技创新、经济发展营造了良好的法制环境。

2. 科技创新活动中的专利制度应用不断强化

知识产权企业试点工作深入开展。一批技术创新试点企业把取得自主知识产权作为承担科技计划项目的主要目标之一，健全企业知识产权管理制度和奖励机制，形成了一批拥有自主知识产权的创新成果，有力增强了企业的核心竞争能力，取得了显著的经济效益。

科技管理中的知识产权工作日益加强。近年来，结合深化云南科技管理体制改革，省科技厅通过贯彻执行科技部《关于加强与科技有关的知识产权保护和管理工作的若干意见》和国务院办公厅转发科技部、财政部《关于国家科研计划项目研究成果知识产权管理的若干规定》等一系列知识产权工作的政策规定，把加强与科技有关的知识产权保护和管理工作纳入全省科技管理工作中，促进了科技进步与创新。

云南1998—2002年工业科技攻关计划组织实施的44个项目，共申请发明专利申请30项，有力地促进了云南自主知识产权的支柱产业的发展。据对云南4 071项应用基础研究、科技攻关、科技产业计划项目的调查统计，2 510项应用基础研究项目申请专利125件，占立项的5%；731项科技攻关项目申请专利78件，占11%；830项科技产业开发项目申请专利97件，占12%，执行科技计划形成自主知识产权的数量不断增加，提升了云南科技创新的层次。

3. 院所院校专利创造、保护和运用能力明显提高

1998年以来，云南科研院所、高校深化体制改革，把知识产权保护与科技创新及实现高新技术产业化有机结合起来，建立和完善规章制度，加大创新成果的知识产权保护力度，知识产权保护工作与科研开发和高新技术产业化相互促进，共同发展，自主知识产权的创造能力明显增强。截至2007年，云南科研院所、高校累计专利申请量达2 789件，专利授权量达1 492件。仅2007年就申请专利448件，比2000年增长3.64倍。

“十五”期间，全省受调查科研机构中有17个单位85项专利实施，共计创产值59 948.26万元，利税9 894.32万元。其中，昆明贵金属研究院在专利产业化过程中，实施的26个专利项目创产值最高，达55 286万元，创利税8 841万元。有5个单位进行了专利许可贸易，共计获专利转让费4 238.2万元，其中中科院昆明动物研究所的一项专利

技术在产业化过程中，与相关技术一同转让，获专利转让费 2 500 万元。

2004 年以来，省内高校积极贯彻落实省政府办公厅下发的《关于进一步加强知识产权工作促进技术创新若干意见》，逐步加大了科技创新与知识产权工作力度。云南大学、昆明理工大学、云南师范大学、云南农业大学等一批科技创新能力较强的院校纷纷制定有利于技术创新和知识产权保护的政策措施和激励机制，加速了专利技术的创造与转化实施。仅昆明理工大学一所学校在 2008 年就申请专利 632 件，获得专利授权 105 项。“十五”期间，全省高校中有 6 个单位 82 项专利实施，创产值 40 346 万元，利税 3 697 万元；有 4 个单位进行了专利许可贸易，共计获专利转让费 6 622. 2 万元。

4. 专利工作体系不断健全，综合管理能力明显增强

近年来，云南省委、省政府不断加强对知识产权工作的领导，全省知识产权工作职能逐步加强，覆盖省、地、县的知识产权管理体系已初步建立，知识产权办公会议制度建设与全省知识产权工作宏观管理和统筹协调不断加强，知识产权工作的地位和作用得到提升和发挥。

专利代理等服务体系不断发展，全省经脱钩改制及新成立的代理机构有 11 家，成为自主经营、自担风险、自我约束、自我发展、平等竞争的专利服务机构，面向企事业单位和发明人提供专利代理、法律咨询和诉讼等服务，专利代理量占全省专利申请量的 80% 以上，居全国较高水平，在全省知识产权工作中发挥了积极作用，也为今后各领域知识产权工作的开展提供了服务保障。

5. 专利信息化建设初见成效

1998 年以来，结合国家知识产权局实施全国专利信息工程地方网点建设，知识产权信息化工程被纳入云南科技信息网统一规划，加速了云南专利信息化建设进程。目前，已经建成了“云南省科技文献检索中心”和“云南省保护知识产权举报投诉服务中心”；省知识产权局网站已实现了与国家知识产权局管理、信息服务、远程教育三大平台对接，建立了包括电力、冶金等 19 个行业或产业技术领域专利专题数据库，以及政务公开、业务管理和信息服务的知识产权信息网络平台体系。这些信息平台的建成，为各产业专利文献利用和知识产权保护提供了有力保障。

6. 专利保护政策法规体系不断健全

“九五”以来，云南在知识产权保护方面加大了知识产权地方立法工作力度，积极地从法律、法规、机制等方面进一步完善知识产权的保护工作，为境内外个人和企业知识经济发展提供有力的保障。云南先后发布了《云南省园艺植物新品种注册保护条例》、《云南省专利纠纷行政处理办法》等条例和办法，同时出台了有关促进和加强知识产权工作的具体意见和措施，如《云南省地县科委专利工作职责》、《关于在技术创新工作中加强专利工作的意见》、《关于省属独立科研院所改革试点工作中加强专利工作的意见》等一批知识产权保护的规范性文件，为云南实施专利战略奠定了良好的基础。

为适应西部大开发战略及我国加入 WTO 后的需要，进一步规范政府知识产权行政执法部门依法行政行为，结合云南地方性法规规章“立、改、废”工作部署，加快地方知识产权法规政策的制定和法制体系建设，云南还组织制定了《云南省专利保护条例》，修订了《云南省专利纠纷行政处理办法》，起草了《云南省知识产权局行政执法责任制暂行办法》，以及《云南省查处冒充专利行为的规定》、《云南省关于进一步加强知识产权工

作，促进技术创新的若干意见》、《云南省科技计划知识产权管理办法》等地方法规和政府规章，使云南知识产权保护逐步纳入法制化轨道，基本上形成了有利于促进科技创新、经济发展的知识产权政策环境。

二、云南生物质能产业专利竞争的劣势

尽管专利竞争方面云南拥有一定优势，但与发达地区相比，云南的生物质能产业相关领域存在诸多问题，制约了自主创新活动与产业的快速发展，不利于产业专利水平的快速提升。

（一）产业处于发展初级阶段，专利创造与应用的基础薄弱

从燃料乙醇产业来看，尽管省政府在2006年就制定了产业发展规划，并选择了10家定点生产企业和6家备选企业进行重点培育，但由于原料、成本和市场环境的影响，而这些企业又多是制糖企业，酒精只是其副产品之一，导致企业在燃料乙醇原料、成本、生产和产品供销方面存在诸多问题，制约了燃料乙醇产业的发展。尽管已有少数企业进行薯类原料基地建设和燃料乙醇生产，但多处于项目建设阶段，还未形成产业规模。

与燃料乙醇产业相比，云南的生物柴油产业起步较晚，目前还多停留在蒿桐等原料林基地建设和品种培育阶段，只有云南神宇生物能源有限公司等极少数企业从事生物柴油的专业生产经营活动，且还在原料林培育和生产工艺中试阶段，尚没有企业工业化生产生物柴油，生物柴油产业仅处于起步阶段。

相对于燃料乙醇和生物柴油，云南的沼气和生物质气化利用产业相对较成熟，但主要集中于农村地区，小而分散，大型规模化的利用较少，还没有形成一个相对稳定的产业。

可见，云南的生物质能产业虽然已经形成一定的基础，在农村沼气、燃料乙醇、生物柴油等领域已有一些企业涉足，但总的来说，整个产业还处于初期发展阶段，产业规模还较小或还未正式形成，抵御市场风险的能力还较弱，产业发展的基础还不够稳固，不利于产业专利整体水平的快速提升。

（二）产业科技创新水平偏低，自主知识产权创造能力不足

目前，生物质能源已经成为重要的新能源形式，其开发利用是国际能源产业的热点之一，国内生物质能源的开发利用呈现出良好的发展态势。广西、吉林、黑龙江、安徽、浙江、山西、山东、河南、河北等一些地区，在发展生物质能产业方面抢占了先机，在燃料乙醇、生物柴油、秸秆发电等产业与技术领域形成了较大的产业规模和技术优势，对云南生物质能产业和技术发展造成了较大的压力。如国家发改委确定的“十五”期间4家全国燃料乙醇定点生产企业，就分别在河南、吉林、黑龙江、安徽，生产生物柴油规模最大的企业则在浙江省。

云南将生物质能产业作为重点发展的新兴产业还是近年来的事，相应领域的科技创新活动起步较晚，产业自主创新与专利创造能力不足。一是由于大多企业属于新建或主营其他产业，研发能力尚处于培育阶段，导致企业在生物质能领域的技术研发实力较弱，自主创新能力不足，大多企业依赖技术引进或采用落后的工艺技术开展生产经营活动，缺乏核心竞争力。二是科研机构在生物质能产业技术领域的研究实力不足。主要表现为在生物质能领域的技术储备较少，从事生物质能技术研发活动的科研院所和研究团队较少，开展的

研究工作不够，且大多研究成果还处于小试或中试阶段，能够产业化应用的新技术成果还很缺乏。三是政府对生物质能产业核心关键技术研发与产业化应用的引导和支持力度不够，有关科技计划对生物质能领域的项目立项支持较少，不利于产业科技创新活动的开展。四是生物质能科技创新活动的产学研结合不紧密，产业发展技术支撑体系不完善，影响了产业的发展。大多数企业不具备独立开发和消化科技成果的意识与能力，技术应用和创新能力弱，而院所院校研发活动又缺乏与企业的结合，科技成果转化率较低。

产业科技创新能力的不足导致了云南生物质能领域专利技术偏少，产业缺乏自主知识产权核心关键技术的支撑，直接制约了生物质资源大规模高效利用。如燃料乙醇领域存在新的原料育种技术缺乏、发酵制备工艺落后等现象，导致乙醇产出率不高、单位成本偏高等问题，对于纤维素发酵工艺制备乙醇工艺的研究不够；在生物柴油领域，目前还没有完全解决高产原料培育以及制备工艺对原料的普适性、废液排放和高成本等问题；在生物质发电方面，直燃发电存在着核心技术未成熟、气化发电存在着燃气质量低等问题，沼气联产发电技术尚处于研究开发阶段，等等。

（三）政策环境还不理想，产业专利发展受到制约

2005 年以来，云南省政府和相关部门制定了系列关于生物质能产业尤其是生物液体燃料产业发展的规划，如《云南省农村能源“十一五”规划》、《云南省燃料乙醇产业发展规划》、《云南省生物质能源产业发展规划》、《云南省林木生物质能源—生物柴油原料林发展规划》、《云南省生物能源产业化关键技术攻关规划》、《云南省生物产业发展规划纲要（2006—2020）》等；近期，省政府又发布了《云南省生物产业振兴规划》，进一步提出了将燃料乙醇产业作为重点发展的要求。但总的来说，都停留在宏观和规划层面，具体的政策措施还较少，支持生物质能产业发展的具体政策措施还不完备，政策环境尚不够理想。

一是缺乏支持生物质能产业发展的融资政策。云南目前的银行贷款主要以固定资产抵押、质押等形式贷款为主，专利、信誉、商标等无形资产很难作为抵押物贷到款，企业融资渠道单一、发展资金严重匮乏。二是支持生物质能产业发展的税收政策有待完善。由于生物质能产品开发耗资巨大，尤其是燃料乙醇和生物柴油原料种植和产品成本较高，原料林生长周期较长，无法享受企业所得税“两免三减半”的优惠政策，税收负担无疑加重了企业的负担。三是缺少对生物质能产品销售和使用的财政补贴政策，加之原料成本和税收负担等因素，导致燃料乙醇和生物柴油等生物质能产品因价格偏高而缺乏市场竞争力。如目前还没有在全省推广使用乙醇汽油和生物柴油的市场引导、财政补贴、税收优惠等相关政策与措施，对农村沼气和民用生物质能节能灶具的推广使用的补贴和技术支持政策也还不够。

由于政策环境的限制，云南生物质能产业本身的发展速度受到了一定制约，产业成熟度较低，产品市场竞争力不足，产业总体上还处于低级阶段，相关企业的数量、规模还很有限，产业科技创新和专利事业的发展因此受到了较大制约。

（四）整体专利水平较低，产业发展缺乏核心竞争力

近年来，云南基本建立起了知识产权的创造、保护、管理与应用体系。已拥有一定的专利创造能力，特别是在专利创造方面拥有了一定的数量积累，为未来的专利创造打下了

良好的基础；基本形成了覆盖全省主要县（市、区）的专利管理与行政执法、司法保护体系，专利联合执法机制也基本建立，专利管理与保护卓有成效，锻炼了专利管理、执法、司法队伍的能力，为云南的专利保护提供了保障；制定和实施了一大批专利地方法规与政策，专利政策体系基本形成，政府在宏观管理与重大项目决策中已经基本具备运用专利制度的能力；部分创新体开始建立专利制度，对企业专利制度进行了实践与应用，为全省企事业单位起到了很好的示范作用；专利在重点产业发展和科技创新中发挥了积极的作用，支撑云南经济发展的烟草、冶金、农特产品加工、医药等重点行业关键技术领域的专利有了一定的积累；基本形成了专利公共服务体系与社会服务体系，具备了为云南专利事业的发展提供服务保障的基本条件；形成了一支基本能够服务于全省专利工作的人才队伍，在专利方面有了一定的人才基础，而且在广泛涉及专利的各个领域，为云南的专利事业发展提供了人力资源的基本保障。

尽管云南知识产权工作取得了长足发展，但在专利创造、应用、保护和管理方面仍然存在着与经济、科技和社会发展不相适应的诸多问题，特别是在产业基础相对薄弱的生物质能产业，专利发展水平还较低。主要突出表现在以下几个方面：

一是专利创造与产业核心竞争力不足。在生物质能产业技术领域，云南虽然已经申请和拥有了一定数量的专利，专利申请量与授予量总体上也呈现逐年增长的趋势，在西部地区也有一定的比较优势，但云南的专利申请基数明显偏少，仅占中国全部专利的3.20%、国内专利的3.51%，所占比例仅略高于全国省（区、市）平均水平，专利申请的年增长幅度较小，与全国整体水平相比还有较大的差距，与云南丰富的生物质能资源储量和产业的发展不相协调。拥有专利数量的多少，是反映企业和产业核心竞争力的重要指标。专利创造的不足，直接导致了云南生物质能相关企业自主知识产权拥有量不足，产业核心竞争力不够的严峻现实。

二是专利申请的结构不合理、质量不高。云南累计申请的发明专利申请仅占全部申请的43.43%，远低于全国56.49%的水平。这反映了云南的生物质能相关专利申请主要以实用新型专利为主，结构不合理，科技创新的层次不高，而且大量是生沼气利用与炉灶方面的实用新型专利申请，那些对产业做大、做强有直接影响的新工艺、新方法等核心关键技术发明专利申请还较少，专利申请的质量可见一斑。

三是产业科技创新与专利创造缺乏规划或目标导向。云南生物质能相关专利申请的年专利申请基数小而不稳定，年申请量波动较大，表现出产业科技创新活动缺乏整体的规划或目标导向，无法为产业发展提供稳定的自主知识产权专利技术支撑，不利于产业的可持续发展。

四是产业科技创新和专利创造能力与国内整体水平的差距在变大。近年来的年专利申请量占国内专利申请量的比例有逐年下降的趋势，专利申请在国内的排位也有下降的现象，反映出云南在该技术领域的科技创新和专利创造能力已经从国内领先水平逐步转变为落后于全国整体水平。

五是专利创造缺乏统筹布局与引导，重点领域的创新活动和专利创造明显不足。云南生物质能相关领域的专利申请有一半以上集中于生物质气化技术领域，且大量都是低层次的沼气池或灶具等的实用新型专利申请，而燃料乙醇、生物柴油和生物质发电领域的专利申请远不能满足产业发展的需要。

六是创新主体专利创造能力有待提高。在生物质能领域，云南的职务专利申请占51.43%，而非职务专利申请占48.57%。其中，企业专利申请占18.86%，大专院校占16.57%，科研院所占10.86%。表现出个人专利申请比例明显偏高，企业专利申请比例偏低，创新主体的创新能力严重不足。

七是专利应用能力不足，产业化水平较低。全省整体专利应用能力还比较弱，社会各界的专利应用能力缺乏，专利转化应用不足，主要的生物质能企业申请专利的还很少，多数企业和投资进入产业时间还短，创新体系尚没有形成，生物质能相关企业的知识产权创造、保护和应用意识都还很淡薄；研究院所中具有专利意识并能运用专利制度的也很有限，且大部分专利申请还没有达到产业化使用条件，在产业技术领域转化应用的还很少，更加剧了产业自主知识产权的短缺现象；在获得授权的专利中，约有一半的专利权提前终止，平均有效期仅为3.3年，表现出创新主体的专利意识和制度应用能力较差、创新的市场目标导向缺乏。此外，政府运用专利制度的力度和范围有限，促进专利创造和转化应用的政策制定与落实有待加强，对产业和专利战略运用的引导不够，促进企业专利运用的财税与金融政策还很缺乏，也导致了专利技术的转化与运用不佳。如昆明理工大学自主研发的“小桐子生物柴油产业化关键技术”在国内处于领先地位，已经完成中试研究并申请专利，但由于各种原因一直未得到产业化应用。

八是专利管理与保护水平有待进一步提高。生物质能产业相关部门对专利在产业发展中的地位和作用认识不够，缺乏针对生物质能产业技术领域的专利布局和宏观管理，还没有对制约产业发展的重大、关键技术的创造与保护制定专利规划，对产业科技创新活动的专利目标导向不够。生物质能产业企事业单位知识产权保护意识不强，运用知识产权制度的能力较弱，相关企业和多数院所都没有知识产权管理部门，对本单位的知识产权事务疏于管理，缺乏利用专利信息与保护自主知识产权的能力和专门人才。知识产权的社会化服务体系不健全，中介服务机构发育不成熟，针对生物质能专业技术领域的专利信息和专利代理、诉讼、价值评估等中介服务还很缺乏，不利于云南生物质能产业的健康发展。

三、云南生物质能产业专利竞争的机遇

（一）国际能源短缺与改善环境要求带来了发展机遇

随着经济、社会的发展，世界能源消费不断增长，全球性的能源短缺与环境恶化问题日益突出。一方面，石油储量在2050年左右将宣告枯竭，天然气储备估计将在57～65年内枯竭，煤仅可以供应169年，铀仅可维持到21世纪30年代中期，而核聚变到2050年还没有实现的希望；另一方面，石油、煤和天然气等化石能源的燃烧排放大量的温室气体及其他有害物质，产生环境污染，造成人类生存环境的严重恶化。寻求替代能源，加速与扩大可再生、无污染的清洁能源的开发与利用，是全球面临的迫切任务。

中国正处于经济高速发展时期，能源与环境的双重压力日益突出，到2020年我国对原油进口的依赖程度将达到60%，将面临严重的能源安全与环境问题。大力发展和扩大生物质能源的开发和利用，不仅是满足绿色环保的需要，更是缓解经济快速增长所带来的能源危机的需要。

云南生物质能源类农林作物种植广泛，可用于发展生物质能源的原材料植物资源丰富，在利用生物柴油、燃料乙醇、沼气与合成气等方面已具备一定的产业基础，国内外和

云南自身能源短缺与环境改善面临的严峻形势，为云南生物质能产业带来了良好的发展机遇。

（二）政府战略决策与良好政策环境创造了发展空间

我国已将生物质能作为未来替代能源的重点发展方向，提出了生物质能产业发展战略。国家制定了《中共中央关于制定国民经济和社会发展第十一个五年规划的建议》、《国家中长期科学和技术发展规划纲要（2006—2020 年）》，明确要求加强包括生物柴油产业在内的可再生能源的发展，提出要大力发展可再生能源，扩大燃料乙醇、生物柴油的生产能力。国家发改委决定实施生物质工程高技术产业化专项，推进非粮原料生物能源、生物基材料 10 万吨以上的规模化工业生产工程，力争在“十一五”末期，形成替代 1 000 万吨石油和节省 500 万吨标准煤的生物质能产业。

目前，云南省的生物质能产业发展正处于有利的时期，省政府和相关部门已制定了《云南省农村能源“十一五”规划》、《云南省燃料乙醇产业发展规划》、《云南省生物质能源产业发展规划》、《云南省林木生物质能源—生物柴油原料林发展规划》、《云南省生物能源产业化关键技术攻关规划》、《云南省生物产业发展规划纲要（2006—2020）》等，积极实施生物质能产业发展战略，力争将生物质能产业培育成为云南新兴产业和新的经济增长点。

国家和云南大力发展生物质能产业的战略决策，以及制定实施的一系列推进生物质能产业发展的规划和政策，为云南生物质能产业创造了广阔的发展空间。

（三）国家与云南实施知识产权战略提供了发展保障

党的十六大报告明确提出全面建设小康社会的奋斗目标，并提出要“完善知识产权保护制度”，“鼓励科技创新，在关键领域和若干科技发展前沿掌握核心技术和拥有一批自主知识产权”。党的十七大报告进一步提出“实施知识产权战略”，把实施知识产权战略作为建设创新型国家，调整和优化产业结构，转变经济发展方式的战略举措。2008 年 6 月 5 日，国务院发布了《国家知识产权战略纲要》，提出以激励创造、有效应用、依法保护、科学管理为方针，着力完善知识产权制度，积极营造良好的知识产权法治环境，大幅度提升我国知识产权创造、应用、保护和管理能力，大力开发和利用知识资源、转变经济发展方式、缓解资源环境约束，为建设创新型国家和全面建设小康社会提供强有力支撑，提升国家核心竞争力。

为贯彻落实《国家知识产权战略纲要》，实施云南省知识产权战略，提升知识产权创造、应用、保护和管理能力，增强云南发展的竞争力和可持续发展能力，云南省人民政府于 2009 年 7 月 13 日颁布《云南省人民政府关于贯彻国家知识产权战略的实施意见》，提出要发展包括生物产业在内的知识产权优势产业，着力推动知识产权的创造与应用，促进资源优势向知识产权优势转化，形成一批有自主知识产权、竞争力较强的优势产业集群和大企业集团，推动云南经济发展方式转变和区域发展综合实力的提升，加快建设创新型云南。

《国家知识产权战略纲要》的颁布，云南《贯彻国家知识产权战略实施意见》的实施，为增强云南生物质能产业自主创新能力，提高产业专利创造与运用水平，全面提升产业核心竞争力，创造了良好的环境，从制度上提供了根本的保障。

四、云南生物质能产业专利竞争面临的威胁

（一）新能源产业竞争激烈，专利创造应用的基础受到威胁

风力发电是近年来国际上迅速发展的新能源形式之一。目前，风力发电技术已逐渐成熟，发电成本已经出现下降的趋势，国外部分国家的风力发电成本已经与火力发电相差无几，再加上政府补贴，甚至比火电的成本还便宜，具有很强的竞争力。近年来，中国的风力发电技术也得到了快速发展，截止到2008年底，中国的风电装机容量达到了1 221万千瓦，跻身世界风电装机容量超千万千瓦的行列，成为亚洲第一、世界第四的风电大国。随着价格低廉的风力发电机组陆续大规模地投入使用，风力发电成本将大幅下降。到2020年，中国风能发电装机容量将达到300亿瓦特，将和预期的太阳能总装机容量不相上下。

太阳能发电的经济前景也很乐观。在未来10年左右，太阳能发电技术将逐渐成熟起来，我国的太阳能发电成本到2010年有望下降至每度0.8元，接近常规发电的2倍，竞争力将显著提高。随着光伏产业规模化效应及光伏技术进一步发展，特别是政府有关政策的扶持，全球光伏发电价有望在今后3～5年内达到电网等价点，市场将会有爆发式的增长。

核能是一种重要的新兴能源。从调整能源结构、优化能源布局、保障能源安全、保护生态环境等角度看，核电有很大的优越性。目前，全球正在进入三代核电技术主导下的核电复苏时代，已有20多台AP1000核电机组进入建设规划。我国三代核电自主化依托项目——三门核电站一号机组相关工作正在稳步推进，2013年将先于美国2年半的时间建成世界上第一座采用非能动性安全技术的第三代核电站。按照中长期能源需求和结构来预测，到2030年，我国核电装机将是亿千瓦级的，需要建成上百个百万级的核电机组。不用太长时间，中国将成为世界上的核电大国。

随着国际国内新能源技术的不断进步，太阳能、风能、核能等其他新能源产业都以各自的优势快速发展，产业内技术竞争日益激烈，生物质能源面临其他新能源竞争的巨大压力，生物质能相关技术的自主知识产权创造与应用的产业基础受到极大挑战。

（二）国内外产业技术研发加速，制约了云南专利技术发展空间

近年来，由于原油和生物质能源原料价格的大幅波动，使得全球生物质能产业陷入困局，生物质能源市场未来的前景也变得不明朗。原料和技术问题导致生产成本居高不下和产量不高，已成为全球生物质能源产业面临的最大难题。生物燃料必须在技术上取得突破，降低成本、提高产出，才能在市场上形成竞争优势。

正是基于上述原因，世界各国和国内技术先进地区都在加速产业关键技术的开发，寻求降低成本、提高产出、高效利用生物质能源的技术，以控制核心关键技术获取竞争优势。如美国在纤维素乙醇制备技术方面已经取得突破，在建和投入运行的第二代先进的纤维素乙醇中试和示范装置已有33套之多；美国一家燃料乙醇制造公司研发的新技术，已经能够将现有的1蒲式耳玉米制造2.7加仑乙醇的能力提高到3加仑，且能耗降低15%。

目前，我国生物燃料乙醇生产正朝着原料多元化方向发展，如薯类、纤维素等。在运用转基因技术选育和开发能源作物原料方面，国内一些地区已经取得较快进展，在新疆、内蒙古等地，我国自行培育的具高抗逆性和高环境适应性的甜高粱新品种，每公顷能生产

燃料乙醇6吨，比甘蔗高30%，比玉米高3倍。我国已开发出利用甜高粱茎秆汁液等生物质制取乙醇的技术工艺，并已经建设年产5 000吨乙醇的甜高粱茎秆制取燃料乙醇工业示范工程。另外，我国的纤维素废弃物制取燃料乙醇技术已进入年产600吨规模的中试阶段；[①] 河南天冠集团与山东大学、河南农业大学合作，在纤维素原料预处理和乙醇转化技术开发方面取得一定的突破；安徽丰原集团与国内有关大专院校在原料预处理、纤维素酶的培育等方面也取得初步成果；华东理工大学还开展了生物质酸水解制取乙醇的试验研究；中科院广州能源所承担的国家“863”计划“3兆瓦生物质气化发电工程技术”项目已经通过科技部的验收。

与国内外生物质能技术进步相比，云南虽然有丰富的生物质能源原料资源优势，但在技术创新和技术领先方面却处于落后地位，支撑产业发展的核心关键技术的自主知识产权严重缺乏，使得开发利用生物质能源的成本较高，产品市场竞争力不足。如在现有技术水平和政策环境条件下，云南生物燃料乙醇的加工成本为5 000元/吨左右，而按国家政策规定，中石油收购生物燃料乙醇的价格约为4 800元/吨，产品明显缺乏竞争力，若没有政府补贴，将无法进行生产。而在生物柴油领域，云南目前基本还停留在原料林的建设方面，对于产品制备工业化生产技术的研发严重滞后，工业化生产技术依赖对外引进。

在生物质能产业掌握一批核心技术，拥有一批自主知识产权，核心就是要拥有一批专利，特别是发明专利申请。但目前的现实是，云南在生物质能产业技术领域开展的科技创新活动和取得的技术成果和专利技术还很有限。截至2009年8月底，云南全省生物质能利用领域的专利申请只有175件，而其中发明专利申请只有75件，获得专利授权的只有67件，能够产业化应用的更少。

国内外先进地区生物质能领域的技术领先和对专利技术的控制，在一些技术方向已经造成了对云南生物质能产业科技创新空间的限制。随着省政府战略规划的逐步落实和大批生产企业的积极投入，云南生物质能产业已经呈现出快速发展的势头，技术在支撑产业发展中的作用愈加重要，而国内外先进地区对产业核心关键技术的控制，无疑对云南生物质能产业科技创新与专利发展构成了严重威胁。

（三）省内外产业竞争加剧，云南生物质能产业面临内外挑战

世界能源短缺和环境污染问题催生了生物质能产业，而对市场和经济效益的追求又加剧了产业内的市场竞争。近年来，作为一种可再生、无污染的新兴能源，国际国内都对生物质能产业寄予了极大的希望，国内外生物质能产业迅猛发展，产业内竞争日趋激烈。

仅国内而言，全国各地都有大量的企业涉足生物质能产业，其中不乏具有一定规模的大型企业和项目，对云南的生物质能产业及其技术创新与专利发展构成了较大威胁。如黑龙江已建成年产5 000吨的甜高粱茎秆生产乙醇示范装置，广西北海已建成以木薯为原料、年产20万吨燃料乙醇项目，[②] 湖南衡南已建成以红薯或木薯等为原料、年产10万吨无水乙醇项目，[③] 中石油吉林燃料乙醇公司已建成以玉米秸秆为原料、年产3 000吨乙醇

① 陈祎森：《成本高技术弱　生物燃料乙醇产业化遭遇瓶颈》，载《中国工业报》，http：//www.jrj.com，2008－06－10。

② 《中粮集团泛北部湾20万吨燃料乙醇项目进展顺利》，中国食品产业网，2007－04－23。

③ 《年产10万吨无水乙醇项目落户衡南县》，中国新能源信息网，2009－06－11。

燃料工业化示范项目；吉林省延边已建成年产30万吨生物柴油提取项目，[①] 陕西城固已建成以黄连木种子为原料、年产10万吨生物柴油项目；河北石家庄和山东省菏泽已建成装机容量分别为2×12兆瓦和25兆瓦的秸秆生物燃烧发电厂，国能生物发电有限公司相继在江苏、安徽、河南、吉林和黑龙江等省投资建设了一批生物质电厂，江苏宿迁和句容市也建成两座生物质直燃发电厂，江苏兴化已建成装机容量为5兆瓦的沼气电站，兰州花庄奶牛繁殖中心引进了捷克Tdom沼气热电联产设备，实现了并网发电。国家发改委还确定了4家全国燃料乙醇定点生产企业：河南天冠燃料乙醇有限公司、吉林燃料乙醇有限公司、黑龙江华润酒精有限公司、安徽丰原燃料酒精有限公司。

就云南而言，“十一五”是云南工业实现又快又好发展的重要战略机遇期，云南确定了烟草及其配套、能源、冶金、化工、机械、医药、信息、建材、农特产品加工、生物等重点产业，作为云南经济发展的支柱产业。但云南工业经济总量小，结构不合理，新兴产业与高新技术产业发展相对缓慢，加之烟草、有色金属等强势产业的发展，以及强大的水电、火电产业，挤压了云南生物质能产业的发展空间，使云南生物质能产业的发展基础和专利战略的实施面临严峻挑战。

五、云南生物质能产业专利竞争的总体态势

一方面，云南的生物质能产业和专利工作具有一定的比较优势，面临良好的发展机遇。一是云南有明显的资源优势，丰富的植物资源和自然环境有利于高产原料作物的筛选、培育、栽培和相关专利技术的开发。二是在燃料乙醇、生物柴油、沼气利用领域已经具备一定的产业基础，确定了10户燃料乙醇定点生产企业和6家备选企业，小桐子原料林和年产量10万吨生物柴油加工厂正在建设中，一批大中型沼气试点示范工程已经建成。三是在生物质能相关技术领域也形成了一定的创新能力与技术基础，一些企业和科研院所院校在开展生物质能相关研究中积累了一定的研发力量，在沼气利用、秸秆气化应用、薯类与小桐子等能源作物的品种选育与栽培、燃料乙醇和生物柴油制备工艺等领域都有所作为。四是有较好的政策环境。五是已经积累了一定的专利基础，生物质能产业技术领域的专利申请量在西部地区处于领先地位。六是全省的专利环境不断改善，全省专利保护法制环境建设进一步加强，专利制度对促进科技创新发挥了重要作用，院所院校专利创造与保护和应用能力明显提高，专利工作体系不断健全，专利综合管理能力明显增强，专利信息化建设初见成效，专利保护政策法规不断健全。所有这些，都为云南生物质能产业技术领域专利技术的进一步开发应用和整体专利水平的提高创造了良好的条件，为实施云南生物质能产业专利战略提供了充分的保障。此外，国际能源短缺的严峻形势与改善生态环境的强烈要求，云南省政府大力发展生物质能产业，国家与云南实施知识产权战略，都为云南生物质能产业的发展和专利战略的实施带来了良好的机遇。

另一方面，云南的生物质能产业和专利工作存在诸多问题，面临严峻挑战。一是产业处于发展初级阶段，专利创造与应用的基础薄弱。燃料乙醇企业在原料、成本、生产和产品供销方面存在诸多问题，制约了燃料乙醇产业的发展，生物柴油企业还停留在原料林基地建设和生产线建设阶段，沼气和生物质气化利用小而分散、大型规模化利用还较少。二

---

① 《敦化投千万生产生物柴油提取项目》，中国新能源信息网，2009－06－17。

是产业科技创新水平偏低、自主知识产权创造能力不足，国内外一些地区发展生物质能产业较早，在技术和专利领先方面抢占了先机，国内主要生物质能企业和科研机构也都在其他省（区、市）。三是政策环境还不完善，产业发展与专利制度工作受到制约。政府颁布的政策措施多停留在宏观和规划层面，支持燃料乙醇、生物柴油等生物质能源消费和扶持原料作物种植、支持技术开发的财政补贴和税收减免等具体的政策措施还较少，政策环境有待进一步完善。四是整体专利水平较低，产业发展缺乏核心竞争力，专利申请基数较小、增长不稳定、占全国比例偏低，专利结构不合理、申请质量不高、缺乏规划布局，创新主体的专利申请有限、专利创造能力有待提高；全省提出过生物质能相关专利申请的企业只有 14 家，企业专利运用能力不足、专利产业化水平较低、专利维持期限偏短，企事业单位知识产权保护意识不强、专利管理与保护水平有待进一步提高，产业科技创新与专利创造能力与国内整体水平的差距在变大。所有这些都影响了产业的科技创新能力和水平，导致产业缺乏足够的自主知识产权专利技术支撑，产业核心竞争力缺乏，严重制约了云南生物质能产业及其专利事业的发展。此外，新能源产业竞争激烈威胁了生物质能产业及其专利创造运用的基础，国内外产业技术研发加速限制了云南专利技术发展空间，生物质能产业内与产业外竞争加剧使云南生物质能产业的发展及其整体专利水平的提升面临严峻挑战。

上述情况表明，云南生物质能产业的专利竞争态势是优势与劣势相伴、机遇与挑战共存。只有通过实施专利战略，发挥专利制度激励创新、支撑发展的作用，大力促进产业科技创新活动，进一步开发适合本地自然环境的高产原料作物新品种与种植技术，优化高产出、低排放、低成本的产品制备工艺，走依靠科技进步和自主知识产权的产业发展道路，充分发挥比较优势、着力把握发展机遇、努力消除相对劣势、沉着应对各种挑战，消除威胁、化危为机，云南生物质能产业才能够走向健康发展之路，并逐步形成重要的新兴产业和新的经济增长点。

表 6－4　云南生物质能产业专利竞争态势 SWOT 分析结果表

	优势 S	劣势 W
内部条件	1. 自然资源丰富，有利于原料作物栽培专利技术的开发 2. 具备一定产业基础，有利于产业专利技术的开发与应用 3. 有一定创新能力与技术基础，有利于专利技术的深度开发 4. 政策环境良好，有利于产业发展与自主创新活动的开展 5. 有一定专利创造与运用基础，有利于产业专利水平的升级 6. 整体专利环境不断改善，有利于产业专利战略的实施	1. 产业处于发展初级阶段，专利创造与运用的基础薄弱 2. 产业科技创新水平偏低，自主知识产权创造能力不足 3. 政策环境还不理想，产业专利发展受到制约 4. 整体专利水平较低，产业发展缺乏核心竞争力

续 表

	机会 O	威胁 T
外部环境	1. 国际能源短缺与改善环境要求带来了发展机遇 2. 政府战略决策与良好政策环境创造了发展空间 3. 国家与云南实施知识产权战略提供了发展保障	1. 新能源产业内竞争激烈，专利创造运用的基础受到威胁 2. 国内外产业技术研发加速，制约了云南产业专利技术发展空间 3. 省内外产业竞争加剧，云南生物质能产业面临内外挑战

第四节　云南生物质能产业专利战略的指导思想、目标和重点

一、实施云南生物质能产业专利战略的指导思想

全面落实科学发展观，坚持激励创造、有效运用、合理保护、科学管理的专利发展方针，围绕云南“十一五”规划和全面建设小康社会的宏伟目标，结合创新型云南行动计划和生物产业振兴计划，以提高生物质能产业核心关键技术自主知识产权数量和核心竞争力为突破口，以提高产业自主创新能力和转变产业发展方式为目标，充分发挥专利制度对产业发展的促进作用，围绕云南生物质能产业形成一批具有自主知识产权、核心竞争力强的企业群，使专利战略成为推进云南生物质能产业发展的强大动力，促进云南经济社会又好又快发展。

二、实施云南生物质能产业专利战略的总体目标

通过专利战略的制定和实施，全面提高云南生物质能产业专利制度的运用能力，加强生物质能产业的专利布局与培育力度，大幅度提升生物质能产业创造专利技术、掌握核心技术自主知识产权和运用知识产权的水平，不断增强产业核心竞争力。

力争五年内，生物质能产业专利申请和授权量在现有基础上增长两倍，产业核心和关键技术发明专利申请有明显增长，国际专利申请取得突破，创造和转化应用一批产业核心关键技术自主知识产权，支撑产业发展和优化升级，培育一批产业专利优势企业和技术研发机构，建立起比较完善的产业科技创新体系，专利对产业发展的支撑和促进作用明显提高。

未来十五年内，形成完善的产业科技创新体系，产业技术领域专利申请和授权量大幅增长，大批产业核心关键技术自主知识产权得到转化应用，企业专利制度普遍建立，产业核心竞争力全面提升，专利对产业发展的支撑和促进作用充分显现。

三、云南生物质能产业专利战略的重点

（一）提高生物质能产业专利创造和应用能力

核心技术是产业发展的关键，掌握了核心技术，就掌握了产业发展的主动权。要以推动产业技术进步为出发点，充分发挥专利制度对产业自主创新的促进与保障作用，围绕云南生物质能产业的重点领域和重大技术方向，制定推动产业自主创新的优惠政策和措施，加大对生物质能产业自主创新能力的培育力度，加速对产业发展起支撑作用的核心、关键技术的研发，培育生物质能核心技术专利池，在重大和关键技术领域内形成一批自主知识产权，大幅提升产业自主知识产权创造能力，改变产业技术落后和依赖技术引进的被动局面，降低产品生产成本、提高产品市场竞争力，争取云南生物质能产业发展的主动权。

以提升产业自主知识产权水平和核心竞争力为着力点，推进产业关键技术产学研联合攻关和重大自主知识产权项目的实施，将形成知识产权和技术标准作为政府科技计划和企业科技攻关的重要目标，促进产业技术标准与知识产权的结合，通过加强引进技术的消化吸收和知识产权的再创造，逐步降低对外技术的依存度，加速产业技术创新，提高云南生物质能产业科技创新的层次与整体水平。

充分发挥专利制度在加速产业发展中的重要作用，制定有利于云南生物质能产业发展的专利导向政策，加大对产业重大科技攻关活动与企业专利战略运用的引导与指导，培育企业和科研院所利用专利信息加速技术开发、保护开发成果知识产权、运用专利技术进行资本运营等的能力，全面提高相关企业与科研院所的知识产权保护和应用水平。逐步建立以专利技术为支撑、以专利制度为保障、以专利运用为手段的具有核心竞争力的产业发展模式，推动云南生物质能产业发展向依靠科技进步转变，走创新能力强、资源消耗少、产出效率高、产品竞争力强的新型工业化道路，实现云南生物质能产业的快速发展。

（二）加强生物质能产业技术创新的专利布局和统筹规划

加速云南生物质能产业技术创新步伐，合理布局专利技术是关键。要加大政府对生物质能产业专利布局的调控与管理力度，建立产业关键技术知识产权评价、调配与预警机制，围绕生物质能源作物新品种培育与栽培、生物质能源制备与利用等主要技术方向，通过政府科技计划、产业化项目立项以及政策导向，依托培育生物质能优势企业和重点研发机构，对产业知识产权的重点领域、方向、数量与质量进行宏观调控，形成生物质能产业专利技术的合理布局，改善产业自主知识产权创造能力不足、核心关键技术领域专利缺乏、科技创新和专利技术层次不高的不利状况。

加大对生物质能产业重大、关键技术的研发与专利创造投入，充分发挥科研院所在产业技术创新中的作用和优势，通过政府各类科技计划、高新技术产业化专项计划等的导向与示范，集中力量支持生物质能领域重大关键技术的技术攻关与知识产权创造，引导生物质能企业结合自身特点加大对企业关键技术的科技攻关与投入，形成大批支撑产业发展的重大和关键技术自主知识产权。

结合云南自然资源优势，重点加强生物质液体燃料与气化技术的开发，大幅提升相关领域自主知识产权的产出数量和质量。加强对薯类、小桐子等生物质能源作物的品种选育、改良和育种技术的研发力度，重点支持普适性、短流程、高效率、低成本的燃料乙醇

和生物柴油制备新工艺、新技术的深度开发，积极支持植物纤维燃料乙醇制备新技术的研发，鼓励养殖场沼气利用等大型沼气工程技术与生物质气化发电新技术的开发，在重点领域的自主知识产权规划布局和产出方面取得新的突破。

（三）促进生物质能产业自主知识产权的转移与产业化

专利技术的产业化是实现智力成果向经济与社会效益转化的关键环节。要充分发挥专利制度在激励创新、推动产业科技进步方面的重要作用，积极采取措施，大力推进生物质能领域自主知识产权的产业化应用，大幅提升专利对发展的支撑作用和对产业经济增长的贡献率。

积极推进产学研结合，引导院所院校以市场为导向，积极面向企业、针对生物质能产业的重点技术领域开展科研活动，创造大批自主知识产权，并在与企业生产实际结合的过程中加以转化实施，形成服务于产业发展的自主知识产权专利技术创造源。建立以科技项目为引导、以知识产权分享为纽带、以创新成果产业化为目标的产业技术联盟，着力解决生产实际急需的自主知识产权创造与转化问题，针对生产环节的重大和关键技术问题进行联合攻关，有针对性地开展自主创新活动，实现云南生物质能产业关键技术自主知识产权的重大突破与产业化应用。

引导创新活动以市场为导向，支持社会科研力量服务于生产实际需求，解决知识产权创造目标不明确、转化渠道不通畅、大量知识产权积压与企业缺乏核心知识产权支撑的矛盾，大幅提高专利技术转化实施率。加强对生物质能产业技术领域知识产权产业化的政策导向，制定引导知识产权转移和转化的财政、金融和产业政策，落实知识产权税收配套优惠政策，建立知识产权流转机制，全面推动云南生物质能相关专利技术的产业化，形成专利支撑产业发展、知识创造价值的产业发展新机制。

第五节　实施云南生物质能产业专利战略的对策与措施

一、加强宏观领导和综合协调，制定产业专利发展规划

各级政府和有关部门要从促进云南生物质能源开发、缓解能源危机、改善环境条件、建设绿色经济强省的战略高度出发，与产业结构调整、培育新经济增长点相结合，切实加强领导，推进生物质能产业专利战略的实施，创造良好的创新环境和制度环境，引导创新资源向生物质能产业聚集，促进云南生物质能产业的发展壮大。

加强对生物质能产业核心关键技术的专利布局与宏观规划，强化政府知识产权、科技、产业、经济等有关部门对生物质能产业发展的专利导向与协调力度，制定实施生物质能产业专利规划，在相关产业政策中有针对性地增加促进专利创造与实施的内容，确定重点发展的技术领域，统筹协调产业发展与拥有自主知识产权之间的关系，以及产业发展机制与科技创新机制之间的关系，有计划地推进产业科技创新与专利创造和应用，为产业发展提供充足的专利技术，建立完善的知识产权保障体系。

加大政府对生物质能产业的专利宏观管理力度，及时研究解决产业发展中遇到的知识产权问题，帮助重点企业开发与应用自主知识产权、规避技术风险，提高企业参与国际国内市场竞争的能力，促进产业的可持续发展。

二、构建产业创新体系，提升产业专利创造能力与核心竞争力

科技支撑是生物质能产业发展的重要保障。云南在生物质能产业技术领域有一定的科技创新基础，加之天然生物质能源原料丰富，在结合自身特点进行自主创活动并创造相应的专利技术方面有较好的条件和潜力。但由于缺乏系统的协调与资源整合，企业与科研机构的研发活动长期处于分散、无总体目标的自发状态，健全的产业科技创新体系尚未形成。

结合云南生物质能各创新主体的实际，加快建立开放型生物质能产业技术创新体系，充分发挥科研院所、大专院校在科技创新方面的优势，积极培育相关企业的科技创新能力，建立产学研联合攻关机制，创造良好的社会环境，在政府宏观指导下，集合大专院校、科研机构、企业等多方研究力量，通过整体布局、资源整合、机制创新，建立体系完整、技术装备先进、人才结构合理、创新能力强、管理科学规范的生物质能产业创新体系，面向国际国内市场，构建共性创新平台，增强人才、知识、技术、信息、资金等资源和要素的整合质量与利用效率，全面提升生物质能产业专利创造能力和核心竞争力，推动产业技术与产品升级，转变产业发展方式，将资源优势变为产业优势。

加强以提高生物质能技术工程化能力为核心的产业技术创新体系建设，以大学、科研院所为依托，完善生物质能科研条件建设，形成高水平的生物质能研究平台。加强产学研结合，充分利用企业技术中心、科研院所和大专院校的创新资源，对产业共性、关键和前瞻性技术组织联合攻关。建立生物质能产业技术联盟，大力发展生物质能专利信息中心等服务机构，加强生物质能技术开发与产业发展之间的有机联系，建立创新目标明确、创新资源与创新成果高效利用、产学研结合、以知识产权为纽带的产业创新体系，促进科技成果的产业化。

优先加快高产、适应性强的油料作物和薯类、高糖作物新品种和栽培新技术的研发与推广；开展新型发酵酶、高效低耗短流程乙醇制备新工艺以及植物纤维制备乙醇技术的开发与应用；开发普适性、高效、低成本生物柴油提取技术；进行养殖场、生物垃圾大型沼气综合利用技术的产业化开发，重视农村沼气利用技术的优化研究。在一些重点技术领域和方向取得突破，掌握一批核心关键技术自主知识产权，突破制约云南生物质能产业发展的技术瓶颈，全面提升云南生物质能产业专利创造能力与核心竞争力。

三、进行企业专利试点示范，带动产业专利水平提升

深入落实国家知识产权战略和《云南省人民政府关于贯彻国家知识产权战略的实施意见》，将生物质能重点企业纳入企业专利试点工作范围，作为深化企业专利试点工作的重要内容之一。通过开展生物质能企业的专利试点工作，带动产业专利创造、应用、保护和管理水平的提高。

选择一批生物柴油、燃料乙醇和沼气利用龙头企业，进行专利试点示范，建立和完善企业专利制度，将专利管理和保护贯穿于企业科研开发、生产和经营的全过程，推动龙头企业专利战略的制定与实施，带动产业内企业的专利制度建立，增强企业进行专利创造、应用、保护和管理的能力，形成生物质能产业自主创新的合力，全面提升产业整体专利水平。

四、开展产业专利信息化建设，加强对专利信息的有效利用

充分发挥专利信息在自主创新中的作用，探索建立生物质能领域重大科技与产业化项目的知识产权风险评价以及产业专利预警机制，引导骨干企业建立专利信息利用制度，通过专利预警、监控和应对机制的建立，及时把握国内外市场的发展方向，不断提升技术创新的起点和水平，实现云南生物质能产业的跨越式发展。

加强专利信息资源的开发利用，依托中国专利信息工程云南地方专利信息网的建设，建立生物质能专利信息专项数据库，为云南生物质能产业的技术创新和实施专利战略提供信息支撑。加强指导企业技术中心、产学研联合开发中心建立本企业主导产品和关键技术的专利信息数据库，进行技术经济动态跟踪管理，优化技术创新资源配置，提升企业技术创新效率与水平。

五、加强专利法制政策体系建设，创造良好的产业发展环境

制定促进生物产业发展的优惠政策，为云南生物质能产业技术创新和知识产权保护创造更加有利的政策和法制环境。完善生物质能投资和产品开发利用的优惠政策，支持一批生物质能源骨干企业的发展，对开发利用生物质能源给予产品价格补贴、税费减免和贷款财政贴息等，鼓励企业和民营资本进入生物质能源产业技术领域，扶持产业发展。将建设生物质能源基地和农村沼气利用纳入财政补贴预算，作为带动现代农林业发展，促进贫困山区农民脱贫，实现循环经济产业发展的一项重要措施。对生物质能源用户给予一定比例的补贴，鼓励广大用户使用生物质能源产品。

制定实施鼓励薯类、小桐子等生物质能源作物栽培的产业政策，以及鼓励生物质能源产品开发和消费的价格补贴政策。对生物质能源作物种植和采收的农户和单位给予政策性补贴、信贷支持、税收优惠和技术指导，大幅提高生物质能源原料的产量和质量，降低生物质能源原料的生产成本。鼓励燃料乙醇和生物柴油等生物质能源的市场准入和消费，积极培育生物质能源产品消费市场，鼓励广大农村用户使用沼气等生物质能源产品。解决物质能源原料产量低、价格高、产品消费市场未形成等长期困扰云南生物质能产业发展的瓶颈问题。

根据《可再生能源法》，结合云南实际，制定促进云南生物质能源产业发展的其他税收优惠政策。对新创办的生物质能企业自获利年度起，给予企业所得税“两免三减半”的优惠政策；对投资于生物质能产业的风险投资给予税收优惠；对生物企业进口所需的自用设备以及按照合同随设备进口的配套件、备件，除列入《外商投资项目不予免税的进口商品目录》和《国内投资项目不予免税的进口商品目录》的商品外，享受关税和进口环节增值税的优惠。

建立和完善政府科技计划的专利评价与产出政策导向机制，将专利管理与保护的有关规定融入科技、经济等部门推动技术创新和科技进步的政策中。借助科技创新的专利政策导向，引导生物质能领域相关企业、科研院所、高校加强对有关技术、产品、产业的知识产权战略的研究，促进产业技术创新升级和产业结构的调整。

做好《云南省专利纠纷行政处理办法》、《云南省专利保护条例》等现行规章和政策措施的修改工作，尽快出台《云南省生物质能产业专利促进条例》、《云南省生物质能产

业专利中长期规划》等政策法规。逐步完善知识产权保护体系建设，强化执法手段、加大执法力度，切实有效地保护专利权人合法权益，创造良好的产业发展环境。

六、加大产业科技创新投入，推动产业快速发展

在生物质能科技创新与知识产权工作方面，云南的投入还较少，制约了生物质能产业技术创新与生产规模的发展。要加大对生物质能产业专利创造的财政投入力度，建立生物质能产业专项基金，重点支持生物质能产业科技创新平台建设、重大自主知识产权专利技术研发与产业化、企业重大技术改造升级、产业专利池培育与转化应用，加大对原料作物品种筛选培育、丰产栽培技术等方面的研究和投入，加快科技成果转化，全面提高生物质能产业发展的技术水平与专利水平，促进云南生物质能产业逐步走上持续、快速发展的轨道。

提高政府科技计划和产业化专项资金对生物质能研发和产业化项目的倾斜和资助力度，创造大批产业核心关键技术自主知识产权。完善生物质能产业风险投资机制，鼓励对生物质能产业的风险投资，引导社会资金投资生物质能产业。积极为生物质能技术企业在国内外上市融资创造条件，科技型中小企业创新基金要优先支持从事生物质能技术开发及其成果转化的中小型企业。协调国家和省级有关部门，积极引进社会投资，加大小桐子、木薯等原料基地投资力度，提高建设规模与标准，推动生物质能产业的快速发展。

第七章　云南生物质能产业技术领域专利申请状况

第一节　生物质能产业技术领域与国际分类

一、生物质能主要技术领域

关于生物质能技术的分类，可以从生物质能转换技术角度或产业主要领域划分。

（一）生物质能产业技术分类

从生物质能转换技术角度，可以将生物质能产业技术划分为直接氧化转换、压缩成型转换、热化学转换和生物转换等技术。

1. 直接燃烧技术是最普及的生物质能转换技术

在一定温度条件下，生物质直接和空气中的氧气燃烧取得热能，该过程是光合作用的逆过程，燃烧过程所产生的热量可为人们所利用；生物质热能发电也是直接氧化燃烧的一种形式。

2. 固体燃料压缩成型技术

把散抛的生物质料经粉碎压制成块状或棒状，使生物质致密、增加容重，成为团体燃料，直接用于民用和生产作供热、烘干及动力，也可干馏成人工木炭等。

3. 热化学转换技术

用化学手段将生物质转化成燃料物质的一种工艺技术。常用方法有气化法、热分解法等。

气化法是将固体燃料在高温下与气化剂作用而得到，主要成分是 CO 和 H_2 等的各种气体燃料。如空气煤气、水煤气、混合煤气等。

热分解法是将粉碎了的生物质在厌氧条件下进行热化学反应，分解破裂而产生气体、液体、焦油及木炭的过程。如木材干馏制取甲醇、木焦油和木炭等。

有机溶剂提取法是将植物干燥切碎后，用丙酮、石油醚和苯等有机溶剂，在蒸馏器中通入水蒸气，利用水与油的比重差进行分离提取。如从油料作物中提取碳氮化合物和油脂。

4. 生物转换技术

利用微生物（如厌氧菌、光合细菌、酵母菌等）在一定条件下，将生物质降解产生小分子化合物（如甲烷、乙醇、氢气等）的过程。主要包括厌氧发酵制取沼气、生物质发酵制取乙醇和生物质发酵制氢。

（二）生物质能产业技术分类

从生物质主要产业技术领域来考虑，可以将生物质能产业技术划分为四个类：

（1）生物质固体燃料技术。如生物质固体压缩燃料、木炭等的制备与利用。

（2）生物质气化技术。如沼气、空气煤气、水煤气、混合煤气、氢气等的制备与利用。

（3）生物质液体燃料技术。包括燃料乙醇与生物柴油的制备与利用以及原料作物的育种和栽培等；用于生产生物柴油的主要油料作物包括麻风树、光皮树、黄连木、小桐子（小桐子、油桐）、油茶、油菜子、文冠果等；用于生产乙醇液态燃料的主要作物包括甜高粱茎秆、甘蔗、甜菜等糖类作物，以及甘薯、木薯、红薯、芭蕉芋、菊芋、山芋等。

（4）生物质发电技术。包括直燃发电、循环流化床气化发电、固定床气化发电、生物质—煤混合燃烧发电、沼气发电以及沼气联产发电等。

二、生物质能主要技术领域的专利国际分类

为便于结合产业状况进行分析研究，本课题从生物质产业技术领域的角度来进行研究，并考虑相应的专利国际分类。

（一）生物质固体燃料技术相关国际分类

生物质固体燃料技术是对固体生物质进行压缩成型的技术，即把散抛的生物质料经粉碎、压制，使生物质致密、增加容重，成块状或棒状的团体燃料，又称“生物煤”。

生物质固体燃料技术主要有环模滚压法、螺旋挤压法、冲压法、液压法。这种固体燃料燃烧效率高、污染少，除直接用于民用和生产作供热、烘干及动力外，还可干馏成人工木炭等。

有关生物质固体燃料技术的专利国际分类主要涉及：C10B丨含碳物料的干馏生产煤气、焦炭、焦油或类似物；C10B53/00丨专用于特定的固态原物料或特殊形式的固态原物料的干馏；C10B53/02丨对含纤维素物料的；C10L11/00丨引火物；C10L5/00丨固体燃料；C10L5/10丨借助黏合剂制备块状固体燃料；C10L5/40丨基于非矿物来源为主的物质；C10L8/00丨本小类其他组中不包含的燃料；C10L9/00丨为改进燃烧对固体燃料进行的处理；F24B丨固体燃料的家用炉或灶，与炉或灶连带使用的工具。

（二）生物质气化技术相关国际分类

生物质气化技术主要涉及沼气、空气煤气、水煤气、混合煤气、氢气等，包括养殖场粪便厌氧发酵、工业有机废弃物厌氧发酵、户用沼气技术、直接气化技术等。

生物质在厌氧条件下，可发酵分解转化生成主要成分为甲烷和二氧化碳的沼气；在高温下与气化剂作用，可以得到主要成分为 CO 和 H_2 等的各种气体燃料。使用不同的气化剂，如空气、氧气和水蒸气，可以得到空气煤气、水煤气、混合煤气等不同的气体燃料。

有关生物质气化技术的专利国际分类主要涉及：C02F11/04丨厌氧处理；用此工艺生产甲烷。C10J丨由固态含碳物料生产发生炉煤气、水煤气、合成气或生产含这些气体的混合物，空气或其他气体的增碳。C10J1/00丨用空气或其他气体的增碳不热解制造燃料气。C10J3/00丨由固态含碳燃料制造含一氧化碳的可燃气体。C10K丨含一氧化碳可燃气体化学组合物的净化和改性。C10K1/00丨含一氧化碳可燃气体的提纯。C10K3/00丨含一氧化碳的可燃气体的化学组合物的改性。C10L丨不包含在其他类目中的燃料，天然气，不包含在C10G、C10K小类中的方法得到的合成天然气。C10L3/00丨气体燃料，天然气，

用不包含在小类 C10G、C10K 的方法得到的合成天然气，液化石油气。C12P5/02 无环的；C12M1/107丨用于收集发酵气体（如甲烷）的方法。

生物质气化技术还包括气化炉灶等相关设备，有关国际分类主要涉及：F17丨气体或液体的贮存或分配。F17B丨可调容量的贮气罐。F17C丨盛装或贮存压缩的、液化的或固化的气体容器；固定容量的贮气罐；将压缩的、液化的或固化的气体灌入容器内，或从容器内排出；小类索引压力容器；非压力容器。F17D丨管道系统；管路。F23丨燃烧设备；燃烧方法。F23B丨只用固体燃料的燃烧方法或设备（用于燃烧室温下是固体，但以融化状态燃烧的燃料的燃烧，如蜡烛蜡入 C11C、F23C、F23D）。F23D 燃烧器。F23G丨焚化炉，废物的焚毁，也包括低品位固体燃料、液体燃料或气体燃料的燃烧。F23H丨炉箅；炉箅的清灰或除渣。F23J丨燃烧生成物或燃烧余渣的清除或处理；烟道。F23K丨燃烧设备的燃料供应。F23M丨不包含在其他类目中的燃烧室结构零部件。F23R丨高压或高速燃烧生成物的产生。F24丨供热；炉灶；通风。F24B1/00丨炉或灶。F24B13/00丨只应用于燃烧固体燃料的炉或灶的零部件。F24B15/00丨与炉或灶连带使用的工具。F24B3/00丨不包含在组 F24B1/00 中的取暖装置。F24B5/00丨燃烧空气或烟气在炉或灶内或在其周围的循环流动。F24B7/00丨带有对流取暖装置的炉、灶或烟道。F24C 其他家用炉或灶；一般用途家用炉或灶的零部件。F24C1/00丨燃料或能源不限于固体燃料或不限于 F24C3/00 至 F24C9/00 各组中某一组所包含类型的炉或灶；非特定燃料或能源类型的炉或灶。｝气体燃料的炉或灶。F24H丨一般有热发生装置的流体加热器，例如水或空气的加热器。F27 炉；窑；烘烤炉；蒸馏炉。F28 一般热交换。

（三）生物质液体燃料技术相关国际分类

生物质液体燃料技术主要涉及燃料乙醇与生物柴油制取技术，包括糖类原料（如甜高粱茎秆、甘蔗等）发酵法制取乙醇、淀粉类原料（如木薯、甘薯、红薯等）发酵法制取乙醇、植物纤维素发酵制取乙醇、压榨精炼生物柴油（如油菜子、小桐子、黄连木等）、热裂解制取生物燃油，以及糖类和淀粉类原料作物的育种、栽培等。

有关生物质液体燃料技术的专利国际分类主要涉及 C07C29/00丨含羟基或氧—金属基连接碳原子（不属于六元芳环的）的化合物的制备。C07C31/00丨非环碳原子上连接羟基或氧—金属基的饱和化合。C07C31/00丨非环碳原子上连接羟基或氧—金属基的饱和化合物。C10G丨烃油裂化；液态烃混合物的制备，如用破坏性加氢反应、低聚反应、聚合反应；从油页岩、油矿或油气中回收烃油；含烃类为主的混合物的精制；石脑油的重整；地蜡。C10L1/00丨液体含碳燃料。C10L8/00丨其他组中不包含的燃料。C11B丨生产（压榨、萃取）、精制或保藏脂、脂肪物质（例如羊毛脂）、脂油或蜡。C11C丨从脂肪、油或蜡中获得的脂肪酸；蜡烛；脂肪、油或由其得到的脂肪酸经化学改性而获得的脂、油或脂肪酸。C12丨包括微生物或酶的生物化学、微生物学、酶学，它们的制备；用其来合成化合物或组合物；涉及微生物或酶的测定或检验方法；变异或遗传工程。C12M丨酶学或微生物学装置。C12N丨微生物或酶，其组合物。C12N9/98丨粒状或自由流动酶组合物的制备。C12P丨发酵或使用酶的方法合成目标化合物或组合物或从外消旋混合物中分离旋光异构体。C13K1/02丨用纤维素材料的糖化。D21B丨纤维原料或其机械处理。D21C丨从含纤维素原料中除去非纤维素物质生产纤维素；制浆药液的再生；所需设备。D21H丨浆料或纸浆组合物。F23C丨使用流体燃料的燃烧方法或设备。

有关生物质能源原料作物栽培的专利国际分类主要涉及：A01C丨种植，播种，施肥。A01D丨收获，割草。A01G丨园艺；蔬菜、花卉、稻、果树、葡萄、啤酒花或海菜的栽培，林业，浇水。A01H丨新植物或获得新植物的方法；通过组织培养技术的植物再生。C12N5/00丨植物的细胞培养。

（四）生物质发电技术相关国际分类

有关生物质发电技术的专利国际分类主要涉及：C10K丨含一氧化碳可燃气体化学组合物的净化和改性。C10B丨含碳物料的干馏生产煤气、焦炭、焦油或类似物。C10L丨生物质富氢燃气。C12P3/00丨生物制氢的方法。F01丨一般机器或发动机，一般的发动机装置，蒸汽机。F01D15/10丨适用于驱动发电机或与发电机的组合的装置。F02丨燃烧发动机；热气或燃烧生成物的发动机装置（F02B一般燃烧发动机，热气或燃烧生成物的发动机装置。F02B63/04丨用于发电机。F02C丨燃气轮机装置，空气助燃的喷气推进装置燃料供给的控制。F02M丨一般燃烧发动机可燃混合物的供给或其组成部分）。F23丨燃烧设备，燃烧方法（F23G5丨垃圾燃烧；F23K丨燃烧设备的燃料供应；F23M丨不包含在其他类目中的燃烧室结构零部件；F23Q丨点火）。H01M丨燃料电池。

第二节　生物质能领域专利信息数据检索方法

仅从国际分类尚不能将生物质能相关技术与属于同一分类的其他技术分开，为提高研究结果的准确性，本研究根据前述技术领域、国际分类，以及生物、植物、纤维素、燃料乙醇、生物柴油等关键词进行组合检索，分离出生物质能相关技术专利申请，反映国内生物质能领域专利申请的情况。

本研究进行检索涉及的国际分类包括：A01D82/00、B27、C01D7/00、C10B、C10B53/00、C10B53/02、C10B49/00、C10B51/00、C10L11/00、C10L5/00、C10L5/40、C10L8/00、C10L9/00、C10L10/00、F24B、C10J、C10J1/00、C10J3/00、C10K、C10K1/00、C10K3/00、C10L、C10L3/00、F17、F17B、F17C、F17D、F23、F23B、F23D、F23G、F23H、F23J、F23K、F23M、F23R、F24、F24B1/00、F24B13/00、F24B15/00、F24B3/00、F24B5/00、F24B7/00、F24C、F24C1/00、F24C3/00、F24H、F27、F28、C07C29/00、C07C31/00、C07C31/00、C10G、C10L1/00、C10L8/00、C11B、C11C、C12、D21B、D21C、D21H、F23C、A01C、A01D、A01G、A01H、A61M、C12N5/00、C12M、C12N、C12P、C13K1/02、C10K、C10B、C10B53/00、C10G、C10L、C12P3/00、F01、F02、F23、F23G5、F23K、F23M、F23Q、F25B30/00、H01M。

本研究进行组合检索涉及的关键词包括：生物、植物、动物、秸杆、纤维素、甘蔗、蔗渣、木、树、草、杂草、玉米芯；燃料、固体燃料、压缩燃料、炭、纤维炭、植物煤、颗粒煤；生物、植物、动物、秸秆、纤维素、甘蔗、木、树、草；燃气、煤气、制氢、可燃气体、液化气、沼气、甲烷、一氧化碳；沼气；生物、植物、动物、秸秆、纤维素、甘蔗、木、树、草、甜高粱、甜菜、甘薯、木薯、红薯、芭蕉芋、菊芋、山芋；燃料、乙醇、燃料、甲醇、焦油；生物、植物、动物、麻风树、光皮树、黄连木、小桐子、油桐、油茶、油菜子、文冠果；柴油；麻风树、光皮树、黄连木、小桐子、小桐子、油桐、油茶、油菜子、文冠果、甘蔗、甜高粱、甘薯、木薯、红薯、芭蕉芋、菊芋、山芋、甜菜；

培育、育种、种植、栽培、育苗、芽接、繁殖、种苗；生物、植物、动物、秸秆、纤维素、甘蔗、沼气、甘蔗、木、树、草；发电、气化发电、直燃发电、混合发电。

第三节　云南生物质能产业技术领域专利申请状况

一、云南生物质能产业技术领域专利申请基本状况

（一）专利申请总量

截至2009年8月31日，在上述生物质能产业技术领域，云南累计公开的专利申请共有175件。

（二）专利申请量占全国比例

云南的申请数量占生物质能技术领域全部中国专利的3.20%，国内专利的3.51%，所占比例略高于国内省（区、市）平均水平（3.13%）。其中发明专利申请占全国发明专利申请的2.90%，不及全国省（区、市）平均水平；实用新型专利申请占全国实用新型专利申请的4.18%，高于全国平均水平。

（三）专利申请结构与质量

在生物质能相关技术领域的175件专利申请中，发明专利申请有76件，实用新型专利申请有99件。其中发明专利申请占云南全部申请的43.43%，与全国56.49%的水平有较大的差距。这表明，云南在生物质能相关技术领域的专利申请以实用新型专利为主，专利申请的质量较差。

（四）专利申请量排位

云南生物质能相关技术领域的申请数量在国内省（区、市）排第13位，处于中上水平。在西部地区，云南的申请数量在12个省（区、市）中排第2位，在专利申请数量方面具有一定的区域优势。

二、不同时期云南生物质能专利申请量变化状况

在总的申请量方面。2000年以来，云南生物质能产业技术领域的年度专利申请量波动较大，到2006年以后才呈稳定的增长趋势，但年申请基数较小，总的增长幅度与全国水平相比还有较大的差距。

在年申请量增长率方面。2001年以来，国内生物质能产业技术领域年度专利申请量总体呈增长趋势，各年年度的增长幅度都在15%以上，其中，2001、2005、2006年三个年度的增长率最高。而云南的专利申请状况很不稳定，2002和2005年都出现了负增长的情况，2006年以来才进入稳定的正增长时期。这表明，云南在生物质能产业技术领域还缺乏规划和引导，科技创新活动和专利创造的随意性还比较大。

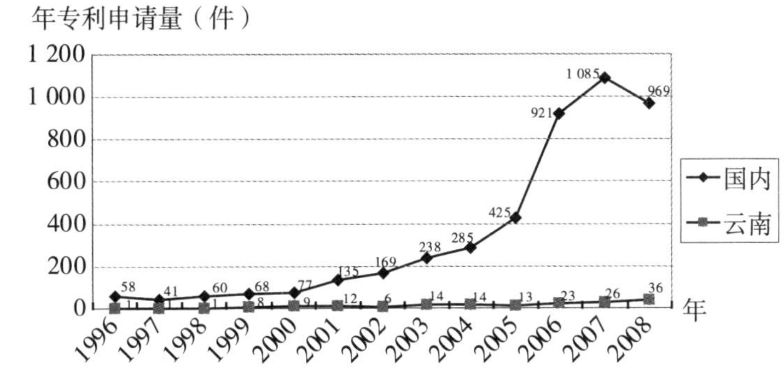

图 7－1　生物质能相关技术领域国内与云南专利申请量年度变化情况

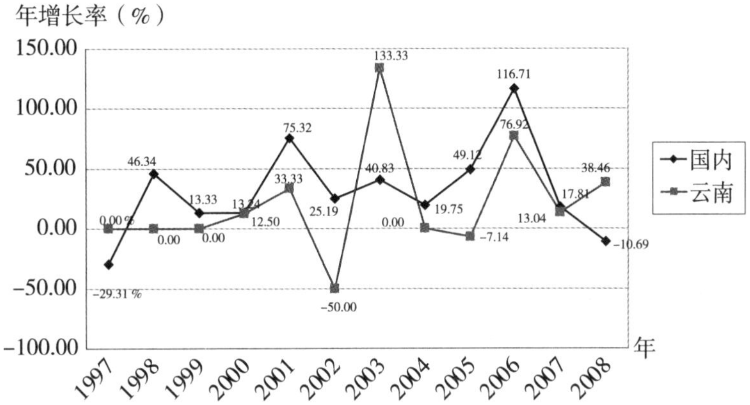

图 7－2　国内与云南生物质能技术相关专利申请年度增长率变化情况

三、不同时期云南生物质能专利申请占全国比例变化趋势

1996 年以来，在生物质能领域，云南的专利申请占国内总量的比例在 1.72% ~ 11.70%之间大幅波动。1999—2001 年期间，云南生物质能技术的专利申请占全国的比例远高于全国省（区、市）平均水平，而 2002 年后所占比例下降趋势明显，2005 年后下滑到了全国省（区、市）平均水平以下（2008 年数据未公开完全，尚不足以说明问题）。

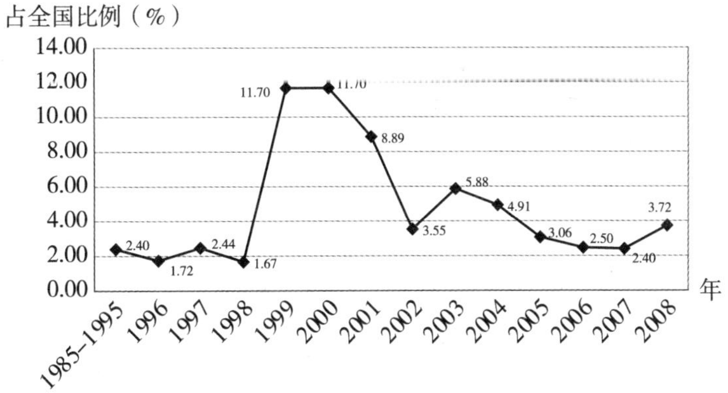

图 7－3　云南生物质能产业技术领域专利申请占国内申请比例年度变化图

这表明，在生物质能相关技术领域，云南的科技创新实力和专利申请数量曾一度在全国占有重要地位，但2002年后逐步下降，并与全国整体水平的差距逐步加大。

四、不同时期云南专利申请量在国内和西部地区排位变化情况

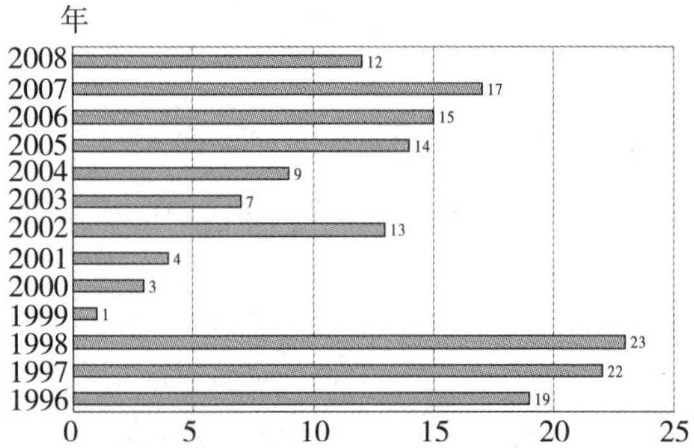

图7-4　云南生物质能产业技术领域专利申请量全国年度排位情况

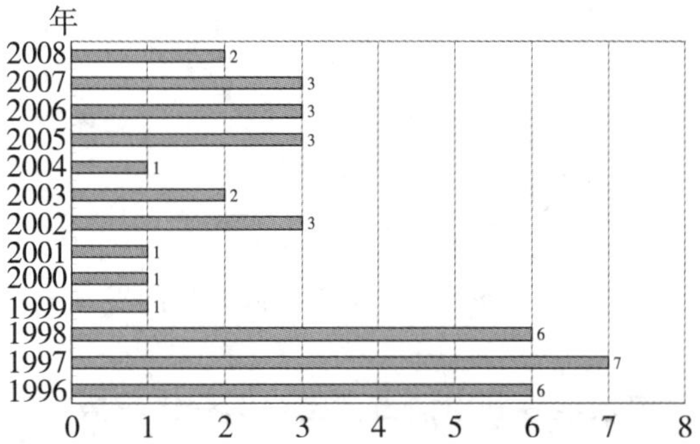

图7-5　云南生物质能产业技术领域专利申请量西部年度排位情况

1996年以来，云南生物质能领域的专利申请数量在国内的排位在第1~23位之间大幅波动，1999—2001年期间在国内专利申请量排位有很好的位次，而2002年后排位下降明显，近年来在全国省（区、市）的排位居中（2008年度申请信息未完全公开，尚不足以说明问题）。

1996年以来，在西部地区12个省（区、市）中，云南生物质能领域的专利申请数量排位在第1~7位之间波动，近年来基本处于第3位（2008年度申请信息未完全公开，尚不足以说明问题）。

这些情况表明，近年来，云南在生物质能相关技术领域的技术研发和专利创造水平有发展速度变缓的趋势，正在逐步落后于国内整体发展水平，在西部地区的领先地位也已经被四川取代，并有可能被广西逐步赶上。

五、云南生物质能产业技术领域专利申请的技术分布状况

检索数据显示，云南生物质能产业技术领域的有关专利申请集中分布于物质能源植物栽培技术、沼气制备与利用技术、生物质气化与利用技术、生物质液体燃料制备与利用技

术、生物质固体燃料制备与利用技术五大技术领域，其所占比例分别为18.29%、37.71%、14.86%、12.00%和11.43%，共占到了全部申请量的约95%。

考虑到生物质能植物培育、栽培与保存主要是油料作物与淀粉类、糖类作物等液体燃料原料相关技术，生物质液体燃料相关技术专利申请所占的比例实际为30.29%；而沼气在大类上属于生物质气化技术领域，生物质气化技术领域专利申请所占的实际比例为52.57%。

表7-1　云南生物质能领域专利申请技术分布情况表

分类号	技术领域	所占比例（%）	申请量合计	发　明	实用新型
A01	生物质能作物栽培	18.29	32	32	—
C02F、C12M、C12P	沼气与污物生物处理	37.71	66	14	52
C10B、C10J、F23B、F24B	生物质气化技术	14.86	26	1	25
C10G、C10L、C12	生物质液体燃料与利用技术	12.00	21	17	4
F0K、F02B	生物质燃烧发电	1.71	3	1	2
F24B、C10B、C10L	生物质固体燃料与利用技术	11.43	20	6	14
F02、C01G	其他	4.00	7	5	2
合计	—	—	175	76	99

上述情况表明，云南的生物质液体燃料与生物质气化利用产业相对较发达，其科技创新和专利申请活动也相对集中，而生物质固体燃料与发电技术领域的创新活动和专利申请则相对偏少，产业发展也相对滞后。

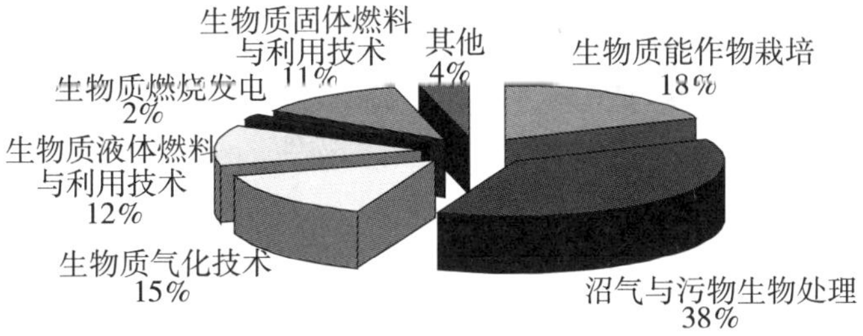

图7-6　云南生物质能技术领域专利申请技术分布状况

同时，生物质液体燃料产业的专利申请以发明专利申请为主，而生物质固体燃料和生物质气化产业技术领域的专利申请则以实用新型专利申请为主。这表明，云南在生物质液体燃料技术领域的科技创新层次较高，而在生物质固体燃料和生物质气化技术领域的科技创新层次较低，尤其是生物质气化技术大量是面向农户的小型沼气池和炉灶等实用新型专利申请技术。这也是云南生物质能产业实际情况的客观反映。

六、云南生物质能领域专利申请的产业内分布状况

（一）生物质固体燃料与利用产业技术领域

截至2009年8月31日，在生物质固体燃料与利用相关技术领域，已经公开的中国专利申请累计1 039件，其中发明专利申请393件，实用新型专利申请646件（发明专利申请占37.82%，以实用新型专利申请为主）；国内995件，外国在中国专利申请44件（外国专利申请占国内专利申请的4.23%）。云南共有20件，占全部中国专利申请的1.92%，国内专利的2.01%，其中发明专利申请6件，实用新型专利申请14件，发明专利申请占30.00%，以实用新型专利申请为主，专利申请的质量较低。

（二）生物质气化产业技术领域

截至2009年8月31日，在生物质气化相关技术领域，已经公开的中国专利申请累计2 551件，其中发明专利申请321件，实用新型专利申请455件（发明专利申请占35.55%，实用新型专利申请占多数）；国内专利申请2 466件、外国在中国专利申请86件（外国专利申请占国内专利申请的3.33%）。云南共有92件，占中国全部专利的3.61%、国内专利的3.73%，其中发明专利申请15件，实用新型专利申请77件，发明专利申请占16.30%，以实用新型专利申请为主，专利申请质量差。

（三）生物液体燃料产业技术领域

截至2009年8月31日，在生物质液体燃料相关技术领域，已经公开的中国专利申请累计共有1 081件，其中发明专利申请942件，实用新型专利申请139件（发明专利申请占87.14%，以发明专利申请为主，专利申请质量高）；国内专利申请1 009件，外国在中国专利申请72件（外国专利申请占国内申请的6.66%）。云南共有53件，占中国全部专利的4.90%，国内专利的5.25%，其中发明专利申请49件，实用新型专利申请4件，发明专利申请占92.45%，以发明专利申请为主，专利申请质量高。

（四）生物质发电产业技术领域

截至2009年8月31日，在生物质发电相关技术领域，已经公开的中国专利申请累计共有266件，其中发明专利申请191件，实用新型专利申请75件（发明专利申请占71.80%，以发明专利申请为主），国内专利申请212件、外国在中国专利申请546件（外国专利申请占国内申请的20.30%）。云南共有3件，占中国全部专利的1.13%、国内专利的1.41%，其中发明专利申请1件，实用新型专利申请2件（发明专利申请占33.33%，实用新型专利申请占多数，申请质量较差）。

（五）云南生物质能专利申请产业内技术分布整体情况

从生物质能产业内技术分布来看，云南的专利申请主要集中在生物质气化和液体燃料产业技术领域，分别占了全省专利申请量的52.57%和30.29%的高比例，并分别占到了国内同类产业技术领域专利申请量的3.73%和5.21%的较高比例。

表 7－2　生物质能专利申请产业内技术分布情况

序号	产业技术领域	全国专利申请量（件）			云南专利申请量（件）			全国发明比例（%）	云南发明比例（%）	云南占全部申请比例（%）	云南占国内专利申请比例（%）	云南国内排位
		合计	发明	实用新型	合计	发明	实用新型					
1	生物质固体燃料	1 039	393	646	20	6	14	37.82	30.00	1.92	2.01	16
2	生物质气化	2 551	907	1 644	92	15	77	35.55	16.30	3.61	3.73	13
3	生物质液态燃料	1 081	942	139	53	49	4	87.14	92.45	4.90	5.25	7
4	生物质发电	266	191	75	3	1	2	71.80	33.33	1.13	1.42	14

与此相反的是，生物质固体燃料和生物质发电产业技术领域的专利申请量分别只占到全省专利申请量的 11.43% 和 1.71%，占国内同类产业技术领域专利申请量的比例都较低，均未达到 2%。

在产业内排位方面，生物质液态燃料产业在国内的排位最靠前，为国内第 7 位，而生物质气化产业、生物质发电产业、生物质固体燃料产业的排位处于第 13、14 和 17 的中等位置。

上述情况表明，云南的生物质液体燃料产业相对较发达，其科技创新活动和专利申请量也较高，专利申请量超过全国平均水平；生物质气化产业也有一定的基础，专利申请量达到过全国平均水平；但生物质固体燃料和发电产业技术领域的科技创新活动和专利申请量却明显偏低，产业发展滞后。同时，生物质液体燃料产业的专利申请以发明专利申请为主，科技创新和专利创造的层次较高；而生物质固体燃料、生物质气化、生物质发电产业技术领域的专利申请则以实用新型专利为主，科技创新和专利创造的层次较低。这也是云南生物质能产业状况的客观反映。

七、云南生物质能产业技术领域各类专利申请主体情况

在生物质能产业技术领域，云南的专利申请中职务发明与非职务发明的数量相当，职务发明数量仅略多于非职务发明。截至 2009 年 8 月 31 日，云南生物质能产业技术领域的职务申请占 51.43%，而非职务申请量占 48.57%。其中，企业的申请占 18.86%、大专院校占 16.57%、科研院所占 10.86%。

表 7-3　生物质能产业技术领域云南各类主体专利申请情况表

申请人类别	非职务	职　务				合　计
	个　人	企　业	大专院校	院　所	机关事业	
申请量（件）	85	33	29	19	9	175
发明	19	15	20	18	4	76
实用新型	66	18	9	1	5	99
所占比例（%）	48.57	18.86	16.57	10.86	5.14	100.00

在生物质能产业技术领域，云南的个人发明创造占有相当的比例，占了 48.57% 的比例；企业的创新能力和专利申请量并不高，专利申请量仅占到 18.86% 的比例；而院所院校在科技创新和专利申请方面占有重要位置，专利申请量占到了 27.43% 的比例。

在专利申请质量方面，个人的发明仅占到 22.35%，企业的发明也只占 45.45%，而院所院校的发明占到了 79.17% 的高比例。

上述情况表明，个人和企业的发明专利申请偏少，创新层次较低，没有成为产业科技创新的主体，而院所院校的科技创新层次较高，在云南生物质能科技创新活动中发挥了重要作用。

八、云南生物质能产业技术领域专利制度运用状况

在生物质能产业技术领域，专利制度的运用还比较差，云南生物质能相关企业的专利申请和拥有情况可以从一个侧面反映这一现实。

经过多年的发展，云南的生物质能产业已经形成一定的基础，特别是在燃料乙醇和农村沼气利用方面有较好的基础。2006 年，云南就将云南龙川江生物开发有限公司、云南临沧市晶莹糖业有限责任公司沧源糖厂、元阳县红泰糖业有限公司、云南新蓝景化学工业有限公司、云南永德糖业集团有限公司南伞糖厂、云南力量生物制品有限公司江城糖厂、嵩明盛世工贸有限公司、云南德宏奥环集团有限公司华侨糖厂、云南新平云新糖业有限责任公司、云南德宏英茂糖业有限公司景罕糖厂、云南西双版纳英茂糖业有限公司景真糖厂、永胜桃园糖业有限责任公司、云南丘北县晖鸿生物能源开发有限公司、云南建水县宏溪经贸有限公司、河口县长远酿酒有限责任公司、云南格瑞环保工程有限公司确定为 10 户燃料乙醇定点生产企业与 6 户燃料乙醇生产备选企业。

表 7-4　云南燃料乙醇重点企业专利申请情况表

序　号	企业名称	专利申请合计	发　明	实用新型	外观设计
1	云南龙川江生物开发有限公司				
2	云南临沧市晶莹糖业有限责任公司沧源糖厂				
3	元阳县红泰糖业有限公司				

续　表

序　号	企业名称	专利申请合计	发　明	实用新型	外观设计
4	云南新蓝景化学工业有限公司				
5	云南永德糖业集团有限公司南伞糖厂	4	4		
6	云南力量生物制品有限公司江城糖厂				
7	嵩明盛世工贸有限公司				
8	云南德宏奥环集团有限公司华侨糖厂				
9	云南新平云新糖业有限责任公司				
10	云南德宏英茂糖业有限公司景罕糖厂				
11	云南西双版纳英茂糖业有限公司景真糖厂	3		3	
12	永胜桃园糖业有限责任公司				
13	云南丘北县晖鸿生物能源开发有限公司				
14	云南建水县宏溪经贸有限公司				
15	河口县长远酿酒有限责任公司				
16	云南格瑞环保工程有限公司				
合计		7	4	3	

此外，其他主要的生物质能相关企业还有：中国石油天然气股份有限公司云南分公司、云南神宇新能源有限公司、英国阳光科技集团、昆明植物纤维制炭机厂、云南正红环保节能公司、昆明电研新能源科技开发有限公司和云南电网公司、联邦国际生物燃料公司、云南农垦集团、云南邦尼石化有限公司、昆明希奥得有限公司等。

表7-5 云南生物质能领域主要企业专利申请情况表

序 号	企业名称	专利申请合计	发 明	实用新型	外观设计
1	云南神宇新能源有限公司	16	16		
2	昆明电研新能源科技开发有限公司	5		4	1
3	云南邦尼石化有限公司	3	1	2	
4	云南协成科技有限公司	4		4	
5	云南电力建设工程服务有限公司	2		2	
6	昆明东燃科技开发有限公司	1	1		
7	昆明市福德机械设备厂	1		1	
8	云南雷森科技有限公司	1	1		
9	云南普乐格新技术开发中心	1		1	
10	云南电网公司				
11	昆明植物纤维制炭机厂				
12	联邦国际生物燃料公司				
13	云南农垦集团				
14	昆明希奥得有限公司				
合计		34	19	14	1

通过中国专利数据库检索结果表明，云南的这些生物质能主要相关企业中有专利保护意识并申请过专利的还很少，① 普遍缺乏运用专利制度的能力。如，10户燃料乙醇定点生产企业与6户燃料乙醇生产备选企业中，只有两家申请过专利。

表7-6 云南相关研究院所生物质能专利申请情况表

序 号	企业名称	专利申请合计	发 明	实用新型	外观设计
1	云南省农业科学院	14	14		
2	昆明理工大学	10	7	3	
3	云南大学	5	5		

① 检索主题词：云南龙川江生物开发有限公司、云南临沧市晶莹糖业有限责任公司沧源糖厂、元阳县红泰糖业有限公司、云南新蓝景化学工业有限公司、云南永德糖业集团有限公司南伞糖厂、云南力量生物制品有限公司江城糖厂、嵩明盛世工贸有限公司、云南德宏奥环集团有限公司华侨糖厂、云南新平云新糖业有限责任公司、云南德宏英茂糖业有限公司景罕糖厂、云南西双版纳英茂糖业有限公司景真糖厂、永胜桃园糖业有限责任公司、云南丘北县晖鸿生物能源开发有限公司、云南建水县宏溪经贸有限公司、河口县长远酿酒有限责任公司、云南格瑞环保工程有限公司、龙川江、晶莹糖业、红泰糖业、永德糖业、江城糖厂、英茂糖业、华侨糖厂、云新糖业、景罕糖厂、景真糖厂、桃园糖业、晖鸿生物、宏溪经贸、长远酿酒、格瑞环保。

续　表

序　号	企业名称	专利申请合计	发　明	实用新型	外观设计
4	云南师范大学	4	4		
5	云南农业大学	1	1		
6	中国科学院昆明植物研究所	1	1		
7	中国科学院西双版纳热带植物园	1	1		
8	楚雄师范学院	1		1	
9	红河学院	1	1		
10	西南林学院	1	1		
11	昆明陆军学院生产经营办公室	1		1	
合计		40	35	5	

在生物质能相关技术开发研究方面，西南林学院、云南省农业科学研究院、云南省林科院、云南植物研究所、云南农业大学、昆明理工大学、云南师范大学等科研院所和大专院校，在生物质能相关技术研究开发中做了大量工作，政府科技部门对一批生物质能科研项目给予了大力支持。如，昆明理工大学、云南神宇新能源有限公司、云南大学共同承担的国家科技支撑计划项目“小桐子生物柴油产业化关键技术研究与示范”等。但总的来说，院所院校对科研成果的知识产权保护意识和专利制度运用能力还不均衡，除云南省农业科学院、昆明理工大学、云南大学、云南师范大学有一定的基础外，其他科研机构的专利申请量都较少、专利保护和制度运用的整体水平还较低。

第四节　云南生物质能产业技术领域专利授权与有效状况

一、云南生物质能产业技术领域专利授权状况

截至2009年8月底，在生物质能产业技术领域，云南共有专利申请175件（发明76件，实用新型99件），获得专利授权的专利共有121件，其中发明专利23件，实用新型专利98件。

数据表明，全省实用新型专利申请的授权率较高，达到了98.99%；而发明专利申请的授权率较低，2007年发明专利申请的授权率仅为45.10%（2008年申请尚不足以说明问题）。

二、云南生物质能产业技术领域专利有效状况

截至2009年8月底，在云南获得授权的121件生物质能专利技术中，有效的专利只

有68件，专利的有效率为56.20%，其中大多数为2003年以来申请的专利。而失效的专利多为实用新型，失效的发明专利申请有4件。

表7-7　云南生物质能产业技术领域专利申请获权情况

年度	申请			授权			授权率（%）			有效专利
	合计	发明	实用新型	合计	发明	实用新型	合计	发明	实用新型	
1985—1995	11	5	6	9	3	6	81.82	60.00	100.00	1
1996	1		1	1		1	100.00		100.00	
1997	1	1		0			0.00	0.00		
1998	1		1	1		1	100.00		100.00	
1999	8		8	8		8	100.00		100.00	
2000	9		9	9		9	100.00		100.00	1
2001	12	2	10	12	2	10	100.00	100.00	100.00	2
2002	6	1	5	5		5	83.33	0.00	100.00	
2003	14		14	13		13	92.86		92.86	5
2004	14	5	9	12	3	9	85.71	60.00	100.00	9
2005	13	7	6	12	6	6	92.31	85.71	100.00	11
2006	23	10	13	18	5	13	78.26	50.00	100.00	18
2007	26	20	6	10	4	6	38.46	20.00	100.00	10
2008	36	25	11	11		11	30.56	0.00	100.00	11
合计	175	76	99	121	23	98	69.14	30.26	98.99	68

第五节　云南生物质能产业技术领域专利状况总体评价

基于已经形成的产业基础，在生物质能产业技术领域，云南已经具备一定的科技创新和专利创造能力，拥有一定数量的专利技术，全省近年来的专利申请数量总体也呈增长态势，为促进云南生物质能产业发展发挥了积极作用。截至2009年8月底，全省累计公开生物质能相关专利申请175件，获得专利授权121件，拥有有效专利68件，专利申请量居国内省（区、市）第13位、居西部地区第2位；在产业内的生物质液态燃料相关技术领域，云南的专利申请量占国内申请的比例超过了5%，国内省（区、市）排位也达到了第7位的靠前位置，且发明专利申请比例占90%以上，专利申请质量较高；在生物质气化相关技术领域，尤其是沼气利用方面，也有较多的专利申请。

尽管如此，云南在生物质能产业技术领域的专利工作仍然存在诸多问题。一是专利申请总量不足，占国内申请的比例仅略高于省（区、市）平均水平，与云南丰富的生物质能资源和产业发展速度不相协调，对产业发展的支撑不够；二是发明专利申请所占比例较低，占全国发明专利申请的比例也较低，全省专利申请以实用新型专利申请居多，专利申请的整体质量不高、科技创新活动的层次偏低；三是年专利申请的基数小而不稳定，年申请量波动较大，表现出产业科技创新活动缺乏规划或目标导向，无法对产业发展提供长期、稳定的自主知识产权专利技术支撑；四是近年来的年专利申请量占国内申请的比例有逐年下降的趋势，专利申请在国内的排位也有下降的现象，反映出云南在该技术领域的科技创新能力和专利创造能力，已经从国内领先水平逐步转变为落后于全国整体水平的状况；五是专利申请缺乏整体布局，有一半以上的专利申请集中于生物质气化技术领域，且大量都是低层次的沼气池或灶具等的实用新型专利申请；六是个人专利申请比例偏高、企业专利申请比例偏低，创新主体的创新能力严重不足；七是专利运用能力缺乏、专利转化运用不足，主要的生物质能企业申请专利的还很少，而且约有一半的专利权提前终止，平均有效期仅有 3. 3 年，表现出创新主体的专利意识和制度运用能力较差、创新的市场目标导向缺乏。

第八章　云南生物质能产业与技术发展状况

第一节　生物质能概述

生物质能是以生物质为载体的能量。生物质是一切有生命的可以生长的有机物质，包括动植物和微生物。生物质所含有的能量，就是直接或间接地通过绿包植物的光合作用把太阳能转换为化学能的形式，固定或贮藏在生物体内的能量。

植物的光合作用是地球上最重要的也是规模最大的太阳能利用和转换过程。正是这种转换，地球上 30 多万种植物、150 多万种动物以及几十亿人类的生命所需要的食物的能量才能不断地得到供应，这部分能量是太阳能自然转换过程中唯一可以被贮存起来的。光合作用的化学方程表达式为：

$$CO_2 + H_2O + \text{太阳能} \xrightarrow{\text{叶绿素}} (CH_2O) + O_2$$

从这个方程式可以看出，把 CO_2 和 H_2O 转化成碳水化合物 CH_2O 和 O_2，其元素数量没有变化，只是重新排列。后者所存在的化合物能量就是由形成的化合物原子之间的化学键所贮藏的。

一、生物质能的特点

地球上能量的终极来源，除形成之初集聚的核能与地热外，与我们关系最为密切的是持续来自太阳的辐射。绿色植物可利用日光能将它吸收的二氧化碳和水合成为有机碳水化合物，将光能转化为化学能并贮存下来。绿色植物是光能转换器和能源之源，碳水化合物是光能储藏库，生物质是光能循环转化的载体，而煤炭、石油和天然气是地质时代的绿色植物在地质作用影响下转化而成的。与石油等化石燃料相比，生物质能有以下特点：

（一）分布广泛，储量巨大

生物质能蕴藏量非常巨大，据估计全球每年由水、陆生物质生产的热量为 3×10^{21} 焦左右，是目前全世界每年总消耗的矿物能量的 6 ~ 8 倍。事实上生物质能一直是人类赖以生存的一种重要能源。就其能源当量而言，是仅次于煤、油、天然气而列在第 4 位的能源。目前在全世界能源消耗中，生物质能占总能耗的 14%，而在发展中国家超过了 40%。我国广大农村中，农民生活用能的 60% 来源于生物质能。

（二）具有可再生性和洁净性

生物质是植物通过光合作用合成的，植物的光合作用是燃烧反应的逆过程，而燃烧反应是人类获取和使用能源的主要方式。如果这两个过程能相互匹配，形成完整循环，生物质能源即取之不尽，用之不竭。图 1 是这一利用过程的示意图。

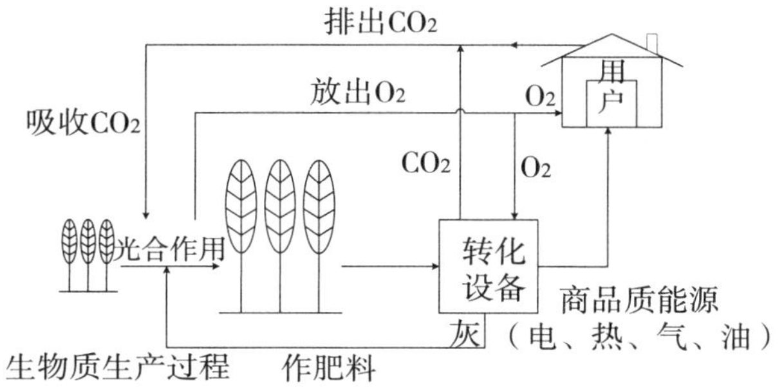

图 8-1　生物质能利用过程

矿物燃料是把原为固定的碳通过燃烧使其流动化，并用 CO_2 的形式累积于大气环境，造成温室效应。从图 8-1 中可以看到，生物质中的碳来自空气中流动的 CO_2，如果这两个速度有合适的匹配，CO_2 甚至可以达到平衡，整个生物质能循环就能实现 CO_2 零排放，从根本上解决矿物能源消耗带来的温室效应问题。以生物质资源代替化石燃料，一方面减少了化石燃料的供应量，另一方面减少 CO_2、SO_2、NO_x 等污染物排放，改善环境质量。例如，每利用 1 万吨秸秆替代煤炭，将减少 CO_2 排放 1.4 万吨，SO_2 排放 40 吨，烟尘 100 吨。消化利用秸秆，已经成为改善环境的迫切需求。秸秆气化技术与秸秆还田、饲料应用和其他技术一起，为保护农村生态环境贡献力量。

二、生物质能的利用技术

生物质能多为农、林及工业的副产品或剩余物，具有松放、细碎的特点，能量密度低。因此，直接燃烧利用方式其能量转换效率低，再加上贮运空间大，处理使用不方便，因而长期以来生物质能资源只是处于传统的自产自用的阶段，没有成为商品化的利用。随着社会文明的进步、经济的可持续发展，很多能作为能源利用的生物质能，如工农业废弃物和人、畜粪便等，如果不加以处理，则会带来严重的环境污染。因此，开发各种生物质能技术，把它转换成能用于生产和生活的高品位有用能源，不仅是属于一类高新能源的转换技术，而且往往与治理污染、保护生态环境与大气环境密切相关，是实现可持续发展的一种技术选择。

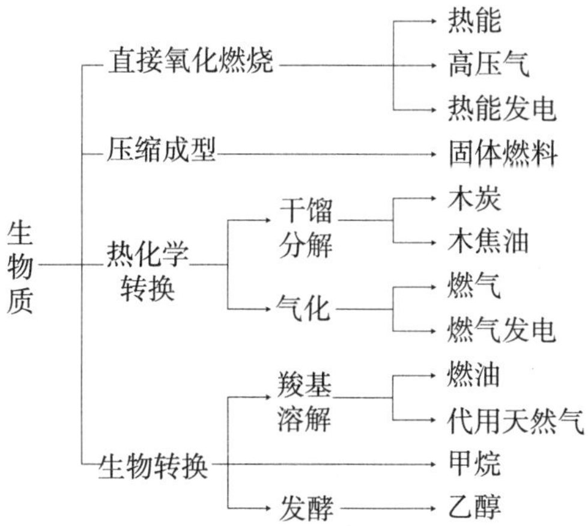

图 8-2　生物质能转换技术及其能源产品

生物质能转换技术主要包括有直接氧化、压缩成型、热化学转换和生物转换等，如图 8－2 所示。

（一）直接氧化燃烧技术

直接氧化技术就是直接燃烧技术，这是最普及的生物质能转换技术。在一定温度条件下，生物质直接和空气中的氧气燃烧取得热能。其燃烧过程可表示为：

$$\text{生物质} + O_2 \xrightarrow{\text{直接燃烧}} CO_2 + H_2O + \text{热量}$$

这个过程就是光合作用的逆过程，燃烧所产生的热量可为人们所利用。显然，热量的多少与生物质种类及其所提供的氧气量有关，燃烧氧化越充分，热量越多。

目前，已开发的直燃技术主要有林产品加工厂废料（如造纸厂的树皮、家具厂的边角料等）专用燃烧蒸气锅炉、家庭或暖房取暖专用炉灶等。

（二）压缩成型技术

压缩成型技术就是把散抛的生物质料经粉碎压制成块状或棒状，成为团体燃料，又称“生物煤”。这只是一种物理方法，使生物质致密、增加容重、保持水分。这种固体燃料的特点是贮运方便、使用灵活、燃烧效率高、少污染，除直接用于民用和生产作供热、烘干及动力外，还可将其干馏成人工木炭等。

目前，已开发的成型技术主要有三大类：以日本为代表开发的螺旋挤压生产棒状成型物技术，欧洲各国开发的活塞式挤压制得圆柱块状成型技术，以及美国开发研究的内压滚筒颗粒状成型技术和设备。成型燃料则作为燃料直接燃烧，或进一步炭化加工制成木炭棒或木炭块，作为民用烧烤木炭或工业用木炭原料。

（三）热化学转换技术

热化学转换是用化学手段将生物质转化成燃料物质的一种工艺技术。常用的有气化法、热分解法和有机溶剂提取法等。

1. 气化法

气化法即将固体燃料在高温下与气化剂作用而得到各种气体燃料。燃料的主要成分是 CO 和 H_2等气体，不同气化剂，如空气、氧气和水蒸气，得到的气体燃料也不同，如空气煤气、水煤气、混合煤气等。

生物质气化是生物质能转换技术中历史最长、最具实用的一种技术。目前，气化技术主要集中于气化发电、合成甲醇和产生蒸气方面。

2. 热分解法

热分解法是将粉碎了的生物质在厌氧条件下进行热化学反应，分产破裂而产生气体、液体、焦油及木炭的过程。热分解产物随热分解温度及加热速度不同而有很大变化。木材干馏就是热分解法的一种，用这种技术可制取甲醇、木焦油和木炭等。

3. 有机溶剂提取法

有机溶剂提取法是将植物干燥切碎后，用丙酮、石油醚和苯等有机溶剂进行提取，并在蒸馏器中通入水蒸气，待冷却后，利用水与油比重差进行分离。从油料作物中提取碳氮化合物和油脂就是有机溶剂提取法的一种。

4. 生物转换技术

生物转换是利用微生物（如厌氧菌、光合细菌、酵母菌等）在一定条件下，将生物质降解产生小分子化合物（如甲烷、乙醇、氢气等）的过程。生物转换主要包括厌氧发酵制取沼气、生物质发酵制取乙醇和生物质发酵制氢。利用生物发酵或酸水解技术，在一定条件下，将生物质转化加工成乙醇，供汽车和其他工业使用。

生物质能的另一种转换技术是将生物质经粉碎预处理后在反应设备中，添加催化剂或无催化剂，经化学反应转化成液化油（生物柴油）。

目前比较成熟的技术主要是乙醇和生物柴油制取技术，而发酵制氢尚处于探索阶段。

第二节　国外生物质能产业与技术现状

1993 年 10 月在汉城召开的第五届国际能源会议指出，按现已探明的储量和需求推算，石油只可开采 40 年，天然气只可开采 60 年，煤炭则可开采 230 年左右。而且，这些化石燃料本身又是重要的化工原料。因此，现有的能源体系必须逐步向以可再生能源为主的、持久的能源体系转变，由此世界开始进入生物质能开发与利用的高潮。工业化国家对生物质能的观念有了明显的变化，过去被看做是“穷人的燃料”，现在则看做是对环境、社会有利的能源，并扩大了对生物质能的开发和利用。在发达国家中，生物质能研究开发工作主要集中于气化、液化、热解、固化和直接燃烧等方面。

20 世纪 70 年代以来，美国、瑞典、奥地利、加拿大、日本、英国、新西兰等发达国家，以及印度、菲律宾、巴西等发展中国家都分别修订了各自的能源计划，投入了大量的人力和资金从事生物质能的研究开发。目前，国际生物质能研究开发工作主要集中于气化、液化、热解、固化和直接燃烧等方面。

一、美国生物质能产业与技术状况

美国是世界上能源消费最多的国家，也是能源压力最大的国家，能源的走势关系到美国的经济命脉。1999 年美国发布了《发展生物基产品和生物能源的总统令》，2005 年美国制定了乙醇法令，要求燃料制造商到 2012 年必须每年在汽油中加入 2 200 万吨燃料乙醇。据美国能源信息署（EIA）的统计数字，从 2000 年起，美国生物质能已成为与水力发电并驾齐驱的另一大可再生能源，也是液体交通燃料的唯一可再生替代能源。从 2002 年前后起，美国农业部大力加强了对生物质能研究与开发，有 22 个国家级的研究项目中涉及生物质能的有 4 项。2004 年，美国生物质能产量占全国能源总产出的 4%，占所有可再生能源（含水电）的 46.5%。

美国可再生生物性替代能源的开发，主要是以玉米（少部分高粱）和大豆为主要原料加工的燃料乙醇和生物柴油为主，重点研发领域主要涉及生物质结料研发、糖转化平台核心技术研发、热化学转化平台技术研发、生物质产品研发和集成化的生物质提炼厂五个方面。为摆脱对石油的依赖，解决高油价问题，美国对燃料乙醇的研究相对比较深入，一是改进传统的玉米（淀粉）加工制取燃料乙醇的工艺，原料改进为利用玉米皮和低木质素柳枝稷制取燃料乙醇，从而使乙醇的制取成本大幅下降；二是通过基因工程改造木本生物质的纤维类构成，相应增加能降解为乙醇的纤维素及半纤维素含量的技术研究。

近年来，美国生物质能产业呈现出良好的发展势头，现已超过巴西成为世界上生物质能产业最发达的国家。2006 年，美国以玉米为原料的燃料乙醇年利用量已超过 1 700 万吨，以大豆、油菜子等油料作物为原料的生物柴油生产能力已达 120 万吨，生物质能发电的总装机容量已超过 10 000 兆瓦。美国能源政策法案明确提出，到 2020 年，美国动力燃料中应包括 1 637 亿升的生物燃料，其中至少包括 727 亿升纤维素生物燃料，并已投入近 10 亿美元进行生物质能源的开发，争取在 2030 年用生物燃料替代 30% 的运输燃油，生物质发电量将要占总发电量的 5%，虽然比例不高，但其实际数量十分庞大。

二、欧盟生物质能产业与技术状况

欧盟多年来一直重视生物质能的开发利用，并将发展可再生能源作为其能源政策的核心。生物质能利用技术在欧盟各国发展很快，生物质能在能源中的比例迅速提高，特别是生物质颗粒成型技术和直燃发电技术应用已非常广泛。欧盟能源发展战略绿皮书制定的长期能源战略计划提出，到 2020 年，生物质燃料将代替 20% 的交通用石化能源燃料。

生物质直燃发电在欧洲应用十分普遍，丹麦 BWE 公司早在 1988 年就建设了世界上第一座秸秆生物质发电厂。该国主要利用秸秆、木屑等进行区域供热和热电联产，目前已建立了 15 家大型生物质直燃发电厂，年消耗农林废弃物约 150 万吨，提供全国 5% 的电力供应，同时还有 100 多台用于供热的生物质锅炉。芬兰是欧盟国家中利用生物质发电最成功的国家之一。生物质能占该国能源总消费量的 24%，生物质发电量占该国发电量的 11%，主要通过直接燃烧和气化发电来生产热能，通常为热电联产，以提供区域性电力和用来采暖。德国对生物质直燃发电也非常重视，生物质热电联产应用非常普遍。截至 2005 年，德国已拥有 140 多个区域热电联产的生物质电厂，在规划设计或建设中的此类电厂还有 80 多个。瑞典则利用无工艺价值的木材进行热电联合产热和供电，现有 15 000 ~20 000 公顷能源林作为部分热电生产原料。该国联合气化（BIG - CC）工艺处于世界领先地位，在能源林生产和繁殖技术以及有关设备方面也颇具优势。奥地利则推行了建立燃烧木材剩余物的区域供电站计划，生物质能在总能耗中的比例由原来的 3% 激增到目前的 25%，拥有装机容量为 1 ~2 兆瓦的区域供热站 90 多座。

欧洲作为生物柴油发源地，新世纪以来生物柴油产量快速增长。2001 年，欧盟生物柴油产量为 78 万吨，2002 年达到 106 万吨，2003 年上升为 142 万吨，2004 年进一步提高到 193. 3 万吨，年增长率达 35% ~40%，2006 年更是超过了 600 万吨。欧盟计划于 2010 年生物柴油达到 830 万吨，占柴油市场份额的 5. 75%，2020 年生物柴油将占柴油市场份额的 20%。

欧盟燃料乙醇产业的发展不如美国和巴西，也不如欧盟生物柴油产业。2006 年，燃料乙醇的产量占欧盟生物燃料产量的 21%，主要产自欧盟的 13 个国家，产量从 2000 年的 23. 2 万吨增长到 2006 年的 120 万吨。欧盟燃料乙醇的原料主要源自谷类食物（小麦、玉米、黑麦和大麦）、甜菜和蒸馏酒。

三、其他国家生物质能产业与技术状况

生物质能在巴西能源利用量中占 25% 左右，其中薪柴和甘蔗占生物质能的 50% ~60%，其余是农业废弃物。巴西是乙醇燃料开发应用最有特色的国家，该国实施了世界上

规模最大的乙醇开发计划（原料主要是甘蔗、木薯等），目前乙醇燃料已占该国汽车燃料消费量的50%以上。巴西是个盛产甘蔗的国家，在1965年制定了国家森林法，开始大量营造薪炭林。在巴西东北部有1/3的土地（5 000万公顷）适宜营造薪炭林，在该地区的巴伊亚州，已用桉树作原料兴建了一座25兆瓦生物发电站，并投入商业运营，以薪炭林木材作燃料的发电潜力将超过甘蔗。到2005年，巴西的生物质发电量达到了600兆瓦左右。此外，巴西对生物柴油的开发也比较重视，早在1980年，巴西就颁布了一项运用植物油燃料的国家计划，目的在于加快植物油代替柴油的进程，重点利用包括蓖麻油、椰子油、可可油在内的多种植物油，预计要替代20%左右的柴油用量。

在发展中国家，印度的生物质能开发利用做得较好，早期沼气应用比较多，近期生物质压缩成型、气化技术等进展显著。印度年产薪柴0.3亿吨左右，工业废弃物和农业副产物（秸秆等）年产2.46亿吨，主要采用生物质气化炉与柴油机/发电机组成的3.7千瓦、25千瓦、70千瓦及100千瓦等混合发电系统，发电用于水泵、磨谷机和其他小型电气设备，其中3.7千瓦发电系统已推广应用数百台。生物质气化炉产出的燃气还用于烟草、茶叶、食品、木材加工等生产。

第三节　国内生物质能产业与技术现状

我国是一个农业大国，生物质资源非常丰富，仅稻草、麦草、芦苇和竹子等非木材纤维年产超过10亿吨，加上大量木材加工剩余物，都是巨大的能源“仓库”。我国生物质能的应用技术研究从20世纪80年代以来一直受到政府和科技人员的重视，主要在气化、固化、热解和液化方面开展研究开发工作。“六五”、“七五”期间，以沼气利用、固化利用技术研究与应用为主；“八五”、“九五”期间，以热解气化利用技术研究为主；“十五”期间，以气化发电、纤维素制酒精和热解液化技术示范为主；“十一五”期间，以规模化生物质发电、生物质液化技术研究为主要方向。近年来，我国生物质能利用取得了一定的成绩，沼气产业基本形成，燃料乙醇年生产能力已达到102万吨，开发了甜高粱茎秆等非粮作物生产燃料乙醇技术，秸秆直燃发电示范工程正式并网运行。

一、沼气利用

“十五”期间，国家累计投资34亿元专项支持沼气建设，直接受益农户达374万户。截至2005年底，全国农村户用沼气池已发展到2 000万户，年产沼气总量约70亿立方米，折合标准煤约500万吨，可以替代1 540万吨原煤；全国建成养殖场沼气工程3 556处，年产沼气总量约2.3亿立方米，可替代标准煤约17万吨。

（一）农村户用沼气

农村户用沼气系统是把人畜粪便投入沼气发生装置，在厌氧条件下经发酵生成沼气，为农户提供生活燃料，同时副产的沼液和沼渣可以作为有机肥料部分替代化肥。

经过多年的研发，我国农村户用沼气技术已经比较成熟。在池型方面，已经研制出适应不同气候、原料和使用条件的标准化系列池型。在建池方面，目前广泛采用混凝土现浇施工工艺，组装式沼气池正在发展，沼气池使用寿命达到20年以上。在使用管理方面，开发出了各种方便实用的进出料装置和工具，由大进料、大出料发展到随时进料，自动、半自动出料，使沼气池的使用管理变得更加简单易行。在综合利用方面，形成了北方“四位一体”、南方“猪沼果”、西北“五配套”等为代表的能源生态模式。沼气产业规模发展不断扩大，沼气灶具及其配套产品年生产能力已达到500万套，沼气产品基本实现了标准化生产，工程实现了规范化设计和专业化施工。此外，目前还出现了秸秆沼气技术，已在全国100多个村进行示范推广。

（二）养殖场沼气工程

养殖场沼气工程是以规模化畜禽养殖场粪便和污水的厌氧消化为主要技术环节，集污水处理、沼气生产、资源化利用为一体的系统工程。主要包括前处理设施、厌氧消化系统、沼气利用系统、后处理与综合利用系统等。

目前，养殖场沼气工程的功能已开始从单纯获取能源和简单的污染物处理逐步转向以保护和改善生态环境为主。通过养殖场沼气工程的建设，把畜禽养殖业产生的废弃物转化为可利用的清洁能源（沼气或沼气发电）和优质有机肥，实现了畜禽粪便的变废为宝和养殖企业的持续增效，形成了“资源—废弃物—再生资源”的循环利用模式。

二、生物液体燃料

（一）燃料乙醇技术

“十五”期间，我国在河南、安徽、吉林和黑龙江分别建设了以陈化粮为原料的燃料乙醇生产厂，生产能力达到102万吨/年，并从2002年开始，先后在东北三省以及河南、安徽、山东、江苏、湖北、河北等九省（区、市）分两期进行了车用乙醇汽油试点和示范，取得了良好的效果。

我国总体上人多地少，农业后备资源不足，在较长的一段时期内，粮食供应将处于紧平衡状态，使用玉米等粮食作物为原料发展生物质能的空间十分有限，必须利用未利用土地资源发展非粮作物的能源作物。目前，国内已开发出高品质的“醇甜系列”甜高粱品种，自主开发的固体、液体发酵工艺和技术已达到应用水平，并在黑龙江省建成年产5 000吨的甜高粱茎秆生产乙醇示范装置；但甜高粱乙醇生产技术尚存在一些问题需要解决，如资源储存、保鲜，如何实现全年连续生产等。

在利用纤维素制取燃料乙醇技术方面，国内也取得了一定进展。国家“863”课题“纤维素废弃物制取乙醇技术”通过生化法和热转化法的有机结合制取燃料乙醇，试验规模已达到600吨；中石油在吉林燃料乙醇公司开展了以玉米秸秆为原料，年产3 000吨乙醇燃料工业化示范项目研究的论证；沈阳农业大学从国外引进一套流化床快速热解试验装置，研究开发液化油和利用发酵技术制取乙醇；华东理工大学还开展了生物质酸水解制取乙醇的试验研究，但尚未达到工业化生产。河南天冠集团与山东大学、河南农业大学合作，在纤维素原料预处理和乙醇转化技术开发方面取得一定的突破；安徽丰原集团与国内有关大专院校在原料预处理、纤维素酶的培育等方面也取得初步成果。但纤维素原料制取乙醇技术尚不成熟，诸如预处理、纤维素酶和多糖发酵等关键性问题尚待研究解决。

（二）生物柴油

生物柴油提取技术主要以各种植物油、动物油及废弃油脂为原料，通过酯交换工艺提炼成可替代普通柴油的再生型燃油。目前，我国已有几十家生物柴油生产企业，生物质柴油行业年产能已超过300万吨，但大部分以工业废油和废食用油为原料，多数生产规模都在2.0万吨/年以下，生产的生物柴油尚未大量进入运输燃料系统，直接供应给运输企业或作为工厂和施工机械的动力燃料。除现有产能外，多项大规模的生物质柴油项目正在建设中，累计约300万吨。

生物柴油生产需要稳定的油脂原料供给，但我国是油脂资源短缺国家，近年来植物油进口量都在数百万吨，而且呈现不断上升趋势。因此，仿效西方发达国家，依靠扩大油料作物种植获取油脂资源，并不符合我国国情。我国含油植物资源丰富，分布范围广，共有151个科、1 553种含油植物，其中种子含油率在40%以上的植物有154种，但是可用作建立规模化生物质燃料油原料基地的乔灌木种却很少。

我国宜林地丰富，目前，国内很多地方都在根据地方特色，探索利用一些贫瘠的土地，种植黄连木、文冠果等生命力顽强，又能作为生物质柴油的原料植物，以解决发展生物质柴油成本高、原料缺的问题。中科院进行了我国主要燃料油木本植物资源的普查、优良类型选择与示范基地的建立工作，并与生物能源公司合作应用黄连木种子生产生物柴油。中国林科院、昆明理工大学、四川大学、云南神宇新能源公司等单位对小桐子、光皮树、黄连木等能源作物进行了大量的研究，在原料种植、品种选育、油料加工、生物柴油转化及综合利用技术方面取得了一定的突破。

三、生物质发电

我国生物质发电技术可分为直接燃烧发电、混合燃烧发电、气化发电和沼气发电。到2005年底，我国生物质发电装机容量约为2 000兆瓦。其中，蔗渣发电约1 700兆瓦，垃圾发电约200兆瓦，其余为稻壳等生物质气化发电和沼气发电。蔗渣发电主要集中在广东、广西和云南等地区，多为糖厂自备电厂，锅炉大多为中压或次中压层燃炉，亦有使用流化床燃烧炉的。我国第一批秸秆生物燃烧发电厂在河北省石家庄晋州市和山东省菏泽市单县建设，装机容量分别为2×12兆瓦和25兆瓦，发电量分别为1.2亿千瓦时和1.56亿千瓦时，年消耗秸秆20万吨，其中单县电厂已经点火运行。国能生物发电有限公司相继在江苏、安徽、河南、吉林和黑龙江等省投资建设一批生物质电厂，2006年底约有5个项目投产发电。中国节能投资公司在江苏宿迁和句容市投资建设两座生物质直燃发电厂，其中宿迁项目已点火投产。目前，秸秆直燃发电技术仍存在着缺乏核心技术和设备、发电成本偏高、秸秆收储运困难等问题。

在生物质与煤混合燃烧技术方面，清华大学热能工程系与秦皇岛福电集团在75吨/小时燃煤循环流化床锅炉上进行了混燃发电试验，结果表明，混燃比小于20%时，燃煤锅炉无须任何改进即可稳定运行。2005年，我国首台煤粉秸秆混燃发电机组在山东枣庄华电国际十里泉发电厂成功投产。该厂增加一套秸秆收购、储存、粉碎、输送设备，同时在5号锅炉对角增加两台秸秆燃烧器，并对供风系统及相关控制系统进行改造。改造后的锅炉在基本保持原锅炉的性能及参数不变的情况下，既可以混燃秸秆，也可以单独燃烧煤粉。按年运行7 236小时计算，改造后的机组每年将燃用超过10.5万吨秸秆，相当于减少7.56万吨原煤消耗。但是，由于存在难以准确计量等问题，混合燃烧无法享受到补贴电价，制约了此项技术的推广。

在气化发电方面，我国已研制的中小型生物质气化发电设备功率从1千瓦到2 000千瓦。从结构上分，气化炉有开心式、下吸式和循环流化床式；从气体内燃机来分，气化炉有单燃料气化内燃机和双燃料气化内燃机，单机最大功率为700千瓦。中科院广州能源所承担的国家“863”计划项目“3兆瓦生物质气化发电工程技术”已经通过科技部验收，并在江苏兴化建设装机容量为5兆瓦的示范电站，气化效率最高达78%，燃气机组发电效率为29.8%，系统发电效率为27.8%，系统运行成本为0.40元/千瓦。

国内沼气发电技术的研究与应用已有几十年的历史，随着大中型沼气工程建设数量的增加，沼气发电越来越受到人们的重视。我国一方面积极引进国外先进技术，如兰州花庄奶牛繁殖中心引进了捷克Tdom沼气热电联产设备，实现了并网发电，解决了厂区停电和牛粪污染问题。另一方面，经过科技攻关，国产沼气发电机组也已基本成熟，维柴、胜动等厂家生产的燃气发电机组，其技术性能指标已接近国际先进水平。

四、生物质固体成型燃料

我国生物质固体成型技术的研究开发已有二十多年的历史。20世纪90年代，生物质固体成型技术主要集中在螺旋挤压成型机上，但存在着成型筒及螺旋轴磨损严重、寿命较短、电耗大、成型工艺过于简单等缺点，导致综合生产成本较高，发展停滞不前。

进入2000年以来，生物质固体成型技术取得明显的进展，成型设备的生产和应用已形成一定规模，大部分为饲料设备生产厂转型而来，但在生物质固体成型燃料使用方面，目前还处于试点示范阶段。

第四节　国内生物质能产业政策

在过去的几年中，国内已制定出台了一些与生物质能相关的法律、法规和政策，国务院有关部门也相继发布了涉及生物质能的中长期发展规划，初步形成了生物质能的产业政策框架和目标体系。

一、生物质能产业政策

2006年1月1日，《中华人民共和国可再生能源法》正式实施。该法明确提出：“国家鼓励清洁、高效地开发利用生物质燃料，鼓励发展能源作物。利用生物质资源生产的燃气和热力，符合城市燃气管网、热力管网的入网技术标准的，经营燃气管网、热力管网的企业应当接收其入网。国家鼓励生产和利用生物液体燃料。石油销售企业应当按照国务院能源主管部门或者省级人民政府的规定，将符合国家标准的生物液体燃料纳入其燃料销售体系。”同时强调：“国家鼓励和支持农村地区的可再生能源开发利用。县级以上地方人民政府管理能源工作的部门会同有关部门，根据当地经济社会发展、生态保护和卫生综合治理需要等实际情况，制订农村地区可再生能源发展规划，因地制宜地推广应用沼气等生物质资源转化、户用太阳能、小型风能、小型水能等技术。县级以上人民政府应当对农村地区的可再生能源利用项目提供财政支持。”

2005年11月，国家发展和改革委员会发布了《可再生能源产业发展指导目录》（发改能源〔2005〕2517号），目的就是在于贯彻落实《可再生能源法》的要求，将风能、太阳能、生物质能、地热能、海洋能和水能等6个领域的88项可再生能源开发利用和系统设备、装备制造项目列入其中，涉及沼气工程供气和发电、生物质直接燃烧发电、生物质气化供气和发电、城市固体垃圾发电、生物液体燃料、生物质固化成型燃料等生物质发电和生物燃料生产及其设备、部件制造和原料生产。并提出："对具备规模化推广利用的项目，国务院相关部门将制定和完善技术研发、项目示范、财政税收、产品价格、市场销售和进出口等方面的优惠政策，用以引导相关研究机构和企业的技术研发、项目示范和投资建设方向。"

2006 年，国家发展和改革委员会发布了《可再生能源发电有关管理规定》（发改能源〔2006〕13 号）、《可再生能源发电价格和费用分摊管理试行办法》（发改价格〔2006〕7 号）和《可再生能源电价附加收入调配暂行办法》（发改价格〔2007〕44 号）三个可再生能源发电的管理规定和办法，对水力发电、风力发电、生物质发电（包括农林废弃物直接燃烧和气化发电、垃圾焚烧和垃圾填埋气发电、沼气发电）、太阳能发电、地热能发电以及海洋能发电等提出了价格和费用分摊的原则；还特别针对生物质能发电项目明确提出："生物质发电项目上网电价实行政府定价的，由国务院价格主管部门分地区制定标杆电价，电价标准由各省（自治区、直辖市）2005 年脱硫燃煤机组标杆上网电价加补贴电价组成。补贴电价标准为每千瓦时 0.25 元。发电项目自投产之日起，15 年内享受补贴电价；运行满 15 年后，取消补贴电价。自 2010 年起，每年新批准和核准建设的发电项目的补贴电价比上一年新批准和核准建设项目的补贴电价递减 2%。发电消耗热量中常规能源超过 20% 的混燃发电项目，视同常规能源发电项目，执行当地燃煤电厂的标杆电价，不享受补贴电价。"

2007 年 9 月，国家发展和改革委员会发布了《可再生能源中长期发展规划》，并在此基础上于 2008 年 3 月又发布了《可再生能源发展"十一五"规划》（发改能源〔2008〕610 号），明确提出了我国可再生能源中长期发展目标："第一，充分利用水电、沼气、太阳能热利用和地热能等技术成熟、经济性好的可再生能源，加快推进风力发电、生物质发电、太阳能发电的产业化发展，逐步提高优质清洁可再生能源在能源结构中的比例，力争到 2010 年使可再生能源消费量达到能源消费总量的 10% 左右，到 2020 年达到 15% 左右。第二，因地制宜地利用可再生能源解决偏远地区无电人口的供电问题和农村生活燃料短缺问题，并使生态环境得到有效保护。按循环经济模式推行有机废弃物的能源化利用，基本消除有机废弃物造成的环境污染。第三，积极推进可再生能源新技术的产业化发展，建立可再生能源技术创新体系，形成较完善的可再生能源产业体系。到 2010 年，基本实现以国内制造设备为主的装备能力；到 2020 年，形成以自有知识产权为主的国内可再生能源装备能力。同时，根据我国经济社会发展需要和生物质能利用技术状况，提出重点发展生物质发电、沼气、生物质固体成型燃料和生物液体燃料。到 2010 年，生物质发电总装机容量达到 550 万千瓦，生物质固体成型燃料年利用量达到 100 万吨，沼气年利用量达到 190 亿立方米，增加非粮原料燃料乙醇年利用量 200 万吨，生物柴油年利用量达到 20 万吨。到 2020 年，生物质发电总装机容量达到 3 000 万千瓦，生物质固体成型燃料年利用量达到 5 000 万吨，沼气年利用量达到 440 亿立方米，生物燃料乙醇年利用量达到 1 000 万吨，生物柴油年利用量达到 200 万吨。在可再生能源资源丰富地区，坚持因地制宜，灵活多样的原则，充分利用各种可再生能源，积极推进绿色能源示范县建设，可再生能源利用量在生活能源消费总量中要超过 50%，各种生物质废弃物得到妥善处理和合理利用，要与沼气利用、生物质固体成型燃料和太阳能利用相结合。到2010年，全国建成50个绿色能源示范县；到2020年，绿色能源县普及500个。”

2006年5月，财政部下发了《可再生能源发展专项资金管理暂行办法》（财建〔2006〕237号），重点扶持潜力大、前景好的石油替代，建筑物供热、采暖和制冷以及发电等可再生能源的开发利用，其中，包括风能、太阳能、水能、生物质能、地热能、海洋能等非化石能源。发展专项资金通过中央财政预算安排，用于资助以下活动：可再生能源开发利用的科学技术研究、标准制定和示范工程；农村、牧区生活用能的可再生能源利用项目；偏远地区和海岛可再生能源独立电力系统建设；可再生能源的资源勘查、评价和相关信息系统建设；促进可再生能源开发利用设备的本地化生产。发展专项资金的使用方式包括无偿资助和贷款贴息。

2006年9月，财政部、国家发展和改革委员会、农业部、国家税务总局和国家林业局制定了《关于发展生物能源和生物化工财税扶持政策的实施意见》（财建〔2006〕702号），并明确提出：“国家将实施相应的财税扶持政策，其中，包括实施弹性亏损补贴、原料基地补助、示范补助和税收优惠等，从而为推动生物能源和生物化工产业的健康发展提供有力的保障。”根据《实施意见》，2007年4月和2007年9月，财政部分别下发了《生物能源和生物化工非粮引导奖励资金管理暂行办法》（财建〔2007〕282号）和《生物能源和生物化工原料基地补助资金管理暂行办法》（财建〔2007〕435号），对有关奖励和补助资金的标准和申请方式提出了具体的办法，即农业原料基地补助标准原则上核定为2 700元/公顷，林业原料基地补助标准为3 000元/公顷，具体标准将根据不同类型土地核定，补助金额由财政部按具体标准及经核实的原料基地实施方案予以核定。

2007年4月和7月，农业部分别向社会发布了《全国农村沼气建设规划（2007—2010）》和《全国生物质能产业发展规划（2007—2015）》。在这两个规划中，农业部预计，到2010年全国有4 000万农户用上沼气，每年可产生约154亿立方米的沼气，相当于替代2 420万吨标准煤的能源消耗和933.33万公顷林地的年蓄积量。沼气农户使用沼渣、沼液可减少20%以上的农药和化肥施用量，每年为农户节约燃料费、电费、化肥和农药等直接支出约500元。全国4 000万户沼气不仅可为农民年增收节支200亿元，而且还在转变农民传统生活方式、改进村容村貌方面具有重要的推动作用，可产生显著的经济效益和社会效益。此外，规划中还提出到2015年，全国将建成一批农业生物质能基地，技术创新和产业发展体系基本建成，开发利用成本大幅度降低，初步实现农业生物质能产业的市场化。生物质能产业成为农业发展的重要领域，对促进农民增收、改善农村生活条件，建设社会主义新农村作用日趋明显，成为保障国家能源安全、保护生态环境的重要力量。其具体目标是，到2015年，农村户用沼气总数达到6 000万户左右，年生产沼气233亿立方米左右，并逐步推进沼气产业化发展；建成规模化养殖场、养殖小区沼气工程8 000处，年产沼气6.7亿立方米。同时，建设一批秸秆固化成型燃料应用示范点和秸秆气化集中供气站，利用边际性土地适度发展能源作物，满足国家对液体燃料的原料需要。

2007年4月，国务院印发了《节能减排综合性工作方案》，要求积极推进能源结构调整，大力发展可再生能源，抓紧制定出台可再生能源中长期规划，推进风能、太阳能、地热能、水电、沼气、生物质能利用以及可再生能源与建筑一体化的科研、开发和建设，加强资源调查评价。稳步发展替代能源，制订发展替代能源中长期规划，组织实施生物燃料乙醇及车用乙醇汽油发展专项规划，启动非粮生物燃料乙醇试点项目。实施生物化工、生物质能固体成型燃料等一批具有突破性带动作用的示范项目。

2007 年 9 月和 2008 年 3 月，国家发展和改革委员会和国家电力监管委员会分别下发了《关于 2006 年度可再生能源电价补贴和配额交易方案的通知》（发改价格〔2007〕2446 号）和《关于 2007 年 1 ~9 月可再生能源电价附加补贴和配额交易方案的通知》（发改价格〔2008〕640 号），分别对 2006 年和 2007 年电价附加存在资金缺口的部分地区电网企业以及 123 个可再生能源发电项目进行电价和接网工程电费进行补贴，电价附加补贴范围为 2006 年度可再生能源发电项目上网电价高于当地脱硫燃煤机组标杆上网电价的部分、公共可再生能源独立系统单位电量成本高于当地省级电网平均销售电价的部分，以及可再生能源发电项目接网费用。对纳入补贴范围内的秸秆直燃发电亏损项目按上网电量给予临时电价补贴，补贴标准为每千瓦时 0. 1 元。

二、产业政策推进机制

从已经出台的各项法规和政策来看，我国生物质能发展政策的基本框架结构是以《可再生能源法》为基础，以《可再生能源中长期发展规划》为目标，以各部门项目的管理办法和规章制度为体现，通过建立一系列有效的机制推进生物质能又好又快地发展。这些机制包括：

目标机制。在《可再生能源法》的框架下，国家发展和改革委员会、农业部等有关部门相继制定了生物质能的中长期发展的总量目标，并在生物质发电和生物液体燃料等领域引入了配额制政策，要求有关电力企业和石油公司在电力和燃料供应中要有一定份额的能源来自于生物质能，从而把过去完全依靠政府财政支持的政策转向政府管制下的市场机制，为大规模发展生物质能创造了条件。

定价机制。国家发展和改革委员会连续出台了有关可再生能源发电的有关管理规定，以及可再生能源发电价格和费用分摊等管理办法。同时，对包括生物质能发电的部分企业或者建设项目提出了电价补贴和配额交易方案，保证了生物质能开发机构可以以合理的价格出售电力，并要求电力公司必须购买。

补偿机制。考虑到生物质能开发与利用对传统能源替代、生态环境保护等具有显著综合效益，但其开发和利用成本又暂时无法与传统能源抗衡，所以我国不仅采取了将高出传统能源开发利用的成本由社会分摊的措施，而且各级财政拿出巨额资金用于补贴生物质能的开发与利用。如财政部建立了包括生物质能在内的可再生能源发展专项资金，中央政府每年投入数十亿国债资金专项用于农村沼气建设补助。

交易机制。一方面采取绿色证书交易系统，引入市场竞争，生物质资源丰富地区将优先发展生物质能，并可在配额目标完成的基础上，将超出部分的发电量以绿色证书的形式在交易市场上卖出以获得收益，由此促使资金和资源通过市场交易的方式得到合理配置；另一方面，参照国际社会碳交易等清洁发展机制（CDM）的做法，将利用沼气等生物质能所获得的碳减排量折算成现金卖给承诺温室气体减排份额的发达国家，从而得到更多的经济利益。

第五节　云南省生物质能产业与技术现状和前景分析

云南省生物质能的广泛利用开始于沼气和节能灶的推广应用。从20世纪90年代以来，由于可再生能源快速发展和国家可再生能源发展战略的实施，生物质能产业在云南省得到了长足发展。然而，不同的生物质利用形式发展并不均衡，沼气（主要是农村户用沼气池）和节能灶已形成一定的产业规模，生物质热解气化发展比较缓慢，生物质液体燃料（包括燃料乙醇和生物柴油）正在快速走向产业化。

一、沼气产业

目前，云南省的沼气应用得到了快速发展，其发展规模已居全国前列，已从单纯为获得能源（即沼气）发展成为处理废弃物及有机物质的多层次综合利用，并与养殖业、种植业广泛结合，在农村生产和生活中发挥着重要作用。

“九五”以来，云南省的农村沼气建设由示范推广进入加快普及阶段，呈现出良好的发展局面，沼气池建造、沼气施工队伍建设、沼气管理机构以及沼气配件配套等相应的产业化条件日趋完善，而且全省每年投入大量资金用于扶持农村沼气池的发展，仅2006年，云南省就安排支持农村沼气建设的国债资金超过25亿元，同时省级财政的投入超过8 000万元。“十五”期间，云南沼气建设的直接受益农户超过100万户。截至2007年，全省农村户用沼气池已累计超过180万户，年产沼气约8.3亿立方米。

在做好农村户用沼气池建设的同时，云南省还积极开展了以处理畜禽粪便的大中型沼气试点示范工程。目前，曲靖市、楚雄州和红河州三地已建沼气工程总池容500立方米，年产沼气4.5万立方米，年废弃物处理量达到3 300吨。在昆明、玉溪等市建设了生活污水净化沼气池示范工程74处，总池容12 700立方米，主要用于公厕、医院、居民楼的污水处理，年处理污水71.23万吨。

通过沼气的建设发展，初步形成了一支生物质能产业队伍，全省各地州均设有农村能源工作站，具体指导和帮助农民发展沼气和推广节能灶。另外，还有1万余名持证上岗的农民沼气技术员活跃在全省各乡、村，为全省农村沼气建设的发展作出了重大贡献。

云南省沼气发展具备良好的条件。昆明市研究的“小型曲流布料沼气池”已经成为国家标准，云南师范大学等单位研制的“商品化户用玻璃钢沼气池”和“扁球形改性塑料沼气池”达到国际先进水平。商品化户用玻璃钢沼气池等新型沼气池已在国内的云南、四川、浙江、河北、江西等省份及国外的越南、缅甸等国家得到推广应用，市场前景很好。此外，云南还拥有一批从事沼气技术开发的中小型企业，他们研制了高效便捷新型沼气池、新型玻璃钢沼气池、扁球形改性塑料沼气池、沼气灶具、沼气饭锅、沼气热水器等。

二、生物质热解气化

云南省生物质热解气化利用方式主要包括户用型气化炉（节能灶）和集中供气系统等，其中，户用节能灶已在农村地区得到广泛应用。从20世纪80年代始，云南省政府就开始了节能灶推广普及工作，在国内外政府和非政府组织的援助和支持下，众多的节能灶产品在云南广大农村地区得到了应用。

目前，主要的节能灶产品有马蹄形热水节能灶、玉龙－Ⅲ型高效节柴水箱灶、玉龙－Ⅱ型山区火塘灶、高效节能环保气化炉、新型多功能热水蒸气节能灶、“正红牌”ZL系列节能炉灶和“巨红牌”高效节能环保气化炉等。这些产品的热效率均在40%以上，它们的推广应用，使全省的生物质能资源得到了合理的利用，减少了薪柴消耗量，改善了农民生活条件和农村地区的生态环境。

此外，安宁市、晋宁县、禄劝县等地进行了集中供气系统的试验示范，已建设农作物秸秆气化工程7处，每年利用秸秆量781.75吨，生产生物质燃气198.02万立方米，供1 936户农户使用。但在实践推广中存在焦油难以处理以及管理运行机制等问题，导致集中供气技术发展十分缓慢。

三、生物液体燃料

利用各种生物质能资源生产的燃料乙醇和生物柴油等生物液体燃料，部分替代化石燃料，是目前世界各国生物质能开发利用的重要领域。由于以玉米、陈化粮等原料生产生物燃料存在着占用耕地以及威胁粮食供应安全的缺点，目前，世界各国都在着力研发以甜高粱、薯类等非粮作物和草、麦秸、木屑等纤维素以及小桐子等油料林木为原料的第二代生物燃料，其技术和工艺正在逐步走向成熟。

（一）燃料乙醇

利用甘蔗、玉米、高粱等含糖和淀粉的农作物为原料，通过发酵工艺生产乙醇技术已经成熟，并得到了规模化应用。云南省发展燃料乙醇具有热区资源优势，以木薯、脱毒红薯为原料生产燃料乙醇的原料综合成本约为4 000元/吨，具有经济比较优势。目前云南省拥有普通乙醇生产企业420户，2005年共生产酒精30万吨，但存在产能不足、销售渠道不畅通等问题。

为推进云南省燃料乙醇产业的发展，做到统一、有序、协调地发展燃料乙醇，避免一哄而起、各自为政，真正形成全省乙醇产业发展的群体优势，实现农民增收、企业增效、财政增长、经济持续发展，按照《云南省燃料乙醇产业发展规划》的布局要求，2006年，全省选择了10户燃料乙醇定点生产企业和6家备选企业。截至2007年底，云南省燃料乙醇生产能力达到60万吨，并正积极争取纳入国家绿色能源基地和成为推广燃料乙醇的试点省，为进一步推进燃料乙醇产业的发展打下良好基础。

原料培育、燃料乙醇转化技术、工艺设计以及设备制造是燃料乙醇产业发展的必要条件。云南省相关单位已进行甘薯、木薯、芭蕉芋和甘蔗等燃料乙醇生产原料的引进、选育工作，并取得了明显进展，已培育了适于在高海拔地区（1 200～1 930米）种植、产量达到1 500吨/公顷以上、糖分达14.7%～15.9%的甘蔗新品系。采用新菌种和新工艺使发酵原料的转化率大大提高，达到了同类研究的国际先进水平，拥有自主知识产权的含水乙醇汽油添加剂技术，还拥有可承担乙醇生产线新建、扩建、技改的设计、施工和可承担燃料乙醇生产设备制造的企业。

此外，云南省相关科研机构正在开展纤维素水解制取乙醇和将木糖经转基因酵母发酵生产乙醇技术的试验研究。

（二）生物柴油

根据生物质能发展的国际化趋势及《中华人民共和国国民经济和社会发展第十一个五

年规划纲要》、《可再生能源中长期发展规划》等我国能源战略有关生物质发展的规划要求，以及云南省经济委员会制定的《云南省生物质能源产业发展规划》，生物柴油产业将成为云南省能源发展的组成部分。目前，云南省已被国家确定为生物能源生产基地和科技创新基地。云南省规划“十一五”种植小桐子植物400万亩，“十二五”种植将达到1 000万亩，是近年来决定发展的最大的林业新兴产业，云南省政府将其作为云南省今后林业工作的重点之一，积极推动小桐子生物柴油产业的发展。云南省人民政府和科技部签署了部省会商议定书，并将“共同推进生物质能源产业化工程建设”作为第一项主题，“小桐子生物柴油产业化关键技术研究与示范”是落实会商主题的核心工作内容，科技部给予了高度重视。

目前，云南省每年进口的柴油都在200万吨以上，省政府已将利用可再生含油植物（如小桐子）为原料制备生物柴油作为今后全省生物质能产业发展的重点，与中国石油天然气股份有限公司签署了生物质能源产业发展合作框架协议。2006年下半年，云南省林业厅与中国石油天然气股份有限公司共同投资建设的4个小桐子良种繁育基地建设项目正式启动，将建设良种繁育基地146公顷，丰产栽培示范推广面积500公顷。2007年，国家林业局和中石油公司共同投资，在云南启动2.7万公顷生物柴油能源林（小桐子）示范基地建设项目。云南省林业厅组织专家对全省15个州市81个县市区开展了小桐子种质资源调查，了解全省现有小桐子资源、适宜小桐子种植的土地资源分布情况。云南省林业厅与云南省林科院、中国林科院资源昆虫所、西南林学院和中国科学院西双版纳热带植物园等单位进行长期科技合作，以保障生物柴油小桐子原料林基地建设的顺利实施。截至2007年9月底，云南省小桐子原料林基地建设进展顺利，小桐子林面积超过5.75万公顷。

生物柴油产业发展的有利条件：一是原料林培育；二是生物柴油转化技术；三是国内外企业的介入。西南林学院、省农科院、省林科院、云南植物研究所、云南农业大学等进行小桐子等树种资源的收集、筛选和培育，小桐子的分布、生物学和生态学特点，小桐子的良种繁育与高产栽培技术等研究工作。昆明理工大学等在碱催化酯交换法基础上研发了“精馏分水连续气相酯化—酯交换—甲醇蒸气蒸馏工艺”“高效无催化剂生物柴油亚临界—超临界流体制备技术”等。该工艺技术可使小桐子油等原料的转化率达95%以上，精制的生物柴油纯度可达98%以上，生物柴油品质指标基本上达到美国的ASTM标准，并接近我国的0#柴油标准。中国石油天然气股份有限公司、云南神宇新能源有限公司、英国阳光科技集团等国内外企业都在云南开展小桐子基地培育、原料种子收购及加工等工作，为云南生物柴油产业化发展注入新的活力。

四、其他生物质能技术

20世纪末期，昆明植物纤维制炭机厂和云南正红环保节能公司分别开发出植物纤维制炭机和生物质致密固化机，用来加工利用秸秆、稻草、杂草等生物质原料，但由于市场、设备性能等方面的原因，并没有大规模地应用。生物质发电正在逐步走向示范应用，目前，昆明电研新能源科技开发有限公司和云南电网公司正在洽谈在全省无电村寨开展生物质能发电的相关事宜。联邦国际生物燃料公司正在与云南农垦集团商谈生物质能发电的项目。生物质制氢技术的研究已经实现了实验室生物质连续发酵制氢，且产气速率达到国内外同类技术的先进水平。

五、云南省生物质能产业特点

云南省各种废弃生物质能资源十分丰富，发展生物质能产业有着特殊的资源优势和产业条件。近年来，云南省的生物质能开发和生产企业、科研单位和高等院校在生物质能转换利用方面开展了大量研究，沼气产品商品化生产，秸秆气化示范应用，生物质制取液体燃料、木薯、红薯、小桐子等能源作物和林木的品种选育，制取燃料乙醇和生物柴油工艺技术等，都取得了较大进展。

从生物质能技术的发展趋势和云南的资源特点来看，燃料乙醇和生物柴油产业具有广阔的发展空间，但目前都还存在技术不够先进，生产成本特别是原料成本偏高的问题，制约了云南燃料乙醇和生物柴油产业的发展，需要在高产、高品质原料繁育、原料替代、高效提取新技术等方面加强工作。

随着经济社会的持续发展，云南省对石油和煤炭等化石燃料的需求越来越大，随之带来的环境问题和能源安全问题越来越严重，科学合理地开发边际土地种植能源作物、林木，种植薯类、小桐子等发展生物液体燃料成为云南省生物质能产业的重要方向，这对于云南省满足自身能源需求，减少能源运输对交通的压力，改善生态环境和解决贫困地区农民的就业问题具有重要和深远的意义。

六、云南生物产业发展前景

目前，云南省的生物质能产业发展正处于有利的时期，将云南省打造成为生物质能大省已经成为全省上下的共识，省政府和相关部门出台了《云南省农村能源“十一五”规划》、《云南省燃料乙醇产业发展规划》、《云南省生物质能源产业发展规划》、《云南省林木生物质能源—生物柴油原料林发展规划》、《云南省生物能源产业化关键技术攻关规划》、《云南省生物产业发展规划纲要（2006—2020）》等系列促进生物质能产业，尤其是生物液体燃料产业发展的政策措施。大力发展生物质能产业的时机已经成熟。

依托生物质能资源条件和已经形成的产业基础，充分利用荒山、退耕还林地，大力发展利用薯类制取燃料乙醇、利用小桐子等能源林木生产生物柴油等生物液体燃料，通过积极实施生物质能产业发展战略，确保生物质能产业科学、有序、高效、健康、可持续发展，云南生物质能产业将完全有可能发展成为继烟草、水电、矿产资源等支柱产业之后的新兴产业和新的经济增长点。

到“十一五”末，云南生物质能产业将粗具规模，将形成年产燃料乙醇 100 万吨、生物柴油 27 万吨的生产能力，新增工业总产值 63. 5 亿元，工业增加值 22. 亿元。到 2015 年，云南省生物质能产业将进一步发展，形成年产燃料乙醇 250 万吨、生物柴油 60 万吨的生产能力，新增工业总产值 155 亿元，工业增加值 55. 8 亿元。到 2020 年，生物质能产业有望发展成为云南省一大优势产业，将形成年产燃料乙醇 300 万吨、生物柴油 80 万吨的生产能力，新增工业总产值 190 亿元，工业增加值 68. 4 亿元。

第六节　国内与云南生物质能技术状况评价

“七五”以来，国家就组织生物质能利用技术的科学研究和科技攻关，经过多年来的发展，国内的沼气技术已走在世界前列，秸秆气化及发电、燃料乙醇、生物柴油等技术均取得明显进展。近年来，云南凭借其在生物资源占有方面的优势，在沼气利用、燃料乙醇、生物柴油等主要生物质能技术开发方面做了大量工作，燃料乙醇掺烧和生物柴油等某些技术方向处于全国先进水平，为云南生物质能产业发展奠定了基础。

总体来看，国内和云南生物质能利用技术还存在诸多问题，与发达国家相比还有相当的差距。在生物质发电方面，直燃发电核心技术尚未成熟，气化发电存在着燃气质量低等问题，固定床气化发电需要对原料进行压缩成型处理、运行成本较高，生物质—煤混合燃烧发电缺乏产业政策支持，沼气发电则存在分散、装机容量小、上网困难等问题。在生物质液体燃料方面，糖类原料和淀粉类原料提取乙醇技术相对成熟，但需建设大规模原料基地，原料繁育与高效提取新技术缺乏，生产成本较高，大量进入市场还有困难；纤维素发酵制取乙醇原料适应性广泛，但目前技术还不成熟，产业化应用困难；压榨精炼生物柴油虽然已有相对成熟的技术，但需建设大规模原料基地，原料繁育与适应性好、成本低的提取新技术缺乏，生产成本偏高、产量不足；热裂解制生物燃油技术尚处于实验室研究阶段。在生物质制沼气方面，养殖场粪便厌氧发酵技术相对成熟，但周边需要有稳定的用户群，推广应用范围有限；工业有机废弃物厌氧发酵技术成本高，推广应用困难；户用沼气则存在用户分散、供气不稳定等问题。而生物质压缩成型技术普遍存在投资大、成本高、效率不高等问题。

可见，除了经济发展水平和政策因素外，缺乏先进可靠、低成本的工艺技术支撑，是目前直接制约国内和云南生物质资源大规模高效利用的主要原因。

生物质利用技术评价一览表

用　途	利用技术	特　点	适用场合	存在问题
生物质发电	直燃发电	规模效益明显，自动化程度高，规模不小于24兆瓦	农场，方便大规模收集原料	国内生物质锅炉尚未成熟
	循环流化床气化发电	原料适应性广泛，拥有自主知识产权	适用于大部分地区	燃气净化尚需进一步完善
	固定床气化发电	原料适应性广泛，拥有自主知识产权	适用于大部分地区	需要对原料进行压缩成型处理
	生物质—煤混合燃烧发电	原料适应性广泛，规模随意	适用于100兆瓦以下的，采用流化床锅炉的燃煤电厂	尚未出台生物质混燃发电的补贴政策
	沼气发电	发电原料自产，供应稳定，减少收集和运输等环节	污水处理厂、食品加工厂、大中型养殖场沼气工程、垃圾填埋场等	分散，装机容量小，上网困难

续　表

用　途	利用技术	特　点	适用场合	存在问题
生物质液体燃料	糖类原料（甜高粱茎秆、甘蔗等）发酵法制取乙醇	提取技术成熟	有较大面积可以种植原料的土地的地区	需建设大规模原料基地，原料繁育与高效提取新技术缺乏
	淀粉类原料（木薯、甘薯等）发酵法制取乙醇	提取技术成熟	需要大面积的边际土地种植原料	需建设大规模原料基地，原料繁育新技术缺乏
	纤维素发酵制取乙醇	原料适应性广泛		现处于研究阶段
	压榨精炼生物柴油（油菜子、小桐子、黄连木等）	技术比较成熟，生物柴油可以直接作为车用燃料	有较大面积可以种植原料的边际土地的地区	需建设大规模原料基地，原料繁育与高效提取新技术缺乏
	热裂解制生物燃油	国内技术尚处于实验室研究阶段，原料利用率高，适应性广泛	可以大规模收集农林废弃物的地区	如需作为成品油还需要经过精炼
生物质制沼气	养殖场粪便厌氧发酵	原料成本低，环保效益好，技术比较成熟	大中型畜禽养殖场	产生的沼气必须有稳定的用户
	工业有机废弃物厌氧发酵	原料成本低，环保效益好，技术成熟	产生有机废弃物的企业，如屠宰厂、酒厂、淀粉厂等	处理成本较高
	户用沼气	可以解决农民的生活能源问题	同时种植和养殖畜禽的农户	用户分散，供气不稳定
生物质压缩成型	环模滚压法	生产连续性好，能耗低，单机产量大	—	产品密度较低
	螺旋挤压法	结构简单，产品密度大，可以作为大型锅炉或气化炉的原料	—	电耗较高
	冲压法	生产连续性好，单机产量大	—	设备庞大，投资高
	液压法	噪音小，连续性好	—	设备故障率高，投资大

附件：1985—2008年云南生物质能产业技术领域专利申请与授权情况表[①]

序号	发明名称	申请号	申请日	法律状态	授权时间	失效时间	分类号	申请(专利权)人
1	一种代用品酒提纯除异味方法	89102055. 1	1989. 04. 04	撤回			C12H1/00	刘宝德
2	微型沼气发电机	89109738. 4	1989. 12. 28	授权	1993. 05. 19		F02B63/04；F02B43/06	昆明市农业局
3	曲流布料沼气池连动搅拌破壳装置	91105526. 6	1991. 08. 06	终止	1997. 01. 08	1998. 09. 30	C02F11/04	昆明市农业局
4	双流式厌氧装置	93119392. 3	1993. 10. 10	终止	1999. 10. 27	2003. 12. 10	C12M1/107	昆明市农村局
5	曲流布料沼气池破壳装置	89216460. 3	1989. 08. 26	终止	1991. 09. 04	1995. 04. 26	C02F11/04	昆明市农村能源环境保护办公室
6	油或水密封式家用沼气发生器	90218130. 0	1990. 08. 13	终止	1992. 03. 18	1993. 07. 07	C02F11/04	刘光祖
7	植物纤维棒炭化炉	92204076. 1	1992. 03. 06	终止	1993. 11. 10	1996. 04. 24	C10B53/02	昆明陆军学院生产经营办公室
8	预制装配式沼气池	92232902. 8	1992. 09. 05	终止	1993. 08. 11	1994. 07. 20	C12M1/107	通海县农村环境保护能源工作站
9	沼气池曲轴连动搅拌装置	93202326. 6	1993. 02. 06	终止	1994. 02. 02	1998. 04. 08	C12M1/107；B01F7/02	昆明市农村能源环境保护办公室

① 截至2009年8月30日中国专利数据库已公开数据。

续 表

序号	发明名称	申请号	申请日	法律状态	授权时间	失效时间	分类号	申请(专利权)人
10	组合式多功能沼气池活动盖	93202327.4	1993.02.06	终止	1993.11.17	2003.03.12	C12M1/107	昆明市农村能源环境保护办公室
11	节柴灶	93205263.0	1993.02.24	终止	1993.12.15	1996.04.17	F24B1/20	昭通市林业局
12	藏牧民炊事取暖多用炉	96217043.7	1996.07.06	终止	1998.09.09	2000.08.30	F24B1/20	杨德余
13	盘盒式无土基质栽培作物及其工艺生产方法	97114489.3	1997.08.27	撤回			A01G31/00	张建美、赵明华
14	自动升压沼气灶	98240356.9	1998.08.24	终止	1999.03.03	2002.10.02	F24C3/00	严长和
15	多功能生物质气化炉	99231849.1	1999.06.09	终止	2000.06.07	2002.07.24	C10J3/00；F24C3/00	张　忠
16	便于除渣的沼气池	99232387.8	1999.08.16	终止	2000.07.12	2002.09.25	C12M1/107	王健、窦晓黎
17	浮筒式沼气池	99232388.6	1999.08.16	终止	2000.07.12	2002.09.25	C12M1/107	王健、窦晓黎
18	具有随打随着点火装置的多用沼气灶	99232545.5	1999.09.04	终止	2000.09.20	2002.10.09	F24C3/10	严长和
19	多功能生物质燃气燃烧器	99241557.8	1999.11.12	终止	2000.09.20	2005.01.05	F23D14/02	昆明市福德机械设备厂
20	生物质燃料气化炉	99241560.8	1999.11.11	终止	2000.09.20	2005.01.05	C10J3/20	昆明市福德机械设备厂
21	粉末状生物质燃烧炉	99251885.7	1999.12.29	终止	2001.01.10	2006.03.01	F24B1/181	罗俊昌

续 表

序号	发明名称	申请号	申请日	法律状态	授权时间	失效时间	分类号	申请(专利权)人
22	链条炉燃烧室	99259027.2	1999.12.27	终止	2000.11.15	2004.02.04	F23N5/06	洪宗群
23	沼气发生器	00204347.5	2000.03.04	终止	2001.05.09	2005.04.27	C02F11/04;C12M1/107	高成轩
24	移动式高效太阳能沼气装置	00222466.6	2000.03.07	终止	2001.02.07	2004.04.28	C02F11/04;F24J2/00	普绍唐
25	生物质燃气燃烧器	00222476.3	2000.03.09	终止	2001.01.24	2005.05.04	F23B1/14;F23D14/28	昆明市福德机械设备厂
26	粉状生物质气化炉旋转装置	00222542.5	2000.03.16	终止	2000.12.13	2003.04.23	F23B1/24	罗俊昌
27	自动援延进出料沼气池	00222799.1	2000.04.13	授权	2001.02.14		C02F11/04	付开敏
28	轻质复合材料沼气池	00232760.0	2000.05.10	终止	2001.08.15	2004.06.30	C02F11/04	张廷元、于丹、和作义
29	生物质直燃气化炉消烟装置	00244358.9	2000.09.01	终止	2001.11.21	2003.10.01	F23B1/38	罗俊昌
30	实验型水压式厌氧消化装置	00244796.7	2000.10.26	终止	2001.11.21	2008.12.17	C02F11/04	云南师范大学
31	商品化户用沼气池	00262306.4	2000.11.06	终止	2001.11.21	2004.12.29	C02F11/04	徐　鑫
32	生物质复合型煤生产新工艺	01107033.1	2001.01.11	终止	2006.01.11	2008.03.12	C10L5/44	昆明理工大学

续 表

序号	发明名称	申请号	申请日	法律状态	授权时间	失效时间	分类号	申请(专利权)人
33	沼气发酵生物活性添加剂	01129073.0	2001.11.14	终止	2004.09.22	2009.01.14	C12P5/02；C02F11/04	云南师范大学
34	生物质气化炉液位自动止回阀	01206522.6	2001.06.08	终止	2002.03.13	2003.07.16	F23B1/14；G05D9/02	罗俊昌
35	太阳能多功能生物发生器	01213828.2	2001.01.04	终止	2001.12.26	2005.02.23	C12M1/107	雷华、徐敏豪
36	一种气化炉	01214332.4	2001.02.27	终止	2002.01.16	2005.04.20	C10B53/02	张　忠
37	多用途水燃料氢气炉	01234308.0	2001.08.16	授权	2002.06.12		F23C11/00	李巧龙
38	不用电的热解气化炉	01247443.6	2001.08.27	授权	2002.06.26		C10B53/02	郝正义
39	集成式沼气发生罐	01247563.7	2001.09.04	终止	2002.07.17	2005.11.02	C12M1/107	普宏魁
40	生物质环保节能炉	01258903.9	2001.08.29	终止	2002.06.26	2003.10.01	F24B1/181	宋振声、杨灿
41	新型沼气池	01273697.X	2001.12.02	终止	2002.09.04	2006.01.25	C02F11/04	张琪来
42	固体燃料气化节能炉	01275865.5	2001.12.07	终止	2002.09.25	2006.01.25	F24B1/181	任敞云
43	固体燃料节能炉	01275866.3	2001.12.07	终止	2002.09.25	2006.01.25	F24B1/181	任敞云
44	水煤气式无烟省柴炉灶	02133497.8	2002.07.18	撤回	2002.09.18	2006.03.15	F24B1/183；F23L7/00	个旧市云源有限责任公司
45	沼气速生器	02221402.X	2002.01.21	终止	2002.09.18	2006.03.15	C02F11/04；C12M1/107	腾冲县环林新能源技术有限公司

续 表

序号	发明名称	申请号	申请日	法律状态	授权时间	失效时间	分类号	申请(专利权)人
46	防结焦生物质燃气发生炉	02222848.9	2002.06.04	终止	2003.06.18	2006.08.02	C10B53/02	沈彦宏
47	水煤气式无烟省柴炉灶	02275790.2	2002.07.18	终止	2003.08.13	2005.09.07	F24B1/183;F23L7/00	个旧市云源有限责任公司
48	生物质柴煤混合气化炉	02276018.0	2002.08.05	终止	2003.08.13	2008.12.10	C10B53/02	玉溪市家能生物气化炉制造有限公司
49	沼气池试压设备	02276193.4	2002.08.19	终止	2003.08.20	2005.10.12	C02F11/04	徐　鑫
50	工业化组合结构沼气发生器	03232911.3	2003.01.17	终止	2004.05.19	2007.03.07	C02F11/04;C12M1/107	方　文
51	改进的商品化户用沼气池	03233126.6	2003.01.30	授权	2004.02.18		C12M1/107	云南师范大学
52	自动破壳沼气池	03233740.X	2003.03.31	授权	2004.03.31		C02F11/04	梅家昌
53	自动搅拌粪便处理器	03234068.0	2003.04.19	授权	2004.04.07		C02F11/04;C02F3/28	陈云祖
54	节能气化灶	03234404.X	2003.05.13	授权	2004.11.10		F24B1/20	张万俊、张树华
55	环保节能灶	03249591.9	2003.07.19	终止	2004.10.20	2006.09.06	F24B1/183	个旧龙源节能灶具厂
56	沼气池活动盖	03249879.9	2003.08.08	终止	2004.09.08	2007.09.26	C02F11/04;C12M1/107	华坪县农村能源工作站

续　表

序号	发明名称	申请号	申请日	法律状态	授权时间	失效时间	分类号	申请（专利权）人
57	手动、自动两用燃煤热风炉	03250156.0	2003.08.27	终止	2004.09.15	2007.10.17	F24H3/08	金华明
58	免大换料沼气发酵装置	03252811.6	2003.09.18	终止	2004.10.06	2008.11.26	C02F11/04	李发学
59	一种沼气池出粪具	03252814.0	2003.09.17	终止	2004.09.29	2008.11.26	C02F11/04	魏大章
60	间歇进料推流搅动轻型沼气发生器	03272220.6	2003.06.12	终止	2005.08.24	2009.05.27	C02F11/04；C12M1/107	刘　准
61	光能沼气发酵罐	03280066.5	2003.09.30	终止	2004.11.10	2007.11.21	C12M1/107	李昆谕
62	沼气池密封盖	2003 20104471.4	2003.12.18	授权	2005.01.05		C12M1/107	梅家昌
63	综合灶	2003 20115062.4	2003.11.20	终止	2005.05.04	2007.01.10	F24B1/181	李佑学
64	塑料沼气池用硅灰石矿物纤维增强聚丙烯及其制备方法	2004 10022220.0	2004.04.02	放弃	2005.03.09	2008.11.26	C08L23/12；C08K3/34	包永平
65	使用粉尘燃料的往复式内燃机	2004 10022274.7	2004.04.07	授权	2006.07.05		F02B45/02；F02B45/04	刘东才
66	一种清洁燃料	2004 10033149.6	2004.04.07	撤回			C10L1/04	宋振中
67	格氏试剂偶联法合成辅酶Q ₁₀的方法	2004 10079508.1	2004.10.14	授权	2007.11.28		C12N9/00	昆明韬辉生物工贸有限责任公司

续 表

序号	发明名称	申请号	申请日	法律状态	授权时间	失效时间	分类号	申请(专利权)人
68	沼气池新型配套设备	2004 10079537.8	2004.10.29	授权	2007.10.31		C12M1/107	严长和
69	一种燃料品种适应性很强的高效回转式生物质气化炉	2004 20032952.3	2004.02.20	授权	2005.02.23		F23G5/027	云南电力建设工程服务有限公司
70	一种经济适用的热解生物质燃气的净化及冷却设备	2004 20032953.8	2004.02.20	授权	2005.02.23		C10K1/00	云南电力建设工程服务有限公司
71	扁球形塑料沼气池	2004 20033391.9	2004.03.22	授权	2005.03.30		C02F11/04	张万俊
72	小型沼气池搅拌器	2004 20033956.3	2004.06.08	终止	2005.08.10	2008.08.06	C02F11/04	杨文银
73	使用粉尘燃料的往复式内燃机	2004 20034259.X	2004.04.07	终止	2005.03.30	2008.06.04	F02B45/02	刘东才
74	可燃煤和木柴的高效节能炉	2004 20046910.5	2004.06.14	授权	2005.07.20		F24C1/02	曾巨泓
75	沼气池的自动破壳装置	2004 20060589.6	2004.08.02	授权	2006.03.08		C02F11/04	李 哲
76	环保电煤灶	2004 20104519.6	2004.10.26	授权	2005.10.12		F24B1/18	赵瑞辉
77	亚麻屑预制件自动出料沼气池	2004 20104712.X	2004.12.24	终止			C02F11/04	西畴展鸿亚麻有限责任公司
78	一种利用农林废弃物制造机制木炭的方法	2005 10010671.7	2005.02.28	授权	2007.03.14		C10B53/02	昆明理工大学

续 表

序号	发明名称	申请号	申请日	法律状态	授权时间	失效时间	分类号	申请(专利权)人
79	多层养殖模式化沼气池	2005 10010836.0	2005.06.03	授权	2008.03.26		C12M1/107	严长和
80	应用木聚糖酶提高沼气发酵产气率的方法	2005 10010991.2	2005.08.31	授权	2009.06.17		C12P5/02	云南师范大学
81	通过组织培养大规模生产小桐子种苗的方法	2005 10048718.9	2005.12.22	授权	2007.10.24		A01H4/00	云南大学
82	小桐子人工矮化稳产高产栽培方法	2005 10048719.3	2005.12.22	授权	2007.12.26		A01G23/00	云南大学
83	玉米与甘薯多样性种植控制玉米大小斑病的方法	2005 10048763.4	2005.12.27	实审			A01G1/00	云南农业大学
84	一种动、植物油制备生物柴油的工艺	2005 10075750.6	2005.06.01	授权	2007.07.25		C10G3/00	云南师范大学
85	一种产气量大的沼气池	2005 20022314.8	2005.03.11	授权	2006.07.05		C02F11/04	胡志学
86	自动援延进出料沼气池	2005 20099806.7	2005.09.13	授权	2006.10.11		C12M1/107	付开敏
87	顶盖进料管自动援延进出料沼气池	2005 20099885.1	2005.10.24	授权	2007.02.21		C12M1/107	付开敏
88	U形进料管自动援延进出料沼气池及通管器	2005 20099886.6	2005.10.24	授权	2007.07.11		C12M1/107	付开敏

续 表

序号	发明名称	申请号	申请日	法律状态	授权时间	失效时间	分类号	申请(专利权)人
89	油菜子播种施肥机	2005 20100041.4	2005.12.21	终止	2007.02.14	2009.02.18	A01B49/06	罗平县农业机械化推广站
90	二冲程直线往复万种燃油发动机	2005 20128970.6	2005.11.06		2007.09.26		F02B75/02	李智蕾
91	用迷迭香抗氧化剂延长小桐子油贮存年限的方法	2006 10010711.2	2006.03.01	授权	2008.08.13		C11B5/00	云南大学
92	海藻孔石莼在发酵制取沼气中的应用	2006 10010745.1	2006.03.14	授权	2009.02.18		C12P5/02	云南师范大学
93	小桐子油与石化柴油掺配做柴油机燃油的方法	2006 10010811.5	2006.04.13	授权	2009.08.12		C10L1/04	云南大学
94	一种亚临界—超临界流体转化制备生物柴油的方法	2006 10010882.5	2006.05.10	撤回			C10G3/00	昆明理工大学
95	小桐子繁殖扦插技术	2006 10010984.7	2006.06.26	实审			A01H4/00	云南雷森科技有限公司
96	甘蔗宽行双芽横栽全膜覆盖栽培法	2006 10011017.2	2006.06.30	授权	2008.10.01		A01G1/00	云南省红河哈尼族彝族自治州农业机械研究所

续 表

序号	发明名称	申请号	申请日	法律状态	授权时间	失效时间	分类号	申请(专利权)人
97	一种固体氧化物燃料堆生物质气体循环系统与方法	2006 10011051. X	2006. 07. 17	实审			H01M8/04	昆明理工大学
98	一种煤与生物质复合的固体燃料	2006 10033181. 3	2006. 01. 25	公开			C10L5/04	曾巨泓
99	一种制备生物柴油的工艺	2006 10163836. 9	2006. 12. 25	授权	2009. 06. 17		C10G3/00	昆明理工大学
100	一种植物废弃物综合利用的方法	2006 10163868. 9	2006. 12. 30	备案			C10B53/02	孟知云、陈首畅
101	一种环保轻型塑胶沼气发生器	2006 20019315. 1	2006. 03. 02	授权	2007. 04. 25		C12M1/107	魏家峰
102	多功能沼气池	2006 20019329. 3	2006. 03. 01	授权	2007. 02. 28		C12M1/107	付开国
103	一种制备生物柴油的装置	2006 20019343. 3	2006. 03. 10	授权	2007. 09. 26		C10G3/00	昆明理工大学
104	户用沼气池塑料大窗口及活动盖	2006 20019387. 6	2006. 03. 24	授权	2007. 07. 25		C12M1/107	张万俊
105	扁球形塑料沼气池总体结构	2006 20019388. 0	2006. 03. 24	授权	2007. 07. 25		C12M1/107	张万俊
106	沼气池天窗口密封盖	2006 20019455. 9	2006. 04. 18	授权	2007. 03. 28		C12M1/107	梅家昌

续 表

序号	发明名称	申请号	申请日	法律状态	授权时间	失效时间	分类号	申请(专利权)人
107	沼气池破壳装置	2006 20022273.7	2006.08.11	授权	2007.12.12		C12M1/107	和作义
108	顶置水压双向循环回流式强化沼气发生器	2006 20022350.9	2006.09.11	授权	2007.09.19		C12M1/107	李智明
109	一种小型塑胶户用二级高效沼气发生器	2006 20022351.3	2006.09.11	授权	2007.09.05		C12M1/107	周　勇
110	球形沼气池	2006 20022352.8	2006.09.08	授权	2007.09.05		C12M1/107	袁大鹏
111	卧式沼气池	2006 20022353.2	2006.09.08	授权	2007.09.05		C12M1/107	袁大鹏
112	多功能一体化循环净化燃气发生器	2006 20022615.5	2006.12.18	授权	2008.03.05		C10J3/20	昆明电研新能源科技开发有限公司
113	农村用燃生物质高效节能灶	2006 20061551.X	2006.07.12	授权	2007.07.04		F24B1/20	曾巨泓
114	一种复合柴油	2007 10065700.9	2007.03.06	实审			C10L1/04	李毛仁
115	一种生物柴油制备方法	2007 10065710.2	2007.03.13	实审			C10G3/00	中国科学院昆明植物研究所
116	一种有机盐系液相燃烧合成锂离子电池正极材料的方法	2007 10065829X	2007.04.19	实审			C01G45/12	红河学院

续　表

序号	发明名称	申请号	申请日	法律状态	授权时间	失效时间	分类号	申请(专利权)人
117	甘蔗种苗温水脱毒的处理方法及设备	2007 10065968.2	2007.0618	实审			A01G1/00	云南省农业科学院甘蔗研究所、云南省国防科工办研究设计院
118	高压流体转化技术制备生物燃料的工艺	2007 10066167.8	2007.09.06	实审			C10G1/00	昆明理工大学
119	旱地甘蔗节水抗旱栽培方法	2007 10066327.9	2007.10.29	实审			A01G1/00	云南省农业科学院甘蔗研究所
120	沼气池反盖气密封天窗口及活动盖装置	2007 10066468.0	2007.12.17	实审			C12M1/107	张万俊
121	甘蔗良种双芽单行稀播繁殖方法	2007 10066472.7	2007.12.17	实审			A01G1/00	云南省农业科学院甘蔗研究所
122	沼气干发酵多罐循环连续工艺方法	2007 10066505.8	2007.12.29	实审			C12M1/107	云南师范大学
123	一种麻风树种子育苗方法	2007 10098063.5	2007.04.27	授权	2009.03.25		A01G23/00	云南神宇新能源有限公司
124	一种麻风树湿生苗规范种植、管护方法	2007 10098064.X	2007.04.27	授权	2009.05.20		A01G23/00	云南神宇新能源有限公司

续 表

序号	发明名称	申请号	申请日	法律状态	授权时间	失效时间	分类号	申请(专利权)人
125	一种用矮壮素对麻风树树形进行调控的方法	2007 10123370.4	2007.06.25	授权	2009.07.08		A01N33/12	云南神宇新能源有限公司
126	一种用调节膦对麻风树树形进行调控的方法	2007 10123371.9	2007.06.25	授权	2009.07.08		A01N57/18	云南神宇新能源有限公司
127	一种麻风树菌根育苗方法	2007 10195055.2	2007.12.11	实审			A01G23/04	云南神宇新能源有限公司
128	一种麻风树菌根菌复合肥及其制备方法	2007 10195056.7	2007.12.11	实审			C05G1/00;C05D1/02	云南神宇新能源有限公司
129	一种麻风树塑形修剪方法	2007 10195574.9	2007.12.07	实审			A01G23/00	云南神宇新能源有限公司
130	甘蔗蔗叶与地膜全覆盖保水方法	2007 10066328.3	2007.10.29	实审			A01G13/02	云南省农业科学院甘蔗研究所
131	一种内陆高纬度地区甘蔗人工光周期调控与杂交方法	2007 10066469.5	2007.12.17	实审			A01H1/02	云南省农业科学院甘蔗研究所
132	甘蔗良种双芽单行稀播繁殖方法	2007 10066472.7	2007.12.17	实审			A01G1/00	云南省农业科学院甘蔗研究所

续　表

序号	发明名称	申请号	申请日	法律状态	授权时间	失效时间	分类号	申请(专利权)人
133	直管进料扁球形塑料沼气池	2007 10108504.5	2007.05.16	实审			C12M1/107	张万俊
134	隧道式自动援延进出料沼气池	2007 20104473.1	2007.03.15	授权	2008.02.13		C12M1/107	付开敏
135	一种沼气池的U型进料管及通管器	2007 20104474.6	2007.03.15	授权	2008.02.13		C12M1/107	付开敏
136	自动监测进出料量的沼气池	2007 20104724.6	2007.06.19	授权	2008.06.11		C12M1/107	云南师范大学
137	炉灶余热暖水器	2007 20104765.5	2007.06.28	授权	2008.05.28		F24B1/183	韦光金
138	省柴节煤炉灶	2007 20104986.2	2007.09.11	授权	2008.07.02		F24B1/185	龙光文
139	一种沼气转储装置	2007 20105083.6	2007.10.17	授权	2008.09.03		F17D1/02	楚雄师范学院
140	多燃料节能环保灶	2008 10058192.6	2008.03.18	实审			F24B1/18；C10B53/02	姚邵昆
141	淀粉酶前处理应用于猪粪沼气发酵方法	2008 10058257.7	2008.04.07	实审			C02F11/04；C05F3/00	昆明理工大学
142	一种用橡胶子油生产生物柴油生产方法及其工艺	2008 10058279.3	2008.04.14	实审			C10G3/00；C11B3/10	田珩

续 表

序号	发明名称	申请号	申请日	法律状态	授权时间	失效时间	分类号	申请(专利权)人
143	配气活塞式斯特林发动机	2008 10058389. X	2008. 05. 14	公开			F02G1/043;F02G1/053	白坤生
144	一种麻风树芽接的高位嫁接改良方法	2008 10058397. 4	2008. 0516	实审			A01G1/06;A01G7/06	云南省农业科学院热区生态农业研究所
145	一种以元宝枫油为原料制备生物柴油及神经酸的方法	2008 10058474. 6	2008. 05. 30	实审			C10G3/00;C07C57/03	云南百瑞特生物开发有限公司
146	一种南洋樱植物地埂围篱的利用方法	2008 10058538. 2	2008. 06. 16	实审			A01G23/00;A01G1/00	云南省农业科学院热区生态农业研究所
147	一种人类粪便的生物技术无害化综合处理方法	2008 10058576. 8	2008. 06. 23	实审			C12P5/02;C05F3/04	昆明东燃科技开发有限公司
148	橡胶子综合利用的方法	2008 10058764. 0	2008. 07. 29	公开			C10B53/02I;C11B1/10	王新里
149	甘蔗和茄子套种的立体高效栽培方法	2008 10058853. 5	2008. 08. 28	公开			A01G1/00;A01C21/00	云南省农业科学院甘蔗研究所
150	双作用式斯特林发动机	2008 10058863. 9	2008. 08. 28	公开			F02G1/043;F25B9/14	白坤生

续 表

序号	发明名称	申请号	申请日	法律状态	授权时间	失效时间	分类号	申请(专利权)人
151	以小桐子油为原料连续化生产生物柴油的方法及其装置	2008 10058974. X	2008. 09. 26	实审			C10G3/00	中国科学院西双版纳热带植物园
152	一种甘蔗健康种苗高效繁育方法	2008 10058992. 8	2008. 09. 27	公开			A01H4/00；C12Q1/70	云南省农业科学院甘蔗研究所
153	一种麻风树幼苗芽接方法	2008 10182897. 9	2008. 12. 12	公开			A01G1/00；A01G1/06	云南神宇新能源有限公司
154	一种麻风树芽接速生方法	2008 10182898. 3	2008. 12. 12	公开			A01G1/06	云南神宇新能源有限公司
155	一种复合添加剂及其甲醇柴油的制备方法	2008 10233555. 5	2008. 11. 12	实审			C10L1/14；C10L1/04	王 宇
156	厌氧自动气搅拌发生器	2008 10233657. 7	2008. 12. 01	实审			C12M1/107；C12M1/02	张万俊
157	小桐子油生产生物柴油副产品甘油的回收精制方法	2008 10233668. 5	2008. 12. 02	实审			C07C31/20；C07C29/74	昆明理工大学、云南神宇新能源有限公司
158	一种烟梗提取碳酸钾及精制碳的方法	2008 10233718. X	2008. 12. 17	实审			C01D7/00；C01B31/02	云南云叶化肥股份有限公司

续 表

序号	发明名称	申请号	申请日	法律状态	授权时间	失效时间	分类号	申请(专利权)人
159	一种续随子与麻风树间种的方法	2008 10058399.3	2008.05.16	实审			A01G1/00; A01G23/00	云南省农业科学院热区生态农业研究所
160	一种麻风树种子的育苗方法	2008 10058454.9	2008.05.28	实审			A01C1/02; A01G13/02	云南省农业科学院热区生态农业研究所
161	一种保水剂在干热河谷麻风树造林中的应用	2008 10058460.4	2008.05.28	实审			A01G23/04; A01G13/02	云南省农业科学院热区生态农业研究所
162	甘蔗实生苗壮苗培育方法	2008 10058993.2	2008.09.27	公开			A01G1/00; A01G9/10	云南省农业科学院甘蔗研究所
163	甘蔗实生苗全膜栽培方法	2008 10233738.7	2008.12.22	公开			A01G1/00; A01G13/02	云南省农业科学院甘蔗研究所
164	一种小桐子扦插育苗方法	2008 10058989.6	2008.09.27	实审			A01G1/00; A01G9/10	西南林学院
165	一种生物质气化炉供氧装置	2008 20081012.1	2008.03.28	授权	2009.04.15		F24B1/08; C10B53/02	云南协成科技有限公司、保林斌

续　表

序号	发明名称	申请号	申请日	法律状态	授权时间	失效时间	分类号	申请(专利权)人
166	一种生物质气化炉自动除湿加水水封	2008 20081013.6	2008.03.28	授权	2009.04.15		F24B1/02；C10B53/02	云南协成科技有限公司、保林斌
167	一种生物质气化炉半自动下料装置	2008 20081015.5	2008.03.28	授权	2009.04.15		F24B13/04；F24B1/08	云南协成科技有限公司、保林斌
168	生物发酵连续制氢装置	2008 20081148.2	2008.04.30	授权	2009.04.22		C12M1/00	昆明理工大学
169	一种中性油脂连续制备生物柴油的装置	2008 20081149.7	2008.04.30	授权	2009.07.15		C10G3/00	昆明理工大学
170	生物质能源直燃气化烘烤烟叶装置	2008 20081326.1	2008.06.10	授权	2009.03.18		A24B3/04；A24B3/10	昆明电研新能源科技开发有限公司
171	生物质能源气化发电装置	2008 20081327.6	2008.06.10	授权	2009.03.18		F02B43/08；F02B63/04	昆明电研新能源科技开发有限公司
172	生物质能源气化集中供气烘烤烟叶装置	2008 20081328.0	2008.06.10	授权	2009.03.18		A24B3/04；A24B3/10	昆明电研新能源科技开发有限公司
173	蒸汽发电机	2008 20081525.2	2008.07.02	授权	2009.05.20		F01K11/02；F01D15/10	郭　志
174	管道式连续制备生物柴油的装置	2008 20081569.5	2008.07.10	授权	2009.05.20		C10G3/00；C11C3/10	昆明理工大学

续 表

序号	发明名称	申请号	申请日	法律状态	授权时间	失效时间	分类号	申请(专利权)人
175	生物柴油连续生产装置	2008 20081793.4	2008.10.21	授权	2009.07.29		C10G3/00	中国科学院西双版纳热带植物园

参考文献

［1］国家知识产权战略纲要 . 2008.

［2］云南省国民经济和社会发展第十一个五年规划纲要 . 2006.

［3］云南省新型工业化重点产业发展规划纲要 . 2004.

［4］云南省“十一五”科学和技术发展规划 . 2007.

［5］云南省“十一五”新型工业化发展纲要 . 2006.

［6］云南省国民经济和社会发展信息化“十一五”专项规划 . 2006.

［7］云南省生物产业发展规划纲要（2006—2020）. 2007.

［8］云南省知识产权局 . 云南省知识产权战略纲要研究报告 . 2008.

［9］云南省知识产权局 . 云南省专利战略专题研究报告 . 2008.

［10］云南省林业厅网 . 云南省林产化工产业发展规划 2005—2020. 2004.

［11］中国工轻业网 . 云南省造纸工业“十一五”发展目标 . 2006.

［12］李义敢，等 . 云南省知识产权战略大纲研究 . 昆明：云南民族出版社，2006.

［13］云南省建材工业行业协会网 . 2007 年云南省水泥产量前 30 位企业排序，2007.

［14］2005 年云南省电子信息产业 10 户重点扶持企业名单 . 云信产办（2005）160 号，http：//www. yndpc. yn. gov. cn，2005.

［15］李磊 . 全面推动云南信息产业发展 . http：//www. chinaeg. gov. cn，2007.

［16］云南烟草产业改革发展调查：再创新辉煌 . 云南日报，http：//www. sina. com. cn，2008.

［17］云南医药产业科技竞争力的优劣势分析 . http：//blog. sina. com. cn/s，2007.

［18］马晓刚 . 2012 年云南农产品加工产值有望突破 1000 亿 . 云南农业信息网，2008.

［19］云南生物化工产业高速增长 . http：//www. pharmnet. com. cn，2002.

［20］方磊 . 云维股份：打造云南最大煤化工产业基地 . http：//finance. sina. com. cn，2008.

［21］“十一五”期间云南重点发展六大化工产业 . http：//www. sina. com. cn，2005.

［22］云南列矿业、有色金属业为重点投资领域 . http：//info. coatings. hc360. com，2007.

［23］张霓 . 云南建成五大有色金属产业基地 . 新华网，2006.

［24］时晓初 . 云南建材行业发展态势良好 . 中国建材，2007.

［25］云南水泥行业　迎来了新的发展机遇 . 慧聪网，2006.

［26］汽车及零部件行业成为云南机械产业发展重点 . http：//www. sina. com. cn，2005.

［27］云南机械工业连续 6 年快速发展 . 华南机械网，http：//www. cnsaw. com/news，2007.

[28] 独特的资源优势奠定了云南省电力产业发展的坚实基础．新华网云南频道，2002.

[29] 李跃辉．云南省绘就重点产业发展蓝图，http：//www. yn. gov. cn/yunnan，china，2005.

[30] 应对南非和全球能源危机．南非开发生物质合成油工艺，http：//www. chinese－embassy. org. za，2008－02－26.

[31] 欧委会 1 亿美元力推清洁能源开发．中国电力新闻网，2006－10－19.

[32] 中华人民共和国可再生能源法，2009.

[33] 国家中长期科学和技术发展规划纲要（2006—2020 年），（国发〔2005〕第 044 号，2006.

[34] 国家发展改革委员会、财政部．关于加强生物燃料乙醇项目建设管理，促进产业健康发展的通知（发改工业〔2006〕2842 号）.

[35] 国家发展改革委员会：可再生能源中长期发展规划，2007.

[36] 中国探索生物质能源发展的道路．中国能源信息网，2009－06－18.

[37] 非粮生物质：解决全球能源危机之本．经济参考报，2007－05－08.

[38] 生物柴油新工艺工业化前景看好．中国化工报，2007－05－23.

[39] 全国生物柴油行业协作组．生物柴油原料资源和主要木本油料植物的选育．节能与新能源汽车网，2007－11－07.

[40] 生物质能应用技术的展望．中国电力网，2008－01－29.

[41] 尹伟伦．生物质能源：双重危机下的新能源战略．湖北日报，2008－09－04.

[42] 鹿建光，童莉霞，等．我国生物燃料乙醇产业现状及发展政策研究．经济研究参考，2008（43）.

[43] 李志军．生物柴油发展思路与政策建议．中国经济时报，2008－04－07.

[44] 王仁贵，尚前名．中国四大新能源产业发展比较．力勤资讯网，2009－05－25.

[45] 向志强．中国探索生物质能源发展的道路．中国能源信息网，2009－06－18.

[46] 资源危机催生生物质产业——生物质工程前沿与关键技术．中国化工报，2007－06－28.

[47] 麻风树：受青睐的生物柴油原料．环球能源网，2007－09－04.

[48] 中粮集团泛北部湾 20 万吨燃料乙醇项目进展顺利．中国食品产业网，2007－04－02.

[49] 年产 10 万吨无水乙醇项目落户衡南县．中国能源信息网，2009－06－11.

[50] 敦化投千万生产生物柴油提取项目．中国能源信息网，2009－06－17.

[51] 陕西年产 10 万吨生物柴油项目开工．中国能源信息网，2009－06－19.

[52] 云南发展燃料乙醇和生物柴油产业．中国能源信息网，2009－06－16.

[53] 马龙．云南积极推进首批 10 户燃料乙醇定点生产企业建设工作．http：//www. caixun. com，2007－03－01.

[54] 潘芮．曲靖市大力推进农村清洁能源建设．云南电视网，2007－02－27.

[55] 云南发展燃料乙醇和生物柴油产业．http：//www. nengyuan. net，2009－06－16.

［56］尹纪臣，崔凯．2007 年生物柴油行业研究报告．中国食品产业网，2007－07－16.

［57］陈祎淼．成本高技术弱　生物燃料乙醇产业化遭遇瓶颈．中国工业报，2008－06－10.

［58］二代生物燃料乙醇竞赛全面提速．中国生物能源与材料网，2008－12－15.

［59］国家主要四种产油木本植物作为生物柴油原料油植物．中国生物能源化工论坛，2006－11－23.

［60］积极稳妥地发展云南生物能源产业．2007－05－30.

［61］云南发展燃料乙醇和生物柴油产业．中国能源信息网，2009－06－16.

［62］胡金铭．云南非粮乙醇 2010 年直指 187 亿元．云南电力报，2008－03－25.

［63］李国瑾，肖华．云南小桐子产业规模全国最大．产经网—中国绿色时报，2008－01－07.

［64］李跃辉．云南燃料乙醇产业“崭露头角”．知识产权报，2008－04－11.

［65］王吉涛．云南生物柴油梦起航．云南信息报，2008－07－31.

［66］云南生物质发电呼之欲出产业发展还需先行引导．云南电网公司，2008－04－30

［67］云南省“十一五”高新技术产业发展规划．2007－01－23.

［68］邓禄军．云南省生物产业发展规划纲要（2006—2020）．2009－06－16.

［69］云南欲造中国最大生物能源燃料乙醇生产基地．上证报，2007－08－24.

［70］杜文祥．中国石油林油一体化项目：云南小桐子良种繁育基地初步建成．中国石油报，2008－04－08.

［71］李建生，王枚显．能源林建设投资热江西有望成生物柴油产能大省．江南都市报，2008－02－29.

［72］年产 10 万吨无水乙醇项目落户衡南县．中国能源信息网，2009－06－11.

［73］陕西年产 10 万吨生物柴油项目开工．中国能源信息网，2009－06－19.

［74］云南省生物产业发展规划纲要（2006—2020）．2008－12.

［75］科技部．全国及各地区科技进步统计监测结果．2006；2010.